高等学校电子信息类专业系列教材

微波电子线路

（第二版）

雷振亚　主编

全利安　李　磊　杨　锐　侯建强

王　青　刘家州　谢拥军　郑会利　参编

郝　跃　主审

西安电子科技大学出版社

内 容 简 介

  本书介绍了微波电子系统的构成,各种微波半导体器件的原理以及各类微波电路的原理和设计。主要内容包括微波混频器、微波频率变换器、微波放大器、微波振荡器、微波控制电路、微波电真空器件以及微波集成电路的基本功能、理论基础、基本电路结构和基本分析设计方法。附录中给出了微波电路的噪声理论、常用微波无源元件简介、微波电路及其 PCB 设计和世界知名微波电路厂家网站,便于读者在学习中参考。全书内容是微波发射机和接收机前端的核心部分。

  本书可作为电子信息工程、通信工程、测控与仪器等微波工程相关专业的教材,也可作为雷达、通信、测控、航空、航天等方面科研人员的参考书。

图书在版编目(CIP)数据

微波电子线路/雷振亚等编著. —2 版. —西安:西安电子科技大学出版社,2020.5
ISBN 978 - 7 - 5606 - 5571 - 0

Ⅰ. ① 微… Ⅱ. ① 雷… Ⅲ. ① 微波电路—高等学校—教材 Ⅳ. ① TN710

中国版本图书馆 CIP 数据核字(2020)第 046531 号

策划编辑 戚文艳
责任编辑 郑一锋 雷鸿俊
出版发行 西安电子科技大学出版社(西安市太白南路 2 号)
电　　话 (029)88242885 88201467 邮　编 710071
网　　址 www. xduph. com 电子信箱 xdupfxb001@163. com
经　　销 新华书店
印刷单位 陕西天意印务有限责任公司
版　　次 2020 年 5 月第 2 版 2020 年 5 月第 5 次印刷
开　　本 787 毫米×1092 毫米 1/16 印张 22.5
字　　数 537 千字
印　　数 8001~11 000 册
定　　价 52.00 元

ISBN 978 - 7 - 5606 - 5571 - 0/TN

XDUP　5873002—5

* * * 如有印装问题可调换 * * *

前　言

本书是高等学校电子信息类专业的专业课教材之一。在第二版修订完稿之际，适逢《教育部关于一流本科课程建设的实施意见》(教高〔2019〕8号)发布。文件要求"双一流"建设高校与高水平大学应发挥学科优势，组织编写教材，打造精品教材，聚焦新工科，建设一批具有中国特色和世界水平的一流本科课程。

西安电子科技大学教材建设委员会要求按照"基础厚、口径宽、能力强、素质高、复合型"的人才培养模式编写系列教材，要求教材编写组研究本学科国际国内教材建设现状、特点和趋势，分析自身的优势和薄弱环节，结合专业的实际情况，体现时代精神，具备较高的、扎实的学科理论基础、科研水平和丰富的教学经验，制订教材建设规划安排。

依据上述原则，"微波电子线路"编写组重新确定了教材内容，主要体现在以下四个方面：

(1) 保留现行教材的基本内容。这些微波有源电路是构成微波 T/R 组件的基本单元，是我国电子信息类相关专业建设的重要组成部分，是我校六十多年"微波电子线路"(微波器件与电路、微波有源电路、微波集成电路、雷达发射设备、雷达接收设备、微波信道机、微波多路通信和卫星通信等课程)教学经验的积累。

(2) 结合国内外相关教材，补充完善各部分内容。借鉴了全球公认的经典教材中的内容安排和例题，参考了世界著名大学的相关教案，力求与国际接轨。

(3) 融入微电子技术和微波技术的最新进展，与现代工程技术接轨，扩充知识面。本课程内容是科学技术的难点和尖端，微电子工艺和材料科学的每一项进展都会带来微波电路的性能改善，有必要让学生了解这些知识。

(4) 软件是现代微波电路设计的基本工具，在教材安排和教学实施中，尽可能多地扩充知识点，介绍各类微波电路的多种拓扑结构，简化推导计算，注重对设计和仿真软件的学习应用。微波放大器设计例题都用软件重新做了计算。

本书共 9 章，参考教学课时为 45～60 学时。第 1 章是绪论，介绍微波电子线路的特点以及通信系统和雷达系统的基本构成，使学生对无线电发射机和接收机系统有一个概念性的理解。第 2 章是微波半导体基础，介绍各种微波半导体器件的原理和结构，为后面的电路设计打下良好的基础。第 3～7 章依次介绍微波混频器、微波上变频器与倍频器、微波晶体管放大器、微波振荡器和 PIN 管微波控制电路的原理和设计。第 8 章是微波电真空器件。第 9 章是微波集成电路简介。附录给出噪声理论、常用微波无源元件简介、微波电路及其 PCB 设计，方便读者在学习时查阅相关先修课程内容。

本书由雷振亚负责内容安排和稿件整理，全利安负责样稿校对，由郝跃院士主审。编写组的共同努力保证了教材的成稿。我们感谢使用本书第一版的兄弟院校的老师们和同学们的厚爱，您们的热情支持和宝贵意见，使第二版日臻完善。感谢西安电子科技大学教材建设委员会、电子工程学院、国家电工电子教学基地、天线与微波国家重点实验室及西安电子科技大学出版社等单位的有关领导和老师的热情鼓励、耐心帮助和大力支持。特别感谢本书所使用参考文献的作者，您们辛勤的劳动是本书能够完成的坚实基础。我们不会忘记毕德显、吴万春、李天成、叶厚裕、章荣庆、王家礼、董宏发等多位教授，几代人的着意耕耘为"微波电子线路"课程积攒了宝贵财富。

　　本书作为"双一流"电子信息类专业本科生的重要课程教材，诚望国内同行和教材使用者随时给出宝贵建议，与我们共同努力建设一流课程。在此，编者向您们致以最诚致的谢意！

编　者

2020 年 1 月

目　　录

第1章 绪 论

```
━━━━ 本 章 内 容 ━━━━
微波电子线路的特点
通信系统 T/R 前端
雷达系统 T/R 前端
```

微波电子系统是由许多功能不同的微波元件、器件等所组成的一个有机整体，一般可分为微波发射机和微波接收机。雷达、通信、对抗、遥感等现代电子设备都离不开微波电子系统。微波电子线路研究的对象就是微波电子系统中各种功能模块的原理及其设计，包括微波信号的产生（振荡器）、放大（低噪声放大 LNA 和功率放大 PA）、变频（混频、上变频和倍频）和控制电路等。随着科学技术的不断进步，微波电子系统正向着小体积、多功能、低价格、大众化的方向快速发展。

1.1 微波电子线路的特点

微波电子线路是微波无源元件和微波有源器件的有机结合。微波无源元件包括阻抗变换器、滤波器、隔离器、定向耦合器、环行桥、功率分配器、衰减器、移相器、谐振腔和负载等，在前修课程内我们已经学习了这些元件的原理和设计。微波有源器件主要包括各类微波半导体器件和微波电真空器件，这些器件往往需要直流偏置。本课程的主要目标就是掌握有源器件的外特性及其功能，合理设计微波无源元件，从而充分发挥有源器件的电气功能。

微波技术的核心任务是构成发射机和接收机，实现功率的传输或信息的交换。电磁场理论是微波技术的基础和解决问题的基本方法之一，但这并不是说所有的微波问题都要建立严格的电磁场方程。事实上，工程中能够精确求解或能进行数值计算的问题是极为有限的。在微波网络中，我们已经学到利用网络思想解决无源元件问题。对于有源电路，微波网络概念依然是行之有效的方法。此外，还要用到半导体知识、信号分析，这些都是模拟电路或高频电路的知识向微波领域的扩展，只是由于频率的提高，相应的半导体器件的结构和原理有很大不同而已。清楚了这些，微波电子线路的学习就比较容易了。

微波电子线路涉及到的半导体器件有二极管（包括肖特基势垒二极管、变容二极管、阶跃恢复二极管（SRD）、雪崩渡越时间二极管（IMPATT）、体效应二极管（TED）、PIN 二极管等）、三极管（包括双极结管（BJT）、场效应管（FET）、异质结管（HBT）、高电子迁移率器件（HEMT）等）、多功能器件（包括单片微波集成电路（MMIC）、数字射频器件（RFCMOS）等）。各类器件都是当今先进的科学技术在各个领域进展的集中表现。材料科学和工艺科学、微电子技术的不断进步，使得微波半导体器件的集成化程度越来越高。在射频与微波频段，热门的器件有三种：双极结（Si 或 SiGe）、场效应（GaAs）和 CMOS 器件，就成本、性能、功率等方面考虑，各有特长，它们共同构成了千变万化的微波电子系统。其中让人们感受最深的是手机的外形轻巧和功能强大，RFCMOS 技术使得射频 T/R 电路和信号处理电路合为一体，无论是可靠性还是节电效果都大为改观；而基站的功放要用 GaAsFET 或 LDMOS 器件。可以想象，微波半导体还将继续不断进步，而不会停滞在一个水平上，这必将是微波技术工作者和微电子工作者共同努力的发展过程。

微波电子线路的基本功能模块包括微波振荡器（包括点频振荡器、频率合成器等）、微波放大器（包括用于接收机高放的低噪声放大器，用于发射机的功率放大器，用于对抗的宽频带放大器等）、微波频率变换电路（包括用于接收机的混频器、检波器，用于发射机的上变频器、倍频器）、微波信号控制电路（包括微波开关、电调衰减器、微波限幅器、微波移相器）等。这些电路模块可以单独使用，也可以集成为专门用途的微波组件。有了这些电路模块，就可以构成各类微波电子系统。

现已有许多商业软件应用于微波电子线路设计。成熟的计算公式、世界著名公司器件的参数模型、世界著名品牌的微带介质基板参数都作为软件的组成部分，方便实用，效率高。ANSOFT 公司的 DESIGNER 和 SERENADE、Agilent 公司的 ADS、AWR 公司的 MICROWAVE OFFICE、EAGLEWARE 公司的 GENESYS 等软件是世界公认的优秀微波电路设计软件。MATLAB 和 MATHCAD 等数学计算工具也可用作微波电子线路的设计工具，并有相关配套软件包供选购使用。

可以看出，微波电子线路是接收机和发射机组成部件，是决定各类无线电系统性能的关键。软件更新和器件换代要求我们必须不断学习，才能跟随时代的脚步。建议大家经常阅读以下英文杂志，了解微波电路的最新动向：《Microwave Journal》、《Microwave & RF》、《Microwave Product Digest（MPD）》、《Applied Microwave & Wireless》。这些杂志都可以在网上免费订阅电子版，十分方便。

下面给出常见的微波系统：

（1）无线通信系统：空间通信，远距离通信，无线对讲，蜂窝移动，个人通信系统，无线局域网，卫星通信，航空通信，航海通信，机车通信，业余无线电等。

（2）雷达系统：航空雷达，航海雷达，飞行器雷达，防撞雷达，气象雷达，成像雷达，警戒雷达，武器制导雷达，防盗雷达，警用雷达，高度表，距离表等。

（3）导航系统：微波着陆系统（MLS），GPS，无线信标，防撞系统，航空、航海自动驾驶等。

（4）遥感：地球监测，污染监测，森林、农田、鱼汛监测，矿藏、沙漠、海洋、水资源监测，风、雪、冰监测，城市发展和规划等。

（5）射频识别：保安，防盗，入口控制，产品检查，身份识别，自动验票等。

（6）广电系统：调幅（AM）、调频（FM）广播，电视（TV）等。

（7）汽车和高速公路：自动避让，路面告警，障碍监测，路车通信，交通管理，速度测量，智能高速路等。

（8）传感器：潮湿度传感器，温度传感器，长度传感器，探地传感器，机器人传感器等。

（9）电子战系统：间谍卫星，辐射信号监测，行军与狙击等。

（10）医学应用：磁共振成像，微波成像，微波理疗，加热催化，病房监管等。

（11）空间研究：射电望远镜，外层空间探测等。

（12）无线输电：空对空、地对空、空对地、地对地输送电能等。

微波电子线路的这些应用各有侧重，又有共性。图 1-1 简单归纳出微波系统的应用场合，其中最基本的应用是通信和雷达系统，下面将简单介绍通信和雷达系统的微波 T/R 前端，通过这些介绍可以体会到微波电子线路对通信和雷达系统的指标所起到的关键作用。

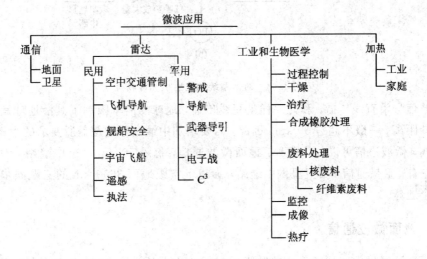

图 1-1　微波系统的应用场合

1.2　通信系统 T/R 前端

微波通信系统的基本结构如图 1-2 所示，其中的微波设备就是发射机和接收机，通信距离或者接收的功率由 Friis 传输方程决定：

$$P_r(\text{dBm}) = P_t(\text{dBm}) + G_t(\text{dB}) + G_r(\text{dB}) - 20\lg(f_{\text{MHz}}R_{\text{km}}) - 32.4418 \quad (1-1)$$

接收和发射功率受微波电子线路决定。每个站都有发射机和接收机，图 1-3 给出发射机和接收机的构成框图，每一个方框内都是由一个或几个微波电路构成的微波组件模块，除了有关滤波器的知识在前修课程中介绍过外，其余相关知识都将在微波电子线路课程中学习。

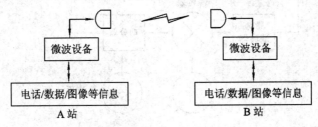

图 1-2　微波通信系统的结构

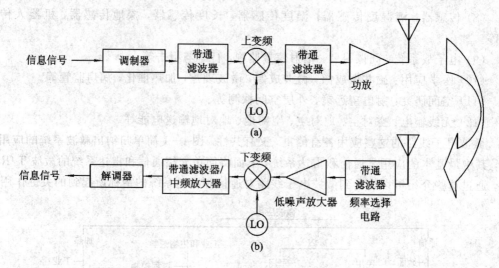

图 1-3　通信系统的发射机和接收机

　　微波信号沿直线传播，和光一样是视线传播，地球的曲率限制了其沿地球表面无法传播太远的距离，一般不超过 50 km。因此，需要增加中继站才能覆盖所要求的距离。按照中继站形式，微波通信可以分为两种：地面微波通信，每隔 50 km 一个中继站，铁塔高度为 7.5 m 左右；卫星通信，用卫星做中继站，赤道上空距地面 3600 km 的三颗同步卫星可以覆盖整个地球。

1.2.1　地面微波通信

　　地面微波通信中继站又称为转发器，图 1-4 给出了一种典型的中继站结构框图。这个

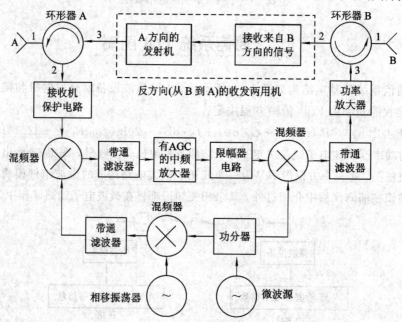

图 1-4　典型的中继站结构

系统的工作频率是 5 GHz±1 GHz，频段内分为很多频点，每个站的收发频率略有不同。假定 A 到 B 为下行或正方向，则 B 到 A 为上行或反方向。图中虚线框内接收机和发射机与两个环形器下面的电路的接收机和发射机电路结构是相同的，仅工作频点有差别。

A 天线接收的下行信号经环形器 A 进入接收机保护电路（PIN 管），送到混频器（肖特基势垒二极管非线性电阻电路），与从微波源（体效应二极管振荡器）来的信号进行混频变成 70 MHz 中频，经中频放大器（双基结晶体管低噪声和高增益放大器级联），放大后再经限幅器电路送到混频器（变容二极管非线性电抗电路，功率上变频器）混频，产生的微波信号经带通滤波器、功率放大器（FET 固态功放，体效应管注入锁定振荡器）、环形器 B 送到 B 天线发射到下一级中继站。

B 天线接收到的上行微波信号和 A 天线接收的下行微波信号经由虚线内电路得到同样的处理后，送到 A 天线发射出去，实现双向传输，双向通信。

1.2.2 卫星微波通信

为了克服地球曲率的影响，增高中继站的天线铁塔可以增加通信距离，但这种办法不能根本解决通信距离问题。解决这个问题的较好方法是使用距地面 3600 km 的卫星作为微波通信中继站，只需要三颗地球同步卫星就可以使通信覆盖全球。图 1-5 为 C 波段卫星通信星载转发器结构。从地面到卫星的信号工作在 6 GHz 频段，即 5.725～7.075 GHz，称为上行链路，一般是国家或公司经营；从卫星到地面的信号工作在 4 GHz 频段，即 3.400～5.250 GHz，称为下行链路，一般是各个用户使用。典型应用是卫星电视广播，电视台把节目信号经上行链路送上卫星，个体用户或集体单位用下行信号接收观看电视。

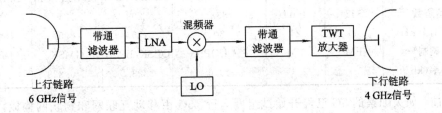

图 1-5 C 波段卫星通信星载转发器结构

考虑到 3600 km 的传输距离，还有天线尺寸等因素，上行和下行的功放输出功率需要几百或上千瓦，必须在发射机末级使用微波电真空器件，如行波管 TWT 放大器或速调管放大器。图 1-5 中，卫星接收到上行频率信号，经 LNA 低噪声放大器（早期使用变容二极管参量放大器，现在使用低噪声场效应管放大器）放大后的信号和本地振荡器 LO 经混频器变为下行频率信号，再送入行波管放大器才能得到能够传到地面的大功率。

现在 Ku 波段卫星通信技术和业务已经成熟，上行频率 13.75～14.5 GHz，下行频率 10.70～12.75 GHz。其微波转发器和 C 波段的转发器结构类似，由于器件工作频率高，故成本增加，但是所有的电路模块和天线尺寸都减小了；频率的提高也使得相对带宽内通信容量增加了。

中、低道专用卫星通信是近年发展起来的专门业务用途的通信手段，其卫星离地面高度在 750～1500 km 之间，依靠增加卫星数量覆盖地球或某个区域。采用 L 波段微波信号，微波转发器与前述 Ku 波段和 C 波段的转发器结构类似。

个人卫星电话、全球定位系统等是目前卫星通信使用最频繁的业务之一。

1.2.3 移动通信系统

手机已经成为人们生活中不可或缺的必需品，从 20 世纪 80 年代末期开始的 1G 模拟"大哥大"，经历了 2G 数字诺基亚兴盛，之后又有 3G 大行其道的 CDMA，到了 4G 时期，新的蜂窝电话通信协议集 3G 和 WLAN 一体，传输高质量图像信号，通话速度很快。如今 4G 已经像"水电"一样成为我们生活中的基本资源，使人类进入了移动互联网的时代。微信、微博、视频等手机应用成为生活中的必需，我们已经很难想象离开手机的生活。

表 1-1 给出了几种成熟的移动通信体制。

表 1-1　几种移动通信系统

	模拟蜂窝电话标准			数字蜂窝电话标准		
	AMP	ETACS	NADC(IS-54)	NADC (IS-95)	GSM	PDC
频率范围(MHz)						
Tx	824~849	871~904	824~849	824~849	880~915	940~956 1477~1501
Rx	869~894	916~949	869~894	869~894	925~960	810~826 1429~1453
传输功率(最大)			600 mW	200 mW	1 W	
多址	FDMA	FDMA	TDMA/FDM	CDMA/FDM	TDMA/FDM	TDMA/FDM
信道数	832	1000	832	20	124	1600
信道间隔(kHz)	30	25	30	1250	200	25
调制	FM	FM	π/4 DQPSK	QPSK/BPSK	GMSK	π/4 DQPSK
比特率(kb/s)	—	—	48.6	1228.8	270.833	42

目前，如火如荼的 5G 已经开始试组网运行。5G 由移动互联网和物联网构成。将渗透到未来社会的各个领域，5G 将使信息突破时空限制，提供极佳的交互体验，为用户带来身临其境的信息盛宴，如虚拟现实；5G 将拉近万物的距离，通过无缝融合的方式，便捷地实现人与万物的智能互联。5G 将为用户提供光纤般的接入速率，"零"时延的使用体验，千亿设备的连接能力，超高流量密度、超高连接数密度和超高移动性等多场景的一致服务，业务及用户感知的智能优化，同时将给网络带来超百倍的能效提升和超百倍的比特成本降低，最终实现"信息随心至，万物触手及"。

移动通信系统由按照蜂窝结构布局的基站和个人手机构成。如图 1-6 所示。

基站的输出功率一般为几瓦、几十瓦或上百瓦，手机的最大输出功率为 2 W，考虑到天线辐射方向等因素，手机和电磁波功率不会对人身体产生损害。

个人移动基站设备的发射机接收机与微波中继通信的发射机接收机的基本结构类似。基于个人移动通信的庞大市场牵引，射频微波集成电路得到了日新月异的发展，系统信息功能更强，器件外围电路更少。图 1-7 是一种同时处理 GSM 和 TD-CDMA 的基站结构图。接收端主要单元是低噪声放大器、混频器、本振、中频放大器、送入基带信号处理单元。发射端主要单元是上变频器、功率预放大、功率放大器。

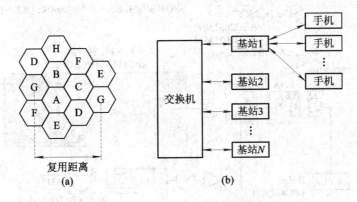

图 1-6　蜂窝移动通信系统

（a）蜂窝示意；（b）系统构成

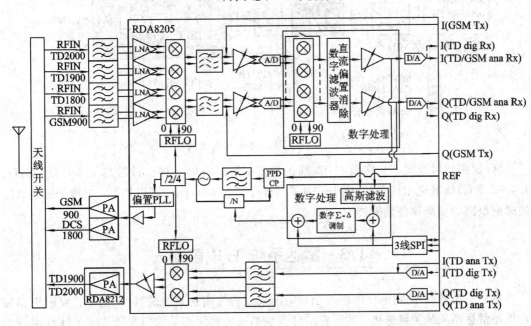

图 1-7　GSM/TD-CDMA 基站框图

1.2.4　WCDMA 射频前端

图 1-8 给出某款 WCDMA 手机射频电路的结构框图和可选用的微波电子器件。由图可以看出：整机的振荡信号由频率合成器产生，包括发射机/接收机本振和调制/解调本振；发射上变频和接收下变频；发射功率放大器用 MMIC 作驱动放大，用多芯片模块（MCM）作输出功放；接收机低噪声放大器和接收混频器都是 MMIC；收发开关是 MMIC 单刀双掷开关；发射调制器和接收解调器均采用硅集成专用芯片。

随着微电子技术的进步，射频和微波电路的集成化程度会越来越高，但发射机和接收机的原理和结构基本不会改变。

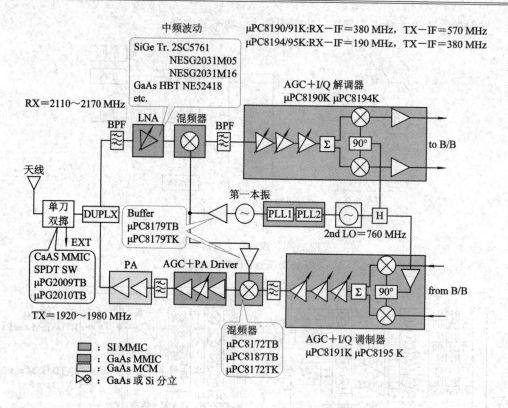

图 1-8 WCDMA 手机的射频电路

5G 通信的微波频率会突破 4G 以前的局限，增加的频段有 C 波段的 3.3～4.2 GHz、4.4～5.0 GHz 和毫米波段的 26.5～29.8 GHz、37～40 GHz。可以想象，工作于这些频段的微波电路将会得到蓬勃发展。

1.3 雷达系统 T/R 前端

雷达系统的基本框图如图 1-9 所示，虚线框内为雷达系统的 T/R 前端。发射机和接收机是雷达系统的关键分机，其所有组件模块的有关知识都是我们在微波电子线路课程中要学习的内容。

雷达作用距离与系统的信噪比密切相关，把雷达方程改写为雷达系统接收目标信号的信噪比，即

$$\frac{S}{N} = \frac{P_{av}A_e t_s \sigma}{4\pi \Omega R^4 k T_s L} \tag{1-2}$$

式中：P_{av} 为平均功率、A_e 为天线面积、t_s 为 Ω 角内的扫描时间、σ 为雷达截面积、Ω 为扫描立体角、R 为目标距离、T_s 为系统温度、L 为系统损耗。

由式(1-2)可以看出：要想提高信噪比，应该从以下三个途径采取措施：提高发射功率 P_{av}；降低系统损耗 L；使系统温度 T_s 最低。

雷达发射机和接收机的设计性能直接影响这三个参数。本书所讲的内容直接决定这三个参数的指标。发射机和接收机具体结构如图 1-10 所示，虚线内的各个微波电路模块，

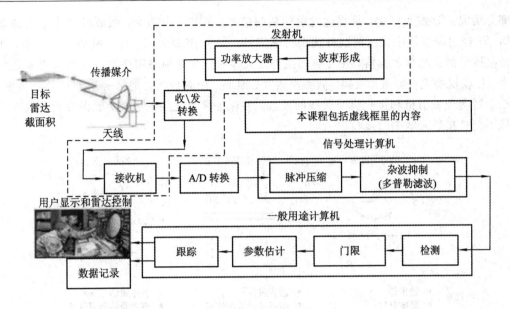

图 1-9 雷达系统基本框图

除滤波器是前修课程内容，其余都是我们要学习的知识。

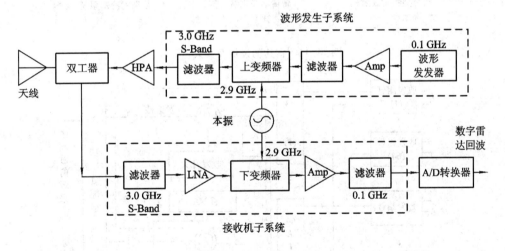

图 1-10 基本雷达发射机和接收机具体结构

1.3.1 有源相控阵雷达简介

在传统雷达的基础上，雷达技术经历了无源相控阵、有源相控阵、阵列雷达、MIMO 雷达的发展历程，图 1-11 简单给出了三种雷达天馈系统比较。有源相控阵雷达是目前各类防务系统的主力雷达。图 1-12 是有源相控阵雷达馈电系统框图。不同型号或功能雷达的收发组件的数量不同，例如某海基球状 X 波段相控阵雷达有 45 056 个 T/R 组件，某防御系统板状 X 波段相控阵雷达有 25 334 个 T/R 组件。图 1-13 给出每个 T/R 组件中的微波电路框图。其中每个电路模块都有一整套理论和各种具体结构以及工艺要求。这里给出简单说明，详细技术在每章课程中学习。从图 1-9 到图 1-13 中可以看出雷达发射机由两部分构成：① 波束产生，是雷达发射的调制信号，低频、小功率，微波源产生连续波微波信号，经过调制器变成已调制微波小功率信号；② 功率放大器，增强微波信号功率，通常是晶体管固态功率放大器，在经典的抛物面天线雷达中必须采用微波电真空管得到超大功率。接收机要完成滤波、限幅、低噪声放大、混频、中频放大，把信号送到信号处理单元。双工器实现发射机和接收机与天线的连接，并保证两者之间的隔离，确保发射机高功率信号不会直接进入敏感的接收机。

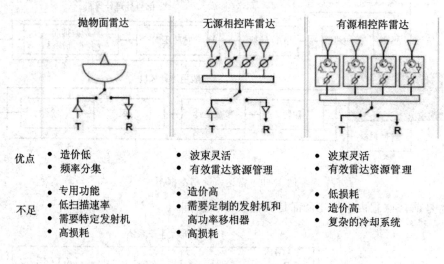

图 1-11 雷达的发展及其天馈结构

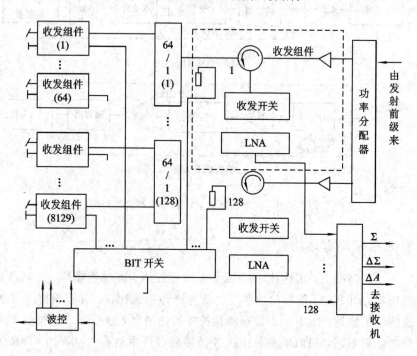

图 1-12 有源相控阵雷达天馈系统框图

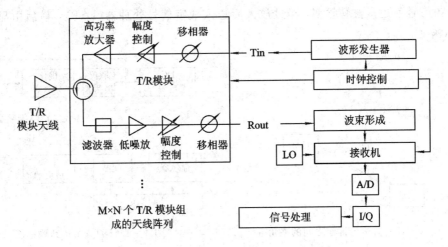

图 1-13　相控阵雷达 T/R 组件微波电路框图

1.3.2　多普勒测速雷达

多普勒效应是指当发射源和接收者之间有相对径向运动时，接收到的信号频率将发生变化。这一物理现象首先在声学上由物理学家克里斯顿·多普勒于 1842 年发现。1930 年左右开始将这一规律运用到电磁波领域。

在多普勒测速雷达中，如果目标向着雷达运动，反射波的频率会增加；如果目标远离雷达运动，反射波的频率会降低。反射波频率的变化就是多普勒频率，这个频率含有目标运动速度的信息，如图 1-14 所示。

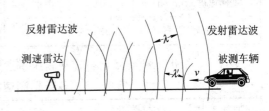

图 1-14　多普勒测速示意图

多普勒频率为

$$f_d = \frac{2v}{c} f_0 \qquad (1-3)$$

式中：v 为运动目标的速度；c 为光速；f_0 为发射波频率。

因此，目标运动速度为

$$v = \frac{f_d c}{2f_0} \qquad (1-4)$$

可见，只要测出多普勒频率就可以得出运动目标的速度。通常，测速雷达发射源为连续波工作。按照国际惯例，测速雷达的工作频率为 10.5 GHz、24.15 GHz、35.5 GHz 或76.5 GHz。

实际中，雷达与目标之间往往有一个夹角 θ，如图 1-15 所示。故多普勒频率也可写为

$$f_d = 2v \frac{f_0}{c} \cos\theta \qquad (1-5)$$

如果目标与测速雷达垂直，则没有多普勒频率；如果目标与雷达是径向的，或者夹角 θ很小（小于 10°），则多普勒频率为式（1-3）所示。

图 1-16 是多普勒测速雷达的结构框图。微波源是体效应二极管（GUNN）点频振荡器（耿氏振荡器），经过极化分离器到达喇叭发射出去，回波信号经过极化分离器到达混频

器，中频信号就是多普勒频率，经过放大后送入数字信号处理器（DSP），最后由显示器指示目标速度。

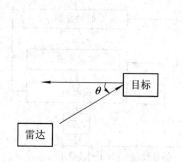

图 1-15   雷达与目标之间的夹角

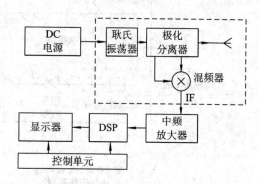

图 1-16   测速雷达结构框图

由式(1-3)可知，多普勒频率与微波发射源的频率有关。表 1-2 给出了两个发射频率下不同速度的多普勒频率。发射频率越高，多普勒频率越大。因此，目前流行的测速雷达的工作频段是 Ku 波段和毫米波段。

表 1-2   发射频率与多普勒频率的关系

发射频率/GHz	24.15			76.50		
目标速度/(km/h)	10	80	200	10	80	200
多普勒频率/Hz	224	1790	4475	709	5670	14 176

表 1-3 给出三种商品化多普勒测速雷达的主要电气指标，以供参考。

表 1-3   多普勒测速雷达的主要电气指标

微波频率	24 150 GHz	35 500 GHz	76 500 GHz
发射机输出功率	+10 dBm(典型值)	+10 dBm(典型值)	+10 dBm(典型值)
变频损耗	6 dB(典型值)	6 dB(典型值)	9 dB(典型值)
中频带宽	DC~100 MHz(最小值)	DC~100 MHz(最小值)	DC~100 MHz(最小值)
主瓣宽度	12°(典型值)	12°(典型值)	12°(典型值)
副瓣宽度	−20 dB(最大值)	−20 dB(最大值)	−20 dB(最大值)
极化	右旋圆极化	右旋圆极化	右旋圆极化
谐波抑制	−16 dBc(最大值)	−16 dBc(最大值)	−16 dBc(最大值)
$\Delta f/\Delta T$	−0.20 MHz/℃(最大值)	−0.40 MHz/℃(最大值)	−4.0 MHz/℃(典型值)
$\Delta P/\Delta T$	−0.03 dB/℃(最大值)	−0.04 dB/℃(最大值)	−0.04 dB/℃(典型值)
直流偏置	+5.5 V/250 mA(典型值)	+5.5 V/350 mA(典型值)	+5.5 V/650 mA(典型值)
工作温度	−40~85℃	−40~−85℃	−40~+85℃

第 2 章　微波半导体基础

```
———— 本 章 内 容 ————

微波半导体材料
微波器件的分类
微波半导体原理
微波二极管
微波三极管
世界知名微波半导体产品
```

　　微波半导体器件是微波电子系统中的主要非线性器件，包括微波二极管、微波三极管和单片微波集成电路。由于微波信号的特殊性和完成功能的多样性，成熟的微波半导体材料和工艺有许多种，新型的微波半导体品种层出不穷，成为微波领域和微电子领域内发展最为活跃的学科方向。

　　就基本原理而言，微波半导体器件是普通半导体器件向更高频率的发展产物，仍然会用到半导体物理知识，所不同的是要考虑器件尺寸和材料带来的分布参数。为了得到某些微波性能的改进，就要研究专门用途的器件。现代微波电路的设计离不开 CAD 技术，半导体厂家会给出成熟产品的器件等效电路模型便于电路仿真，得出器件的直流工作点，输出信号性能指标等。由于技术和商业的原因，厂家提供器件的非线性数据比线性数据少，因此有源器件非线性参数的提取是一项主要任务。

　　本章先简要介绍有关的半导体基础知识，再重点讲解一些重要的二极管、三极管等器件的工作原理与特性。

2.1　微波半导体材料

　　微波半导体常用的材料有硅 Si、锗 Ge、硅锗 SiGe、砷化镓 GaAs、磷化铟 InP、金属氧化物半导体 MOS、三元或四元Ⅲ-Ⅴ族化合物（如镓 GaInAs、GaInAsP、AlGaAs）。表2－1给出了常见半导体材料的特性参数。可以看出，GaAs 材料比 Si、Ge 材料具有更高的电子迁移率和饱和迁移速度，并能得到较高电阻率的衬底，更适合于制作微波频段的MESFET和 MMIC 器件；而 Si 材料具有较高的热导率，适用于高功率场合。近年来，SiC、GaN 等宽禁带材料在微波功率器件方面有了长足的发展，进入实用阶段。

表 2 - 1　常见半导体材料的特性参数($T=25℃$，$N=10\ \text{cm}^{-3}$)

参　　数	GaAs	Si	Ge	GaAs 2DEG
电子迁移率/(cm²/Vs)	5000	1300	3800	8000
空穴迁移率/(cm²/Vs)	330	430	1800	
饱和迁移速度/(cm/s)	$1\times10^7\sim2\times10^7$	0.7×10^7	0.6×10^7	$2\times10^7\sim3\times10^7$
带隙/eV	1.42	1.12	0.66	
雪崩电场/(V/cm)	4.2×10^5	3.8×10^5	2.3×10^5	
理论最大温度/℃	500	270	100	
实际最大温度/℃	175	200	75	
热导率 150℃时，25℃时 /[W/(cm℃)]	0.30，0.45	1.00，1.40	0.40，0.60	0.30，0.45

采用不同的工艺对本征半导体材料进行不同的掺杂形成 N 型和 P 型半导体，就可以制成各种电子器件。由于电子的迁移率远大于空穴的迁移率，因而在射频与微波频段内大量采用 N 型半导体和金属－N 型半导体结，即肖特基(Schottky)接触，实现各类微波器件。

2.2　微波器件的分类

微波器件的工作状态可分为线性和非线性两种情况。非线性状态就是器件的大信号工作状态。大信号的典型实例是混频器、振荡器和功率放大器。一般地，器件的非线性特性与频率无关，但在射频与微波情况下，必须考虑器件的非线性电容所起的作用。非线性 CAD 是微波领域的一个热门话题。对于小信号工作，半导体器件厂家提供一组与偏置有关的 S 参数，而在大信号情况下，偶尔能在器件手册或厂家网站上看到器件的非线性模型。通常，SPICE 程序使用的是简单二极管模型、BJT 模型和 FET 模型及其在频率上的扩展。SPICE 程序利用器件在中、大信号下的一组非线性参数来描述半导体，并决定器件的直流偏置点、时间、频率响应及其温度特性。近年，已经出现了微波 MWSPICE 程序或具有这些功能的完全 CAD 工具。本节给出微波半导体器件的基本情况，为读者提供一些处理大信号问题的思路。

器件包括 PN 结二极管、肖特基二极管、PIN 二极管、变容二极管、阶跃恢复二极管、雪崩二极管和体效应二极管。二极管的非线性特性是指器件的电容和正向偏置电流。

微波三端晶体管器件包括：

(1) BJT 双极结晶体管是普通三极管向射频与微波频段的发展。使用最多的等效电路模型是 Gummel-Poon 模型，之后出现了 VBIC 模型、MEXTRAM 模型和 Philips 模型。这些等效电路模型是器件仿真和电路设计的基础。

(2) MOSFET 金属氧化物场效应管在 2.5 GHz 以下频段应用得越来越多。双扩散金属氧化物半导体 DMOS 是 CMOS 晶体管向高频的发展，侧面双扩散金属氧化物半导体 LDMOS 器件是大功率微波放大器件。SPICE 给出了双极型 CMOS 的非线性模型

Bi-CMOS、N 型 MOSFET 和 P 型 MOSFET 模型。

（3）MESFET 金属半导体场效应管在 GaAs 基片上同时实现肖特基势垒结和欧姆接触。这是一个受栅极电压控制的多数载流子器件。这种器件的非线性模型 MESFET/HEMT 由几个著名的器件和软件厂商给出，还在不断完善中。

（4）HEMT（PHEMT 和 MHEMT）高电子迁移率器件在很多场合下已经取代了 MESFET 器件。这种器件于 1980 年提出，近几年来才有大量的工程应用。PHEMT 是点阵匹配的伪 HEMT 器件；MHEMT 是多层涂层结构的变形 HEMT 器件，发展潜力较大。

（5）HBT 异质结双极结晶体管是为了提高 GaAs BJT 的发射效率于 1965 年推出的，经历了漫长的发展过程，1985 年出现的 SiGe BJT 最大结温 $T_{j,\,max}$ 为 155℃，呈现出良好的微波特性。

自 1988 年以来，微波半导体器件的性能得到了迅猛的发展，增益高、噪声低、频率高、输出功率大。技术的进步、模型的完善使得 PHEMT 器件成为 2 GHz 无线电系统的主力器件。不断出现的新材料带来微波器件材料日新月异的发展。SiC 和 GaN 的发明已经使得 FET 实现大高功率器件，N 沟道 MOSFET 有望担纲 60 GHz 器件。表 2-2 列出五种基本微波三端器件的特点，每种器件的详细知识将在本章内陆续介绍。

表 2-2　五种微波三端器件

器件 名称	双极结 晶体管	金属氧化物 场效应管	金属半导体 场效应管	高电子迁移 率器件		异质结 晶体管
	BJT	MOSFET	MESFET	PHEMT	MHEMT	HBT
材料	Si	CMOS DMOS LDMOS	Si GaAs	Al_2O_3 GaAs InGaAs	InAlAs/ InGaAs	InGaP/ InGaAs SiGe
原理	电流控制信号放大	电压控制信号放大	电压控制信号放大	电压控制的高电子迁移率 2DEG 浓度和运动的变化实现对信号的放大		电流控制信号放大
用途	微波低频段低噪声放大器、功率放大器、振荡器等	微波低频段功率放大器等	微波高频段低噪声放大器、功率放大器、振荡器等	微波高频段毫米波段 低噪声放大器、功率放大器、振荡器等		微波频段低噪声放大器、功率放大器、振荡器等

2.3　微波半导体原理

2.3.1　微波半导体的能带模型

对于微波半导体特性的解释，通常采用两种模型：共价键模型和能带模型。共价键模型能够直观地说明半导体所具有的很多性质，而能带模型可以加深我们对半导体的理解，可以定量讨论半导体的基本特性。

大家知道，原子核位于中心，核外电子按一定的轨道绕核转动。需要强调的特征是：核外每个电子的能量都不是任意的，只能取一系列分立的确定值，不同的轨道对应不同的能量。电子能量只能取一系列分立值的这种特征叫做电子能量量子化，量子化的能量值称为能级。把能级用一段横线表示，按能量由小到大把能级从下向上排列起来，即可构成原子中电子的能级图。当这些原子组成晶体时，根据泡利不相容原理，没有两个（或两个以上）电子的量子状态是完全一样的，这样原来孤立原子中的一系列能级都将分裂成一系列能带，在能带中各能级彼此靠得很近，总体占有一定的能量范围。以半导体硅为例，在孤立硅原子组成硅晶体时，形成了能量级别不同的两个能带，如图 2-1 所示。

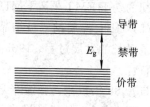

图 2-1 能带模型

设不存在热能，即温度为绝对零度（$T=0\text{K}$），这时所有的电子都束缚在对应原子上，电子的能量较低，都位于低能带上，而且恰好把低能带填满，这些电子即是半导体共价键中的电子，称为价电子，这一能带称为价带；能量较高的能带完全空着，这一能带一般称为导带；在这两个能带之间存在着空隙，在空隙所占的能量范围内是不存在任何电子的能量状态的，即电子不可能在这些范围内存在，这一空隙称为禁带，在室温下，硅的禁带宽度 E_g 约为 1.12 eV。锗的能带结构与硅类似，禁带宽度在室温下约为 0.66 eV。半导体材料的禁带越宽，其耐高温、耐腐蚀、耐辐射等特性越好，宽禁带器件是微波半导体的一个重要发展方向。

2.3.2 半导体的本征激发

如果半导体晶体中所有的共价键都是完整的，处于束缚状态，即使存在着电场的作用也不可能形成电流，晶体原子的正电荷与周围电子的负电荷正好数量相等，对外呈现电中性。假如存在热能，并且共价键中的电子获得足以挣脱键约束的能量，就会成为自由电子。一旦出现了一个自由电子，必然在原来的键上留下一个电子的空位。另外一个键上的电子填补了这个空位时，另一处又会出现一个空位，相当于正电荷移到了另一处，这就是正电荷在晶体内转移的过程。在无电场作用时，这种空位的运动与自由电子相同，是完全无规则的。如果有电场作用，那么空位和自由电子的迁移都能获得定向运动的成分，形成方向一致的电流。我们把自由电子和空穴统称为载流子。这种原来束缚在键上的电子接受了足够的能量之后，挣脱约束形成电子-空穴对的过程称为本征激发。

如果一个自由电子和一个空穴在移动中相遇，就会造成一对自由电子和空穴同时消失，这一过程称为复合。从能带模型角度来看，对应共价键模型中所有的价电子都在共价键上，没有任何自由电子和空穴的情况，是价带全满、导带全空的情形，这时半导体是不导电的。共价键中的电子自外界获得能量，核外电子挣脱键的束缚成为自由电子，同时留下空穴的过程，相当于电子自价带跃迁到导带的情形，如图 2-2 所示，这时半导体开始导电。研究证明：只有当能带中填有电子，而又未被电子填满时，半导体才具有导电能力。如果导带中的电子又落回到价带中，即为载流子的复合（直接复合）。正是受到复合过程的制约，当

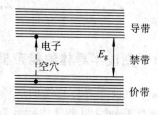

图 2-2 本征激发

外界能量一定时，随着载流子数目的增加，载流子复合的数目也在增加，载流子数目最终会达到动态平衡，而不会出现价带中电子被全部激发到导带中的情况。

设 n_0 和 p_0 为半导体中热平衡状态下电子和空穴的浓度，它们遵从费米统计

$$\begin{cases} n_0 = N_C \exp\left(-\dfrac{E_C - E_F}{kT}\right) \\[2mm] p_0 = N_V \exp\left(-\dfrac{E_F - E_V}{kT}\right) \end{cases} \qquad (2-1)$$

式中：k 为玻尔兹曼常数；T 为热力学温度；N_C 为导带底的有效能级密度；N_V 为价带顶的有效能级密度；E_F 为费米（Fermi）能级，它并不是一个能为电子所占据的"真实"能级，而是反映了电子填充能带的水平；E_C 和 E_V 分别表示导带底和价带顶的能量。

用 E_i 表示本征情况下的费米能级，可求得

$$\begin{cases} E_F = E_i + \dfrac{kT}{2} \ln \dfrac{n_0}{p_0} \\[2mm] E_i = \dfrac{E_C + E_V}{2} + \dfrac{kT}{2} \ln \dfrac{N_V}{N_C} \end{cases} \qquad (2-2)$$

N_C 与 N_V 近似相等，E_i 数值上表示 E_C 与 E_V 的平均值。对于本征半导体，产生的自由电子和空穴数目相同（$n_0 = p_0$），$E_F = E_i$，因而 E_F 在室温下非常靠近禁带的中部（E_C 与 E_V 的平均值）。

本征激发状态下，用 n_i 表示本征浓度，有

$$\begin{cases} n_0 = p_0 = n_i \\[2mm] n_0 \cdot p_0 = n_i^2 \end{cases} \qquad (2-3)$$

上式是动态平衡条件成立的标志。引入 E_i 和 n_i 后，热平衡状态下电子和空穴的浓度为

$$\begin{cases} n_0 = n_i \exp\left(\dfrac{E_F - E_i}{kT}\right) \\[2mm] p_0 = n_i \exp\left(\dfrac{E_i - E_F}{kT}\right) \end{cases} \qquad (2-4)$$

2.3.3　掺杂

掺杂是在半导体中引入其他元素使其电特性发生较大改变。掺入 V 族元素磷（P，外层有 5 个电子）的硅晶体内的载流子都以电子为主。电子成为多数载流子，简称为多子；空穴成为少数载流子，简称少子。以电子为多子的半导体称为 N 型半导体，给出电子的杂质称为施主。同理，若掺入的杂质是 Ⅲ 族元素硼（B，外层有 3 个电子）的硅晶体内空穴的浓度将大于电子浓度，空穴成为多子，电子成为少子，这种半导体称为 P 型半导体，给出空穴的杂质称为受主。

如果半导体内同时掺入施主杂质和受主杂质，它们的作用将互相抵消，称为补偿作用。如果恰好掺杂一样多的施主杂质和受主杂质，这样的半导体在导电能力上与本征半导体一样。

从能带模型来看，施主电子的能级（称为施主能级）应在禁带之中，处于导带底的下方，紧邻导带，与导带底的距离等于施主的电离能 E_D，而且各个施主能级之间是分开的。可以证明，在掺杂状态下式（2-2）也是适用的，由于 $n_0 > p_0$，费米能级将升高，接近导带，

如图 2 - 3(b)所示。同样，受主能级也位于禁带之中，价带顶的上方，紧邻价带，由于 $n_0 < p_0$，费米能级将降低，接近于价带，如图 2 - 3(c)所示。当本征半导体中同时掺有施主杂质和受主杂质时，决定半导体导电特性的是两种杂质的浓度差，即二者冲抵后的净效果。

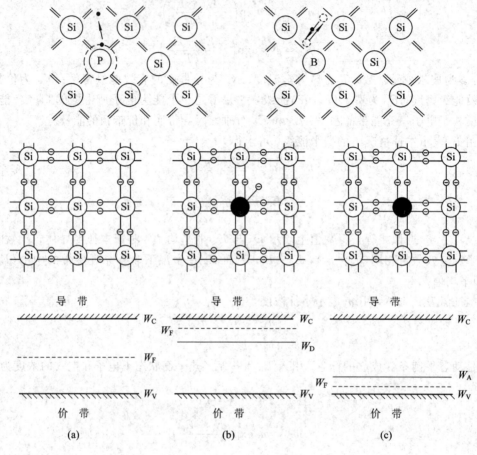

图 2 - 3　掺杂的能带结构

(a) 本征半导体；(b) N 型半导体；(c) P 型半导体

当本征半导体掺杂后，多子和少子浓度仍然满足式(2 - 3)、式(2 - 4) 的关系，即多子浓度与少子浓度满足反比关系；多子越多，少子就越少。一般地，近似把室温下掺杂半导体中的多子浓度看做掺入的杂质浓度，即在 N 型半导体中 $(n_0)_n \approx N_D$(施主浓度)，在 P 型半导体中 $(p_0)_p \approx N_A$(受主浓度)，则 N 型半导体中与 P 型半导体中少子浓度分别为

$$(n_0)_p = \frac{n_i^2}{N_A}$$

$$(p_0)_n = \frac{n_i^2}{N_D}$$

$$(2 - 5)$$

2.3.4　载流子的运动

1. 载流子漂移和漂移电流

在电场的作用下，半导体中的载流子会做定向运动，运动产生的电流称为漂移电流。

研究表明，一块均匀掺入杂质的半导体的导电特性服从欧姆定律，电流强度正比于半导体两端的电压，即

$$\begin{cases} n\bar{v}_n(-q)A \propto U \\ p\bar{v}_p(+q)A \propto U \end{cases} \tag{2-6}$$

式中：n 和 p 分别为电子和空穴的浓度；$\bar{v}_n$ 和 $\bar{v}_p$ 分别代表电子和空穴的平均漂移速度；A 为垂直于电流方向的截面积。考虑半导体的长度，由电场强度和电压的关系可得

$$\begin{cases} \bar{v}_n = -\mu_n E \\ \bar{v}_p = \mu_p E \end{cases} \tag{2-7}$$

式中：比例常数 μ 称为迁移率，表示单位电场强度下载流子的平均漂移速度，在一定电场强度范围内，迁移率是一个与电场强度无关的常数，当电场强度增大到一定程度以后，迁移率将随着电场强度的增加而下降，载流子的漂移速度也将趋近于饱和值。

半导体的漂移电流是空穴和电子两种载流子的漂移电流之和：

$$(I)_漂 = (I_p)_漂 + (I_n)_漂 = qEA(n\mu_n + p\mu_p) = q\frac{U}{l}A(n\mu_n + p\mu_p) \tag{2-8}$$

根据欧姆定律 $R=\dfrac{U}{I}$ 及 $R=\dfrac{\rho l}{A}$，可得电阻率和电导率为

$$\begin{cases} \rho = \dfrac{1}{q(\mu_n n + \mu_p p)} \\ \sigma = \dfrac{1}{\rho} = q(\mu_n n + \mu_p p) \end{cases} \tag{2-9}$$

2. 载流子扩散和扩散电流

在半导体中，如果载流子的浓度存在差异，它就会从浓度高的地方向浓度低的地方迁移，这种现象称为扩散。因为载流子带有电荷，所以这种载流子的扩散运动将形成电荷的迁移，这就是扩散电流。这种扩散和扩散电流是许多半导体器件工作的基础。若只考虑沿 x 方向的一维扩散情形，对应的电子扩散电流和空穴扩散电流为

$$\begin{cases} (I_n)_扩 = -(-q)D_n A \dfrac{dn}{dx} \\ (I_p)_扩 = -(+q)D_p A \dfrac{dp}{dx} \end{cases} \tag{2-10}$$

式中：D 称为扩散系数；式前的负号表示扩散总是由高浓度处向低浓度处进行，A 为半导体内垂直于电流方向的截面积，在该截面内的扩散电流密度处处相等。可以看出：带正电荷的空穴的扩散电流的流向与空穴扩散方向一致；带负电荷的电子的扩散电流的流向与电子扩散方向相反。

3. 漂移与扩散的关系

迁移率 μ 反映了在电场作用下载流子定向运动的难易程度，扩散系数 D 反映了载流子扩散的本领大小。漂移过程和扩散过程都要受到载流子在晶体中所经历的"碰撞"的制约，扩散的难易程度同漂移的难易程度是一致的。这个现象可用爱因斯坦关系来描述：

$$\frac{D_n}{\mu_n} = \frac{D_p}{\mu_p} = \frac{kT}{q} \tag{2-11}$$

半导体器件工作时，如果既存在外加电场，又存在载流子浓度的梯度，载流子将同时

参与漂移和扩散运动,器件内将同时出现漂移电流和扩散电流。总的电子和空穴电流密度可写为

$$\begin{cases} J_n = (J_n)_{漂} + (J_n)_{扩} = qn\mu_n E + qD_n \dfrac{\mathrm{d}n}{\mathrm{d}x} \\ J_p = (J_p)_{漂} + (J_p)_{扩} = qp\mu_p E - qD_p \dfrac{\mathrm{d}p}{\mathrm{d}x} \end{cases} \quad (2-12)$$

由式(2-11)可得,$\mu = \dfrac{Dq}{kT}$,代入上式得

$$\begin{cases} J_n = qD_n \left(\dfrac{\mathrm{d}n}{\mathrm{d}x} + \dfrac{nq}{kT}E \right) \\ J_p = qD_p \left(\dfrac{pq}{kT}E - \dfrac{\mathrm{d}p}{\mathrm{d}x} \right) \end{cases} \quad (2-13)$$

设 A 为半导体内垂直于电流方向的某一截面的面积,在该截面内的总电流密度处处相等,对应的总电流为

$$\begin{cases} I_n = (I_n)_{漂} + (I_n)_{扩} = \left(qn\mu_n E + qD_n \dfrac{\mathrm{d}n}{\mathrm{d}x} \right)A \\ I_p = (I_p)_{漂} + (I_p)_{扩} = \left(qp\mu_p E - qD_p \dfrac{\mathrm{d}p}{\mathrm{d}x} \right)A \end{cases} \quad (2-14)$$

当半导体处于热平衡状态下,应有 $I_n = 0$,$I_p = 0$。根据式(2-14),当半导体内部存在浓度梯度时,$\dfrac{\mathrm{d}n}{\mathrm{d}x} \neq 0$,$\dfrac{\mathrm{d}p}{\mathrm{d}x} \neq 0$,则半导体内部必然存在一个内建电场 $E \neq 0$ 来抵消由浓度梯度所产生的扩散效果,这是"结"内电场产生的基础。

2.3.5　PN 结

在同一块半导体不同区域内实现 P 型和 N 型两种掺杂,P 型区与 N 型区的边界及其附近很薄的过渡区称为 PN 结,它是大多数半导体器件的核心部分。

1. PN 结的接触电势差与势垒

P 型半导体和 N 型半导体接触后,接触交界面两侧的载流子浓度不同,P 区的空穴将穿过交界面向 N 区扩散,在 P 区暴露出带负电的电离受主,N 区的电子也将穿过交界面向 P 区扩散,在 N 区暴露出带正电的电离施主,如图 2-4 所示。在结的两侧附近形成了带异性电荷的空间电荷层,将产生内建电场,此电场的方向为由 N 区指向 P 区。随着扩散的不断进行,空间电荷层的电量不断增加,内建电场不断增强,将阻止空穴和电子穿过交界面的扩散,最终达到平衡状态。载流子不再流动,内建电场和空间电荷层的厚度也达到一个定值。

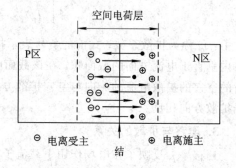

图 2-4　PN 结空间电荷区

可以想象,N 区的电势高于 P 区的电势,在空间电荷层两侧存在的这种电势差称为内

建电势差。如图 2-5 所示，PN 结的内建电势差就是 P 型半导体和 N 型半导体的接触电势差，一般把 P 区相对于 N 区的接触电势差记为 Φ。

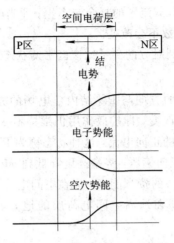

图 2-5　PN 结接触电势差

考察 P 型和 N 型半导体的能带模型，如图 2-6 所示，在热平衡状态下互相接触的材料必有统一的费米能级。当两种半导体接触时，P 区的能带将整体升高 $(E_F)_n - (E_F)_p = q\Phi$。由于电子所带电量为负，而 P 区电势比 N 区电势低，因此 Φ 为负，这样 P 区电子能量的提高值应为正。根据掺杂情况下费米能级的研究结果，可求得

$$\Phi = \frac{kT}{q} \ln \frac{N_D N_A}{n_i^2} = \frac{kT}{q} \ln \frac{(p_0)_p}{(p_0)_n} = \frac{kT}{q} \ln \frac{(n_0)_n}{(n_0)_p}$$

对于两区各自的多子来说，结处的空间电荷层对应一个势垒，用 $q\Phi$ 表示势垒高度。

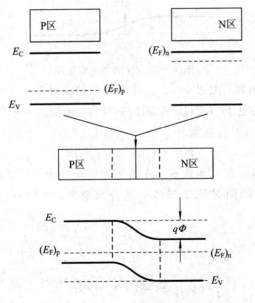

图 2-6　PN 结接触势垒的形成

2. PN 结的整流特性

为了便于进行 PN 结在外加电压下的电流分析，做如下的假设：

（1）外加电压全部加在空间电荷层，用来改变势垒高度。在空间电荷层以外的半导体中性区内，电压为零，载流子只作扩散运动。

（2）在空间电荷层内，没有载流子的复合与产生。即当电流流过 PN 结时，流过空间电荷层两个边界的电子数与空穴数不会改变。

（3）在正向电压下，注入到对方的少子比该区平衡状态下的多子少得多。

1）PN 结加正向偏压

在正向电压下，外加电场的方向与 PN 结内建电场的方向相反，因而削弱内建电场。结两侧的载流子浓度梯度并未改变，即扩散作用仍维持不变，电子容易自 N 流向 P，空穴容易自 P 流向 N，形成了较大的正向电流，这种状态称为 PN 结的正向导通状态。

从能带模型来看，PN 结正向偏压，势垒高度降低到 $q\Phi - qU$ 时，如图 2-7 所示。PN 结处于非平衡状态，不再有统一的费米能级，但在空间电荷层以外的 P 区和 N 区内，各自仍有各自的 $(E_F)_p$ 和 $(E_F)_n$，即在远离空间电荷层的地方，两区中的载流子仍处于平衡状态。

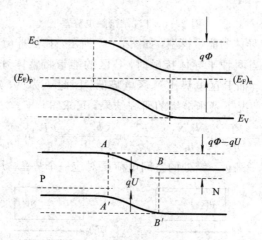

图 2-7　PN 结加正向偏压

由前面的假设（1）可知，流过 PN 结的电流可归结为计算电子和空穴的扩散电流。根据假设（2），流过 BB' 面的电子与流过 AA' 面的一样多，而流过 AA' 面的空穴也一定流过 BB' 面，这样可得流过 PN 结的总电流为

$$I = I_n(AA') + I_p(BB') \tag{2-15}$$

式中：$I_n(AA')$ 和 $I_p(BB')$ 分别为流过 AA' 面和 BB' 面的少子扩散电流。

考虑到少子在扩散的同时还要与多子复合而消失，可以证明，PN 结的伏安特性方程为

$$
\begin{aligned}
I &= qA\left[\sqrt{\frac{D_p}{\tau_p}}(p_0)_n + \sqrt{\frac{D_n}{\tau_n}}(n_0)_p\right]\left[\exp\left(\frac{qU}{kT}\right) - 1\right] \\
&= qA\left[\frac{D_p}{L_p}(p_0)_n + \frac{D_n}{L_n}(n_0)_p\right]\left[\exp\left(\frac{qU}{kT}\right) - 1\right] \\
&= I_s\left[\exp\left(\frac{qU}{kT}\right) - 1\right]
\end{aligned} \tag{2-16}
$$

式中：A 为 PN 结的结面积；τ_p 和 τ_n 分别为 N 区和 P 区的非平衡少数载流子的寿命，反映

少数载流子因复合而消失的快慢；L_{p} 和 L_{n} 为非平衡少数载流子平均走过的距离，分别称为空穴扩散长度及电子扩散长度，$L_{\mathrm{n}} = \sqrt{D_{\mathrm{n}}\tau_{\mathrm{n}}}$，$L_{\mathrm{p}} = \sqrt{D_{\mathrm{p}}\tau_{\mathrm{p}}}$。

对于给定的 PN 结，I_{S} 为一确定值。当 PN 结接正向偏压时（U 取正值），$\exp\left(\dfrac{qU}{kT}\right) > 1$，伏安特性方程（2－16）可近似写为

$$I \approx I_{\mathrm{S}} \exp\left(\frac{qU}{kT}\right) \tag{2-17}$$

在正向偏压下，PN 结的电流与电压成指数关系。

2）PN 结加反向偏压

外电源在结处的电场方向与 PN 结内建电场的方向一致时，使得结处电场加强。这个电场除抵消了扩散作用之外，还把 P 区中进入空间电荷层的电子（P 区少子）推向 N 区，把 N 区中进入空间电荷层的空穴（N 区少子）推向 P 区。能进入空间电荷层的少子数量是有限的，形成的反向电流很小，而且电流很容易饱和，即在相当的电压范围内，反向电流一直保持不变，呈现反向截止状态。

从能带模型角度看，势垒将加高，由 $q\Phi$ 增加到 $q\Phi + qU$，如图 2－8 所示。经过与正向状态相同的分析可得，反向状态下的伏安特性方程仍然可用式（2－16）表示，由于 U 取负值，$\exp\left(\dfrac{qU}{kT}\right) < 1$。当 $\exp\left(\dfrac{qU}{kT}\right)$ 的值与 1 相比可以略去时，有

$$I \approx -I_{\mathrm{S}}$$

I_{S} 称为反向饱和电流。综合上述的讨论，用图 2－9 所示的伏安特性曲线来表示 PN 结的特性，这种非线性关系也称为整流特性。

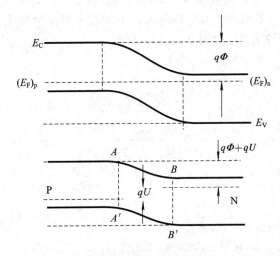

图 2－8　PN 结加反向偏压

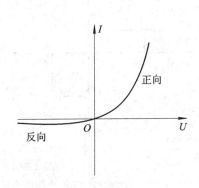

图 2－9　PN 结电压电流特性

3. PN 结的电容效应

PN 结的空间电荷层储存着电量，其数量与加于结上的电压有关。当 PN 结加上交变电压时，表现出来的特性与电容器的特性相似，这表明 PN 结具有电容效应。PN 结的电容效应有两种：势垒电容和扩散电容。这里将首先介绍 PN 结的电荷、电场及电势分布。

1) PN 结的电荷、电场及电势分布

按照制作工艺的不同，PN 结可以分为两种类型：突变结与缓变结。突变结是指 N 区的"施主"浓度 N_D 均匀不变，P 区的受主浓度 N_A 也均匀不变，只在结处发生突变，如图 2 - 10 所示。缓变结是用扩散法制造的 PN 结，设半导体原有的均匀分布的杂质浓度为 N_A（P 型），扩散进去的 N 型杂质分布为 $N_D(x)$，如图 2 - 11 所示，结的左侧为 N 型（$N_D > N_A$），右侧为 P 型（$N_A > N_D$）。

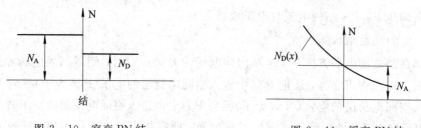

图 2 - 10　突变 PN 结　　　　　　　图 2 - 11　缓变 PN 结

现采用耗尽层模型分析空间电荷层的电荷密度。由于空间电荷层存在电场，不存在自由载流子，只存在电离施主和电离受主的固定电荷，因此认为空间电荷层的边界是突变的，边界之外的中性区电荷突然下降到 0。在突变结中，空间电荷密度在结两侧各点均为常数，在 N 区一侧单位体积中的正电荷数为 $+N_D q$，P 区一侧单位体积中的负电荷数为 $-N_A q$。根据电中性的要求，结两侧的电量总值相等，即

$$qN_D \times A \times \delta_n = qN_A \times A \times \delta_p \qquad (2-18)$$

式中：A 为 PN 结的结面积；δ_n 和 δ_p 分别为 N 区侧和 P 区侧空间电荷层的宽度。如图 2 - 12(a) 所示，两侧阴影部分的面积应相等。掺杂重的区域的空间电荷层较窄，掺杂轻的区域的空间电荷层较宽。对于缓变结，采用线性近似方法，在结附近的杂质分布曲线用该处的切线近似，杂质浓度随距离的变化呈线性关系，如图 2 - 12(b) 所示。

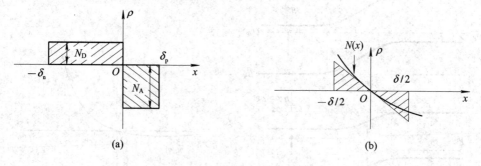

(a) 　　　　　　　　　　　　　(b)

图 2 - 12　PN 结空间电荷层宽度

(a) 突变 PN 结空间电荷层宽度；(b) 缓变 PN 结空间电荷层宽度

在 δ 不是很大时，结两侧的杂质分布是对称的，结两侧空间电荷层的宽度相同。根据 PN 结空间电荷层的电荷密度求出内电场强度 E 和电势 U。由一维泊松方程 $\dfrac{d^2 U}{dx^2} = -\dfrac{\rho(x)}{\varepsilon_r \varepsilon_0}$ 可以看出：电场强度随距离的变化与该处的空间电荷密度成正比。以突变结为例，N 区和 P 区的电势分布规律为

$$
\begin{cases}
U_{\mathrm{n}} = -\dfrac{qN_{\mathrm{D}}}{\varepsilon_0 \varepsilon_{\mathrm{r}}}\dfrac{x^2}{2} - \dfrac{qN_{\mathrm{D}}}{\varepsilon_0 \varepsilon_{\mathrm{r}}}\delta_{\mathrm{n}}x \\[3mm]
U_{\mathrm{p}} = \dfrac{qN_{\mathrm{A}}}{\varepsilon_0 \varepsilon_{\mathrm{r}}}\dfrac{x^2}{2} - \dfrac{qN_{\mathrm{A}}}{\varepsilon_0 \varepsilon_{\mathrm{r}}}\delta_{\mathrm{p}}x
\end{cases} \tag{2-19}
$$

空间电荷层两端之间的电势差 U_{t} 为

$$
U_{\mathrm{t}} = \varPhi - U = U_{\mathrm{n}}\mid_{x=-\delta_{\mathrm{n}}} - U_{\mathrm{p}}\mid_{x=\delta_{\mathrm{p}}} = \frac{q}{2\varepsilon_{\mathrm{r}}\varepsilon_0}(N_{\mathrm{D}}\delta_{\mathrm{n}}^2 + N_{\mathrm{A}}\delta_{\mathrm{p}}^2) \tag{2-20}
$$

当外加正向电压时，U 取正；当外加反向电压时，U 取负。

可以求得空间电荷层的总厚度 δ 为

$$
\delta = \delta_{\mathrm{n}} + \delta_{\mathrm{p}} = \left[\frac{2\varepsilon_{\mathrm{r}}\varepsilon_0}{q}\left(\frac{N_{\mathrm{D}}+N_{\mathrm{A}}}{N_{\mathrm{A}}N_{\mathrm{D}}}\right)U_{\mathrm{t}}\right]^{\frac{1}{2}} \tag{2-21}
$$

可见，在突变结中，$\delta \propto U_{\mathrm{t}}^{\frac{1}{2}}$。

如果突变结一侧为重掺杂，设 $N_{\mathrm{A}} \gg N_{\mathrm{D}}$，即 $\mathrm{P^+ N}$ 结，则有

$$
\delta = \left[\frac{2\varepsilon_{\mathrm{r}}\varepsilon_0}{q}\cdot\frac{1}{N_{\mathrm{D}}}U_{\mathrm{t}}\right]^{\frac{1}{2}} \approx \delta_{\mathrm{n}} \tag{2-22}
$$

可见：空间电荷层的厚度基本上由轻掺杂一侧的杂质浓度决定。由式(2-19)可知，$\dfrac{\mathrm{d}U}{\mathrm{d}x}$(电场强度)与 x 是线性关系。突变结空间电荷层的电荷、电场强度及电势三个量的变化规律如图 2-13 所示。由图可见，在结处电场强度 $\left|\dfrac{\mathrm{d}U}{\mathrm{d}x}\right|$ 最大，从结至空间电荷层边界，电场强度线性减小到零。根据电场强度曲线下的面积表示电压的原理，对于掺杂浓度不同的 PN 结来说，电压主要降落在轻掺杂一侧的空间电荷层内，即对于 $\mathrm{P^+ N}$ 结电压主要加在 N 区一侧空间电荷层，而对于 $\mathrm{N^+ P}$ 结，电压主要加在 P 区一侧空间电荷层。

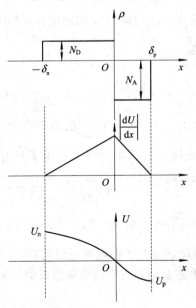

图 2-13 突变 PN 结电荷、电场及电势关系

用相同的方法可对缓变结进行讨论，此处不再赘述。

2) PN 结的势垒电容

用 Q 来表示 PN 结空间电荷层的正、负电荷量，由式(2-18)有

$$qN_D \times A \times \delta_n = qN_A \times A \times \delta_p = Q$$

即

$$\begin{cases} \delta_p = \dfrac{Q}{qN_A A} \\ \delta_n = \dfrac{Q}{qN_D A} \end{cases} \tag{2-23}$$

空间电荷层的总宽度为

$$\delta = \delta_n + \delta_p = \frac{Q}{qA}\left(\frac{N_D + N_A}{N_D N_A}\right) \tag{2-24}$$

式(2-24)应与式(2-21)等价，可得

$$Q = A\sqrt{\frac{2\varepsilon_0 \varepsilon_r q N_D N_A}{N_D + N_A}}U_t^{\frac{1}{2}} \tag{2-25}$$

所以

$$\frac{dQ}{dU_t} = A\sqrt{\frac{\varepsilon_0 \varepsilon_r q N_D N_A}{2(N_D + N_A)}}U_t^{-\frac{1}{2}} \tag{2-26}$$

式(2-26)表示空间电荷层中电量随电压的变化，具有电容的意义，称为 PN 结的势垒电容 C，即

$$C_t = \frac{dQ}{dU_t} = \frac{A\varepsilon_0 \varepsilon_r}{\delta} \tag{2-27}$$

与平板电容器的电容公式相同，PN 结的势垒电容可以等效为一个平板电容器的电容。式(2-27)中，$C_t \propto (U_t)^{-\frac{1}{2}}$ 或 $\dfrac{1}{C_t^2} \propto U_t = \Phi - U$，因此随着反向电压的加大，$U$ 加大，C 减小。势垒电容值是外加电压的函数。

3) PN 结的扩散电容

在正向偏置下 PN 结有少子注入效应，在空间电荷层两侧的少子扩散区内存在少子电荷的积累，这种电荷也与外加电压有关，存在 $\dfrac{dQ}{dU}$ 的电容效应，称为扩散电容。用 Q_p 表示 N 区中注入的空穴总电荷量，用 Q_n 表示 P 区中注入的电子总电荷量，可求得

$$C_d = \frac{dQ_p}{dU_t} + \frac{dQ_n}{dU_t} = \frac{q^2 (p_0)_n A}{kT}L_p \exp\left(\frac{qU_t}{kT}\right) + \frac{q^2 (n_0)_p A}{kT}L_n \exp\left(\frac{qU_t}{kT}\right) \tag{2-28}$$

对于 $P^+ N$ 结，可以忽略 $\dfrac{dQ_n}{dU_t}$ 的影响。由式(2-28)可见，扩散电容 C_d 随电压的增大按指数规律上升；考虑式(2-17)，C_d 与正向电流近似成正比。

与普通电容不同，扩散电容是分布在空间电荷层内的非平衡少子与非平衡多子所构成的无数个小电容的总和。

PN 结的总电容 C 是势垒电容与扩散电容之和，即 $C_j = C_t + C_d$。正偏时，因 C_d 通常远大于 C_t，故 $C_j \approx C_d$；反偏时，扩散电容极小，可以忽略，于是有 $C_j \approx C_t$。

4. PN 结的击穿

随着反向电压的增加，会导致 PN 结的击穿现象。一般地，击穿有三种情况：雪崩击穿、齐纳击穿和热击穿。

1）雪崩击穿

空间电荷层的电场强度随反向电压的加大而增强。构成反向电流的少子通过空间电荷层时被电场加速，动能也越来越大。具有足够能量的载流子与中性原子相碰撞时，使某些共价键断开，产生了新的电子－空穴对，称为碰撞电离。新产生的电子－空穴对继续被加速，获得足够的能量，使碰撞电离过程不断继续，产生的载流子数目迅速增加，反向电流也急剧增大。这种载流子倍增的现象与自然界的雪崩过程相似，称为 PN 结的雪崩击穿现象，对应的反向电压称为雪崩击穿电压。考虑雪崩击穿效应时，PN 结的伏安特性曲线如图 2 - 14 所示，这种现象称为硬击穿。

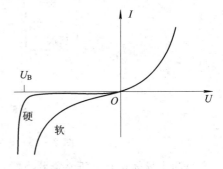

图 2 - 14　PN 结的击穿特性

2）齐纳击穿

重掺杂的 PN 结空间电荷层的电荷密度大，空间电荷层很薄，不太高的反向电压就能在空间电荷层内形成很大的电势梯度（电场强度）$\dfrac{dU}{dx}$。在强电场的作用下，会使价带中的电子激发到导带。这种现象也使反向电流大大增加，与雪崩击穿相似又不是雪崩击穿，称为齐纳击穿，也叫做隧道击穿或软击穿，图 2 - 14 给出了软击穿特性与硬击穿的反向电流的比较。

PN 结的击穿特性可以构成两种电路器件：稳压二极管和噪声发生器。改变半导体的掺杂浓度，可以获得工作于不同电压范围的稳压二极管。齐纳击穿可以产生宽频带的噪声信号，调整掺杂和工艺后，可以构成各个频段的标准噪声源。标准噪声源是射频与微波领域广泛使用的测试仪器。

3）热击穿

当反向电压增加时，反向电流增大，耗散在 PN 结上的功率增加，导致 PN 结温度升高。结温升高，又使阻挡层内的热激发载流子浓度增大，反向电流进一步增大。如果散热不良，就会恶性循环，导致 PN 结击穿。这种由 PN 结过热引起的击穿就是热击穿。热击穿会导致 PN 结永久性损坏，因此热设计是微波电路设计需要考虑的一个实际问题。

2.3.6　金属与半导体的肖特基接触

在一定工艺下，金属与半导体的接触具有非对称的导电特性，简称金半结构，或肖特基接触，其伏安特性与 PN 结的类似。金半结构是许多微波半导体器件的基本构造原理。与 PN 结相比，金半接触缺少一种半导体区域，电流通过的时间减少，更适合于构成射频及微波领域的各类器件。

1. 肖特基势垒——金半接触的接触电势差

肖特基势垒的特性与金属和半导体的逸出功（功函数）有关。逸出功表示电子从材料的费米能级进入材料外表面真空中且处于静止状态所需的能量，如图 2-15 所示。图中把电子在真空中的静止状态表示为真空能级，用 $(E_F)_M$ 和 $(E_F)_S$ 分别表示金属和半导体的费米能级，用 W_M 和 W_S 分别表示金属和半导体的逸出功，用 χ_S 表示半导体导带底与真空能级的能量差，又称为电子亲和能。

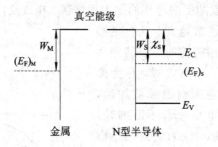

图 2-15　金属和 N 型半导体能带结构

金属和半导体接触处于平衡状态时，应有统一的费米能级。通过金属与半导体之间的电子转移，形成接触电势差。下面以金属与 N 型半导体形成金半接触为例介绍工作原理。

（1）金属的逸出功大于半导体的逸出功时，表明电子自金属中逸出要比从半导体中逸出困难。二者接触后，半导体中的电子流入金属，金属带负电，半导体带正电。形成的内建电场由半导体指向金属，它将阻止电子由半导体继续流向金属，结果是扩散电流与漂移电流两者大小相等、方向相反，对外不呈现电流。图 2-16 表示了当金属与半导体紧密接触时，接触电势差全部加在接触界面半导体一侧。可以看出，金半接触后在半导体表面形成了一个势垒，这就是肖特基势垒。

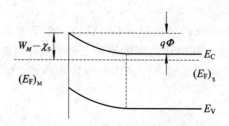

图 2-16　金属和 N 型半导体接触势垒

用 $q\Phi$ 表示势垒高度，其大小为 $(E_F)_S$ 与 $(E_F)_M$ 的差，或者写为 $q\Phi = W_M - W_S$，Φ 称为内建电势。半导体内的导带电子，只有获得 $q\Phi$ 的能量才能越过势垒由半导体进入金属。从金属方面看，如果电子具有从 $(E_F)_M$ 到半导体表面处导带底的能量，就能由金属进入半导体，因此金属一侧的势垒高度为 $q\Phi + [E_C - (E_F)_S] = W_M - \chi_S$。

可见，金属与 N 型半导体接触时，若 $W_M > W_S$，则在半导体表面形成正的空间电荷层，电场方向由半导体体内指向表面。若半导体体内电势为 0，则半导体表面电势 $U_S < 0$。半导体表面电子势能高于体内，能带向上弯曲形成表面势垒，表面处由于电子逸出而使浓度较体内低。势垒区（阻挡层）具有整流特性，或称导电的不对称性。

（2）若金属的功函数 W_M 小于半导体的功函数 W_S，此时应有由金属流向半导体的电子净转移，结果金属带正电，半导体带负电，电场方向由金属指向半导体，半导体表面电势高于体内电势,半导体表面处电子势能比体内低,能带向下弯曲,如图 2 - 17 所示。能带向下弯曲,表明半导体表面的电子浓度较体内高,是一个高导电区,称为反阻挡层。这种金半接触是非整流接触。

金属与 P 型半导体形成金半接触的情形正好与 N 型相反,当 $W_M > W_S$ 时,形成反阻挡层,而当 $W_M < W_S$ 时,形成阻挡层,这里不再论述。

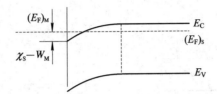

图 2 - 17　金属和 N 型半导体接触反阻挡层

2. 金半接触的整流特性

以金属与 N 型半导体接触,且 $W_M > W_S$ 的情况为例说明金半接触的整流特性。

1) 金半结两端加正向偏压

阻挡层中电子浓度小于体内电子浓度,形成一个高阻区,外加电压基本上加在阻挡层内。外电场方向与内建电场方向相反,削弱内建电场,使势垒高度降低,从平衡状态的 $q\Phi$ 降到 $q(\Phi - U)$,如图 2 - 18 所示。从金属流向半导体的电子流不变,但从半导体到金属的电子流增强,称为正向导通。由于半导体中电子浓度按能量的指数变化,对势垒高度的变化非常敏感,故这种正向电流将随外加正向电压按指数规律变化。根据热电子发射模型,可以得出金半结理想的伏安特性为

$$I = I_S \left[\exp\left(\frac{qU}{kT}\right) - 1 \right] \qquad (2 - 29)$$

式中: $I_S = Aqn\bar{v}_{th} \exp\left(-\frac{q\Phi}{kT}\right)$ 为反向饱和电流; A 为金半接触面积; q 为电子电量; n 为电子浓度; $\bar{v}_{th}$ 为电子在垂直金半接触面方向上的热运动平均速度; $\exp\left(-\frac{q\Phi}{kT}\right)$ 为玻尔兹曼因子; $n\exp\left(-\frac{q\Phi}{kT}\right)$ 表示能达到势垒顶的电子浓度。

一般认为 I_S 是常数,实际上与外加电压有一定关系。

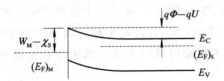

图 2 - 18　金半结加正向偏压

2) 金半结两端加反向偏压

外电场方向与内建电场方向一致,势垒升高后,从平衡状态的 $q\Phi$ 升高到 $q(\Phi + U)$,如图 2 - 19 所示。这时从金属流向半导体的电子流仍旧不变,从半导体流向金属的电子流大大削弱。由金属流向半导体的电子构成反向电流,这种反向电流比 PN 结的反向电流要大。式(2 - 29)对于加反向电压的情况也是适用的,此时 U 取负值。

图 2-20 给出了金半结和 PN 结的伏安特性曲线的比较。金半接触的伏安特性的特点是：正向压降小、导通电压低、正向和反向电流大、反向耐压低，非线性程度高。由于伏安特性曲线较陡，在同样偏压下金半结具有较小的结电阻，因此当外加大信号交流电压时可导致微分电导 $\dfrac{dI}{dU}$ 有较陡的变化，非线形好，速度快，更适宜制作微波器件。

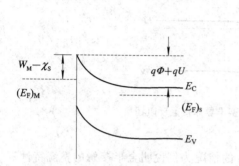

图 2-19 金半结加反向偏压

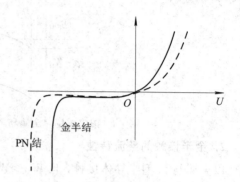

图 2-20 金半结的电压电流特性

3. 金半接触的电容效应

1）势垒电容

金半结的结电容值是外加电压的函数。金半结可以看做单边突变结，根据求 PN 结空间电荷层厚度的方法，求出金半（N 型）结半导体一侧的势垒区宽度与偏压的关系：

$$\delta = \left[\frac{2\varepsilon_r \varepsilon_0}{q} \frac{1}{N_D} U_t \right]^{\frac{1}{2}} \qquad (2-30)$$

根据平板电容器的电容计算公式可得

$$C_t = \frac{A\varepsilon_0 \varepsilon_r}{\delta} = A \left[\frac{q\varepsilon_0 \varepsilon_r}{2U_t} N_D \right]^{\frac{1}{2}} \qquad (2-31)$$

式中：$U_t = \Phi - U$，N_D 为 N 型半导体的掺杂浓度。

可以看出：在同样结面积和同样掺杂浓度下，金半结的势垒电容远比 PN 结的小。

2）扩散电容

金半结（N 结）的正向电流是从 N 型半导体流向金属的电子电流，是多子电流，不存在少子的积累，也就不存在扩散电容效应，这是金半结与 PN 结的显著区别。

金半结的电容远比 PN 结的小，大大减小对正向偏置时非线性电阻的旁路作用，"开关"特性好，这是以金半结为基础构成的半导体元件在射频和微波领域获得广泛应用的主要原因。

4. 金半接触的击穿

金半结势垒区的宽度较薄，其反向击穿电压比 PN 结低，故不能承受大的功率。

2.3.7　金属与半导体的欧姆接触

任何一个半导体器件都需要从器件芯片引出金属电极。金属与半导体的欧姆接触虽然也是金属与半导体的接触，但不是具有整流特性的肖特基接触。这种金属引线与半导体的接触应该具有对称的、线性的伏安特性，还要求接触电阻尽可能小。

实践中欧姆接触的构成方式：在 N 型（或 P 型）半导体上先形成一层重掺杂 N^+（或 P^+）层，然后再与金属接触，即为"金属 – N^+ – N"或"金属 – P^+ – P"结构。

金属与重掺杂半导体接触时，在半导体内形成的势垒层很薄。对于金属和半导体两侧的电子，这样薄的势垒区几乎是透明的。在相当大的电流范围内，电流与电压的关系近似为线性。

下面以金属 – N^+ – N 结为例解释欧姆接触的原理，如图 2 – 21 所示，由于势垒高度较低，结的空间电荷层也较薄，不能认为空间电荷层处于"耗尽"状态，不是高阻区。当其上施加偏压时，外加电压不是加在空间电荷层，而是加在结两侧的半导体上。多数载流子在 N^+ – N 结之间可以认为是不受阻碍地自由流动，因此，金属 – N^+ – N 就体现了欧姆性的伏安关系。

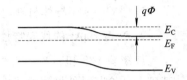

图 2 – 21　金属 – N^+ – N 结势垒

2.3.8　N 型砷化镓(GaAs)半导体

近年来，N 型砷化镓(GaAs)半导体材料(或其他Ⅲ – Ⅴ族及Ⅱ – Ⅵ族化合物，如磷化铟(InP)、碲化镉(CdTe)、硒化锌(ZnSe)等)在射频和微波频段获得了广泛应用，成为微波、毫米波放大、振荡等器件的核心材料，也是广泛采用的微波、毫米波集成电路(MMIC)的基板材料。下面简单介绍这类半导体材料本身的特性。

1. N 型 GaAs 的能带结构

N 型 GaAs 的能带具有双谷结构。这种材料导带中电子有两种能量状态，电子除了位于具有极小能量值的主能谷外，还可以在子能谷中存在。子能谷的能量比主能谷高，称为高能谷，主能谷称为低能谷。N 型 GaAs 的能带模型如图 2 – 22 所示。

研究证明，N 型 GaAs 材料具有以下物理性能：

(1) 在 300 K 时，禁带宽度 E_g 约为 1.43 eV，高低能谷的能量差 ΔE 约为 0.36 eV。

(2) 低能谷中的电子有效质量约为 $m_1^* = 0.068 m_0$，m_0 是电子的重力质量($m_0 = 9.108 \times 10^{-28}$ g)，迁移率 $\mu_1 = 4000 \sim 8000$ cm^2/(V·s)。

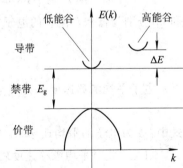

图 2 – 22　N 型 GaAs 的能带模型

(3) 高能谷中的电子有效质量约为 $m_2^* = 1.2 m_0$，迁移率 $\mu_2 = 100 \sim 150$ cm^2/(V·s)。

(4) 高低能谷的能态密度差别极大，高能谷的能态密度约是低能谷的 60 倍。

由此可见，N 型 GaAs 材料具有以下特性：

(1) 低能谷中的电子是"轻、快"电子，高能谷中的电子是"重、慢"电子。

(2) 在室温下($T_0 = 290$ K)，电子的平均热动能 $kT_0 = 0.025$ eV，远小于高低能谷的能量差，故电子基本处于低能谷。只有外加足够高的电压，电子才可能获得足够大的动能跃迁到高能谷中。

（3）由于高低能谷的能量差较小，在较低电压下（一般小于 10 V）就能使电子开始发生跃迁。

（4）由于禁带宽度 E_{g} 远大于高低能谷的能量差 ΔE，因此在电子跃迁过程中一般不会发生雪崩击穿。

（5）低能谷中的电子在获得足够大的能量时可以全部跃迁到高能谷中去，同时，处在高能谷中的电子在能量未减小时反跃迁回低能谷的概率很小。

N 型 GaAs 半导体材料电子的这种跃迁称为电子转移效应。

2. N 型 GaAs 的伏安特性

如图 2 - 23 和图 2 - 24 所示，在研究 N 型 GaAs 内部电子运动速度与外加电场特性的基础上讨论其对外呈现的伏安特性。

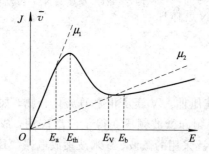
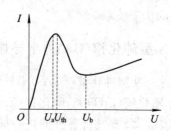

图 2 - 23　N 型 CaAs 的速度 - 电场特性　　　　图 2 - 24　N 型 CaAs 的伏安特性

1）$0 < E < E_{\mathrm{a}}$

由于外加电场 E 很小，GaAs 中的电子几乎都处于低能谷，电子全部是快电子。设 n_1 和 n_2 分别为低和高能谷的电子密度，$n_0 = n_1 + n_2$ 为材料中的总电子密度，应有

$$\begin{cases} n_1 = n_0 \\ n_2 = 0 \end{cases} (0 \leqslant E \leqslant E_{\mathrm{a}}) \tag{2-32}$$

电子平均漂移速度 $\bar{v}$ 为

$$\bar{v} = \bar{\mu} E = \mu_1 E = V_1 \tag{2-33}$$

式中：$\bar{\mu}$ 为电子的平均迁移率，V_1 为低能谷电子的漂移速度。

可见，此时平均漂移速度就是低能谷的电子漂移速度，平均迁移率就是低能谷的电子迁移率。电流密度为

$$J = n_0 q \bar{v} = n_0 q \mu_1 E \tag{2-34}$$

电子平均漂移速度 $\bar{v}$ 及电流密度 J 与外加电场 E 呈线性正比关系，图 2 - 23 中曲线的前一段（$E < E_{\mathrm{a}}$）表示了其速度（电流密度）与电场的关系是线性的，直线斜率是低能谷的电子迁移率 μ_1（$n_0 q \mu_1$）。由于电流 $I \propto J$，外加电压 $U \propto E$，I 与 U 也呈线性正比关系，可以画出其伏安特性曲线，见图 2 - 24 前半段（$U < U_{\mathrm{a}}$）线性部分。

2）$E_{\mathrm{a}} \leqslant E \leqslant E_{\mathrm{b}}$

随着外加电压增大，材料内电场也加强，一部分电子获得大于 0.36 eV 的能量，由低能谷向高能谷转移，从快电子变成慢电子，直到电场足够高使电子全部迁到高能谷中时为

止。可以求出这时的电子密度 n_0、电子平均迁移率 $\bar{\mu}$、平均漂移速度 $\bar{v}$ 和相应电流密度 J：

$$\begin{cases} n_0 = n_1 + n_2 \\ \bar{\mu} = \dfrac{n_1\mu_1 + n_2\mu_2}{n_0} \\ \bar{v} = \bar{\mu}E = \dfrac{n_1\mu_1 + n_2\mu_2}{n_0}E \\ J = n_0 q\bar{v} = (n_1\mu_1 + n_2\mu_2)qE \end{cases} \qquad (E_a < E \leqslant E_b) \qquad (2-35)$$

只有部分电子发生了跃迁，这一区间电子的平均漂移速度及电流密度是电场的复杂函数。随着电场的增加，快电子越来越少，慢电子越来越多，$\mu_1 \gg \mu_2$，平均迁移率将大大下降，一旦平均迁移率下降的影响超过电场 E 增加的影响时，平均漂移速度也将下降。速度（电流密度）电场曲线的 $E_a \leqslant E \leqslant E_b$ 区间将出现峰点和谷点，如图 2 - 23 中曲线的中间段（$E_a < E \leqslant E_b$）所示。可以看出，在峰点和谷点间的这段曲线上任一点的斜率均为负值，即电子的微分迁移率：

$$\mu_d = \frac{\mathrm{d}\bar{v}}{\mathrm{d}E} < 0 \qquad (2-36)$$

微分迁移率由正变负所经过的零值处所对应的电场 E_{th} 称为阈值电场（为 3～4 kV/cm），对应的外加电压称为阈值电压 U_{th}。微分迁移率由负变正所经过的零值处所对应的电场为 E_V。负微分迁移率段为 $E_{th} < E < E_V$。由于 $J = \sigma E = n_0 q\bar{v}$；因此有

$$\sigma_d = \frac{\mathrm{d}J}{\mathrm{d}E} = n_0 q \frac{\mathrm{d}\bar{v}}{\mathrm{d}E} = n_0 q\mu_d < 0 \qquad (2-37)$$

式中：σ_d 称为材料的微分电导率，它也是负值。由于电流 $I \propto J$、外加电压 $U \propto E$，I 与 U 也呈反比关系，可以画出其伏安特性曲线，如图 2 - 24 中曲线的中间段（$U_a < U < U_b$）所示。在这种情况下，半导体材料对外加电压将体现出"负阻"特性。负阻原理在工程方面的应用有体效应器件振荡器和放大器等。

3）$E > E_b$

当电场大于 E_b 时（约为 40 kV/cm），低能谷中的电子已经全部转移到高能谷，有

$$\begin{cases} n_1 = 0 \\ n_2 = n_0 \\ \bar{\mu} = \mu_2 \\ \bar{v} = \bar{\mu}E = \mu_2 E = v_2 \\ J = n_0 q\bar{v} = n_0 q\mu_2 E \end{cases} \qquad (E > E_b) \qquad (2-38)$$

式中：v_2 为高能谷电子的漂移速度。电子平均漂移速度 $\bar{v}$ 及电流密度 J 又与外加电场 E 呈线性正比关系，图 2 - 23 中曲线的后一段（$E > E_b$）为其速度（电流密度）- 电场特性，这一段也是直线，直线斜率是高能谷的电子迁移率 μ_2（$n_0 q\mu_2$）。I 与 U 也呈线性正比关系，可以画出其 I - U 特性曲线，如图 2 - 24 中的曲线后半段（$U > U_b$）所示。但此时电场已经大于 10 kV/cm，电子漂移速度趋于饱和，曲线不再线性上升而是趋于平坦。

综上所述，满足下列要求的半导体材料具有电子转移效应，因而出现负微分电导率：

（1）导带具有多能谷结构，且高能谷的电子迁移率应远小于低能谷的电子迁移率。

（2）高低能谷能量差要远大于电子在低能谷时的热运动动能，保证在无外电场时电子处于低能谷。

（3）禁带宽度应大于高低能谷的能量差，以免使击穿所引起的电流增大的掩盖谷间电子转移所引起的负微分电导现象。

磷化铟(InP)等其他几种半导体材料也具有这样的能带结构，可以形成电子转移构成负阻。以 InP 为例，其电子转移进行得比 GaAs 还快，因而峰－谷电流比较高，负微分迁移率也较大。图 2－25 所示为 InP 与 GaAs 峰－谷电流比的比较。

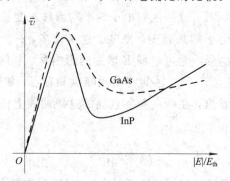

图 2－25　InP 与 GaAs 的峰－谷电流比

2.3.9　异质结

由两种不同的半导体材料进行的不同掺杂而构成的 PN 结称为异质结。两种不同的半导体材料接触前的禁带宽度 E_g、功函数 W 和电子亲和能 χ 都不相同，图 2－26 为形成突变 PN 异质结之前的平衡能带图，图中下标"1"表示窄禁带半导体材料参数，下标"2"表示宽禁带半导体材料参数。

与 PN 结的情形类似，两块半导体材料紧密接触后应有统一的费米能级。在两块半导体之间存在电子转移，形成内建电势差，能带必然发生弯曲。由于两块半导体材料的介电常数 ε 不同，因此在交界处的电场将不连续。由交界面两边的泊松方程可以分别解得 P 型半导体一侧的内建电势差为 $\varPhi_1$，N 型半导体一侧的内建电势差为 $\varPhi_2$，P 型一侧的能带弯曲量为 $q\varPhi_1$，N 型一侧的能带弯曲量为 $q\varPhi_2$，在交界面处是不连续的，有一个突变，如图 2－27 所示。导带底在交界面处的突变用 ΔE_C 来表示，价带底的突变用 ΔE_V 来表示。

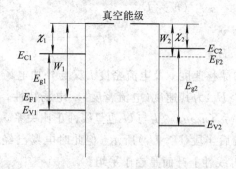

图 2－26　形成突变 PN 异质结之前的
　　　　　平衡能带图

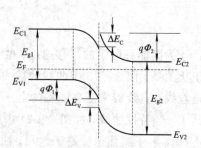

图 2－27　形成突变 PN 异质结之后的
　　　　　平衡能带图

不同禁带宽度的 P 型和 N 型材料构成的异质结称为反型异质结；不同半导体材料构成的 NN 和 PP 结称为同型异质结。截至目前，尚未找到说明各种异质结的电压－电流特性完整统一的理论。实践表明，大多数界面生长良好的实用反型异质结具有整流特性，伏安特性与同质 PN 结类似。通过对不同材料及不同掺杂的异质结界面能带形状的适当设计，使器件中电子和空穴按照某一特定的规律运动，使器件具有某种良好的性能。例如，异质结双极型晶体管、高电子迁移率管、半导体激光器等都是利用了异质结适当的能带设计。要实现这些器件，不仅需要深入地研究异质结理论，还需要高水平的半导体工艺。

2.4　微波二极管

微波二极管包括肖特基势垒二极管、变容二极管、PIN 二极管、体效应二极管、雪崩二极管等，主要用于变频、开关和振荡器。根据使用情况，这类器件又称为微波无源器件。本节按照二极管的结构、等效电路、伏安特性和特性参量等内容介绍各种微波二极管。

2.4.1　肖特基势垒二极管

利用金属与半导体接触形成肖特基势垒构成的微波二极管称为肖特基势垒二极管。这种器件对外主要呈现非线性电阻特性，是构成微波混频器、检波器和微波开关等的核心元件。

1. 结构

肖特基势垒二极管有两种管芯结构：点接触型和面结合型，如图 2 - 28 所示。点接触型管芯用一根金属丝压接在 N 型半导体外延层表面上形成金半接触。面结合型管芯先要在 N 型半导体外延层表面上生成二氧化硅（SiO_2）保护层，再用光刻的办法腐蚀出一个小孔，暴露出 N 型半导体外延层表面，淀积一层金属膜（一般采用金属钼或钛，称为势垒金属）形成金半接触，再蒸镀或电镀一层金属（金、银等）构成电极。

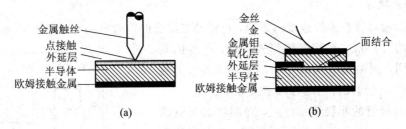

图 2 - 28　两种肖特基势垒二极管结构

(a) 点接触型；(b) 面结合型

两种管芯结构的半导体一侧都采用重掺杂 N^+ 层作衬底，并在其上形成欧姆接触的电极。

面结合型管性能要优于点接触管，主要原因在于：

(1) 点接触管表面不易清洁，针点压力会造成半导体表面畸变，其接触势垒不是理想的肖特基势垒，受到机械震动时还会产生颤抖噪声。面结合型管金半接触界面比较平整，不暴露而较易清洁，其接触势垒几乎是理想的肖特基势垒。

(2) 不同的点接触管在生产时压接压力不同，使得肖特基结的直径不同，因此性能一致性差，可靠性也差。面结合型管采用平面工艺，因此性能稳定，一致性好，不易损坏。

图 2-29 给出一种面结合型二极管的结构图和等效电路，从中可以看出各部分的结构尺寸量级。通常，这种管芯要进行封装才能方便地使用。肖特基势垒二极管的典型封装结构可采用"炮弹"式、微带式、SOT 贴片式等，如图 2-30 所示。

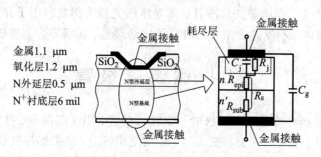

图 2-29　面结合型二极管结构和等效电路

肖特基势垒二极管还有其他一些变形：将点接触和平面工艺优点结合起来的触须式肖特基势垒二极管，取消管壳、靠加厚的引线来支撑的梁式引线肖特基势垒二极管等。

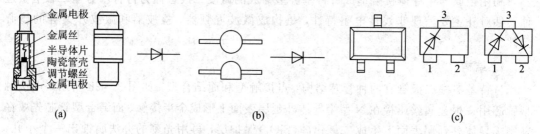

图 2-30　肖特基二极管的基本封装结构

（a）"炮弹"式封装；（b）微带封装；（c）SOT 贴片封装

2. 等效电路

考虑封装对管芯参数造成的影响，肖特基二极管的等效电路如图 2-31 所示。不同材料和结构的肖特基二极管电路形式一样，元件的具体参数不同。图中虚线框部分表示管芯，其余为封装寄生元件。关键元件的名称和意义如下：

R_j 为二极管的非线性结电阻，是阻性二极管的核心等效元件。R_j 随外加偏压而改变，正向时约为几欧姆，反向时可达 MΩ 量级。

C_j 为二极管的非线性结电容，就是金半结的势垒电容 C_t，其表达式为式（2-31）。C_j 随二极管的工作状态而变，电容量在百分之几皮法到一皮法之间。

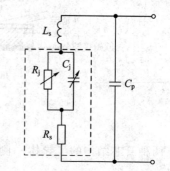

图 2-31　肖特基势垒二极管等效电路

R_s 为半导体的体电阻，又叫串联电阻。点接触型二极管的 R_s 值为十欧姆到几十欧姆，而面结合型二极管的 R_s 值约为几欧姆。L_s 为引线电感，为一至几纳亨。C_p 为管壳电容，约为几分之一皮法。

肖特基二极管作为非线性电阻应用时，除结电阻 R_j 之外，其他都是寄生参量，会对电路的性能造成影响，应尽量减小它们本身的值，或在微波电路设计时，充分考虑这些寄生参量的影响。

3. 伏安特性

一般地，肖特基势垒二极管的伏安特性可表示为

$$I = f(U) = I_S \left[\exp\left(\frac{qU}{nkT}\right) - 1 \right]$$
$$= I_S \left[\exp(\alpha U) - 1 \right] \tag{2-39}$$

式中：$\alpha = \dfrac{q}{nkT}$。与理想金半接触伏安特性公式(2-29)相比较，式(2-39)多了一个修正因子 n。对于理想的肖特基势垒，$n=1$；当势垒不理想时，$n>1$，且点接触型二极管 $n>1.4$，面结合型二极管 $n \approx 1.05 \sim 1.1$。图 2-32 是肖特基势垒二极管的伏安特性曲线。

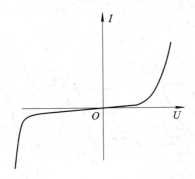

图 2-32　肖特基势垒二极管的伏安特性曲线

在伏安特性的基础上，可以得到肖特基势垒二极管的时变电流和时变电导。

假定二极管两端的电压由两部分构成：直流偏压 U_{dc} 和交流信号 $u_L(t) = U_L \cos\omega_L t$，即

$$u(t) = U_{dc} + U_L \cos\omega_L t \tag{2-40}$$

代入式(2-39)，求得时变电流为

$$i(t) = f(u) = I_S \left[\exp(\alpha U_{dc} + \alpha U_L \cos\omega_L t) - 1 \right] \tag{2-41}$$

图 2-33(a)给出这个电流曲线，由于电压是时变的，电流也是随时间作周期变化的。

定义二极管的时变电导 $g(t)$ 为

$$g(t) = \left. \frac{di}{du} \right|_{u = U_{dc} + U_L \cos\omega_L t} = f'(u) = f'(U_{dc} + U_L \cos\omega_L t) \tag{2-42}$$

根据式(2-39)得

$$g(t) = \alpha[i(t) + I_S] \approx \alpha i(t) = \alpha I_S \left[\exp(\alpha U_{dc} + \alpha U_L \cos\omega_L t) - 1 \right] \tag{2-43}$$

图 2-33(b)给出了这个电导曲线的示意图，可以看出，瞬时电导 $g(t)$ 也随时间作周期性变化。

对式(2-41)进行傅立叶级数展开：

$$i(t) = I_{dc} + 2\sum_{n=1}^{\infty} I_n \cos(n\omega_L + n\Phi)$$
$$= I_S \exp(\alpha U_{dc})\left[J_0(\alpha U_L) + 2J_1(\alpha U_L)\cos\omega_L t + 2J_2(\alpha U_L)\cos2\omega_L t + \cdots \right] - I_S$$

$$\tag{2-44}$$

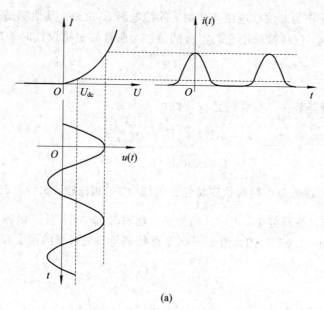

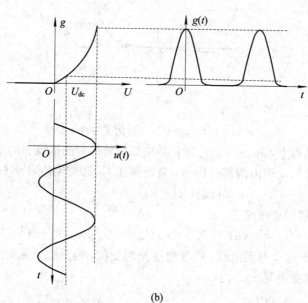

图 2 - 33　肖特基势垒二极管的电流曲线和电导曲线

（a）肖特基势垒二极管时变电流波形；（b）肖特基势垒二极管时变电导波形

式中：$J_n(x)(n = 0, 1, 2, \cdots)$是 n 阶第一类变态贝塞尔函数，x 为宗量。其中的直流分量 I_{dc} 和相应于交流偏压的各次谐波电流幅度 I_n：

$$I_{dc} = I_S \exp(\alpha U_{dc}) J_0(\alpha U_L)$$

$$I_n = I_S \exp(\alpha U_{dc}) J_n(\alpha U_L) \quad (n = 1, 2, 3, \cdots) \qquad (2 - 45)$$

交流偏压的基波电流幅度 $I_1 = I_L$：

$$I_L = 2 I_S \exp(\alpha U_{dc}) J_1(\alpha U_L) \qquad (2 - 46)$$

根据贝塞尔函数的大宗量近似式，当 αU_L 较大时，有

$$I_{dc} \approx \frac{I_S \exp[\alpha(U_{dc} + U_L)]}{\sqrt{2\pi\alpha U_L}} \qquad (2-47)$$

$$I_L \approx 2I_{dc}$$

因此交流偏压功率为

$$P_L = \frac{1}{2} I_L U_L \approx I_{dc} U_L \qquad (2-48)$$

二极管对交流信号所呈现的电导为

$$G_L = \frac{I_L}{U_L} \approx 2\frac{I_{dc}}{U_L} \qquad (2-49)$$

交流偏压一定时，G_L 随 I_{dc} 的增大而增大，借助于 U_{dc} 来调节 I_{dc} 可以改变 G_L 的值，使交流信号得到匹配。

4. 特性参量

肖特基势垒二极管的主要特性参量有四个：截止频率、噪声比、变频损耗和中频阻抗。

1）截止频率 f_c

图 2-31 所示的等效电路中，串联电阻 R_s 和结电容 C_j 对非线性结电阻起分压和分流的作用。当给定 R_s 和 C_j 的值时，信号频率越高，R_s 和 C_j 的分压、分流作用越严重，能量损失越大。

定义 f_c 为肖特基势垒二极管的截止频率：

$$f_c = \frac{\omega_c}{2\pi} = \frac{1}{2\pi R_s C_{j0}} \qquad (2-50)$$

式中：C_{j0} 是零偏压时二极管的结电容。

当外加电压的频率为 f_c 时发生谐振，微波信号在 R_s 上的损耗为 3 dB，二极管不能良好地工作。f_c 是肖特基势垒二极管工作频率的上限，它的值越大，肖特基势垒二极管的频率特性越好。

目前，砷化镓肖特基势垒二极管的截止频率一般可达 400～1000 GHz（砷化镓材料迁移率高，故 R_s 小）。点接触式二极管由于结面积非常小，虽然 R_s 有所增加，但 C_j 大大减小，因此 f_c 可高达 2000 GHz 以上，在毫米波波段中发挥了重要作用。

2）噪声比 t_d

噪声比 t_d 为肖特基势垒二极管的噪声功率与相同电阻热噪声功率的比值。肖特基势垒二极管的噪声来源于三个方面：载流子的散粒噪声、串联电阻 R_s 的热噪声和取决于表面情况的闪烁噪声。由于 R_s 很小，接近理想势垒，且后两项噪声与散粒噪声相比很小可以忽略，因而这里仅考虑载流子散粒噪声的功率。

正向偏置时，二极管的噪声可以等效为一个电流源，如图 2-34 所示，图中噪声电流源的均方值为

$$\overline{i_n^2} = 2qIB \qquad (2-51)$$

式中：I 是二极管的工作点电流；B 是噪声带宽。

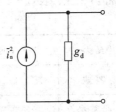

图 2-34　肖特基势垒二极管噪声等效电路

噪声电流源内导为二极管小信号电导：

$$g_d = \frac{dI}{dU} = \frac{1}{R_j} = \frac{q}{nkT}(I + I_s) \qquad (2-52)$$

忽略 I_s，则有

$$g_d \approx \frac{qI}{nkT} \qquad (2-53)$$

故散粒噪声的资用功率为

$$N_a = \frac{\overline{i_n^2}}{4g_d} = \frac{n}{2}kTB \qquad (2-54)$$

等效电阻在室温 T_0 下的热噪声资用功率为 kT_0B，二极管的噪声比为

$$t_d = \frac{N_a}{kT_0B} = \frac{n}{2}\frac{T}{T_0} \qquad (2-55)$$

当二极管温度 $T=T_0$ 时，有

$$t_d = \frac{n}{2} \qquad (2-56)$$

对于理想肖特基势垒($n=1$)，$t_d \approx 1/2$。实际上，考虑到其他各种因素，认为 $t_d \approx 1$。一般情况下，$1.2 < t_d < 2$。

3）变频损耗

肖特基势垒二极管的基本用途是构成混频器。混频器的变频损耗表征肖特基势垒二极管实现频率变换的能力，定义为输入的微波资用功率和输出的中频资用功率之比。它与肖特基势垒二极管的特性以及混频器的电路形式和工作状态密切相关，后面会重点讨论。

4）中频阻抗

肖特基势垒二极管的中频阻抗为在额定本振功率激励下，对指定中频呈现的阻抗。肖特基势垒二极管的中频阻抗典型值为 $200 \sim 600\ \Omega$。

5. 肖特基势垒二极管的其他问题

肖特基势垒二极管的主要用途是构成混频器和检波器，使用场合不同，对器件的要求也不同。下面简要介绍工程设计中需要考虑的一些问题。

1）势垒高度

势垒高度决定正向驱动电压，影响动态范围、噪声系数和接收灵敏度，它与所要求的本振功率密切相关。表 2-3 给出了势垒高度应用情况。

表 2-3　势垒高度的应用

势垒类型	1 mA 时电压 U_{F1}/V	本振驱动功率/mW	应用场合
零偏	$0.10 \sim 0.25$	$\leqslant 0.1$	检波器
低势垒	$0.25 \sim 0.35$	$0.1 \sim 2$	低激励混频器
中势垒	$0.35 \sim 0.50$	$0.5 \sim 10$	一般用途
高势垒	$0.50 \sim 0.80$	$\geqslant 10$	宽动态范围

2) 结电容与频率的关系

结电容对工作频率的影响体现在容抗大小，一般原则是比传输线的特性阻抗小一点。经验参数是取容抗近似为 100 Ω，在波导中略大一点，微带中略小一点。因此，选择二极管结电容的经验公式为

$$C_{j0} \approx \frac{100}{\omega} \approx \frac{16}{f} \quad (\text{pF}) \tag{2-57}$$

3) 噪声系数与本振功率的关系

若本振驱动功率小，则导通角小，变频损耗大，噪声系数大；若本振驱动功率过大，则正向电流过大，二极管发热，噪声增加，并且反向导通增加也会降低混频器的质量。可见，本振功率与噪声系数有一个最佳范围，后面会有详细计算。二极管的噪声来源由三部分构成，即散弹噪声、热噪声和闪烁噪声。通常，定义二极管的总输出噪声与其等效电阻在相同温度下的热噪声功率的比值为噪声温度比，器件厂家会给出其典型值。

4) 硅和砷化镓二极管

硅材料的肖特基二极管的截止频率高于 200 GHz 以上，工作在 Ku 频段以下可以得到良好的性能。在更高的工作频率或镜像回收混频器中，需要用到砷化镓肖特基二极管，其截止频率在 400 GHz 以上，这是由于砷化镓材料电子迁移率高，R_s 小。如果选择混频器的中频频率较小，为了降低噪声，就必须提高本振驱动功率。为此，毫米波系统常采用多次中频方案。

5) 肖特基二极管的仿真模型

图 2-31 给出的肖特基势垒二极管的等效电路可以用作仿真模型。这个线性电路模型广泛应用于微波电路 SPICE 仿真。微波电路设计的商业软件的器件库中有世界著名各大半导体厂家的器件模型中的各个元件值。

上述特性参数和实际考虑会在肖特基势垒二极管生产厂家的产品资料中查到，作为微波电路设计时的依据。

2.4.2　变容二极管

由 2.3.5 节可知，PN 结的结电容（主要是势垒电容）随着外加电压的改变而改变，利用这一特性可以构成变容二极管（简称为变容管）。变容管作为非线性可变电抗器件，可以构成参量放大器、参量变频器、参量倍频器（谐波发生器）、可变衰减或调制器等。

1. 结构

通常，变容管的 PN 结管芯有平面型和台式型两种结构，如图 2-35 所示。由于工艺的需要及为了加强机械强度，两种管芯结构都采用一层重掺杂 N$^+$ 型衬底，在衬底表面上

图 2-35　两种 PN 结二极管结构
(a) 平面型结构；(b) 台式型结构

外延生长出一层电阻率不同的 N 型薄层，再制作二氧化硅保护层，用光刻和氧化扩散的办法形成 P 型层，一般是 P⁺，最后在两面做欧姆接触，制作电极引线，进行适当的封装即可。变容管的封装形式与肖特基势垒二极管类似，外形图同图 2 - 30。

2. 等效电路

变容管的等效电路结构与肖特基势垒二极管的相同，图 2 - 36 给出了变容管的等效电路和电路符号。由于工作状态的要求不同导致元件参数不同。等效电路中各元件值的大小如下：R_s 为 1～5 Ω；L_s 小于 1 nH；C_p 小于 1 pF；$C_j(0)$ 为零偏压下的结电容，0.1～1.0 pF；R_j 在反偏压下可达 MΩ 量级。

显然，结电容 C_j 是有效参数，其他都是寄生参量。

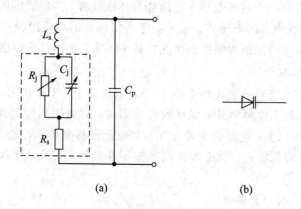

(a)   (b)

图 2 - 36 变容管的等效电路和电路符号

(a) PN 结二极管等效电路；(b) 变容管电路符号

3. 变容管的特性

重掺杂突变 P⁺N 结的势垒电容 C_t 就是变容管的结电容 C_j。根据式(2 - 27)，势垒电容表示为

$$C_t = \frac{A\varepsilon_r\varepsilon_0}{\delta} \approx \frac{A\varepsilon_r\varepsilon_0}{\left[\dfrac{2\varepsilon_r\varepsilon_0}{q} \cdot \dfrac{1}{N_D}U_t\right]^{\frac{1}{2}}} = C_j \tag{2 - 58}$$

结上的电压 $U_t = \Phi - U$，Φ 是 PN 结接触电势差，U 是 PN 结上外加电压。对此式变换可得

$$C_j(U) = A\varepsilon_0\varepsilon_r\left[\frac{qN_D}{2\varepsilon_0\varepsilon_r(\Phi - U)}\right]^{\frac{1}{2}} = \frac{A\varepsilon_0\varepsilon_r\left[\dfrac{qN_D}{2\varepsilon_0\varepsilon_r\Phi}\right]^{\frac{1}{2}}}{\left[1 - \dfrac{U}{\Phi}\right]^{\frac{1}{2}}} = \frac{C_j(0)}{\left[1 - \dfrac{U}{\Phi}\right]^{\frac{1}{2}}} \tag{2 - 59}$$

考虑到缓变结或其他特殊结型，可以把结电容值表示为以下普遍形式：

$$C_j(U) = \frac{C_j(0)}{\left[1 - \dfrac{U}{\Phi}\right]^{\gamma}} \tag{2 - 60}$$

式中：γ 称为结电容非线性系数，取决于半导体中掺杂浓度的分布状态，反映了电容随外加电压变化的快慢。下面讨论 γ 值对电容随反偏电压的变化规律的影响及其用途。

（1）当 $\gamma=1/2$ 时，称为突变 P^+N 结，电容变化较快；$\gamma=1/3$ 时，称为线性缓变结。在这两种情况下，电容随电压平滑变化，变容管工作于反偏状态，反偏压的绝对值越大，结电容越小。

（2）当 $\gamma=0.5\sim6.0$ 时，称为超突变结，在某一反偏压范围内随电压变化的曲线很陡，可用于电调谐器件；特别地，当 $\gamma=2$ 时，结电容与偏压平方成反比，由结电容构成的调谐回路的谐振频率与偏压成线性关系，有利于压控振荡器实现线性调频。

（3）当 $\gamma=1/30\sim1/15$ 时，近似地认为 $\gamma\approx0$，结电容近似不变，称为阶跃恢复结。

为了避免出现电流及随之产生的电流散粒噪声，变容管的工作电压通常限制在导通电压 Φ 和击穿 U_B 之间，即 $U_B<U<\Phi$。

给变容管加上直流负偏压 U_{dc} 和交流信号（泵浦电压）$u_p(t)=U_p\cos\omega_p t$，即

$$u(t)=U_{dc}+U_p\cos\omega_p t \tag{2-61}$$

由式（2-60）得时变电容为

$$C_j(t)=\frac{C_j(0)}{\left[1-\dfrac{U_{dc}+U_p\cos\omega_p t}{\Phi}\right]^\gamma}=\frac{C_j(U_{dc})}{(1-p\cos\omega_p t)^\gamma} \tag{2-62}$$

式中：

$$C_j(U_{dc})=\frac{C_j(0)}{\left[1-\dfrac{U_{dc}}{\Phi}\right]^\gamma},\quad p=\frac{U_p}{\Phi-U_{dc}} \tag{2-63}$$

其中：$C_j(U_{dc})$ 为直流工作点 U_{dc} 处的结电容；p 为相对泵浦电压幅度（简称相对泵幅），表明泵浦激励的强度。$p=1$ 时，为满泵工作状态；$p<1$ 时，为欠泵工作状态；$p>1$ 时，为过泵工作状态。典型的工作状态是 $p<1$ 且接近于 1 的欠泵激励状态，不会出现电流及相应的电流散粒噪声。图 2-37 给出时变电容随泵浦电压周期变化波形。

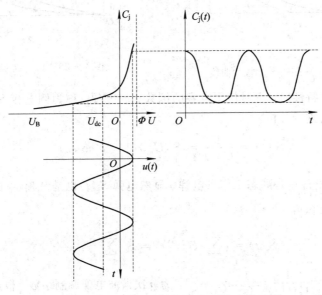

图 2-37　时变电容随泵浦电压周期变化波形

用傅里叶级数展开这个周期函数：

$$C_j(t) = \sum_{n=-\infty}^{\infty} C_n \, e^{jn\omega_p t} = C_0 \sum_{n=-\infty}^{\infty} \gamma_{C_n} \, e^{jn\omega_p t} \qquad (2-64)$$

式中：

$$C_n = \frac{1}{2\pi} \int_{-\pi}^{\pi} C_j(t) e^{-jn\omega_p t} \, d(\omega_p t), \quad C_{-n} = C_n^*, \quad \gamma_{C_n} = \frac{C_n}{C_0} \qquad (2-65)$$

其中：C_0 是 $C_j(t)$ 的直流分量，表示直流工作点的平均电容，是直流偏压 U_{dc} 和泵浦幅度 U_p 的函数，$C_0 \approx C_j(U_{dc})$；C_1 为基波电容；γ_{C_n} 为 n 次谐波电容调制系数或泵浦系数，是交流激励下变容管非线性特性的一个重要参量，$\gamma_{C_1} = \dfrac{C_1}{C_0}$ 称为基波电容调制系数。将电容表达式 (2-62) 改写为

$$\frac{C_j(t)}{C_j(U_{dc})} = (1-x)^{-\gamma} \qquad (2-66)$$

式中：$x = p\cos\omega_p t$，典型情况下 $x < 1$。利用 $(1-x)^{-\gamma}$ 的级数展开式，并代入式 (2-64)，可求得 C_0 和 γ_{C_n}。图 2-38 和图 2-39 表示 $\dfrac{C_0}{C_j(U_{dc})} - p$ 和 $\gamma_{C_1} - p$ 特性曲线。可以看出，在同样的泵浦激励下，使用突变结比使用线性缓变结可以得到更大的电容调制系数，结电容的变化范围更大，故采用突变结变容管更有利于微波电路设计。

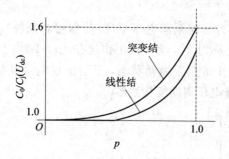

图 2-38 $\dfrac{C_0}{C_j(U_{dc})} - p$ 特性曲线

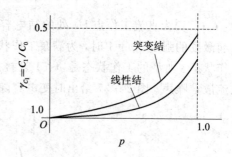

图 2-39 $\gamma_{C_1} - p$ 特性曲线

在分析变容管特性时，有时使用电容的倒数比较方便，称为倒电容 $S_j(t)$ 或电弹。可用与电容相同的方法进行分析：

$$S_j(t) = \frac{1}{C_j(t)} = S_j(U_{dc})(1 - p\cos\omega_p t)^{-\gamma} \qquad (2-67)$$

式中：$S_j(U_{dc}) = \dfrac{1}{C_j(U_{dc})}$ 是静态工作点电弹。显然电弹 $S_j(t)$ 也是泵频 ω_p 的周期函数，同样可用傅里叶级数展开为

$$S_j(t) = \sum_{n=-\infty}^{\infty} S_n \, e^{jn\omega_p t} = S_0 \sum_{n=-\infty}^{\infty} \gamma_{S_n} \, e^{jn\omega_p t} \qquad (2-68)$$

式中：$S_0 \approx S_j(U_{dc}) = \dfrac{1}{C_j(U_{dc})} \approx \dfrac{1}{C_0}$，$\gamma_{S_n} = \dfrac{S_n}{S_0}$，为 n 次谐波电弹调制系数。根据分析结果可知

$$\gamma_{C_1} = \frac{C_1}{C_0} = \frac{S_1}{S_0} = \gamma_{S_1} = \gamma' \qquad (2-69)$$

4. 特性参量

除了相对泵幅、电容(电弹)调制系数以外,变容管的特性参量还有静态品质因数、静态截止频率、动态品质因数、动态截止频率等。

1) 静态品质因数 $Q(U_{dc})$

在直流偏置下,静态品质因数表征变容管储存交流能量与消耗能量之比,定义为

$$Q(U_{dc}) = \frac{\dfrac{1}{\omega C_j(U_{dc})}}{R_s} \qquad (2-70)$$

可见,它是结电容值 $C_j(U_{dc})$(取决于外加偏压)和工作频率 f 的函数。偏压一定时,结电容值 $C_j(U_{dc})$ 一定,工作频率 f 越高, $Q(U_{dc})$ 就越低。

2) 静态截止频率 $f_c(U_{dc})$

变容二极管在直流偏压 U_{dc} 下,工作频率升高,使得 $Q(U_{dc}) = 1$ 时的频率定义为静态截止频率 $f_c(U_{dc})$,即

$$f_c(U_{dc}) = \frac{1}{2\pi C_j(U_{dc}) R_s} \qquad (2-71)$$

静态截止频率也是直流偏压 U_{dc} 的函数。变容管在出厂时会给定对应于不同偏压 U 的结电容 $C_j(U_{dc})$ 和品质因数 $Q(U_{dc})$。品质因数可以写为: $Q(U_{dc}) = f_c(U_{dc})/f$,工作频率一定时,要得到高品质因数,必须选用截止频率高的变容管。

由于结电容是偏压的函数,一般以零偏压时的 $f_c(0)$ 及 Q_0 作为比较变容管的参数指标。规定在反向击穿电压时的截止频率为额定截止频率 $f_c(U_B) = \dfrac{1}{2\pi C_{min} R_s}$。

3) 动态品质因数 $\widetilde{Q}$

在直流偏压和交流泵浦共同作用下,动态品质因数 $\widetilde{Q}$ 定义为

$$\widetilde{Q} = \frac{S_1}{\omega R_s} = \frac{S_1 C_0}{\omega C_0 R_s} = \gamma' \cdot Q(U_{dc}) \qquad (2-72)$$

4) 动态截止频率 $\widetilde{f}_c$

在直流偏压和交流泵浦共同作用下,动态截止频率 $\widetilde{f}_c$ 定义为

$$\widetilde{f}_c = \frac{1}{2\pi R_s}\left(\frac{1}{C_{min}} - \frac{1}{C_{max}}\right) = \gamma' \cdot f_c(U_{dc}) \qquad (2-73)$$

式中: C_{min} 和 C_{max} 是在直流偏压和交流泵浦共同作用下变容管电容的最小值和最大值。

2.4.3　阶跃恢复二极管

阶跃恢复二极管(SRD)可以看做一种特殊的变容管,简称阶跃管。利用阶跃管由导通恢复到截止的电流突变可以构成窄脉冲输出,也可以利用其丰富的谐波制作梳状频谱发生器或高次倍频器。

1. 结构

阶跃管采用了 $P^+ N N^+$ 结构,其中很薄的 N 层的载流子浓度很低,几乎接近 I 层(本征层),图 2-40 表示了阶跃管的管芯结构和典型掺杂浓度情况。

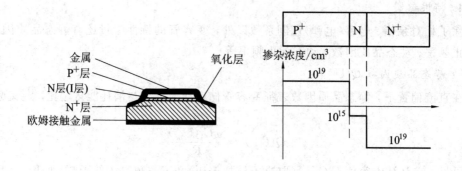

图 2 - 40　阶跃管管芯结构与掺杂浓度分布

2. 工作原理及特性参量

1) 阶跃管特性

由式(2 - 60)知：非线性系数 γ 为 $1/15 \sim 1/30$ 时是阶跃结，可近似地认为 $\gamma \approx 0$，有

$$C_j(U) \approx \frac{C_j(0)}{\left(1 - \dfrac{U}{\phi}\right)^0} = C_j(0) = C_0 \tag{2 - 74}$$

在反偏时结电容近似不变，为一个不变的小电容 C_0（处于高阻状态，近似开路）。正偏时，由于 N 层的掺杂浓度低，P^+ 区扩散到 N 层的空穴复合率低，且 NN^+ 结内建电场由 N^+ 指向 N，具有阻止空穴向 N^+ 层扩散的作用，故 N 层中储存了大量的电荷，形成了较大的扩散电容 C_d（处于低阻状态，近似短路）。阶跃管的电压电容特性曲线如图 2 - 41 所示。阶跃管相当于一个电容开关。

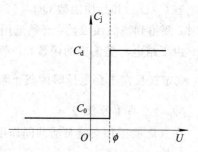

图 2 - 41　阶跃管电压电容特性

2) 工作原理

实际中，阶跃管在大信号交流电压的激励下，电容的开关状态在外电压由正半周到负半周的转变时刻不发生转换。

(1) 大信号交流电压正半周加在阶跃管上时，如图 2 - 42 所示，处于正向导通状态，阶跃管相当于一个低阻，阶跃管的端压 u 箝位于 PN 结接触电势差 ϕ，管子中有电流 i 流过；阶跃管相当于一个大扩散电容 C_d，交流信号将对其进行充电，由于空穴在 N 层的复合率较低，因而有大量的空穴电荷在 N 区堆积起来。

(2) 信号电压进入负半周，使阶跃管内部产生的势垒电场把 N 区内储存的空穴抽回 P^+ 层，产生很大的反向电流。这时阶跃管仍然有很大的电容量，故阶跃管上的电压降不能突变，管子中仍然有较大的电流，呈现出导通和低阻状态，因此阶跃管端压仍然正向而且箝位于 ϕ，直到正向时储存的电荷基本清除完。一旦电荷耗尽，反向电流将迅速下降到反向饱和电流，形成电流阶跃。调整直流偏压，可以使电流阶跃发生在反向电流最大值处，而且是交流电压负半周即将结束的时刻。在电流发生阶跃的同时，阶跃管两端将可能产生很大的脉冲电压。

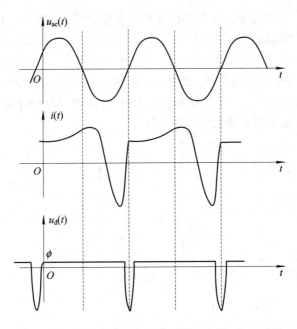

图 2-42　正弦电压激励下阶跃管的电流、电压波形

（3）大信号交流激励电压的下一个周期来临。上述过程重复发生，形成与交流激励电压周期相同的一个脉冲串序列波形。

3）特性参量

阶跃管的特性参量主要有少数载流子寿命 τ、储存时间 t_s 和阶跃时间 t_t，它们对阶跃管的工作有特殊的意义，诸如击穿电压、截止频率、反偏结电容、品质因数和最大耗散功率等，均与其他微波二极管类似。

（1）少数载流子寿命 τ 和储存时间 t_s。少数载流子寿命 τ 为少数载流子由于复合而减少到原值的 $1/e$ 时所需的时间。阶跃管内 N 层少子寿命长，N 层外少子寿命短，少子会在 N 层储存下来。τ 值越大，储存电荷越多，反向电流的幅值就越大。

外延生长硅二极管少子寿命的典型值为 $10^{-8} \sim 10^{-6}$ s，砷化镓少子的寿命小于 10^{-9} s，故阶跃二极管都是用硅材料制造的。理想的阶跃管少数载流子寿命 $\tau \to \infty$，实际要求阶跃管少子寿命 τ 大于输入信号周期的 3 倍。

储存时间 t_s 表示从电流由正向跳变到反向开始，直到二极管储存电荷大部分被清除，二极管上电压为零时的时间。τ 越长，t_s 越大。

（2）阶跃时间 t_t。阶跃时间 t_t 表示由反向导通状态变到反向截止状态所需的过渡时间。实际上，定义为反向电流由峰值的 80%（或 90%）下降到峰值的 20%（或 10%）所需的时间。t_t 越小，电流阶跃越陡，高次谐波越丰富。理想地，阶跃时间 $t_t \to 0$，实际上只能达到几十皮秒（ps）。采用特殊结构可以使大量储存电荷处于很薄的 N 层范围内，既加大了少数载流子寿命 τ，又减小了阶跃时间 t_t，从而获得良好的阶跃管工作特性。但是，过薄的 N 层会使阶跃管的反向击穿电压降低。在实际使用阶跃管时应折中考虑各方面的因素。

3. 等效电路

根据阶跃管的工作原理，等效电路分为导通期间和截止期间两种情况，阶跃管的等效电路具有图 2-31 所示的结构,只是具体元件的数值不同。如图 2-43 所示,在导通期间内管芯等效电路中的扩散电容 C_D 值很大,满足 $1/(\omega C_D) \gg R_j$,忽略正向结电阻 R_j 的分流作用。若忽略串联电阻 R_s 的影响,则导通时阶跃管等效为一段导线。在阶跃管的截止期间,由于结电容 C_0 很小而结电阻 R_j 很大,可忽略结电阻 R_j 的影响,进一步忽略串联电阻,简化等效电路为一个电容。实际中串联电阻 R_s 是不能忽略的,这正是阶跃管也存在截止频率的原因。图中还给出了阶跃管的电路符号。

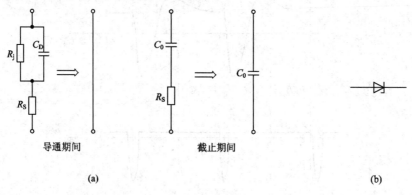

图 2-43　阶跃管等效电路和电路符号
（a）阶跃管等效电路；（b）阶跃管电路符号

2.4.4　PIN 二极管

PIN 二极管广泛应用于微波控制电路,具有体积小、质量轻、控制快、损耗小、控制功率大等优点,适用于微波开关、限幅器、可变衰减器、移相器等电路。

1. 结构

PIN 二极管是在重掺杂的 P^+ 和 N^+ 区之间加入一个未掺杂的本征层 I 层构成的,实际上不可能真正实现 I 层,只能使杂质含量足够低,如果中间层是低掺杂的 P 型半导体,称为 PπN 管;如果中间层是低掺杂的 N 型半导体,称为 PνN 管。

如图 2-44 所示,PIN 管有平面型和台式型两种结构。一般有两种工艺方法制造 PIN管:一种是利用一块未掺杂的单晶硅基片在两边扩散高浓度的硼和磷,分别形成 P^+ 和 N^+区,再蒸发上金属作为电极,最后光刻腐蚀成台式管芯,并以二氧化硅低温钝化保护管芯;另一种是在一块 N 型高掺杂的单晶片上外延一层 I 层,再在其上扩散一层 P^+ 材料形成PIN 管芯。

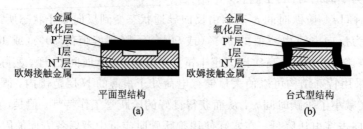

图 2-44　PIN 管管芯结构
（a）平面型结构；（b）台式型结构

PIN 管的封装形式与其他微波二极管类似，如双柱型、螺纹管座型、弹丸型、带状线型、微带线型及梁式引线型等，它们的封装参量不同，承受的功率容量也不同。

2. 特性

PIN 管的 I 层厚度一般在几个到几百个微米之间，可以看做双结二极管，下面以理想 PIN 管为例介绍其特性。

1) 直流与低频特性

(1) 零偏压。P 层的空穴和 N 层的电子分别向 I 层扩散，在 I 层由于复合作用而消失。同时，在 P 层和 N 层靠近 I 层的边界，建立起带负电和带正电的空间电荷层，其电场阻挡空穴和电子继续向 I 层注入。因此，I 层保持本征不导电状态，PIN 管不导通，处于高阻状态。

(2) 正向偏压。外加电场方向与势垒电场方向相反，空间电荷层变薄，P 层和 N 层的空穴和电子向 I 层注入，并在 I 层中因复合而消失。由于外加正向偏压的存在，两种载流子源源不断地向 I 层注入，使在 I 层因复合而消失的电荷得到补充。I 层存在大量数量相等而极性相反的载流子，呈现导电状态。宏观上电流不断地流过 PIN 管，PIN 管呈现低阻。外加电压越大，正向电流也越大，电阻降低。正向电流近似等于复合电流，即

$$I_0 = \frac{Q_0}{\tau} \tag{2-75}$$

式中：I_0 为外加偏置电流；τ 为 I 层载流子的平均寿命；Q_0 为 I 层电荷。载流子的平均寿命与 I 层的材料、杂质浓度和工艺有关，硅材料 PIN 管的典型 τ 值为 $0.1 \sim 10.0\ \mu s$。式 (2-75) 可用于计算 I 层电荷量。

例如：$\tau = 5\ \mu s$，直流偏置电流为 $I_0 = 100$ mA，则有

$$Q_0 = 100 \times 10^{-3} \times 5 \times 10^{-6} = 5 \times 10^{-7}\ \text{C} \tag{2-76}$$

(3) 反向偏压。外加电场方向与势垒电场方向相同时，空间电荷层将变宽，不导电程度比零偏压更甚。如果偏压是低频的交变电压，则只要满足交变电压周期 $T \gg \tau$，I 层的导电状态就完全能够跟随信号的周期变化：正半周导通，负半周截止。

在直流和低频偏压下，PIN 管同样具有整流特性，与 PN 结变容管相同。由于在 P 层和 N 层之间插入了 I 层，耗尽层加宽，因此 PIN 管具有更小的结电容，并能承受更高的反向击穿电压和更大的功率；在反偏压达到一定程度时，I 层完全处于耗尽状态，结电容相当于以 P^+ 和 N^+ 层为极板的平板电容，由于极板间距不随反偏压增大而再增大，PIN 管可看做是一个恒定电容器件。这是 PIN 管与 PN 结变容管的本质区别。

2) 微波特性

在直流（或低频）电压与微波电压共同作用下，PIN 管特性将发生显著的改变。由于微波信号周期 $T_w \ll \tau$，PIN 管 I 层的导电状态来不及跟随微波信号变化。

(1) 直流（或低频）正向偏压。参见式 (2-76)，先加直流正向偏置电流 $I_0 = 100$ mA，则 I 层储存的电荷为 $Q_0 = 5 \times 10^{-7}$ C。

增加一个大幅值微波信号，微波电流为 $I_1 = 50$ A，现象如下：

① 微波信号在正半周时，加在 PIN 管上的总偏压处于正向状态，这时 PIN 管是导通和低阻的，微波电流将流过 PIN 管。微波电流也向 I 层注入电荷。设微波信号的频率为 $f = 1000$ MHz，对应周期为 $T_w = 10^{-9}$ s，则微波正半周注入的电荷 Q_1 为

$$Q_1 \approx I_1 \frac{T}{2} = 50 \times \frac{1}{2} \times 10^{-9} = 0.25 \times 10^{-7} \ \text{C}$$

② 微波信号在负半周时，由于微波信号幅值很大，PIN 管上的总偏压处于反向状态。反向电场从 I 层中抽出注入的电荷，能够抽出的电荷数目为 Q_2。假定处于反偏状态的时间近似等于 $\frac{T}{2}$，则应有

$$Q_2 = Q_1 = 0.25 \times 10^{-7} \ \text{C}$$

可见，由于 $\tau \gg T_w$，虽然 $I_1 \gg I_0$，但是仍有 $Q_0/Q_2 \approx 20$，微波信号在负半周期间被抽出的电荷仅为直流正向偏置的 1/20，I 层仍然储存有大量的注入电荷，处于导电状态，呈现低阻，因此 PIN 管还是导通的。

（2）直流（或低频）反向偏压。I 层没有直流注入的电荷，微波信号正半周注入的电荷来不及导通，很快又全部被负半周抽出，无论微波信号的正半周还是负半周，PIN 管都不能导通，在整个微波信号周期内呈现高阻状态。

综上可知：在直流（或低频）正向偏压下 PIN 管导通，类似于一个线性电阻，对于微波信号正、负半周都是导通的；在直流（或低频）反向偏压下，对于微波信号正、负半周都是不导通的。所以只需很小的直流（或低频）控制电压（电流）就可以控制很大的微波功率传输的通断。

3）实际 PIN 管特性

一般地，PIN 管的 I 层含有 N 型或 P 型杂质。以 I 层实际掺有 N 型杂质的 PνN 管为例说明其工作过程与理想 PIN 管的区别。

I 层含有少量 N 型杂质时，就会形成 P^+N 结。这种结的空间电荷层厚度取决于 I 层内的空间电荷层厚度。如图 2 - 45 所示，在零偏压下，空间电荷层厚度小于 I 层厚度；在反向偏压下，空间电荷层的范围将扩大，且在某一反偏压 U_{PT} 时，扩大到整个 I 层，I 层中所有的 N 型载流子被清除，I 层呈现高阻状态。U_{PT} 称为穿通电压（一般为 $-70 \sim -100$ V）。如果 PνN 管在直流（或低频）反向偏压下呈现高阻状态，则反向偏压必须大于穿通电压 U_{PT}，而不像理想 PIN 管那样仅需很小的反偏压。这就是实际微波控制电路中必须要有 PIN 管驱动电路把 TTL 控制信号放大为双极性高压脉冲的原因。

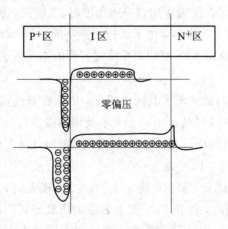

图 2 - 45　实际 PIN 管和反向穿通特性

3. 等效电路

PIN 管的等效电路也分为正偏和反偏两种情况，如图 2 - 46 所示，下面分别介绍。

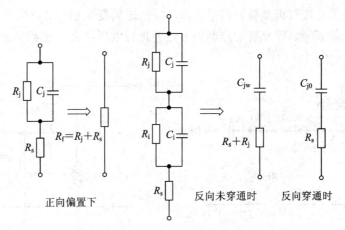

图 2 - 46　PIN 管等效电路

1) 正偏等效电路

管芯正偏等效电路中，R_s 为重掺杂的 P^+、N^+ 层体电阻和欧姆接触电阻，R_j 为 I 层电阻，C_j 主要是 I 层电荷储存效应所引起的扩散电容。随着正向偏压的增大，I 层处于导通状态，R_j 很快减小到 $1 \ \Omega$ 以下；而 C_j 的量级为几皮法（pF），即使在微波频率下，其容抗也远大于 R_j，可忽略不计。

2) 反偏等效电路

反偏状态下，I 层未被穿通时，I 层分为耗尽层与非耗尽层。反偏状态时的 R_j 很大，可忽略不计，C_j 表示耗尽层势垒电容，其值一般小于 $1 \ pF$；R_i 表示非耗尽层电阻，非耗尽层存在少量载流子，其值比耗尽层小，约为几千欧姆（$k\Omega$）；C_i 表示未耗尽层介质电容，其值也小于1 pF。当 I 层穿通后，非耗尽层不存在，R_i 的数值变得非常大，可忽略。反向电阻近似为 R_s，反向电容近似为一个不变的小电容 C_{j0}。

3) 封装等效电路

考虑封装效果时，必须把引线电感和管壳电容引入等效电路，如图 2 - 47 所示。采用梁式引线结构时，封装参数将大为减小。

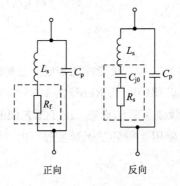

图 2 - 47　封装 PIN 管的正、反向等效电路

4. 驱动电路

实际工作时，必须给 PIN 二极管提供直流偏置，使用隔直流电容和高频扼流圈与微波信号隔离。直流偏置端可以是脉冲信号，也可以是连续变化信号，以实现不同的微波控制电路，如图 2 - 48 所示。PIN 管的控制信号还要进行电压放大，通常称为 PIN 二极管驱动电路。

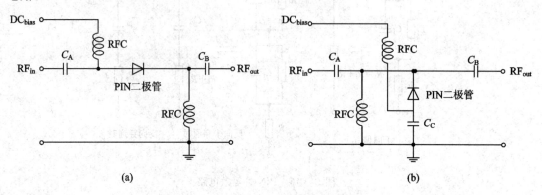

图 2 - 48　PIN 二极管偏置电路结构

(a) PIN 二极管的串联；(b) PIN 二极管的并联

图 2 - 49 给出一种 TTL 逻辑信号放大电路。

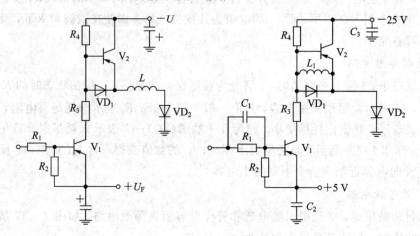

图 2 - 49　TTL 逻辑信号放大电路

2.4.5　雪崩二极管

雪崩渡越时间二极管简称为雪崩二极管或雪崩管，是构成微波固态振荡器和功率放大器的一种器件。贝尔实验室的里德（W. T. Read）在 1958 年首次发表雪崩管理论，提出了 $N^+ PIP^+$ 多层结构二极管呈现微波负阻的设想，由于工艺限制，直到 1965 年才首次报道了实验结果，随后雪崩管在实际应用上得到了迅速发展。由于雪崩管在效率和噪声等方面的弱点，近年来使用得越来越少。

1. 结构

目前广泛采用的雪崩管结构形式有 $N^+ PIN^+$、$P^+ NN^+$、$N^+ PP^+$、$P^+ NIN^+$、

P^+PNN^+。

　　N^+PIP^+雪崩管的模型如图 2 - 50 所示，P 区较薄，I 层较厚，结构复杂，不易制造，实际应用的雪崩管多是 P^+NN^+ 和 N^+PP^+ 结构。一般地，雪崩管在高温下工作，器件的散热性能限制其输出功率容量，影响稳定性和可靠性，故在雪崩管封装时必须考虑散热性能。雪崩管封装结构配有"热沉"，以利于减小热阻，同时"下电极"带有螺纹，以外接散热装置。

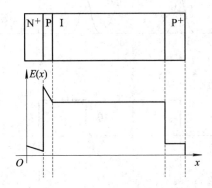

图 2 - 50　N^+PIP^+雪崩管的模型及其反偏电场分布

2. 特性及工作原理

　　在此以里德提出雪崩管负阻效应时的基本结构 N^+PIP^+ 为例讨论雪崩管的特性及其工作原理，其他结构与此类似。

　　1) 雪崩管的特性

　　反向偏压时，雪崩管内的电场分布如图 2 - 50 所示，重掺杂的 N^+ 和 P^+ 区电场强度几乎为零；在本征半导体 I 层内，电场为一常数；N^+P 结电场强度最大，空间电荷层主要处在 P 区。反偏压增加到某一数值 U_B 时，N^+P 结处的电场强度达到击穿电场 E_B（典型值，$E_B \geqslant 10^5$ V/cm），发生雪崩击穿，迅速产生大量的电子 - 空穴对。电压 U_B 称为二极管的雪崩击穿电压（典型值为 20～100 V）。在稳定的雪崩击穿状态下，电子 - 空穴对按照指数规律增加，产生的电子将很快被接于 N^+ 层的正极所吸收，而空穴将向负极渡越。由于雪崩管的 P 区很薄，因而可以认为空穴几乎无延迟地注入 I 区，以恒定的饱和漂移速度（硅半导体约为 10^7 cm/s）向负极渡越，形成空穴电流。所以适当地控制掺杂浓度，使电场的分布在 N^+P 结处形成尖锐的峰值，从而限制在一个很窄的区域内发生雪崩击穿。

　　2) 工作原理

　　(1) 雪崩电离效应。图 2 - 51 给出雪崩管的反向击穿直流电压 U_B 上叠加一个交流信号 $u_{ac}(t) = U_{ac}\sin\omega t$ 时的总电压波形，雪崩将在交流电压的正半周内发生，N^+P 结处形成稳定的雪崩击穿状态，雪崩空穴电流 $i_a(t)$ 将按照指数规律增加，直到外电压正半周结束。外加电压进入负半周后，总端压小于击穿电压 U_B，雪崩将停止，雪崩空穴流按指数衰落。形成的雪崩空穴电流是脉冲宽度很窄的脉冲电流，合理地调整直流偏压和直流偏流，可使电流峰值滞后于交流信号 u_{ac} 峰值 $\pi/2$（即 $T/4$）。可以证明，$i_a(t)$ 的基波相位比交变电场的基波相位滞后 90°。这一现象称为雪崩倍增的电感特性。

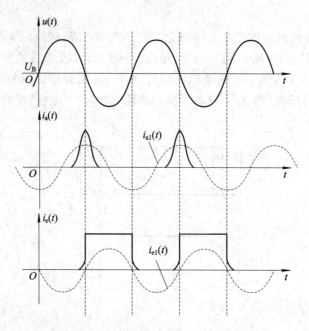

图 2 - 51　里德雪崩二极管电压、电流和外电路感应电流的关系

（2）渡越时间效应。在电场的作用下，雪崩产生的空穴电流 $i_a(t)$ 将注入漂移区并向负极渡越，最终到达负极。这一过程在外电路中将产生感应电流 $i_e(t)$，它与管内运动电荷的位置无关，只取决于运动速度。只要雪崩空穴电流在管内开始流动，外电路上就开始有感应电流，理想情况下是一个矩形波。若管子 I 层本征漂移区的长度为 l_d，饱和漂移速度为 v_d，则雪崩脉冲电流经过漂移区的渡越时间 τ_d 为

$$\tau_d = \frac{l_d}{v_d}$$

可以设计漂移区的长度以控制空穴流的渡越时间，使渡越时间 τ_d 与外加交流电压周期的关系为 $T = 2\tau_d$，对应的频率即称为漂移区的特征频率：

$$f_d = \frac{1}{2\tau_d} = \frac{v_d}{2l_d} \tag{2-77}$$

可以证明：外电路的感应电流与外加交变电压的总相位差为 π，所以二极管对外电路呈现为一个射频负阻。把这样一个雪崩二极管与一个谐振选频回路相连接，可以将管两端很小的初始电压起伏逐渐发展为一个射频振荡，相当于有射频功率从雪崩二极管输出，其振荡频率等于外加谐振选频回路的谐振频率，这是雪崩管可以产生微波振荡和具有微波放大作用的根本原因。

3）特性参量

雪崩管崩越模式下的主要参量除管漂移区的特征频率外，还有工作频率范围和输出功率与效率。

（1）工作频率范围。如果感应电流 $i_e(t)$ 相对于外加交变电压 v_{ac} 的总相位差不为 π，雪崩管的负阻效应就将受到影响。但是，在一定的范围内只要能分离出一个负阻分量，就有可能产生射频振荡，这意味着雪崩管有一定的调谐范围。在目前工艺水平下，雪崩管崩越模式的工作频率可以高达 300 GHz 以上。

（2）输出功率与效率。雪崩脉冲宽度远小于漂移区的渡越角，采取理想化的模型时可忽略雪崩脉冲宽度的影响，认为感应电流是一个宽度为渡越角的理想矩形脉冲。

可以求得二极管获得的直流功率为

$$P_{dc} = U_B I_{dc} \tag{2-78}$$

理想情况下的输出射频功率为

$$P_{ac} = -\frac{2}{\pi} U_{ac} I_{dc} \tag{2-79}$$

理论上，当 $U_{ac} = 0.5 U_B$ 时，有

$$\eta = \left| -\frac{2}{\pi} \frac{U_{ac}}{U_B} \right| = \frac{1}{\pi} \approx 32\% \tag{2-80}$$

实际上，考虑空间电荷对雪崩管内电场分布的影响以及其他因素的影响，雪崩管崩越模式的效率远低于理论值，一般效率仅在 10% 以下。

3. 等效电路

雪崩管的管芯等效电路如图 2-52 所示，假定在工作频率下，Z_a 为雪崩区的阻抗，Z_d 为漂移区的阻抗，则雪崩管有源区的阻抗为

$$Z_D = Z_a + Z_d = R_D - jX_D \tag{2-81}$$

可以证明：

$$R_D = \frac{1}{\omega C_d} \left[\frac{1}{1-(\omega/\omega_a)^2} \cdot \frac{1-\cos\theta}{\theta} \right]$$

$$X_D = \frac{1}{\omega C_d} \left[1 - \frac{\sin\theta}{\theta} + \frac{\sin\theta/\theta + l_a/l_d}{1-(\omega_a/\omega)^2} \right]$$

式中：l_a 为雪崩区长度；ω_a 为雪崩区谐振频率，与直流电流的平方根成正比，并且可通过改变直流偏流来调整；C_d 为漂移区电容。

实际中考虑各种修正因素，当 $\theta \approx 3\pi/4$ 而不是 $\theta \approx \pi$ 时，将获得最大负阻。$\theta \approx 3\pi/4$ 时，雪崩管有源区阻抗 Z_D 和工作角频率 ω 的关系如图 2-53 所示。

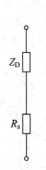

图 2-52　雪崩管的管芯等效电路

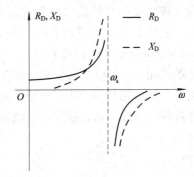

图 2-53　雪崩管有源区阻抗与工作频率的关系

4. 其他雪崩管结构

图 2-54、图 2-55、图 2-56 所示为 P^+NN^+ 结构雪崩管、双漂移区雪崩管、TRAPATT 模式 N^+PP^+ 雪崩管的模型及其电场分布。它们的分析计算过程比里德雪崩管模型复杂得多，这里不再赘述。

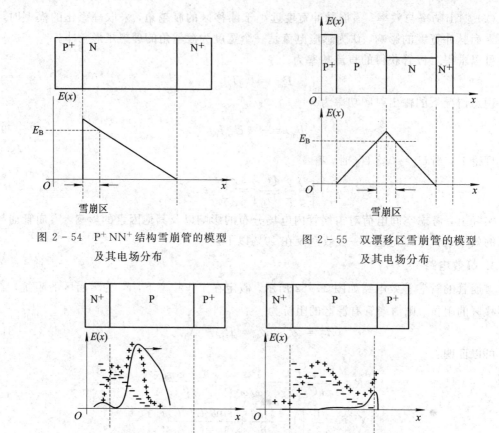

图 2-54　P^+NN^+ 结构雪崩管的模型
及其电场分布

图 2-55　双漂移区雪崩管的模型
及其电场分布

图 2-56　TRAPATT 模式 N^+PP^+ 雪崩管的模型及其电场分布

2.4.6　体效应二极管

体效应二极管又称为耿氏二极管（Gunn Diode）、转移电子效应二极管或转移电子器件。1963 年，耿（J. B. Gunn）首次获得实验结果：在 N 型 GaAs 半导体两端外加电压使内部电场超过 3 kV/cm 时产生了微波振荡。此后，利用这种效应设计制作的器件得到了迅猛的发展和广泛的应用。体效应二极管的噪声和效率特性优于雪崩管，加之电路简单、使用方便、结实耐用等特点，这种器件已经成为制作厘米波、毫米波信号源的主要器件之一。

1. 结构

体效应器件是无结器件，最常用的体效应器件是一片两端面为欧姆接触的均匀掺杂的 N 型 GaAs 半导体，如图 2-57 所示。其他Ⅲ-Ⅴ族及Ⅱ-Ⅵ族化合物（如 InP、CdTe、ZnSe）都具有相似的能带结构，具有更好的负阻特性，已经在射频和微波频段获得了广泛的应用。

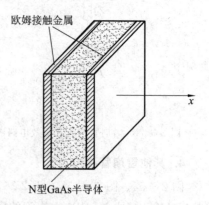

图 2-57　N 型 GaAs 转移电子器件结构

2. 工作原理与特性

N 型砷化镓(GaAs)半导体具有多能级结构,参见图 2 - 22,在外电场的作用下,电子从低能谷向高能谷转移并产生负微分迁移率,对外体现出微分负阻,负阻效应是产生微波振荡和微波放大作用的基础。

1) 偶极畴

实际中,GaAs 半导体内存在杂质分布,电场分布不可能均匀,不可能出现整体同时超过阈值电场、同时降低电子运动速度,故静态伏安特性一般是得不到的。实际中需要通过偶极畴的原理实现动态伏安特性,依靠偶极畴的产生和消失来形成微波振荡。

(1) 偶极畴的形成。外加电压 U_{dc} 小于阈值电压 U_{th} 时,电子在两电极间作均匀连续的漂移运动,半导体内的电场分布是均匀的。欧姆接触的阴极端金 - 半结处于反偏状态,阻值较大,该处电场也稍强于其他部分,电场分布如图 2 - 58(a)所示。

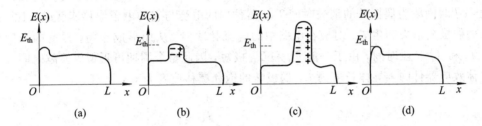

图 2 - 58　转移电子器件中偶极畴形成、长大、成熟和消失的过程
(a) 形成;(b) 长大;(c) 成熟;(d) 消失

外加电压 U_{dc} 大于阈值电压 U_{th} 时,阴极附近的电场首先超过阈值电场 E_{th},电子转移进入负阻区,该处电子的平均漂移速度将减慢。若负阻区两侧的电场仍低于 E_{th},则电子继续以较快的速度向阳极运动,形成了负阻区左侧电子积累,右侧电子欠缺的状态,如图 2 - 58(b)所示。这个区域就是具有正负电荷的对偶层,称为偶极畴。

偶极畴形成了与外加电场方向相同的一个附加电场,使畴内部的电场比畴外高得多。外加电压是一定的,畴内电场高,必然导致畴外电场降低,半导体内的电场分布就不再均匀,外加电压大部分集中在偶极畴上,如图 2 - 58(a)所示,畴外电场不可能再超过阈值。一般情况下,半导体内只能形成一个偶极畴。

(2) 偶极畴的长大。在电场的作用下,阴极附近的小畴核向阳极运动,畴内是慢电子而畴外是快电子,随着畴的运动,堆积的对偶电荷越来越多,畴将逐渐长大。这一过程持续到畴内电子的平均运动速度与畴外电子的平均运动速度相等为止,达到成熟畴,如图 2 - 58(b)所示。畴核由生成到成熟所需的时间称为偶极畴的生长时间 T_D。

(3) 偶极畴的成熟与消失。如图 2 - 58(c)所示,成熟的偶极畴将继续以一定的速度向阳极渡越,到达阳极后被阳极吸收而消失(见图 2 - 58(d)),这段时间称为偶极畴的渡越时间 T_t。偶极畴消失后,半导体内的电场恢复到没有形成偶极畴的原始状态,电子的平均运动速度也恢复到原始的快电子状态。从偶极畴到达阳极再到偶极畴完全消失的时间称为偶极畴的消失时间 T_d,如图 2 - 59 所示。

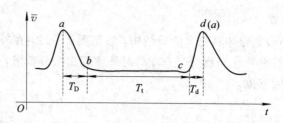

图 2 - 59　转移电子器件中电子平均漂移速度与时间的关系

由于器件的端压维持在阈值电压 U_{th} 以上，一个偶极畴消失后，将在阴极附近又生成一个偶极畴。图 2 - 59 给出器件内部所有电子的平均运动速度随时间变化的规律。a 点表示畴核形成，此后电子的平均运动速度快速下降，b 点对应偶极畴成熟，ab 时间段是偶极畴的生长时间 T_D；b 点之后成熟畴以较低的平均运动速度向阳极渡越，bc 时间段对应渡越时间 T_t；偶极畴到达阳极后很快被阳极吸收而消失，电子的平均运动速度将立刻上升到初始值，cd 时间段为偶极畴的消失时间 T_d。器件内的电流与它的电子漂移速度成正比。连续不断的偶极畴消失和生成，对应在电路中的电流脉冲串，从而形成振荡。振荡的周期包括 T_D、T_t 和 T_d 三段时间，由于一般 T_d 和 T_D 极短，因此整个周期可近似为渡越时间 T_t。

体效应器件的半导体长度为 L，偶极畴的饱和漂移速度为 v_s，则有

$$T_t = \frac{L}{v_s} = \frac{1}{f_t} \tag{2-82}$$

式中：f_t 称为体效应器件的固有频率，L 为 μm 级，器件的固有频率可高达 100 GHz。但可以想象，器件的 L 越小，承受的功率也越小。

2) 动态伏安特性

以上讨论的是转移电子器件两端加固定直流电压的情况，如果器件两端加上交变电压，会有不同的偶极畴产生和消失过程。设器件端压为

$$u(t) = U_{ac} \sin\omega t \tag{2-83}$$

式中，幅度 U_{ac} 较大。下面分别讨论电压从小变大和从大变小时的偶极畴情况。

(1) 电压从零开始上升。如图 2 - 60 所示，OA 段电流沿直线增加，A 点对应阈值电压 U_{th}；A 点之后，偶极畴形成并很快成熟，电子的平均漂移速度迅速下降，外电路电流突然下降，对应图 2 - 60 中的 AB 段；随着器件端压继续增大，会引起畴内电场和畴外电场都增大，但畴内慢电子会更多，电子的平均漂移速度减小，而畴外电子的平均漂移速度提高，破坏了畴内外原有的平衡，偶极畴将长得更大，畴内电子的平均漂移速度将提高，畴外电子漂移将减速以达到新的平衡。因此，外加电压的增大将导致器件内部的电子平均漂移速度减小，平均电流缓慢减小，到达最小值 C 点，对应 BC 段，这反映了器件的负阻特性。从 C 点开始，如果器件端压进一步增大，电流会缓慢增加，如图 2 - 60 中的 CD 段所示。

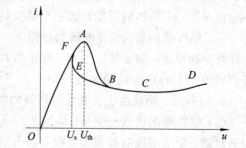

图 2 - 60　转移电子器件的电压 - 电流关系

(2) 电压从 D 点开始由大变小。由于偶极畴一直存在，B 点以前，电流会按照 $D \rightarrow C \rightarrow$

B 路径逆向变化；从 B 点进一步降低器件端压直到阈值电压 U_{th} 之下，由于畴没有消失，因而电流不会直接跃升到 A 点。偶极畴存在的情况下，器件内的电场分布并不均匀，畴内电场高而畴外电场低，外加电压虽然已经小于阈值电压，但畴内电场仍然高于阈值电场 E_{th} 而使偶极畴能够维持，平均电流不会很快提高，直到端压下降到维持电压 U_s，对应图 2 - 60 中的 E 点，电流沿 BE 变化；端压再降到 E 点以下，这时偶极畴消失，电流立即由 E 点跃升到 F 点。由于 F 点对应的端压在 U_{th} 以下，因此不会再形成偶极畴，直到端压再上升到 U_{th}。这样便完成了外电压的一个完整周期。

3. 等效电路

体效应器件分为畴内和畴外两个部分，偶极畴区呈现负微分迁移率，是负阻区；而畴外呈现低能谷的迁移率，是正阻区。因此可得到器件的管芯等效电路及其电路符号，如图 2 - 61 所示，图中 G_1 和 C_1 是畴外的微分电导和静态电容，G_d 和 C_d 是稳态畴的微分电导和静态电容。利用小信号微扰理论可以求得

$$\begin{cases} Y_1 = G_1 + j\omega C_1 \approx \dfrac{qn_0\mu_1 A}{L - L_d} + j\omega \dfrac{\varepsilon A}{L - L_d} \\ Y_d = G_d + j\omega C_d \approx \dfrac{qn_0\mu_d A}{L_d} + j\omega \dfrac{\varepsilon A}{L_d} \end{cases} \qquad (2 - 84)$$

式中：μ_1 和 μ_d 分别为无畴区和偶极畴区的微分迁移率；L 和 L_d 分别为器件有源区和偶极畴区的长度；ε 为 N 型 GaAs 半导体材料介电常数；A 为器件截面积。因 $\mu_d < 0$，故有

$$G_d = \frac{qn_0\mu_d A}{L_d} < 0 \qquad (2 - 85)$$

G_d 体现为负阻。由于 $\mu_1 \gg |\mu_d|$，抵消了 $L \gg L_d$ 的作用，因而可计算出负阻值比正阻值大几十倍。又由于 $L \gg L_d$，因此 $C_1 \ll C_d$，Y_1 可以忽略不计，总效果等效为一个负阻。

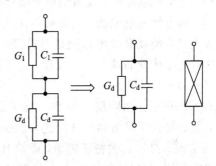

图 2 - 61　转移电子器件等效电路及其电路符号

体效应器件的封装结构和封装效应与前述微波二极管类似，这里不再赘述。

2.5　微波三极管

通常，微波三电极器件分为两大类：结型晶体管和场效应管。由于材料和工艺的不同，两类器件又可分别派生出两种器件，得到微波电路中常用的四种器件。在此基础上，随着微电子技术的快速发展，近年又出现了多种专门用途的微波三极管，下面分别予以介绍。

2.5.1　双极型晶体管

双极型晶体管也称结型晶体管、双极结晶体管（Bipolar - JunctionTransistor，BJT），习惯上称做晶体管或晶体三极管。这种晶体管是 1948 年 AT&T Bell 实验室发明的，几十年来得到了一系列改进和提高。这类晶体管中有两种极性的载流子——电子和空穴，都参与了器件的工作，具有相对较高的工作频率、低噪声性能及高功率容量，且成本低，因此，

BJT 是目前应用得最为广泛的射频有源器件之一。本节将介绍结型晶体管的工作原理、结构、等效电路和特性，最后简单介绍一种特殊的结型晶体管——异质结双极型晶体管。

1. 工作原理

1) 基本工作过程

结型晶体管的基本原理与模拟电子线路中的晶体管相同，以 PNP 型晶体管为例简述其工作过程。如图 2 - 62 所示，由左方正偏 PN 结注入到 N 区的空穴，被右方反偏 PN 结所"收集"。由于 N 区较短，空穴在扩散过程中复合损失极小，因此可用图中的虚线箭头表示空穴的流通。这样就构成了一个结型晶体管，称为 PNP 型晶体管。左方正偏的 PN 结是发射结，左方的 P 区是发射区；右方反偏的 PN 结是集电结，右方的 P 区是集电区；中间的 N 区是基区。三个电极分别称为发射极（E）、集电极（C）和基极（B）。

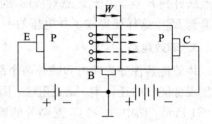

图 2 - 62　PNP 型晶体管结构

工作状态下，发射结的作用在于向基区提供少子，集电结的作用在于收集从基区扩散过来的少子，也就是说：发射结的电流能够控制集电结的电流。在某一瞬间发射结注入的空穴多，集电结的电流就大；发射结注入的空穴少，集电结的电流就小。如果把一个信号加于发射结，使发射结电流随信号改变，则能在集电极的电流变化中把这个信号重现出来，这就是晶体管的基本工作原理。为保证这一控制过程顺利进行，必须使基区宽度 W 小于少子扩散长度 L_p。

如果三极管是由两层 N 区和一层 P 区构成的 NPN 结构，其工作原理与 PNP 管完全类似，区别仅在于发射结向基区注入的少子是电子。常用的微波双极晶体管是硅 NPN 型。

为了提高晶体管的特征频率，通常 BJT 管的发射区和基区做成交指形。图 2 - 63 给出了一个实际平面结构的 NPN 型晶体管的剖面图和俯视图，这种条带结构适用于小信号和小功率，其发射极条数可以是 3～10 条，视管的功率要求而定，相应的基极条数也会增多。它的优点是提高了发射极的有效利用面积，而且可在发射极周长一定的情况下使发射极面积最小，相应的基极面积和集电极面积也最小。此外还有适用于功率管的覆盖型和网状型结构，这里不再介绍。

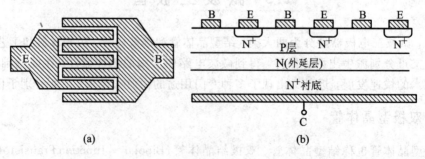

(a)　　　　　　　　　　　　(b)

图 2 - 63　NPN 型晶体管交指型结构示意图

(a) 俯视图；(b) 剖面图

PNP 和 NPN 型晶体管的电路符号见图 2 - 64。

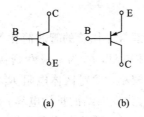

图 2 - 64　双极型晶体管电路符号

(a) NPN 型；(b) PNP 型

2) 能带模型

一般晶体管的发射区掺杂浓度大于基区掺杂浓度，基区的掺杂浓度大于集电区的掺杂浓度，平衡状态下晶体管的能带结构如图 2 - 65(a)所示，费米能级应在同一水平上。图 2 - 65(b)表示加上工作电压后的能带图，发射结处于正偏而集电结处于反偏。图中用·表示电子，用。表示空穴。

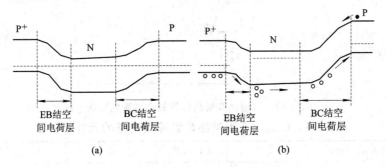

图 2 - 65　PNP 型双极晶体管能带结构

(a) 加工作电压之前；(b) 加工作电压之后

3) 连接方式

实际使用时，晶体管三个电极中的任何一个都可作为输入/输出的公共端。以 PNP 管为例，其连接方式有三种，如图 2 - 66 所示，称为共基极连接、共发射极连接和共集电极连接。三种连接方式都应使发射结处于正偏，具有注入少子、使集电结处于反偏及收集电子的作用。外加偏压时的极性如图 2 - 66 所示。

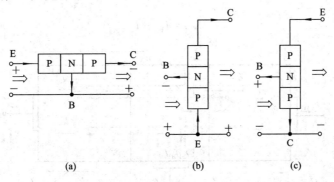

图 2 - 66　PNP 型双极晶体管的连接方式

(a) 共基极连接；(b) 共发射极连接；(c) 共集电极连接

2. 等效电路与结构

图 2 - 67 给出了一个微波硅双极晶体管的管芯简化等效电路，图中晶体管处在小信号下，为共发射极连接。R'_B 为基区体电阻，R''_B 为基极欧姆接触电阻；R_E 是发射结的结电阻，由于发射区掺杂浓度较高而阻值较小，发射区体电阻 R'_E 可忽略；R''_E 为发射极欧姆接触电阻；C_{TE} 为发射结的势垒电容；C_{DE} 为发射结的扩散电容；由于反偏，集电结的结电阻 R_C 阻值较大，可忽略；R'_C 为集电区体电阻；R''_C 为集电极欧姆接触电阻；C_C 为集电结的势垒电容；$\tilde{\alpha}$ 是交流电流放大系数。如果考虑封装因素在内，等效电路中还必须加上封装电容和封装引线电感。一个典型 C 波段低噪声晶体管等效电路的元件参数值如表 2 - 4 所示。

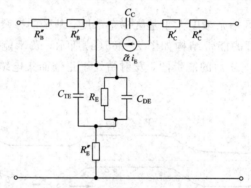

图 2 - 67 微波硅双极晶体管的管芯简化等效电路

表 2 - 4 C 波段低噪声晶体管等效电路的元件参数值

$(R'_B + R''_B)/\Omega$	R_E/Ω	C_{TE}/pF	C_C/pF	$(R'_C + R''_C)/\Omega$
15	13	0.3	0.07	12

3. 晶体管特性

1) 理想晶体管各极电流

以 PNP 晶体管为例，图 2 - 68 示出了其共基极连接时管中载流子的流动。电流的正负方向规定如下：发射极电流 I_E 流入晶体管为正方向，基极电流 I_B 和集电极电流 I_C 以流出晶体管为正方向。对于 NPN 晶体管，电流正负方向的规定正好与此相反。三个电极电流之间应满足

$$I_E = I_B + I_C \tag{2 - 86}$$

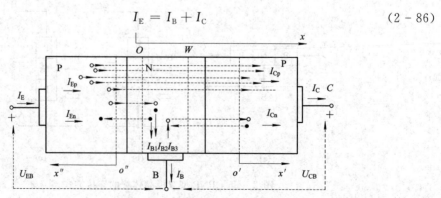

图 2 - 68 PNP 晶体管各极电流构成

图 2 - 68 左边的 PN 结处于正偏，电压为 U_{EB}；右边的 PN 结处于反偏，电压为 U_{CB}。构成晶体管电流的均是各区的少子，采用下列符号表示各区少子的相关参数：L_{nE}、D_{nE} 和 $(n_0)_E$ 分别表示发射区少子（电子）的扩散长度、扩散系数和平衡状态下的浓度；L_{pB}、D_{pB} 和 $(p_0)_B$ 分别表示基区少子（空穴）的扩散长度、扩散系数和平衡状态下的浓度；L_{nC}、D_{nC} 和 $(n_0)_C$ 分别表示集电区少子（电子）的扩散长度、扩散系数和平衡状态下的浓度；W 为基区非空间电荷层部分宽度，称为有效基区宽度；A 表示两个结的结面积。

借助 PN 结的知识，可得出理想状态下晶体管各极电流的表示式。

（1）发射级电流 I_E。发射极电流 I_E 由两部分组成，即

$$I_E = I_{Ep}(0) + I_{En}(0'') \tag{2-87}$$

式中：I_{Ep} 是由发射区注入基区的空穴电流；I_{En} 是由基区注入发射区的电子电流。可求得

$$I_{Ep}(0) = \frac{qAD_{pB}}{W}(p_0)_B \left\{ \left[\exp\left(\frac{qU_{EB}}{kT}\right) - 1 \right] - \left[\exp\left(\frac{qU_{CB}}{kT}\right) - 1 \right] \right\} \tag{2-88}$$

$$I_{En}(0'') = \frac{qAD_{nE}}{L_{nE}}(n_0)_E \left[\exp\left(\frac{qU_{EB}}{kT}\right) - 1 \right] \tag{2-89}$$

$$I_E = qA \left[\frac{D_{nE}(n_0)_E}{L_{nE}} + \frac{D_{pB}(p_0)_B}{W} \right] \left[\exp\left(\frac{qU_{EB}}{kT}\right) - 1 \right] - \frac{qAD_{pB}}{W}(p_0)_B \left[\exp\left(\frac{qU_{CB}}{kT}\right) - 1 \right] \tag{2-90}$$

（2）集电极电流 I_C。集电极电流 I_C 也由两部分组成，即

$$I_C = I_{Cp}(W) + I_{Cn}(0') \tag{2-91}$$

式中：I_{Cp} 是由发射区注入到基区的空穴未经复合便扩散到集电结空间的电荷区边界，被集电结收集所形成的电流，I_{Cp} 由 I_{Ep} 决定；I_{Cn} 是集电结的反向电流，它包括由集电区流入基区的电子电流以及由基区流入集电区的空穴电流，由于基区的掺杂浓度比集电区高，因此基区少子空穴比集电区少子电子少，反向电流以集电区流向基区的电子电流为主，I_{Cn} 不受发射极电流的控制。可求得

$$I_{Cp}(W) = I_{Ep}(0) = \frac{qAD_{pB}}{W}(p_0)_B \left\{ \left[\exp\left(\frac{qU_{EB}}{kT}\right) - 1 \right] - \left[\exp\left(\frac{qU_{CB}}{kT}\right) - 1 \right] \right\} \tag{2-92}$$

$$I_{Cn}(0') = -\frac{qAD_{nC}}{L_{nC}}(n_0)_C \left[\exp\left(\frac{qU_{CB}}{kT}\right) - 1 \right] \tag{2-93}$$

$$I_C = \frac{qAD_{pB}}{W}(p_0)_B \left[\exp\left(\frac{qU_{EB}}{kT}\right) - 1 \right] - qA \left[\frac{D_{nC}(n_0)_C}{L_{nC}} + \frac{D_{pB}(p_0)_B}{W} \right] \left[\exp\left(\frac{qU_{CB}}{kT}\right) - 1 \right] \tag{2-94}$$

（3）基极电流 I_B。基极电流 I_B 由三部分组成，即

$$I_B = I_{B1} + I_{B2} - I_{B3} \tag{2-95}$$

式中：I_{B1} 是发射极中的电子电流成分；I_{B2} 是为补充基区中与发射结注入的空穴复合掉的电子，由基极流入的电子电流；I_{B3} 是集电结的反向电流，其电流方向与前面两种成分相反。

根据 $I_E = I_B + I_C$，求得

$$I_B = \frac{qAD_{nE}}{L_{nE}}(n_0)_E \left[\exp\left(\frac{qU_{EB}}{kT}\right) - 1 \right] + \frac{qAD_{nC}}{L_{nC}}(n_0)_C \left[\exp\left(\frac{qU_{CB}}{kT}\right) - 1 \right] \tag{2-96}$$

一般地，EB 结处于正偏，$U_{EB} > 0$，CB 结处于反偏，$U_{CB} < 0$，这种工作状态称为晶体管的放大运用状态。于是有

$$\exp\left(\frac{qU_{EB}}{kT}\right) \gg 1 \qquad (2-97)$$

$$\exp\left(\frac{qU_{CB}}{kT}\right) \ll 1 \qquad (2-98)$$

由式（2-96）可以看出，基极电流的第一项是基区向发射区注入的电子电流，第二项是集电结的反向电流 I_{B3}，这是集电区的少子电子进入 CB 结的空间电荷层后，被空间电荷层的电场"扫"向基区形成的电流，也就是 CB 结漏电流。从 I_C 的表达式（2-94）可以看到，当 U_{EB} 只有零点几伏时，$\exp\left(\frac{qU_{EB}}{kT}\right)$ 即能大大超过 1，第二项由于 $U_{EB} < 0$，其值较小，显然第一项起主要作用，即由发射结注入的空穴电流是集电极电流的主要成分。I_E 的表达式（2-90）中，也是 $\exp\left(\frac{qU_{EB}}{kT}\right)$ 起主要作用，即第一项大于第二项。此外，在第一项中，由于 $(p_0)_B \gg (n_0)_E$，同时 $L_{nE} \gg W$，因此以注入到基区的空穴电流为主要成分。

实际情况中存在基区复合，上述理想状态下的结论必须加以修正，但各电流表达式中含有的因子 $[\exp(qv/kT)-1]$ 并不改变，故结论的本质不会改变。

2）晶体管的电流特性参数

以 PNP 晶体管为例，描述晶体管各极间电流相互关系的参数主要有以下几种：

（1）注入效率 γ。注入效率 γ 定义为发射极电流中空穴电流成分与总电流之比，即

$$\gamma = \frac{I_{Ep}}{I_E} = \frac{I_{Ep}}{I_{Ep} + I_{En}} \qquad (2-99)$$

由于 I_{Ep} 是发射极电流 I_E 中对集电极电流 I_C 起控制作用的成分，显然，γ 越接近于 1 越好。为此，在工艺上可以将发射结制成 P^+N 结，即发射区掺杂浓度远远高于基区掺杂浓度。

（2）传输系数 η_B。传输系数 η_B 定义为集电极电流 I_C 中空穴成分与发射极电流 I_E 中空穴成分之比，即

$$\eta_B = \frac{I_{Cp}}{I_{Ep}} \qquad (2-100)$$

注入少子在基区扩散过程中的复合是决定 η_B 的主要因素。实际上 η_B 小于 1，但希望它趋于 1。为此，要使 $L_{pB} \gg W$，即有效基区宽度远小于基区少子扩散长度；也可使集电结的面积大于发射结面积。

（3）共基极直流电流放大系数 α_{dc} 和集电结漏电流 I_{CBO}。共基极直流电流放大系数 α_{dc} 也称为共基极直流电流增益，通常写为 α。它定义为集电极电流 I_C 中的空穴成分与发射极电流 I_E 之比，即

$$\alpha_{dc} = \frac{I_{Cp}}{I_E} = \frac{I_{Cp}}{I_{Cp} + I_{En}} = \eta_B\gamma \qquad (2-101)$$

集电结漏电流 I_{CBO} 定义为发射极与基极间开路时基极与集电极之间的反向饱和电流，它以集电区流向基区的电子电流为主，即 I_{Cn} 部分，$I_{Cn} \approx I_{CBO}$，其值一般很小。

集电极电流 I_C 可表示为

$$I_C \approx \alpha_{dc}I_E + I_{CBO} \approx \alpha_{dc}I_E \qquad (2-102)$$

α_{dc} 的值是小于 1 的，品质优良的晶体管的 α_{dc} 可达到 0.99 或更高。

（4）共发射极直流电流放大系数 β_{BC} 和穿透电流 I_{CEO}。共发射极直流电流放大系数 β_{BC} 也称为共发射极直流电流增益，通常写为 β。根据式（2 - 102）式（2 - 86），可得

$$I_C = \alpha_{dc}I_E + I_{CBO} = \alpha_{dc}(I_B + I_C) + I_{CBO}$$

$$I_C = \frac{\alpha_{dc}}{1 - \alpha_{dc}}I_B + \frac{I_{CBO}}{1 - \alpha_{dc}} \tag{2 - 103}$$

令 $\beta_{dc} = \dfrac{\alpha_{dc}}{1 - \alpha_{dc}}$，可得

$$I_C = \beta_{dc}I_B + (\beta_{dc} + 1)I_{CBO} \tag{2 - 104}$$

令
$$I_{CEO} = (\beta_{dc} + 1)I_{CBO} \tag{2 - 105}$$

它实际上是基极开路（$I_B = 0$）时的 I_C，称做集电极与发射极之间的反向漏电流或穿透电流。

由以上分析可以得出下述结论：

① 如果 α_{dc} 为 $0.95 \sim 0.99$，则 β_{dc} 为 $19 \sim 99$，β_{dc} 的值比 α_{dc} 大得多。

② 由式（2 - 105）可知，基极开路时，发射极 - 集电极之间的反向电流是发射极开路时基极 - 集电极间反向电流的（$\beta_{dc} + 1$）倍。

③ 如果在发射极与基极间接一电阻，如图 2 - 69 所示，可从基极中流出部分由集电区进入基区的电子，这部分电子将起不到减小发射结空间电荷层中正电荷的作用，反向电流流过将产生很小的电压，从而使发射结处于一个较小的正向偏压下。

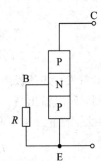

图 2 - 69　PNP 管 BE 间接电阻

（5）交流电流放大系数 $\tilde{\alpha}$ 和 $\tilde{\beta}$。交流电流放大系数 $\tilde{\alpha}$ 定义为集电极 - 基极交流短路时集电极交流电流 $\tilde{i}_C$ 与发射极交流电流 $\tilde{i}_E$ 的比值，即

$$\tilde{\alpha} = \left.\frac{\tilde{i}_C}{\tilde{i}_E}\right|_{\tilde{u}_{CB} = 0} \tag{2 - 106}$$

当交流频率不高时，α 与 $\tilde{\alpha}$ 相差不多。

交流电流放大系数 $\tilde{\beta}$ 定义为集电极 - 发射极交流短路时，集电极交流电流 $\tilde{i}_C$ 与基极交流电流 $\tilde{i}_B$ 的比值，即

$$\tilde{\beta} = \left.\frac{\tilde{i}_C}{\tilde{i}_B}\right|_{\tilde{u}_{CE} = 0} \tag{2 - 107}$$

当交流频率不高时，$\tilde{\beta}$ 与 β_{dc} 相差不多。

3）晶体管的伏安特性曲线

前面介绍过晶体管的三种连接方式，每一种连接方式都有各自的输入端和输出端。输入端与公共端之间的电压 - 电流关系称为输入特性；输出端与公共端之间的电压 - 电流关系称为输出特性。这些特性用曲线形式表示出来就是特性曲线。对应于三种连接方式，故有三种输入特性曲线和三种输出特性曲线。

晶体管的工作基础在于两个结之间的相互作用，因而会导致输入对输出、输出对输入存在相互之间的影响，所以还有一种转移特性曲线。下面以 PNP 型晶体管为例，介绍共基极连接和共发射极连接的输入、输出特性曲线。

（1）共基极连接。

① 输入特性：共基极连接的输入特性曲线即是 U_{EB} 与 I_E 之间的关系曲线。CB 结的电压会对 EB 结的电压－电流关系产生影响，在测定 U_{EB} 与 I_E 之间关系的全过程中必须维持 U_{CB} 为一定值，因而输入特性曲线是以 U_{CB} 为参数的一族曲线，如图 2-70 所示。

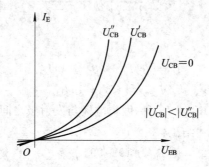

图 2-70　共基极连接输入特性曲线

② 输出特性：共基极连接的输出特性曲线即是 U_{CB} 与 I_C 之间的关系曲线。因为 I_C 受到 I_E 的控制，所以输出特性曲线必须以 I_E 为参变量，也是一族曲线，如图 2-71 所示。图中标明了放大、截止、击穿和饱和四个区。

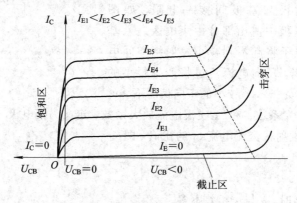

图 2-71　共基极连接输出特性曲线

放大区是晶体管在放大电路中的工作区域，在这一区域范围内，基本上 I_C 与 U_{CB} 无关，主要由 I_E 来决定。在一定的 I_E 下，随着 $|U_{CB}|$ 的增大，I_C 曲线并不是完全平行于横轴的，而是微微上翘，表明 I_C 微微增加。其原因在于集电结反向偏压加大造成基区空间电荷层加宽，有效基区宽度变窄，由发射极注入的少子经过基区时复合损失减小，相当于 I_{B2} 减小，使共基极直流电流放大系数 α_{dc} 加大；另一方面，空间电荷层加宽造成空间电荷层产生电流加大，也添加到 I_C 中去。从曲线中可以求出 α_{dc} 和 $\tilde{\alpha}$。对应于某一确定 U_{CB} 值，有

$$\tilde{\alpha} = \frac{\Delta I_C}{\Delta I_E} = \frac{I_{C2} - I_{C1}}{I_{E2} - I_{E1}} \qquad (2-108)$$

$$\alpha_{dc} \approx \frac{I_C}{I_E} \qquad (2-109)$$

由于对应很大的 U_{CB} 变化，I_C 的变化很小，表明共基极接法的输出动态电阻很大，因而 I_C 可作为受控于 I_E 的恒流源对待。

截止区是 $I_E = 0$ 曲线以下的区域，这时发射极开路，CB 结反偏，流过晶体管的只有

I_{CBO}；在 I_{CBO} 下方，$I_E<0$，发射区对基区无注入，不能起控制 I_C 的作用，称为截止状态。

饱和区对应于 U_{CB} 取正值的情况，此时 CB 结处于正偏，随着 U_{CB} 的增大，I_C 很快减小。当 $U_{CB}=0$ 时，I_C 的值仍然较大，这是因为零偏时 CB 区 PN 结的内建电场仍能将注入基区的空穴收集过来；当 $U_{CB}>0$ 时，集电区向基区注入空穴，使集电极电流 I_C 很快减小；当 U_{CB} 达到某值时可使 $I_C=0$，这时尽管维持 I_E 不变，但发射极注入的空穴已经不能流向集电区，而是与基区中的电子复合，使 I_B 加大；如果继续加大正偏 U_{CB}，电流又会从 0 增加，但方向相反，变成从集电极流入。

击穿区是当 CB 结上的反向偏压 U_{CB} 的绝对值足够大时 CB 出现雪崩倍增现象，电流 I_C 迅速增加的区域。晶体管不能在这个区域工作。$I_E=0$ 的情况下电流 I_C 迅速增加时所对应的电压用 BU_{CBO} 表示。

（2）共发射极连接。

① 输入特性：共发射极连接的输入特性曲线即是 U_{EB} 与 I_B 之间的关系曲线，它是以 U_{CE} 为参数的一族曲线，如图 2-72 所示。

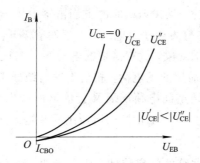

图 2-72 共发射极连接输入特性曲线

② 输出特性：共发射极连接的输出特性曲线即是 U_{CE} 与 I_C 之间的关系曲线，与共基极情况大体相似，是以 I_B 为参变量的一族曲线，如图 2-73 所示。图中标明了放大、截止、击穿和饱和四个区。

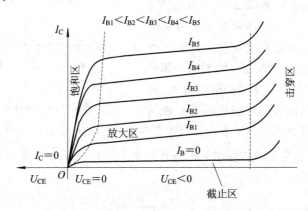

图 2-73 共发射极连接输出特性曲线

在放大区，共发射极输出特性曲线比共基极情形时的上翘更为显著。这同样是由于 $|U_{CE}|$ 的增加使有效基区宽度变窄，使 I_B 减小，但输出特性曲线中的每一条都是根据 I_B 不变画出的，为维持 I_B 不变就必须相应地加大 I_E，即使发射极正偏增加，这部分 I_E 的增

加就表现为 I_C 的增加，因而曲线上翘显著。同样，也可从图中求出某一确定 U_{CE} 下的电流放大系数 $\tilde\beta$ 与 β_{dc}。

截止区是 $I_B=0$ 曲线以下的区域，这时基极是开路的，根据 $I_C=\beta_{dc}I_B+I_{CEO}$，$I_C=I_{CEO}$。这时 U_{CE} 的绝大部分使集电结处于反偏，但也有小部分加在发射结上，尽管 $I_B=0$，仍有发射极注入（即 I_E 存在）。因此，I_C 的数值 I_{CEO} 比 I_{CBO} 大。

在饱和区，U_{CE} 下降到 0 之前，输出电流 I_C 已经开始下降，这是与共基极连接输出特性的显著区别。对于硅晶体管，$U_{CE}\approx0.7\ \text{V}$ 时 I_C 开始下降，这是因为共发射极电路的 U_{CE} 包含两部分，即 $U_{CE}=U_{EB}+U_{CB}$，欲使晶体管有发射极注入即 I_E 存在，则发射结上的正偏 U_{EB} 至少应为 PN 结的接触电势差，即 $0.7\ \text{V}$；当 U_{CE} 下降到 $0.7\ \text{V}$ 时，集电结偏压已近似为零，因为集电结空间电荷层的内建电场收集自发射结注入的载流子，所以电流不会很快减小；若 $|U_{CE}|<0.7\ \text{V}$，相当于集电结处于正偏，势垒电场减弱，收集能力下降，I_C 下降。

在击穿区，特性曲线同样陡峭上弯，对应的 U_{CE} 数值与共基极情况下的 U_{CB} 不同。$I_B=0$ 情况下，电流 I_C 迅速增加时所对应的电压用 U_{CEO} 表示。以共基极 $I_E=0$ 时情况与共发射极 $I_B=0$ 时的情况作对比，共发射极时的雪崩击穿电压 BU_{CEO} 要小于共发射极情况时的 BU_{CBO}。共基极时，雪崩击穿发生于集电结，由于发射极开路，因而与发射结无关。共发射极时，一旦集电结出现倍增现象，就有倍增的电子注入基区，这一部分电子在基区中会抵消发射结基区一侧空间电荷层的正电荷，相当于发射结处于正偏，致使发射结注入空穴增多；这部分空穴进入集电结空间电荷层后又会倍增而产生更多的电子……如此进行下去，会使 I_C 大大增加，造成导致雪崩击穿的电压小于共基极连接时的电压。

4）晶体管的工作特性

除了增益等特性外，晶体管的频率特性、功率特性、温度特性、噪声特性和开关特性等对工作指标的影响也很大。

（1）频率特性。在低频下，晶体管的电流放大系数 β 和 α 保持为一个定值，频率提高到一定值时，其值会下降，如图 2-74 所示。通常，晶体管输入端是固定偏压和交变信号共同作用的，结的空间电荷层宽度和注入基区的少子数目都将随交变信号而改变。此时，一部分电流用来给"结"的势垒电容和扩散电容充/放电，这部分电流对晶体管的电流传输是一种损

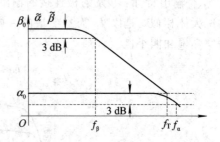

图 2-74 晶体管的频率特性

失，导致电流放大系数下降。为了表征晶体管频率特性，定义如下几个参数：

① 基极交流短路电流放大系数 $\tilde\alpha$ 的截止频率 f_α。f_α 表示 $\tilde\alpha$ 下降到其低频值 α_0 的 $1/\sqrt2$ 倍时对应的频率，即

$$\tilde\alpha=\frac{\alpha_0}{\left(1+\mathrm{j}\dfrac{f}{f_\alpha}\right)} \tag{2-110}$$

当 $f=f_\alpha$ 时，$|\tilde\alpha|=0.707\alpha_0$，即下降 3 dB，$f_\alpha$ 称为 3 dB 频率。

② 发射极交流短路电流放大系数 $\tilde\beta$ 的截止频率 f_β。f_β 表示 $\tilde\beta$ 下降到其低频值 β_0 的 $1/\sqrt2$ 倍时对应的频率，即

$$\tilde{\beta} = \frac{\beta_0}{\left(1 + j\dfrac{f}{f_\beta}\right)} \tag{2-111}$$

③ 特征频率 f_T。f_T 定义值 $\tilde{\beta}$ 下降到 1 时所对应的频率。f_T 越高，表示晶体管的高频性能越好。可以求得

$$f_T \approx \frac{1}{2\pi\tau} \tag{2-112}$$

式中：τ 为晶体管的总延迟时间。τ 由四个部分组成，$\tau = \tau_E + \tau_B + \tau_d + \tau_C$。$\tau_E$ 称为发射结势垒电容时间常数，也称为发射结延迟时间。由于发射结势垒电容的充/放电作用，使得注入电流的上升比输入信号电压的上升来得缓慢。要提高晶体管的工作频率，必须减小 τ_E，在功率容量和可靠性允许的前提下，尽量减小发射结面积以减小发射结势垒电容，双极晶体管采用条带结构就是为了有效减小发射结面积。

τ_B 为基区渡越时间常数，也就是扩散电容的充/放电时间。注入基区的少子在基区形成一定的累积，交变电压注入基区的少子中有一部分用来改变累积量，这部分少子不能被集电结所收集，因而使传输系数 η_B 下降。要提高晶体管的工作频率，也必须减小 τ_B，措施是尽量减小基区宽度和提高载流子的运动速度，但器件的功率容量也会下降。

τ_d 称为集电结空间电荷层渡越时间常数。由于集电结处于反偏，空间电荷层较厚，因此载流子也需要一定的时间通过它。其值一般只有几皮秒(ps)量级，近似可忽略。

τ_C 称为集电结势垒电容时间常数，与发射结势垒电容时间常数类似。由于集电结势垒电容较小，因而其值也较小，一般也只有几皮秒(ps)量级，近似可忽略。

可以看出：τ_E 和 τ_B 是 τ 的主要组成部分，是影响晶体管频率特性的主要因素。双极晶体管的工作原理决定了载流子在器件中的渡越时间受到多项因素的限制，也就限制了特征频率的提高。在目前的工艺水平下，双极晶体管的 f_T 为 $10 \sim 20$ GHz。

④ 最高振荡频率 f_{max}。晶体管在输入阻抗低、输出阻抗高的情况下，工作频率为特征频率 f_T 时仍有功率增益。忽略内反馈，可以求得当 $f > f_\beta$ 时，晶体管的单向最大资用功率增益近似为

$$G \approx \frac{f_T}{8\pi f^2 R'_B C_C} \tag{2-113}$$

式中：R'_B 为基区体电阻；C_C 为集电结的势垒电容。定义 $G = 1$ 时对应的频率为最高振荡频率 f_{max}，即

$$f_{max} \approx \sqrt{\frac{f_T}{8\pi R'_B C_C}} \tag{2-114}$$

超过此频率后，晶体管既不能作为放大器，也不能作为振荡器使用。由式(2-113)和式(2-114)可得

$$G = \left(\frac{f_{max}}{f}\right)^2 \tag{2-115}$$

当 $f > f_\beta$ 时，单向功率增益近似以每倍频程 6 dB 的速率下降。f_{max} 是表征晶体管固有性能的一个重要参数。提高 f_{max} 与提高 f_T 对器件设计和工艺的要求是一致的。此外，双极晶体管的频率特性还受到材料的影响。为了提高晶体管的工作频率，又提出了砷化镓异质结双极晶体管等其他结构，可以通过改变工作原理及器件材料来突破上述的频率极限。

（2）功率特性。前述晶体管的各种特性都是针对小信号情况来分析的。若晶体管工作于大信号，性能将会有变化。欲使晶体管输出较大的功率，可以通过提高集电结的反向耐压和增大集电极电流来实现，但这两方面都有限制。这里介绍晶体管在大信号下的特性改变和极限值。

① 电压限制：雪崩击穿电压 BU_{CEO} 或 BU_{CBO} 是晶体管输出电压的极限值。由于晶体管制造工艺和工作原理的限制，提高反向耐压有一定的限度。

② 电流限制：集电极最大电流 I_{CM}。增大集电极电流需要增大结面积或增大发射结电流密度，这会带来一系列其他问题，使得增大集电极电流受到限制。

第一，增大发射结电流密度将导致大注入，而大注入时直流电流放大系数 β 将下降。β 随集电极电流 I_C 变化的曲线如图 2-75 所示。由图可见，当 I_C 较小时，β 随 I_C 的增大而增大；在 I_C 为某一定值时，β 达到最大值；而后随着 I_C 的增大，β 迅速减小。定义集电极最大电流 I_{CM} 为当共发射极直流电流放大系数 β 下降到最大值的一半时所对应的集电极电流。β 下降的原因可以用基区大注入自建电场及基区电导调制两种效应来解释。

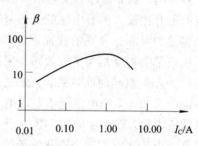

图 2-75 β 随 I_C 变化曲线

第二，为减小基区电导调制效应的影响，可增大发射结面积以相应地增加基区体积。由于发射极电流的集边效应（或称基区自偏压效应），单纯增大结面积会导致沿结面出现电流的非均匀分布，不能收到期望的效果。通常采用改进晶体管芯片的图形设计结构来提高集电极电流。

③ 功率限制：最大耗散功率 P_{CM}。晶体管的集电结在反偏状态下具有很高的阻抗，在工作中不断消耗功率，且以"热"的形式向外散发。如果所产生的热量能够散发出去，不使结温上升，晶体管仍能正常工作；如果产生的热量不能全部散发出去，会使结温不断升高，最终导致热击穿，将器件烧毁。单位时间内晶体管所能耗散掉的最大功率称为晶体管的最大耗散功率 P_{CM}。只要晶体管的消耗功率小于 P_{CM}，就能正常工作，否则不能使用。

④ 安全工作区。综合考虑 BU_{CEO} 或 BU_{CBO}，P_{CM} 和 I_{CM}，可以得出晶体管特性曲线上安全工作的工作点区域，称为安全工作区，如图 2-76 所示。

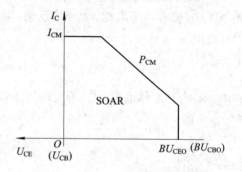

图 2-76 晶体管的安全工作区

（3）温度特性。几乎所有描述半导体器件静态性能和动态性能的参量都要受到温度这一物理参数的影响。这里所讲的温度是指环境温度和晶体管内部由于功率耗散而导致的温升在内。图 2-77 表示了在一定 U_{CE} 下，以结温 T_j 为参变量时，共发射极晶体管的输入特性曲线（即 I_R 随 U_{BE} 变化的曲线）。温度对于晶体管的特性影响相当大，过高的温度会导致热击穿，温度和散热处理是晶体管工作的一个重要方面。

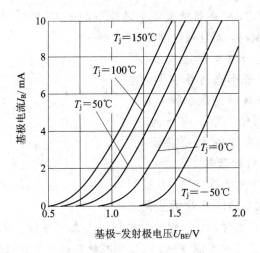

图 2 - 77　共发射极晶体管的输入特性曲线

由图 2 - 77 可以看出：不同温度下 BE 结的导通电压不同。为了保证晶体管能够在给定的工作温度范围内正常工作，偏置电压要有一个合适的值。这一点在工程实际中要特别注意，否则，就会出现低温下电路性能急剧恶化的情况。

（4）噪声特性。

① 噪声来源。微波晶体管的噪声主要来源于三个方面：由基极电阻群引起的热噪声；由发射极电流引起的散粒噪声；由于 I_E 分为 I_C 和 I_B 的比例有起伏而引起的分配噪声。低频时的闪烁噪声在微波频率下比较小，不起主要作用。

② 噪声系数与工作频率的关系。噪声系数 F 是描述器件级到系统级噪声性能的一个重要参量。虽然描述晶体管噪声系数的公式有很多种，但是噪声系数与频率关系的趋势是一致的，分为与频率无关的部分和随频率增长的部分，如图 2 - 78 所示。图中，$f_2 \approx f_\alpha \sqrt{1-\alpha_0} \approx$

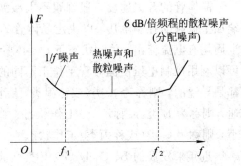

图 2 - 78　双极晶体管的 F - f 关系

$1.2 f_T \sqrt{1-\alpha_0}$，当 $f > f_2$ 时，分配噪声起主要作用，使噪声系数以近似 6 dB/倍频程的速率上升。描述双极晶体管最小噪声系数特性的常用近似表达式是尼尔逊（Nielsen）公式，即

$$F_{\min} \approx 1 + K \left(\frac{f}{f_\alpha \sqrt{1-\alpha_0}} \right)^2 \qquad (2-116)$$

式中：K 为取决于双极晶体管 R_B'、R_E 和 C_E 的常数。式（2 - 116）在微波高频区是比较准确的。

福井（Fukui，1966）给出了另一个描述最小噪声系数特性的公式：

$$F_{\min} \approx 1 + h \left(1 + \sqrt{1 + \frac{2}{h}} \right)^2 \qquad (2-117)$$

式中：$h = \frac{q}{kT} I_C R_B' \left(\frac{f}{f_T} \right)^2$。式（2 - 1 17）在微波低频区（$L$ 波段和 S 波段低端）与实验较吻合。

不论采用哪一个公式，噪声系数大致上随频率的平方增加。为获得较低的噪声系数，要求 R'_B 尽量小、f_T 尽量高，而且最好满足 $f_\mathrm{T} \approx (3 \sim 5) f$。

③ 噪声系数与集电极电流 I_C 的关系。图 2-79 为某双极晶体管最小噪声系数与集电极电流 I_C 的关系，该晶体管的最小噪声系数对应的 I_C 存在一个最佳值，为 $1 \sim 3$ mA，一般情况下，与最大增益要求的 I_C 数值不同，使用时需根据具体情况合理选取。

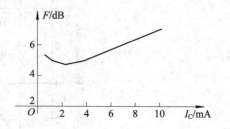

图 2-79　双极晶体管的 $F_{\min}-I_\mathrm{C}$ 关系

（5）开关特性。与 PN 结管类似，双极型晶体管也具有开关特性。晶体管处于共发射极接法时，若输入端电压为零或正，则发射极处于零偏或反偏，基极没有注入，此时晶体管工作于截止区，输出端没有电流流出，可认为晶体管处于关断状态；若输入端电压为负，则发射极处于正偏状态，产生基极电流 I_B，这时会有较大的集电极电流 I_C 流过晶体管。若能够满足 I_C 近似等于集电极偏压与输出负载电阻之比，则加在晶体管集电极与基极间的电压很小，晶体管工作于饱和区，这种状态称为开通状态。可见，只要在晶体管的输入端加上正、负脉冲，就能使晶体管在截止与饱和状态之间转换，起到开关作用。同样，由于晶体管也存在电荷储存，其开关状态的转换也不可能立刻完成，有一定的开启时间和关闭时间。为提高开关速度，应该在工艺上减小结电容，减小少子寿命，同时在使用中选择合适的基极电流。

晶体管的开关速度一般都跟不上微波的变化频率。与 PIN 管类似，可以在晶体管输入端加上低频的控制电压，以决定晶体管的通与断。导通状态下，晶体管在微波信号的正负半周均有电流流出；关断状态下，晶体管在微波信号的正负半周均无电流流出。此外，还可以利用控制电压使晶体管工作于不同的工作状态：如果晶体管在微波信号的正负半周内都是导通的，则称为 A 类（或称甲类）工作状态；如果晶体管只在微波信号的半个周期内导通，则称为 B 类（或称乙类）工作状态；如果晶体管的导通时间比微波信号的半个周期还小，则称为 C 类（或称丙类）工作状态。

近年来发展的 B、C、D、E、F 类微波功率放大器就工作在开关状态，是微波电路的一个重要分支，所用晶体管的原理是相同的，不过在工艺上采用了一些特殊措施。

2.5.2　异质结双极型晶体管

异质结双极型晶体管（Heterojunction Bipolar Transistor，HBT）是一种特殊的结型晶体管，其工作原理及性能与一般的晶体管有所不同。图 2-80 所示为一个 GaAlAs-GaAs 界面异质结 NPN 双极型晶体管，发射结由 N 型的 $\mathrm{Ga}_{1-x}\mathrm{Al}_x\mathrm{As}$（禁带宽度为 E_{gE}）和 P 型 GaAs（禁带宽度为 E_{gB}）组成的异质结，且 $E_{\mathrm{gE}} > E_{\mathrm{gB}}$，$E_{\mathrm{gE}}$ 的大小可由铝的浓度 x 来调节。晶体管的基区和集电区都由 GaAs 构成，集电结是同质结，集电区禁带宽度可以根据不同的要求设计成等于、大于和小于基区禁带宽度。图 2-80 表示了一个 NPN 异质结晶体管的发射结加正偏、集电结加反偏后的能带图，图中略去了异质结的导带底尖峰 ΔE_C，图 2-81 表示了这种晶体管的杂质浓度分布。

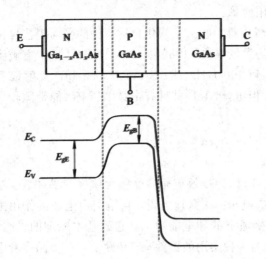

图 2 - 80　异质结双极晶体管结构及
加偏压后的能带图

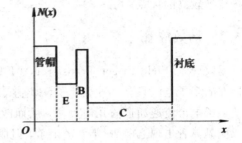

图 2 - 81　异质结双极晶体管杂质浓度分布

由图 2 - 80 可见：由异质结基区注入发射区的空穴所遇到的势垒高于由发射区注入基区的电子所遇到的势垒，阻挡了空穴流，有效地提高了发射极的注入效率，使晶体管的电流增益加大（发射极电流中的空穴对集电极电流无贡献）。注入电子和空穴的比值关系为

$$\frac{I_{En}}{I_{Ep}} \propto \frac{N_{DE}}{N_{AB}} \exp\left(\frac{\Delta E_g}{kT}\right) \tag{2 - 118}$$

式中：N_{DE} 为发射区施主杂质浓度；N_{AB} 为基区受主杂质浓度；ΔE_g 为 E_{gE} 与 E_{gB} 的差。由 ΔE_g 决定的指数项对 I_{En}/I_{Ep} 起主要作用，掺杂比等因素甚至可以忽略。异质结可以通过控制 $Ga_{1-x}Al_xAs$ 中的含铝量 x，使 ΔE_g 足以产生高的发射极注入效率，不必像同质结那样依靠 $N_{DE} \gg N_{AB}$ 来获得大的发射极效率，其杂质浓度可以如图 2 - 81 那样来设计：发射区为轻掺杂，基区为重掺杂。由于在材料和结构上的特点，使得这种 GaAs HBT 有如下的优点：

(1) 减小了发射结延迟时间 τ_E 和基区渡越时间 τ_B，提高了特征频率 f_T。发射区掺杂浓度很低，减小了发射结电容 C_{TE}，使得 τ_E 减小；由于基区掺杂浓度很高，减小了基区体电阻 R_B'，改善了注入电子流的均匀程度，减小了发射结面积及相应的集电结面积，也使 C_{TE} 和集电结电容 C_C 减小，从而 τ_E 和集电结势垒电容时间常数 τ_C 减小。同时，砷化镓材料的电子迁移率是硅的 6 倍，恰当地设计 HBT 的能带，可使电子越过发射结势垒后具有足够的动能，以极高的速度穿过基区，则 τ_B 明显缩短。

(2) 提高了最高振荡频率，改善了噪声性能。基区重掺杂使 R_B' 减小，由式(2 - 114)可知 f_{max} 增大。降低了电阻热噪声源，有利于降低噪声系数。

(3) 提高了器件的击穿电压。砷化镓材料的击穿场强比硅材料高，且 HBT 发射区为轻掺杂，使晶体管的 BU_{CEO} 有可能达到 $300 \sim 400$ V，远超过通常的同质结晶体管，因此 GaAsHBT 作为微波功率晶体管是很有潜力的。

(4) 开关速度高。GaAs HBT 已成为新型的微波、毫米波器件及高速逻辑器件。除分立元件外，已研制出以 GaAlAs - GaAs 为基本单元的 GaAs 双极集成电路。这种器件的原理是两种载流子参与导电，有两个 PN 结(可做成双异质结)，可独立地选择三个区的材料、掺杂及进行灵活的能带设计，有着宽广的应用前景。

GaAs HBT 的缺点是工艺较复杂，制作较困难，Ⅲ－Ⅴ族化合物器件的平面工艺也比硅的平面工艺更复杂。近年来，GaAs HBT 的发展很快，1980 年 GaAs HBT 的 f_T 突破了 1 GHz，1987 年已经达到 40 GHz，目前达到 100 GHz。除 GaAs 外，用 InP 发射极和 InGaAs 基极界面已实现了异质结。与 GaAs 相比较，InP 材料有击穿电压高、能带隙较大和热传导较高的优点。

2.5.3 场效应管

场效应管(Field Effect Transistor，FET)简称为场效应管，也称为单极型晶体管。这种器件的多子电流只有一种载流子，即空穴或电子。从原理上说，它是利用电场的作用来改变多子电流流通通道的几何尺寸，从而改变通道的导电能力。对它的基本原理的设想，在双极晶体管出现之前 20 年就产生了，但成为一种实用的器件，却又发生在双极晶体管之后。场效应管可以分为如下四类：

(1) 结型场效应管(Junction Field Effect Transistor，JFET)。

(2) 金属绝缘栅型场效应管(Metal Insulator Semiconductor Field Effect Transistor，MISFET)，这是一种应用最为广泛的类型，金属氧化物半导体场效应管(Metal Oxide Semiconductor Field Effect Transistor，MOSFET)即属于这一类，通称为 MOS 管。

(3) 金属半导体场效应管(MEtal Semiconductor Field Effect Transistor，MESFET)。

(4) 异质场效应管(Hetero Field Effect Transistor，Hetero FET)，高电子迁移率晶体管(High Electron Mobility Transistor，HEMT)即属于这一类。

1. 结型场效应管

1) 基本工作原理与结构

结型场效应管的结构示意如图 2－82 所示。画有斜线的金属电极与半导体形成欧姆接触。主体是一条 N 型半导体，上下电极与 N 型半导体间夹有 P 区。N 型半导体左右两端的电极分别称为源极和漏极，以 S 和 D 表示；P^+ 区的电极称为栅极，以 G 表示；栅极下的 P^+N 结称为栅结。两个栅结空间电荷层之间的 N 型区是导电通道，称为沟道，这个沟道是 N 型沟道。此外，也可以构成 P 型沟道场效应管，其各极命名及工作原理与 N 型沟道管相似。

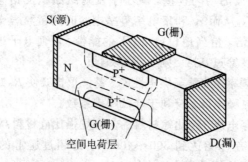

图 2－82 结型场效应管结构示意图

结型场效应管的基本工作原理是利用栅极上的电压产生可变电场来控制源、漏之间的电流，是一种电压控制器件。栅电压的变化会使栅结的空间电荷层宽度发生变化，由于栅

结构成 P^+N 结，因此反向偏置下的 P^+N 结空间电荷层基本在 N 型半导体内扩展，P^+N 结的反向偏压越高，空间电荷层中间的 N 沟道就越窄，呈现的电阻就越大，在源、漏间加有一定电压的情况下，流过源、漏之间的电流也就越小。设想在栅极上除了加一个固定的反向电压外，再叠加一个交变电压，假设交变电压的幅值小于直流偏压值，沟道的宽度将随交变电压变动，其变化的频率与交变电压的频率相同，在源、漏之间流过的电流中就出现了交变的成分。如果在源、漏之间接入负载电阻，便可以从负载两端输出交变电压。

实际上应用的结型场效应管是用平面工艺制造的，图 2-83 给出了结构剖面图。剖面上画有斜线的部分为金属电极，N 沟道的厚度（即 P^+ 区与 P^+ 型衬底基片间的距离）为 $0.5\sim1.0\ \mu m$，沟道长度为几个微米。N 沟道与 P 沟道结型场效应管的电路符号如图 2-84 所示。

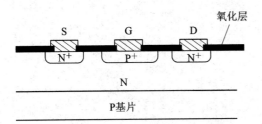

图 2-83　平面工艺结型场效应管的结构剖面图

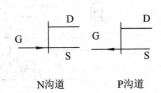

图 2-84　结型场效应管电路符号

2) 源、漏间的电压电流关系

以 N 型沟道结型场效应管为例，设栅极对地（源极接地）电压为 U_{GS}，$U_{GS}\leqslant0$，使栅结处于零偏或反偏；源漏间电压为 U_{DS}，使漏极相对于源极为正，$U_{DS}>0$；N 沟道中的电子可以自源极流向漏极，如图 2-85 所示。在场效应管中参与工作的只有多子，N 型沟道管中是电子，P 型沟道管中是空穴。

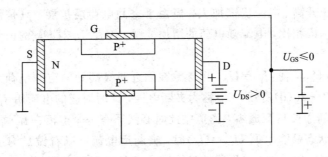

图 2-85　结型场效应管工作电压

(1) $U_{GS}=0$ 时，相当于上、下栅极均接地，与源极同处于零电位。

① $U_{DS}=0$ 时，整个器件处于平衡状态，N 区中只有平衡状态下的空间电荷层，如图 2-86(a)所示。

② $U_{DS}>0$ 时，则应有电流 I_D 经过 N 沟道，自漏极流向源极，栅结处于由 U_{DS} 形成的反偏压下。

• 当 U_{DS} 较小时，沟道可视为一个简单电阻，I_D 与 U_{DS} 的关系是线性的，如图 2-86(b)所示。

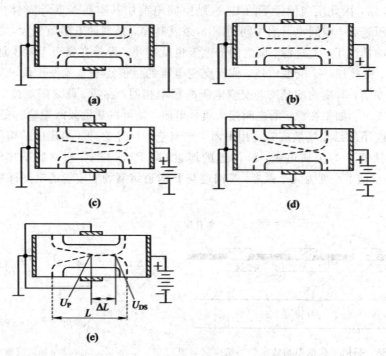

图 2 - 86 结型场效应管工作原理

(a) $U_{DS}=0$；(b) U_{DS}较小；(c) U_{DS}增大；(d) $U_{DS}=U_P$；(e) $U_{DS}>U_P$

• 当 U_{DS}逐渐增大时，电流 I_D 也会加大，沟道中的欧姆压降随之加大，即 U_{DS}从漏极向源极逐渐降落为零，使 N 区靠近漏极端的电位高于靠近源极端的电位，栅结靠近漏极端部分比靠近源极端部分处于更高的反偏压之下，故靠近漏极端的空间电荷层较靠近源极端的空间电荷层为宽，如图 2 - 86(c)所示。这时不能把 N 沟道视为一个数值不变的简单电阻，尽管随着电压升高，电流仍旧加大，但由于空间电荷层扩展，只是沟道变窄，电阻加大，结果与开始一段相比，电流随电压的增加变缓，因此 I_D 对 U_{DS}的曲线斜率减小，呈非线性关系。

• 继续增加 U_{DS}，使 $U_{DS}=U_P$，可导致在靠近漏极端处的空间电荷层碰到一起，将沟道"夹断"，如图 2 - 86(d)所示。U_P 称为夹断电压，此时对应的电流用 I_{DS}表示，I_D 并不会由于沟道出现夹断而突然变成零，沟道中此时必然还有一个电流在流动，形成的压降正好维持沟道的夹断状态($U_{GS}=0$，$U_{DS}=U_P$)时，夹断后电流可以看做是沟道中左侧进入夹断区的电子，全部都可以被由 U_{DS}形成的沿沟道方向的电场扫向漏极，形成由漏极向源极的电流。

• 继续增大 U_{DS}，使 $U_{DS}>U_P$，沟道被夹断的范围将扩大，如图 2 - 86(e)所示。沟道的总长度为 L，夹断的沟道长度用 ΔL 来表示，夹断区左端的电位为 U_P，表示上下空间电荷层刚相碰，电压 U_P 加在未夹断的沟道长度上，而 $U_{DS}-U_P$ 应该完全加在夹断区。如果满足 $\Delta L \gg L$，则从源极到夹断点的沟道形状与 $U_{DS}=U_P$ 时基本相同，且流过沟道的电流基本保持不变。因此 $U_{DS}>U_P$ 后，电流 I_D 基本等于 I_{DS}，处于饱和状态，I_{DS}称为饱和电流。若 ΔL 与 L 可比，则电压 U_P 应降落在长度为 $L-\Delta L$ 的一段沟道内，沟道长度减小，相应的电阻也将减小，此时，I_D 随 I_{DS}将有显著增加。

* 进一步使 U_{DS} 加大，将会发生栅结的雪崩击穿，电流突然增大。

综合上述，$U_{GS}=0$ 时源、漏间电压电流关系如图 2 - 87 所示。

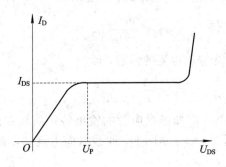

图 2 - 87　$U_{GS}=0$ 时结型场效应管的伏安特性

(2) $U_{GS}<0$。

源、漏间存在一个固定的直流负偏压，这时源、漏间的电压、电流关系与 $U_{GS}=0$ 完全相似，只是由于存在负偏压，栅结的空间电荷层将展宽，即 N 区的空间电荷层有所扩展，使沟道较 $U_{GS}=0$ 时为窄，电阻更大。不同点可归纳如下：

① 由于沟道变窄，呈现电阻加大，源、漏间的电压、电流关系曲线开始的一段线性部分的斜率变小，$|U_{GS}|$ 越大，斜率就越小。

② 随着 $|U_{GS}|$ 的加大，即使 $U_{GS}=0$，单独加于栅、源间的负偏压 U_{GS} 也可以使沟道全部处于夹断状态，这时 $|U_{GS}|=U_P$。

③ 较小的 U_{DS} 下，沟道就会出现夹断，即曲线较早转为水平，夹断电压和饱和电流值都小于 $U_{GS}=0$ 时的值。

④ 栅结发生击穿的 U_{DS} 值小于 $U_{GS}=0$ 时的 U_{DS} 值。

综上所述，画出以 U_{GS} 为参变量的结型场效应管的源、漏间电压、电流关系曲线族，如图 2 - 88 所示。进一步可以画出在固定的 U_{DS} 下 I_D 与 U_{GS} 的关系曲线，称为转移特性曲线，如图 2 - 89 所示。U_{DS} 的值应大于夹断电压 U_P 值，即 I_D 进入饱和状态后的某一 U_{DS} 值。$U_{GS}=0$ 时，在 $U_{DS}>U_P$ 的情况下（即沟道已被夹断），对应的 I_D 用 I_{DSS} 表示（I_{DSS} 表示源、漏间饱和电流的最大值），由转移特性曲线可得

$$I_D = I_{DSS}\left(1 - \frac{|U_{GS}|}{U_P}\right)^2 \qquad (2-119)$$

由式(2 - 119)可得：$U_{GS}=0$ 时 $I_D=I_{DSS}$，$U_{GS}=U_P$ 时 $I_D=0$。

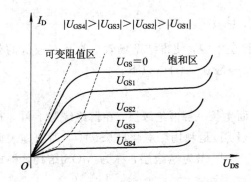

图 2 - 88　结型场效应管的伏安关系曲线族

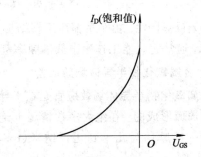

图 2 - 89　结型场效应管转移特性曲线

3) 特性参数

(1) 输出电阻 r_D：又称为漏极动态电阻，定义为

$$r_D = \frac{\partial U_{DS}}{\partial I_D} \Bigg|_{U_{GS}=\text{常数}} \qquad (2-120)$$

同时，可定义输出电导 g_D 为输出电阻的倒数，即

$$g_D = \frac{1}{r_D} = \frac{\partial I_D}{\partial U_{DS}} \Bigg|_{U_{GS}=\text{常数}} \qquad (2-121)$$

g_D 又称为漏极微分电导。假如场效应管的输出特性曲线在沟道夹断之后为平行于横轴的直线，则应有 $r_D = \infty$，$g_D = 0$。实际上，曲线微向上倾斜，有一定的斜率，故 r_D 和 g_D 为一定值。

(2) 跨导 g_m：在一定的 U_{DS} 下，栅压 U_{GS} 对源、漏间电流 I_D 的控制能力，定义为

$$g_m = \frac{\partial I_D}{\partial U_{GS}} \Bigg|_{U_{DS}=\text{常数}}$$

根据式(2 - 119)，可求出

$$g_m = -\frac{2I_{DSS}}{U_P}\left(1 - \frac{|U_{GS}|}{U_P}\right) = -\frac{2}{U_P}\sqrt{I_{DSS}I_D} \qquad (2-122)$$

令 $U_{GS} = 0$ 时 $g_{m0} = g_m|_{U_{GS}=0} = -\dfrac{2I_{DSS}}{U_P}$，则有

$$g_m = g_{m0}\left(1 - \frac{|U_{GS}|}{U_P}\right) \qquad (2-123)$$

以 $|g_m/g_{m0}|$ 为纵坐标，$|U_{GS}|/U_P$ 为横坐标，画出一条直线，表示归一化跨导与归一化栅压的关系，如图 2 - 90 所示。

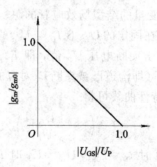

图 2 - 90　$|g_m/g_{m0}|$ 与 $|U_{GS}|/U_P$ 的关系

(3) 频率特性：由于负偏压下栅结形成的势垒电容，使得结型场效应管具有较低的截止频率。通常它只能工作于中低等频率范围内，一般在 1 GHz 以下。

2. 金属氧化物半导体场效应管

金属氧化物半导体场效应管是在半导体表面生长一层薄绝缘层，在薄绝缘层上再淀积一层金属而形成的。在绝大多数情况下绝缘层(I 层)是利用二氧化硅(SiO_2)，即把硅表面氧化成一层厚约为几十到几百纳米(nm)的 SiO_2 层作为绝缘层，称为 MOS 结构，构成 MOSFET。

1) 基本结构与工作原理

典型的 MOSFET 的基本结构如图 2-91 所示，在 P 型硅片上形成两个条状 N^+ 区，N^+ 区和 P 型基片形成 N^+P 结。在两个 N^+ 区中间的硅片上生长一层二氧化硅，在二氧化硅和两个 N^+ 区之上，各淀积一层金属形成三个电极，分别称为源极(S)、漏极(D)和栅极(G)。

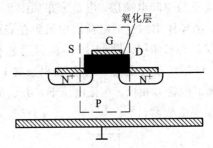

图 2-91　MOSFET 的基本结构

根据半导体中的电流流动原理可以看到，在源、漏极之间加上电压，无论极性如何，源、漏极之间的电流总是很小的。如果漏极接外电源正极，源极接外电源负极，则源极下的 N^+P 结为正偏，漏极下的 N^+P 结处于反偏，虽然其结构和偏压设置类似于 NPN 双极晶体管，但是，由于 P 区厚度远大于双极晶体管，因此在源、漏极之间流过的只有流过漏极下 N^+P 结的反向电流，不会出现大电流；反之，情况也一样。如果 N^+P 结做得好，可以使反向电流只有 10^{-2} μA 量级。如果源极接地，在栅、源极之间加电压 U_{GS}，那么在半导体表面形成垂直于表面的电场，可以形成半导体表面内侧的空间电荷层，影响半导体表面的导电特性，构成类似于结型场效应管的"沟道"特性，MISFET(MOSFET)就是利用这种"场效应"进行工作的。

把图 2-91 中虚线框内部的 MOS 结构重画于图 2-92，半导体层(S 层)为 N 型半导体并接地。假定半导体表面的电场纯粹是由金属栅极(G 极)上的外加电压 U_{GS} 造成的，不考虑氧化层中电荷及金半接触势差产生的电场。在形成的空间电荷层中，电场是逐渐变化的，半导体表面处的电场最大，向体内电场逐渐减弱，直到空间电荷层边界处减到零。图中还给出了电势 $U(x)$ 的变化(假设 $U_{GS}<0$)，接地半导体内电势为零，半导体表面处电势绝对值最大，表面电势用 U_s 表示，称为表面势。由于 $U(x)$ 引起的电子静电势能随 x 变化，因而半导体的能带在空间电荷层将发生弯曲。金属、绝缘层和半导体在接触之前各自的能带如图 2-93 所示。

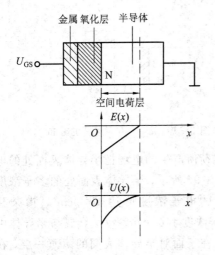

图 2-92　MOS 结构及空间电荷区
电场、电势分布

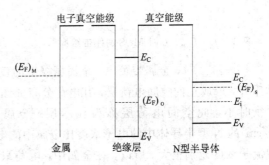

图 2-93　MOS 各自的能带结构

下面根据 U_{GS} 的不同情况分别讨论。

(1) $U_{GS}=0$ 时，整个 MOS 系统处于平衡状态，各部分的费米能级群在同一水平线上，即整个系统有统一的费米能级，如图 2-94 所示。

(2) $U_{GS}>0$ 时，金属带正电，金属栅极上的正电荷将把半导体内的电子吸引到表面，形成负的空间电荷层，电荷分布如图 2-95 所示，图中用 Q 代表单位面积上的电荷量。此时，半导体中的空间电荷层由聚集在表面的电子构成，故多子浓度比平衡时大，此空间电荷层称为累积层。设 MOS 结构为理想平板，在金属与半导体之间加上电压后(理想情况下，O 层中没有电荷)，单位面积金属上的电荷量与单位面积半导体表面处的电荷量数值相等，但符号相反。在正电压下，由于半导体中多子浓度比平衡时的大，故此时的空间电荷层厚度较薄。

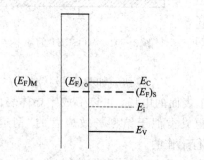

图 2-94　$U_{GS}=0$ 时 MOS 的能带结构

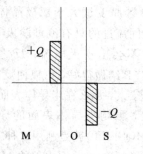

图 2-95　$U_{GS}>0$ 时电荷的分布

从能带角度看，如图 2-96 所示，金属处于高电势，电子势能降低，故 $(E_F)_M$ 比 $(E_F)_S$ 低，绝缘层的导带底倾斜，半导体表面处的电势比体内高，能带向下弯曲。能带的这一弯曲，反映了电子势能在空间电荷区的变化。由于电流为零，整个半导体内的 E_F 仍然是水平的，表示半导体内载流子处于热平衡状态。

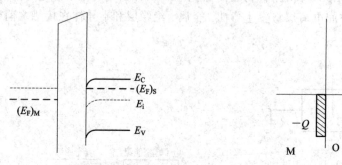

图 2-96　$U_{GS}>0$ 时 MOS 的能带结构　　　　　　图 2-97　$U_{GS}<0$ 时电荷的分布

(3) $U_{GS}<0$ 时，金属带负电，金属栅极上的负电荷所产生的电场把半导体表面处的电子排斥开，形成正的空间电荷层，其电荷分布如图 2-97 所示，半导体表面处的多子浓度比平衡时小，此空间电荷层称为耗尽层。金属中的电子浓度可达 $10^{22}/cm^3$，掺杂到 $10^{18}/cm^3$ 的 N 型半导体中的电子浓度比金属中的电子浓度小 4 个数量级，金属与半导体中的载流子浓度差别很大。所以，在金属中，电荷只存在于面对半导体表面的薄薄一层，在半导体中，表面电荷占据相当厚的一层。这种情况在肖特基接触一节中讨论过，金半接触与 PN 结为单边突变结时的情况类似，空间电荷层的厚度由轻掺杂的一侧决定。

从能带角度看，由于半导体表面处的电子势能比体内高，因而能带向上弯曲，如图 2－98 所示。

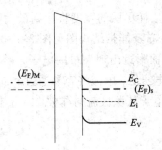

图 2－98　$U_{\text{GS}}<0$ 时 MOS 的能带结构

　（4）$U_{\text{GS}}\ll0$ 时，金属栅极上的负电压更大，金属栅极上的负电荷将产生更大的电场，不仅把半导体表面的电子排斥开，还能把半导体内的少子（空穴）吸引到表面处，使半导体表面处的空穴浓度大大增加，甚至超过电子浓度，从而使表面由 N 型转变为 P 型，这种情况称为反型，这一 P 型半导体层称为反型层。这种情况下的电荷分布如图 2－99 所示，半导体中带正电的空间电荷层由两部分电荷组成：一部分是电离施主，另一部分是反型层中的空穴。

　从能带的角度看，半导体的能带将随着 U_{GS} 绝对值的增加而更向上弯曲，终将会在半导体表面内某点处出现本征能级 E_i 与 $(E_F)_s$ 相交的情况，如图 2－100 所示。以 E_i 与 $(E_F)_s$ 的交点为界，在相交点处有 $E_i=(E_F)_s$，左侧有 $E_i-(E_F)_s>0$，而右侧有 $E_i-(E_F)_s<0$，在相交点应有 $n_0=p_0$（n_0 为电子浓度，p_0 为空穴浓度），相交点左侧（$n_0<p_0$）为 P 型半导体，相交点右侧（$n_0>p_0$）仍为 N 型半导体。如果能带弯曲，则有

$$E_{i(\text{表面})}-E_{i(\text{体内})}=2(E_F-E_{i(\text{体内})})\qquad(2-124)$$

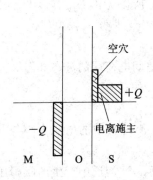

图 2－99　$U_{\text{GS}}\ll0$ 时电荷的分布

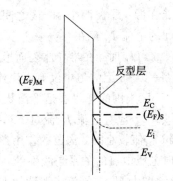

图 2－100　$U_{\text{GS}}\ll0$ 时 MOS 的能带结构

在表面处有

$$E_{i(\text{表面})}-E_F=E_F-E_{i(\text{体内})}\qquad(2-125)$$

故

$$(p_0)_s=n_i\exp\left[\frac{E_{i(\text{表面})}-E_F}{kT}\right]=n_i\exp\left[\frac{E_F-E_{i(\text{体内})}}{kT}\right]=n_0\approx N_D\qquad(2-126)$$

式中：$(p_0)_s$ 为表面处的空穴浓度；N_D 为 N 型半导体掺杂浓度。式（2－126）表明：表面处的空穴浓度与体内电子（多子）的浓度相等，这种状态称为强反型。出现强反型时的 U_{GS} 称为开启电压，用 U_T 表示。

出现强反型之后，如果进一步加大负电压 U_{GS}，那么，虽然半导体表面正电荷的数量仍继续增加，但此时增加的是反型层中的空穴，而不是暴露出更多的电离施主。由于在强反型下的半导体表面处空穴的屏蔽作用，耗尽层的宽度将达到最大值，不再向半导体内延伸。

同理：在 $U_{GS} \gg 0$ 时，电荷分布及能带结构图见图 2-101 和图 2-102。如果半导体表面出现了反型，即在 P 型半导体表面附近出现大量的电子，形成了一个电子流动的通道，称为 N 型沟道，在源、漏极之间加上电压后，电流将容易通过。如果外加电压是漏极相对于源极为正，则当栅极下出现反型时，有电子从源极流向漏极，即电流经 N 型沟道由漏极流向源极。

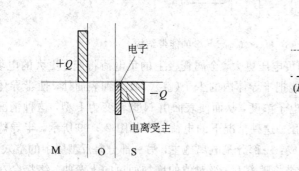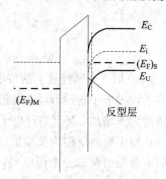

图 2-101　$U_{GS} \gg 0$ 时的电荷分布　　　　图 2-102　$U_{GS} \gg 0$ 时 MOS 的能带结构

2) 源、漏极间的电压电流关系

在图 2-91 所示结构中，栅极加有正电压 $U_{GS}(U_{GS} > 0)$，可求得此时的 MOSFET 源、漏间电压电流关系曲线。

(1) $U_{GS} < U_T$（U_T 表示 P 型半导体基片的开启电压）时，半导体表面不可能出现强反型，即不能在源、漏极两个 N^+ 区之间建立 N 型沟道，所以无论 U_{DS} 有多大，都不可能有源、漏极间的电流 I_D 存在。

(2) $U_{GS} > U_T$ 时，在半导体表面形成强反型层。

① $U_{DS} = 0$，N 型沟道中没有电流流过，半导体中空间电荷层的分布如图 2-103(a) 所示，两个 N^+ 区周围的耗尽层是平衡状态下 N^+P 结固有的。

② $U_{DS} > 0$，应有电流 I_D 流过 N 型沟道。

• 当 U_{DS} 值较小时，沟道的作用类似于一个电阻，流过其中的电流大小与 U_{DS} 成比例关系，此时电压电流的关系是线性的。

• 继续增大 U_{DS}，电流将继续加大，必须考虑电流在 N 沟道中产生的欧姆压降。由于沟道存在压降，漏端电位高于源端，使栅与半导体表面处的电势差从源端到漏端逐渐减小。如果在源端，栅与半导体间的电势差仍为 U_{GS}，则在漏端的电势差将小于 U_{GS}。在 U_{GS} 的作用下，半导体表面为强反型，则在势差小于 U_{GS} 的漏端就不能达到强反型的条件，这意味着沟道中的电子将少于源端，沟道变窄，如图 2-103(b) 所示。相应地，漏端 N^+P 结空间电荷层将变厚。由于沟道变窄，电阻逐渐加大，电流随电压的增加变缓，所以，I_D 与 U_{DS} 关系曲线的斜率减小，曲线变弯。

• 再继续增大 U_{DS}，将导致漏端沟道完全消失，称为夹断，如图 2-103(c) 所示，这与结型场效应管漏端沟道变窄出现夹断现象类似。在漏端，栅与半导体之间的电势差不足以引起半导体表面反型，U_{GS} 比开启电压小。

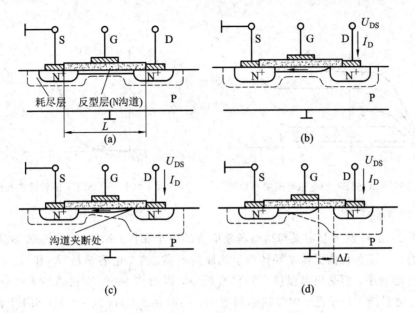

图 2 - 103　$U_{GS} > U_T$ 时 MOSFET 的工作原理

(a) $U_{DS} = 0$；(b) $U_{DS} > 0$；(c) U_{DS} 增大；(d) U_{DS} 继续增大

· 在沟道夹断后继续增大 U_{DS}，夹断区域将不断扩大，如图 2 - 103(d)所示。设沟道总长度为 L，夹断的沟道长度为 ΔL，如果 $\Delta L \ll L$，则此时的电压电流关系曲线基本上是平行于横轴的直线，即 I_D 饱和。如果 ΔL 与 L 可比，则曲线明显向上倾斜，表示随着 U_{DS} 的增加，I_D 还要增加。

· 如果 U_{DS} 增大到一定程度，会导致在漏端出现雪崩击穿，I_D 急剧上升。

综合上述，源、漏极间的电压电流关系曲线如图 2 - 104 所示。

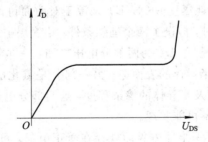

图 2 - 104　$U_{GS} > U_T$ 时源、漏极间的电压电流关系曲线

（3）U_{GS} 在 $U_{GS} > U_T$ 的基础上继续增大到另一固定值。源、漏极间的电压电流关系曲线应该与图 2 - 87 曲线类似。不同之处是沟道夹断对应的 U_{DS} 不同，U_{GS} 加大，夹断所需的 U_{DS} 也加大。在沟道夹断处，栅与半导体之间的电势差等于开启电压 U_T，满足 $U_{GS} - U_{DS} = U_T$。随着 U_{GS} 的增加，对应沟道夹断后的饱和电流 I_D 也不同。因此，MOSFET 的电压电流关系应是以 U_{GS} 为参变量的一族曲线，如图 2 - 105 所示。根据电压电流特性曲线画出 MOSFET 的转移特性曲线，如图 2 - 106所示。

上述针对 N 型沟道管的讨论方法和过程对于 P 型沟道管也适用。

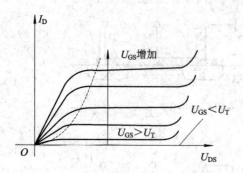

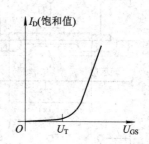

图 2-105 MOSFET 的电压电流关系曲线   图 2-106 MOSFET 的转移特性曲线

3）特性参数

MOSFET 的特性参数定义与结型场效应管的完全相同。MOS 管除源区和漏区 PN 结的势垒电容外，还存在栅极与半导体沟道构成的电容，这些电容都是 U_{GS} 和 U_{DS} 的函数，尽管电容值可能较小，但是仍可以使高频信号短路，因而使 MOS 管在高频下的应用受到限制。通常它也只能工作于低、中等频率范围内，一般在 1 GHz 以下。MOSFET 的 SiO_2 层容易击穿，使用 MOS 管时必须特别注意。存放时需注意静电屏蔽，把各极短路；在焊接线路时，应采取烙铁头接地。

4）增强型与耗尽型 MOSFET

（1）增强型 MOSFET。在 $U_{GS}=0$ 时，半导体表面无反型层存在。当 $U_{GS}>U_T$ 时，出现导电沟道，这种 MOS 管称为增强型 MOS 晶体管。定义：$U_{GS}=0$ 时，处于关断状态（无沟道存在，$I_D=0$）的 MOS 管称为增强型 MOS 晶体管。"增强型"来源于随着 U_{GS} 的增加，流过沟道的电流也"增强"。增强型 MOS 晶体管可以有 N 沟道和 P 沟道两种类型，上面介绍的 MOS 管即可全称为 N 沟道增强型 MOSFET。

（2）耗尽型 MOSFET。耗尽型 MOSFET 来源于对前面讨论时的理想前提的修正。前面讨论 MOS 管的工作原理时，假设了两个理想条件：绝缘层中无电荷，栅极金属与半导体之间无接触势差。在理想情况下，U_T 为两部分电压之和：一部分是使半导体表面产生强反型所需的电压，即强反型时半导体的表面势；另一部分是氧化层中的电势差。在理想情况下，U_T 取决于氧化层的厚度及半导体的掺杂程度，这两部分电压完全由 U_{GS} 来提供。但是在实际情况下，上述假设将不可能实现。

① 如果氧化层和氧化层-半导体界面处存在着正电荷，可使半导体表面处的能带向下弯曲，表示电子在表面处的势能低于体内，这样对 N 型半导体可使表面形成电子积累层，对 P 型半导体可使表面形成耗尽层，甚至出现反型层。

② 栅极金属与半导体之间还会存在接触势差，二者的费米能级应该达到同一水平，使半导体表面能带发生弯曲。即使在 $U_{GS}=0$ 的情况下，半导体表面已受到电场的作用，影响开启电压值。定义：$U_{GS}=0$ 时就处于开通状态的 MOS 管为耗尽型 MOSFET。P 型半导体表面存在 N 沟道的 MOSFET 的电压电流特性的特点为

· $U_{GS}=0$ 时，$I_D\neq0$。

· $U_{GS}>0$ 时，沟道导电能力"增强"。

· $U_{GS}<0$ 时，只要栅与沟道间的电压仍旧大于开启电压，沟道就依然存在导电能力，

只是导电能力变弱。$|U_{GS}|$ 越大，导电能力越弱，当 $|U_{GS}|$ 加大到一定程度使导电沟道完全消失时，I_D 将减小为零。

同样，P 沟道 MOS 管也有增强型和耗尽型之分，这样 MOSFET 可以细分为四种类型，如表 2-5 所示。

表 2-5 MOSFET 的四种类型

沟道	类型	电路符号	衬底基片	U_T
N 沟道	增强型		P 型	>0
	耗尽型		P 型	<0
P 沟道	增强型		N 型	<0
	耗尽型		N 型	>0

实际上，结型场效应管也有增强型和耗尽型之分，其原理与 MOSFET 基本相似。

3. 金属半导体场效应管

金属半导体场效应管(MESFET)也称为肖特基势垒栅场效应管，其工作原理与结型场效应管类似。这种晶体管可工作于射频及微波频段，是一种重要的微波场效应管。由于 GaAs 材料具有优越的微波性能，GaAs MESFET 成为我们关注的重点。

1) 基本结构与工作原理

典型的 GaAs MESFET 的结构如图 2-107 所示。以高电阻率的半绝缘 GaAs(接近于本征层)材料作衬底，在衬底上生长一层极薄的 N 型外延层，形成有源层沟道，在沟道上方制作源极(S)、栅极(G)和漏极(D)。源极和漏极的金属与 N 型半导体之间形成欧姆接触，栅极的金属与 N 型半导体之间形成肖特基势垒。图中 L 为栅极的长度，d 表示 N 型外延层的厚度，一般 $d<L/3$。

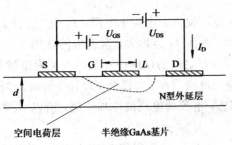

图 2-107 GaAs MESFET 的结构示意图

在 GaAs MESFET 的漏极和源极之间加上正电压 U_{DS}，将会有多数载流子(电子)从源极经栅极到源极形成电流 I_D。根据金半结的原理，栅极金属与 N 型半导体接触形成肖特基势垒后，将在 N 型半导体中形成空间电荷层(耗尽层)，如果在栅极和源极之间加上负电压 U_{GS}(栅压)，使金半结处于反偏，空间电荷层将展宽，使沟道变窄，从而加大沟道电阻，减小 I_D。控制栅压 U_{GS} 可以改变耗尽层的宽窄，达到最终控制漏极电流 I_D 的目的。这就是金属半导体场效应管的基本工作原理。

2) 源漏电压电流关系

(1) $U_{GS}=0$。

① $U_{DS}=0$ 时，整个器件处于平衡状态，N 区中只有平衡状态下的空间电荷层，如图 2-108(a)所示。

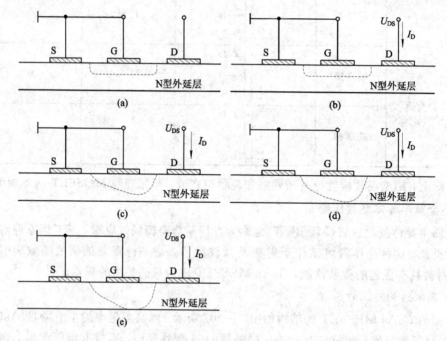

图 2-108 GaAs MESFET 的工作原理
(a) $U_{DS}=0$；(b) U_{DS} 较小；(c) U_{DS} 增大；(d) $U_{DS}=U_P$；(e) $U_{DS}>U_P$

② $U_{DS}>0$ 时，有电流 I_D 经过 N 沟道自漏极流向源极，栅结处于由 U_{DS} 造成的反偏压下，如图 2-108(b)所示。

· 当 U_{DS} 较小时，沟道可视为一个简单电阻，I_D 与 U_{DS} 的关系是线性的。

· 当 U_{DS} 逐渐增大时，电流 I_D 会加大，沟道中的欧姆压降也随之加大，U_{DS} 对沟道宽度有控制作用，栅极与 N 沟道之间的反向偏置从源极到漏极越来越大，靠近漏极端的空间电荷层比靠近源极端的空间电荷层厚，如图 2-108(c)所示。空间电荷区扩展后，沟道将变窄，电阻加大，与开始相比，电流随电压的增加变缓，所以 I_D 与 U_{DS} 关系曲线的斜率减小，曲线变弯。

· 继续增加 U_{DS} 使 $U_{DS}=U_P$，导致在靠近漏极端处，沟道厚度减为零，沟道出现夹断状态，如图 2-108(d)所示，U_P 也称为夹断电压。载流子到达夹断点后在电场的作用下掠过耗尽层，所以电流并不截止。

· 继续增大 U_{DS} 使 $U_{DS} > U_P$，沟道被夹断的范围将扩大，如图 2 - 108(e)所示。U_{DS} 的增长主要加在较长的夹断区上，使得夹断点和源极之间的电场基本保持不变，沟道中的漂移电子流（与场强成正比）也基本保持不变，形成饱和电流。

· 如果进一步加大 U_{DS}，将会发生栅结的雪崩击穿，导致电流突然增大。

（2）$U_{GS} < 0$。在源、漏极间已经存在一个固定的直流负偏压，这时源、漏极间的电压电流关系与 $U_{GS} = 0$ 时的完全相似，只是由于存在负偏压，栅结的空间电荷区将展宽，使沟道比 $U_{GS} = 0$ 时窄，电阻更大。当出现电流饱和时，漏电压相应降低，饱和电流也减小。

可以推断：上述情况与结型场效应管类似。如图 2 - 109 所示为以 U_{GS} 为参变量的 MESFET 的源、漏极间电压电流关系曲线族。同时，也可画出在固定的 U_{DS} 下的转移特性曲线，如图 2 - 110 所示，U_{DS} 的值应取为大于夹断电压的 U_P 值，即 I_D 进入饱和状态后的某一 U_{DS} 值。

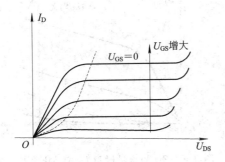
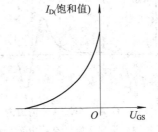

图 2 - 109　MESFET 的源、漏极间电压电流关系

曲线族（不存在电子漂移速度饱和效应时）　图 2 - 110　MESFET 的转移特性曲线

上述工作模式称为耗尽型。可以设想，MESFET 也能工作于增强型工作模式，工作原理与 MOSFET 类似。

3）短栅 GaAs MESFET 的源、漏极间电压电流关系

为了减小载流子在器件中的渡越时间，在微波频段应用的 MESFET 采用迁移率较高的 GaAs 材料，并尽量缩短栅的长度 L。这种短栅 GaAs MESFET 与上面分析的情况不同，电压电流特性出现饱和的原因不是由夹断电压引起的，而是在漏电压尚未达到夹断电压之前，沟道内电场已达到导致电子漂移速度饱和效应的强度。图 2 - 111 是 GaAs MESFET 沟道内电场、电子漂移速度及空间电荷分布的情况。短沟道内电场很高，由于沟道厚度不均匀而造成电场分布不均匀。为了保持 I_D 是连续的，可由载流子漂移速度 $\bar{v}(x)$ 和载流子密度 $n(x)$ 的变化来补偿沟道厚度的不均匀。由于 GaAs 材料的高低子能谷特性导致的速度电场特性，当 $E > E_{th}$ 时，在 $x_1 \sim x_2$ 之间，电子速度变慢，形成电子累积层；在 $x_2 \sim x_3$ 之间，电子速度又加快，形成电子抽空的正空间电荷层，在漏端形成偶极层。偶极层内电场很高，U_{DS} 主要加在偶极层上，当继续增加 U_{DS} 时，偶极层外电场（即源、栅之间的电压）基本保持不变，漏电流 I_D 也基本不变，出现饱和现象。在饱和区内 U_{DS} 增大会使偶极层的宽度增大，使沟道的有效长度缩短，从而使沟道电阻减小，相应的饱和漏电流 I_D 随 U_{DS} 也会有所增大，即饱和区电压电流曲线上升。以 U_{GS} 为参变量的短栅 GaAs MESFET 的源、漏极间电压电流关系曲线族如图 2 - 112 所示。

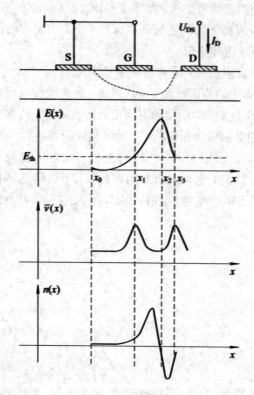

图 2 - 111　GaAs MESFET 沟道内电场、电子
漂移速度及空间电荷分布

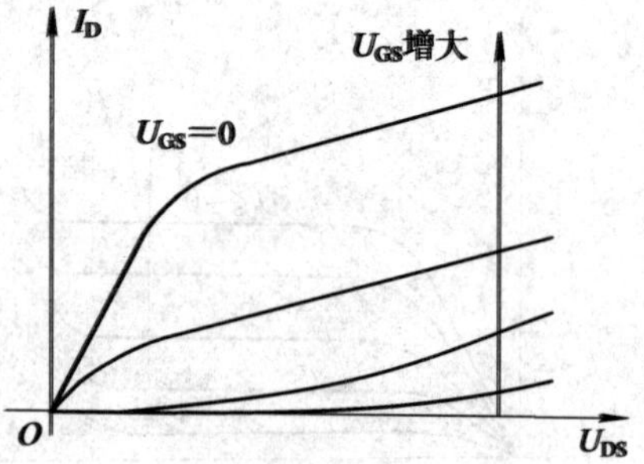

图 2 - 112　短栅低噪声 GaAs MESFET 的源、
漏极间电压电流关系曲线族

4) 等效电路

图 2 - 113 给出了 GaAs MESFET 的管芯等效电路。图中：C_{GS} 是栅源部分的耗尽层结电容；C_{DG} 是栅漏部分的耗尽层结电容；C_d 是沟道中电荷偶极层的电容，即畴电容，在一般简化电路中往往忽略；R_{GS} 是栅源之间未耗尽层的沟道电阻；g_D 是漏极的微分电导，表示漏源电压 U_{DS} 对漏电流 I_D 的控制，反映总的沟道电阻的作用，它与 U_{DS} 和 U_{GS} 都有关系；C_{DS} 是漏极和源极之间的衬底电容；R_G、R_S 和 R_D 分别为栅极、源极和漏极的串联电阻；g_m 是 MESFET 的小信号跨导，$g_m U_{GS}$ 表示受控电流源。一个典型 C 波段低噪声 GaAs MESFET 的等效电路元件参数如表 2 - 6 所示。

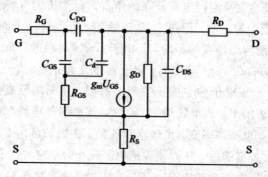

图 2 - 113　MESFET 的管芯等效电路

表 2 - 6　C 波段低噪声 GaAs MESFET 等效电路元件参数值

C_{GS}/pF	C_{DG}/pF	C_d/pF	C_{DS}/pF	R_{GS}/Ω	g_D/ms	R_G/Ω	R_S/Ω	R_D/Ω	g_m/ms
0.620	0.014	0.020	0.120	2.600	2.500	2.900	2.000	3.000	53.000

MESFET 在电路图中的符号如图 2 - 114 所示。

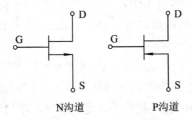

N沟道　　　　　　　　P沟道

图 2 - 114　MESFET 电路符号

5）特性

（1）频率特性。

① 特征频率 f_T。MESFET 的高频性能取决于载流子在沟道中的渡越时间。MESFET 的特征频率 f_T 的定义与双极晶体管的基本相同，即共源极交流短路电流放大系数下降到 1 时所对应的频率。特征频率 f_T 的表示式为

$$f_T \approx \frac{g_{m0}}{2\pi(C_{GS} + C_{DG})} \tag{2-127}$$

式中：g_{m0} 是跨导 g_m 的低频值。可见，为了提高 f_T，要求栅极宽度尽量短，以减小电容 C_{GS} 和 C_{DG}。

② 最高振荡频率 f_{max}。MESFET 的最高振荡频率 f_{max} 是单向最大资用功率增益下降到 1 时的频率。由于采用等效电路的不同，f_{max} 有多种表达式，在忽略 C_{DG}、C_d 的情况下，单向最大资用功率增益为

$$G = \frac{1}{4f^2}\left(\frac{g_m}{2\pi C_{GS}}\right)^2 \frac{r_D}{R_G + R_{GS} + R_S} \tag{2-128}$$

式中：$r_D = 1/g_D$ 是漏极动态漏电阻，即沟道电阻。令 $G=1$ 可求得

$$f_{max} = \frac{f_T}{2}\sqrt{\frac{r_D}{R_G + R_{GS} + R_S}} \tag{2-129}$$

$$G = \left(\frac{f_{max}}{f}\right)^2 \tag{2-130}$$

式(2 - 130)表明 MESFET 的单向最大资用功率增益以每倍频程 6 dB 的速率下降。

提高 f_{max} 和提高 f_T 对器件设计和工艺的要求是一致的，栅长度 L 是提高 MESFET 工作频率的关键尺寸，必须保证栅长度 L 与沟道厚度 d 满足 $L/d > 1$，而沟道厚度 d 的大小影响击穿电压，提高 MESFET 的工作频率与提高器件的承受功率是矛盾的。在 Si 和 GaAs 中电子的迁移率比空穴高得多，从提高工作频率的角度来看，N 沟道的 MESFET 比较适合于工作在射频和微波频率。由于 GaAs 的电子迁移率比 Si 电子迁移率高 5 倍以上，因此经常采用的是 GaAs MESFET。典型情况下，GaAs MESFET 可使用在 60～70 GHz 范围内。

（2）功率特性。MESFET 必须工作在由最大漏极电流 $I_{D\,max}$、最大栅源电压 U_{GSmax} 和最大漏源电压 U_{DSmax} 所局限的区域中。最大耗散功率 P_{CM} 由 U_{DS} 和 I_{D} 的乘积决定，即 $P_{CM}=U_{DS}I_{D}$，图 2 - 115 为 MESFET 的最大输出特性。实际应用中，P_{CM} 与沟道温度、环境温度以及沟道和焊点间的热阻有关。

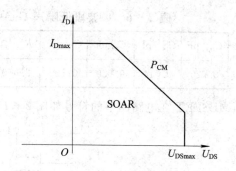

图 2 - 115　MESFET 典型的最大输出特性

（3）噪声特性。

① 噪声来源，MESFET 的噪声等效电路如图 2 - 116 所示，噪声主要来源于两个方面。第一个噪声来源是热噪声，图中 i_{nD}^{2} 是载流子通过沟道时的不规则热运动产生的热噪声，称为沟道热噪声；i_{nG}^{2} 是由沟道热噪声电压通过沟道和栅极之间的电容耦合时在栅极上感应的噪声，表示为栅、源之间的噪声电流源。因为 i_{nG}^{2} 与栅源电容的耦合有关，随着频率的上升，微波场效应管的噪声将增大，而 C_{GS} 越小则噪声也越小，所以从低噪声角度考虑也希望采用短栅。第二个噪声来源是高场扩散噪声和谷际散射噪声。由于短栅 GaAs MESFET 出现高场下电子漂移速度饱和效应和偶极层，因此会产生高场扩散噪声及谷际散射噪声，也会使晶体管的噪声有所增加。

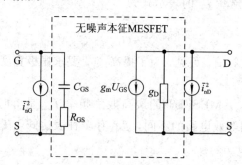

图 2 - 116　本征 MESFET 的噪声等效电路

以上分析未考虑 MESFET 的散粒噪声，原因是栅、源之间是负偏置，只有很小的反向饱和电流（高输入阻抗），可以忽略不计，这是场效应管比双极型晶体管噪声低的一个主要原因。由于 MESFET 的噪声以热噪声为主，可以采用致冷的办法有效降低其热噪声，称为致冷微波场放——冷场。

② 噪声系数与工作频率的关系。描述 MESFET 最小噪声系数特性的常用近似表达式为

$$F_{min} \approx 1 + 2\sqrt{PR(1-C)^{2}}\,\frac{f}{f_{T}} \qquad (2-131)$$

式中：P 和 R 分别为与沟道热噪声 i_{nD}^{2} 和栅极感应噪声 i_{nG}^{2} 有关的两个因子，取决于晶体管的材料、结构尺寸和直流偏置；C 为上述两种噪声的相关系数，其值小于 1。

MESFET 的 F_{min} 随频率的增长是近似线性的，速率为 3 dB/倍频程，比双极晶体管最小噪声系数上升的趋势缓慢，在 C 波段以上通常都选用 MESFET 作为低噪声放大器。但是 GaAs MESFET 的噪声转角频率 f_{1} 较高，可能延伸到几百 MHz，而双极晶体管的 f_{1}

可能低于 100 MHz，这是 GaAs MESFET 的一个缺点，用于振荡器时对相位噪声会有影响。

③ 噪声系数与漏电流 I_D/I_{DS} 的关系。图 2 – 117 为 MESFET 噪声系数 F 与漏电流 I_D/I_{DS} 的典型关系。可见：最小噪声系数对应的 I_D 约为 $0.1 \sim 0.2$ 倍饱和漏电流值。与双极晶体管类似，最小噪声与最大增益对 I_D 要求的数值不同，使用时需根据具体情况合理选取。

MESFET 具有开关特性，其开关时间短于双极型晶体管。

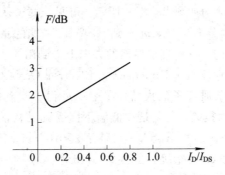

图 2 – 117　MESFET 的 F - I_D/I_{DS} 关系（I_{DS} 为零偏压时的饱和漏电流）

4. 异质场效应管

异质场效应管的典型代表是高电子迁移率晶体管（HEMT）。高电子迁移率晶体管也称为调制掺杂场效应管（Modulation – Doped Field Effect Transistor, MODFET），它利用不同半导体材料（如 GaAlAs – GaAs）异质结带隙能上的差别，可以极大地提高 MESFET 的最高频率，并保持低噪声性能和高功率特性。

1）结构

图 2 – 118 给出了 HEMT 的基本结构。图中最上部的 N^+ 型 GaAs 层是为了提供良好的源极和漏极接触电阻，形成源极和漏极引线的欧姆接触；在栅极下形成金属引线与半导体的金半接触；最下部为半绝缘的 GaAs 衬底。在 N 型 GaAlAs 和非掺杂的 GaAs 之间加了一层非掺杂的 GaAlAs 薄层。由于结构中各层的厚度均很薄，掺杂浓度相差又很大，控制精度要求高，因此不能采用通常的工艺，需用分子束外延工艺来完成，其成本比 GaAs MESFET 要高得多。

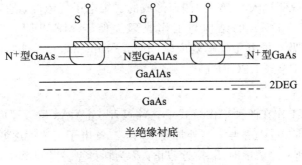

图 2 – 118　HEMT 的基本结构

　　HEMT 基本上由异质结构组成，这些异质结构具有协调的晶格常数以避免各层之间的机械张力，如 GaAs 和 InGaAs – InP 界面。对于有不协调晶格的异质结构的研究还在不断地进行着，例如，较大的 InGaAs 晶格被压缩在较小的 GaAs 晶格上，这种器件称之为假晶体(Pseudomorphic)HEMT 或简称为 pHEMT。

　　2）工作原理

　　HEMT 的特性来源于 GaAlAs – GaAs 异质结的特殊能带结构，GaAlAs 和 GaAs 紧密接触形成异质结后的能带结构如图 2 – 119 所示。可见，电子从掺杂 GaAlAs 层和未掺杂 GaAs 层界面上的施主位置分离出来，进入到 GaAs 层一侧的量子势阱中。电子被局限于非常窄(约 10 nm 厚)的层内，在垂直于界面的方向上受到阻挡，只可能作平行于界面的运动，形成所谓的二维电子气(Two – Dimensional Electron Gas，2DEG)。由于这部分电子在空间上已脱离了原来施主杂质离子的束缚，在运动过程中受到的杂质散射的影响大大减小，因此载流子迁移率大为提高，尤其是在低温下因受到晶格散射的影响很小，迁移率的增大更加显著，迁移率可达 9000 $cm^2/(V \cdot s)$ 甚至 2×10^5 $cm^2/(V \cdot s)$，载流子在薄层内表面上的密度可达 $10^{12} \sim 10^{12}$ cm^{-2} 量级。在图 2 – 118 所示结构中，在 N 型 GaAlAs 层和非掺杂的 GaAs 层之间插入一层非掺杂的 GaAlAs 薄层，使二维电子气中的电子在空间上与原来附属的施主杂质进一步脱离，可使迁移率进一步提高。但是这一非掺杂的 GaAlAs 薄层会使二维电子气浓度下降，故厚度要恰当选择。

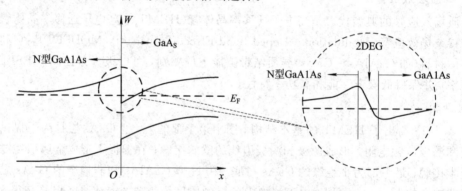

图 2 – 119　HEMT 的 GaAlAs – GaAs 界面的能带图

　　在形成二维电子气后，二维电子气中的电子可以在外加漏极电压 U_{DS} 的作用下由源极向漏极流动，形成漏极电流 I_D。外加栅压 U_{GS} 形成的肖特基势垒区中的载流子耗尽层，影响从 N 型 GaAlAs 一侧进入 GaAs 一侧而形成的二维电子气浓度，通过控制 U_{GS} 就可控制漏极电流 I_D。可见 HEMT 的结构与工作原理类似于 MESFET，又有所不同。因此，HEMT 器件又可称做二维电子气场效应管(Two – Dimensional Electron Gas Field Effect Transistor，2DEGFET 或 DEGFET)。

　　3）电压电流关系

　　HEMT 也可以工作在两种工作模式下。当 N 型 GaAlAs 层较厚时，零栅压时肖特基势垒不足以影响二维电子气浓度；当外加栅压时，二维电子气浓度逐渐降低，相应的 I_D 逐渐减小；负栅压达到一定程度时 I_D 接近截止，称为耗尽型。当 N 型 GaAlAs 层较薄时，零偏压下的肖特基势垒已足以影响二维电子气浓度并使之接近于零，使 I_D 截止；只有适当在栅极上加正向偏压，才能使 I_D 逐渐增加，这称为增强型。一般耗尽型模式用于微波器件，而增强型模式用于大规模数字集成电路。

4）特性

HEMT 最突出的特性是高工作频率和低噪声，与 MESFET 类似，HEMT 的高频特性也取决于渡越时间和电子迁移率。由于载流子的高迁移率，HEMT 的特征频率和最高振荡频率远高于 MESFET。当前工艺水平下，HEMT 的工作频率已经可超过 100 GHz。目前正在开展的研究，如 GaInAs - AlIn 异质结、包含多个 2DEG 沟道的多层异质结构，均有望将其工作频率提高到更高的水平。

2.5.4　SiGe HBT 与 SiGe MOSFET 简介

在当今全球半导体市场中，90% 以上的产品都是使用硅材料的器件集成电路。相对其他半导体材料而言，硅具有价廉，易于生长大尺寸、高纯度的晶体以及热性能与机械性能优良等优点。几十年来，微波器件与集成电路一直使用价值昂贵的 GaAs 或 InP 做衬底材料，并为此发展了一套全新的加工工艺和逻辑设计方法。传统上，人们认为用硅做微波器件与电路的衬底有两个明显的缺陷：一是硅 BJT 和 MOSFET 的工作速度太低，不能工作在微波频率；二是常用硅的电阻率太小（1～100 Ω·cm），会引起过高的介质损耗，使硅衬底微波传输线与无源元件的损耗比 GaAs 衬底平均高出一个数量级，难于投入实际使用。虽然已经发现了高电阻率 Si 的某些性能（如导热率）比 GaAs 优良，损耗等性能与 GaAs 相差不大，说明高电阻率 Si 也适合用做微波器件和集成电路的衬底材料，但高电阻率硅的价格也相当昂贵。为了提高有源器件的可靠性和进行直流隔离，在衬底表面附加绝缘层引起的寄生效应不容忽视，并且不能使用常用的已经十分成熟的硅工艺。

为了使硅材料的器件与集成电路达到微波电路的要求，同时又保持硅衬底电路在产量、成本及制作工艺方面的传统优势，使硅衬底电路与目前在射频及微波电路中占主导地位的 III - V 族化合物、GaAs 及 InP 技术展开竞争，采用的方法是将 Ge 引入 Si，利用能带工程形成 $Si_{1-x}Ge_x$（简写为 SiGe）合金的新型高速晶体管——锗硅异质结双极晶体管（SiGe Heterojunction Bipolar Transistor，SiGe HBT）以及锗硅金属氧化物场效应管（SiGe Metal Oxide Semiconductor Field Effect Transistor，SiGe MOSFET）等。

SiGe HBT 技术可以和标准的 Si 工艺相匹配，使得在同一衬底上集成数字电路以及射频与微波模拟电路成为可能。这种集成有多方面的优点，如电路数目减少因而封装成本降低，可靠性提高，系统的尺寸变小等。

HBT 的概念于 1957 年提出，1977 年开始用于在高频应用中的 SiGe HBT 开发，1987 年报道了第一个 SiGe HBT。SiGe HBT 技术真正引起微波学界的注意还是 20 世纪 90 年代中期——特征频率高达 75 GHz 的 SiGe HBT 问世之后。最近几年，随着频率高达 100 GHz 的硅二极管与 SiGe HBT 的研制成功，以及发现通过在硅衬底与信号导体之间加入多层薄膜绝缘介质可以降低标准硅传输线的损耗，证明了硅完全适合于取代 GaAs 或 InP 用作微波集成电路的衬底，形成了国际学术界一个非常热门的研究方向，即硅衬底上的微波电路研究。美国的 IBM 公司及德国和日本的一些研究机构已经开发出了多种硅衬底的实用微波集成电路。

在当今的信息时代，无线通信系统（如移动通信、卫星通信及无线局域网）需要高频、低成本器件来支撑真正的多媒体服务。硅衬底微波集成电路非常适用于这类应用，可以获得高度集成的多功能混合 IC，并且使用数字 IC 工艺使制作成本大大降低。过去几年通过使用 SiGe HBT 设计并实现了大量的数字、模拟射频与微波电路，频率从蜂窝移动电话的 900 MHz 发展到光数据通信的 40 Gb/s。目前，射频市场需求主要集中在 900 MHz 与 20 GHz 两个频率。1981 年提出了硅单片毫米波集成电路的概念，现已在毫米波通信领域中引起高度的重视。与此同时，关于 Si 衬底传输线与无源元件的研究表明，Si 衬底微波单片集成与毫米波单片集成是完全可能的，SiGe HBT 与先进的 Si CMOS 技术结合形成的 SiGeBiCMOS 技术几乎是实现 Si 衬底上微波片上系统(System-on-a-Chip)的唯一途径。

2.6 微波半导体器件选型

微波半导体器件是微波电路和微波系统的设计关键，直接影响整机指标。选择器件并合理使用是目前微波工程师设计工作的基本思路。

2.6.1 微波器件的分类选择

按照器件的功能分类是器件销售商通常的方法，每种器件会给出许多型号和厂家，用户阅读相应的器件资料，选定产品型号后，再向销售商购买器件。表 2-7 给出常见微波器件的分类。

表 2-7 微波器件的分类

类别	包括器件
二极管	肖特基二极管，变容二极管，体效应二极管，雪崩二极管，PIN 二极管，检波器，限幅器，倍频器，集成偏置电路等
放大器	分立元件(BJT、FET、HEMT、PHEMT 等)，芯片(无管壳的分立元件)增益包(MMIC)，放大器模块，CATV 放大器，GSM&CDMA 放大器，多功能器件，功率放大器件(LDMOS、FET 等)，TIA 器件等
频率器件	倍频器，分频器，混频器，调制器，变频器，移相器，PLL 器件，DDS 器件，调谐器，VCO，频率综合器，发射机等
衰减器件	数字衰减，模拟可变衰减，驱动器，固定衰减器等
开关器件	MMIC 开关(SPDT、DPDT、SP3T、SP4T 等)，MEMS 开关，射频继电器等

2.6.2 世界知名厂家微波器件简介

目前，射频、微波、毫米波器件的半导体多为 GaAs、GaN、InGaP-GaAs、InP、SOI、SiGe、CMOS、LDMOS 和 BiCMOS 等材料和工艺，器件原理多为 MESFET、pHEMT、mHEMT 和 HBT 等。下面给出几家公司的微波产品范围，详细情况可查阅公司网站或公司手册资料。

1. Tyco Electronics M/A-COM

· 放大器，MMIC 和 HMIC   · 衰减器，MMIC

- 二极管，PIN，肖特基，变容管，耿氏管，单片集成偏置电路
- 倍频器
- 混频器
- 混合电路，集成子系统模块
- 功分器/合成器
- 功率晶体管
- 无源器件
- 公共安全、军用或宇航级微波电路模块
- VCO
- 调制解调器
- 频率合成器
- 开关
- 天线

2. Hittite Microwave Corporation

- 放大器，RFIC，MMIC
- 分频器，检频器，检相器
- 混频器
- 移相器
- 开关
- VCO
- 军用或宇航级微波电路模块
- 衰减器
- 倍频器
- 调制解调器
- 幅度检波器
- 频率合成器
- 模块，混合电路

3. Motorola

- 宽带 75 Ω 器件
- 混频器
- 微波电路组件
- 接收机
- 功率晶体管，LDMOS，FET
- VCO
- 军用或宇航级微波电路模块
- RFICs MMIC
- 调制解调器
- 预选器
- 频率合成器
- 上变频器，下变频器
- 通信，无线电系统

4. 其他国外公司

微波器件产品在下列公司也能找到。

国外公司：Agilent Technologies ，RFMD，Peregrine Semiconductor，WJ Communications，APT – RF，RF Gain，ST Microelectronics，UMS，Honeywell，Infineon Technologies，Filtronic Solid，State，Pacific Monolithics，ANADIGICS，Sirenza Microdevices，ST Microelectronics，UltraSource Inc，MECA Electronics，MITEQ ，Planar Monolithics 等。

国内公司：中电集团第十三研究所，中电集团第五十五研究所，国营九七〇厂，国营七一五厂等。北京、西安 、上海、成都、深圳等地有许多相关院所或公司从事专门器件的研制生产。

习 题

2-1 简要解释下列概念：共价键，载流子，电子，空穴，本征激发，杂质电离，施主，

受主，多子，少子，本征半导体，N 型半导体，P 型半导体。

2-2　画出下列两种情况的金属与 P 型半导体接触的能带图，并说明哪一种情况产生阻挡层，哪一种情况产生反阻挡层。

（1）金属的功函数 W_M 大于半导体的功函数 W_S。

（2）金属的功函数 W_M 小于半导体的功函数 W_S。

2-3　简述 N 型 GaAs 半导体材料能带结构的特点以及能够产生转移电子效应的半导体材料的共同特征。

2-4　比较肖特基势垒二极管与普通 PN 结二极管的特点。

2-5　对比变容二极管与阶跃恢复二极管的异同点。

2-6　何谓 PIN 管的穿通电压？当 PIN 管的反向偏压从零变到穿通电压时，它的结电容如何变化？为什么？

2-7　对比雪崩二极管与转移电子效应二极管产生负阻的不同之处。

2-8　试就工作原理、特征频率、噪声性能等方面简要比较微波双极晶体管和 MESFET 的特点。

2-9　PIN 管和阶跃恢复二极管的结构、特性及应用有何区别？

第 3 章　微 波 混 频 器

―――― 本 章 内 容 ――――

微波混频器的工作原理

小信号传输特性——变频损耗

噪声系数及其他电气指标

微波混频器电路

微波 MESFET 混频器

微波混频器新技术

微波混频器是通信、雷达、电子对抗等系统的微波接收机以及很多微波测量设备所不可缺少的组成部分。它将微弱的微波信号和本地振荡信号同时加到非线性元件上，变换为频率较低的中频信号，进一步进行放大、解调和信号处理。图 3－1 是微波混频器的原理图，对它的基本要求是小变频损耗和低噪声系数。

目前微波混频器主要采用的是金属－半导体构成的肖特基势垒二极管作为非线性器件。

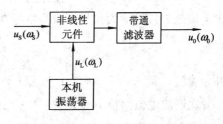

图 3－1　微波混频器的原理框图

虽然二极管混频有变频损耗，但其噪声小、频带宽（可选多倍频程）、工作稳定、结构简单，方便用于微波集成电路。近年来，由于微波单片集成电路的发展，GaAs 肖特基势垒栅场效应管及双栅 MES FET 混频器的研制成功，使混频器电路得到新的发展。目前，结合低噪声放大器、混频器、中频放大器等单元的集成接收组件已经广泛被使用于各种微波系统。

本章将介绍微波混频器的工作原理、性能指标以及有关微波混频的一些新技术。

3.1　微波混频器的工作原理

通常，微波混频器是一种非线性电阻频率变换电路。微波混频器的核心元件是肖特基势垒二极管。常见的微波混频器基本电路有三种类型：单端混频器使用一个混频二极管，是最简单的微波混频器；单平衡混频器使用两个混频二极管；双平衡混频器采用四个混频二极管。本节将以元件的特性为基础，分析非线性电阻微波混频器的工作原理及性能指标，包括电路时－频域关系、功率关系、变频损耗、噪声特性，并给出各种微波混频器的电路实现等。

3.1.1　本振激励特性——混频器的大信号参量

如图 3－2 所示，在混频二极管上加大信号本振功率和直流偏置（或零偏压）时，流过混频二极管的电流由二极管的伏安特性来决定。加在二极管上的电压是直流偏置与本振信号之和，二极管的伏安特性近似为指数函数，即

$$\begin{cases} u(t) = E_0 + U_{\mathrm{L}} \cos\omega_{\mathrm{L}} t \\ i = f(v) \approx I_{\mathrm{sa}} \mathrm{e}^{\alpha v} \end{cases} \qquad (3-1)$$

则流过二极管的大信号电流为

$$\begin{aligned} i = f(E_0 + U_{\mathrm{L}} \cos\omega_{\mathrm{L}} t) &= I_{\mathrm{sa}} \mathrm{e}^{\alpha(E_0 + U_{\mathrm{L}} \cos\omega_{\mathrm{L}} t)} \\ &= I_{\mathrm{sa}} \cdot \mathrm{e}^{\alpha E_0} \cdot \mathrm{e}^{\alpha U_{\mathrm{L}} \cos\omega_{\mathrm{L}} t} \end{aligned} \qquad (3-2)$$

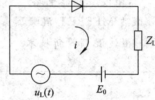

图 3－2　混频二极管加直流偏压和本振功率时的原理图

显然，流过二极管的大信号电流是本振功率 ω_{L} 的周期性函数，可用傅里叶级数表示为

$$i = I_0 + 2 \sum_{n=1}^{\infty} I_n \cos n\omega_{\mathrm{L}} t \qquad (3-3)$$

式中：直流分量 $I_0 = I_{\mathrm{sa}} \cdot \mathrm{e}^{\alpha E_0} \cdot J_0(\alpha U_{\mathrm{L}})$；

n 次谐波电流幅值 $I_n = I_{\mathrm{sa}} \cdot \mathrm{e}^{\alpha E_0} \cdot J_n(\alpha U_{\mathrm{L}})$；

本振基波电流幅值 $I_{\mathrm{L}1} = 2I_1 = 2I_{\mathrm{sa}} \cdot \mathrm{e}^{\alpha E_0} \cdot J_1(\alpha U_{\mathrm{L}})$。

当 αU_{L} 足够大时，有

$$J_n(\alpha U_{\mathrm{L}}) \approx \frac{\mathrm{e}^{\alpha U_{\mathrm{L}}}}{\sqrt{2\pi\alpha U_{\mathrm{L}}}}$$

故直流分量和本振基波电流幅值为

$$I_0 \approx \frac{I_{\mathrm{sa}} \mathrm{e}^{\alpha(E_0 + U_{\mathrm{L}})}}{\sqrt{2\pi\alpha U_{\mathrm{L}}}}$$

即

$$I_{\mathrm{L}1} \approx 2I_0 \qquad (3-4)$$

则所需的本振激励功率为

$$P_{\mathrm{L}} = \frac{1}{2} I_{\mathrm{L}1} \cdot U_{\mathrm{L}} \approx I_0 \cdot U_{\mathrm{L}} \qquad (3-5)$$

混频器对本振呈现的电导为

$$G_{\mathrm{L}} = \frac{I_{\mathrm{L}1}}{U_{\mathrm{L}}} \approx \frac{2I_0}{U_{\mathrm{L}}} \qquad (3-6)$$

可见，当 U_{L} 一定时，G_{L} 值随直流电流的增大而增大，因而可以借助于调整 E_0 来调节

I_0，从而改变 G_L 使本振口达到匹配。在实际工作中，因为微波波段很难测量 U_L，所以通常由测量 P_L 和 I_0 来测定 U_L 和 G_L。

当混频二极管上只加直流偏压 E_0 和本振功率时，混频二极管呈现的电导为

$$\left.\frac{\mathrm{d}i}{\mathrm{d}u}\right|_{u=E_0+U_L\cos\omega_L t} = f'(E_0 + U_L\cos\omega_L t)$$

$$= \alpha I_{sa}\mathrm{e}^{\alpha(E_0+U_L\cos\omega_L t)} = g(t) \qquad (3-7)$$

式(3-7)说明当本振电压随时间作周期性变化时，瞬时电导 $g(t)$ 也随时间作周期性变化，故称为时变电导；同样 $g(t)$ 也可以展成傅里叶级数：

$$g(t) = g_0 + 2\sum_{n=1}^{\infty} g_n\cos n\omega_L t \qquad (3-8)$$

式中：g_0 称为二极管的平均混频电导，g_n 是对应本振 n 次谐波的混频电导。

3.1.2　非线性电阻的混频原理

二极管混频器的原理等效电路如图 3-3 所示，在肖特基势垒二极管上加有较小的直流偏压(或零偏压)、大信号本振功率(1 mW 以上)及接收到的微弱信号(微瓦(μW)量级以下)。

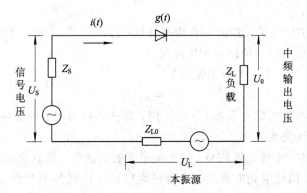

图 3-3　二极管混频器原理图

假设本振与信号分别表示为

$$u_L(t) = U_L\cos\omega_L t$$

$$u_S(t) = U_S\cos\omega_S t$$

由于 $U_L \gg U_S$，可以认为二极管的工作点随本振电压变化，认为接收到的信号是一个微小电压增量，因此将回路电流在各个工作点展开为泰勒级数。为了讨论方便，将 Z_L、Z_{L0}、Z_S 短路，这时流过二极管的瞬时电流值为

$$i = f(u)$$

$$= f(E_0 + U_L\cos\omega_L t + U_S\cos\omega_S t)$$

$$= f(E_0 + U_L\cos\omega_L t) + f'(E_0 + U_L\cos\omega_L t)U_S\cos\omega_S t +$$

$$\frac{1}{2!}f''(E_0 + U_L\cos\omega_L t)(U_S\cos\omega_S t)^2 + \cdots \qquad (3-9)$$

展开式中的第一项为本振激励下的流过二极管的大信号电流，它包含直流和本振基波及其谐波项。

展开式中的其他各项为二极管中的小信号成分，当 u_S 很小时，可仅取第二项。由式 (3-9)可知，$f'(E_0 + U_L \cos\omega_L t)$ 是在本振激励下二极管所呈现的时变电导 $g(t)$。

由式(3-7)~式(3-9)可知，二极管中的小信号成分近似为

$$i(t) = f'(E_0 + U_L \cos\omega_L t)U_S \cos\omega_S t$$

$$= (g_0 + 2g_1 \cos\omega_L t + 2g_2 \cos 2\omega_L t + \cdots)U_S \cos\omega_S t$$

$$= g_0 U_S \cos\omega_S t + \sum_{n=1}^{\infty} g_n U_S \cos(n\omega_L \pm \omega_S)t \qquad (3-10)$$

混频器电流的主要频谱如图 3-4 所示，并用虚线画出了混频电流中的大信号成分，即直流、本振基波及本振各次谐波。

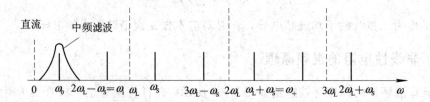

图 3-4　混频器电流的主要频谱(设 $\omega_0 = \omega_S - \omega_L$)

从上分析可见：

(1) 在混频器中产生了无数的组合频率分量，若负载 Z_L 采用中频带通滤波器，就可以取出所需的中频分量而将其他组合频率滤掉。

(2) 从式(3-10)可得中频分量振幅为

$$I_0 = g_1 U_S$$

中频电流振幅与输入信号振幅 U_S 成比例，即在小信号时，混频输入端与输出端的分量振幅之间具有线性关系。

(3) 混频过程中，本振是强信号，它产生了无数的谐波，但其谐波功率大约随 $1/n^2$ 变化(n 为谐波次数)，因此混频电流的组合分量强度随 n 的增加而很快地减少。通常只有当本振基波 ω_L 和 2 次谐波 $2\omega_L$ 分量足够大时，才会对变频效率的影响较大。因此，我们只讨论几个特殊的频率分量：信号频率与本振频率产生的和频 $\omega_+ = \omega_L + \omega_S$、差频 $\omega_0 = \omega_S - \omega_L$ (当 $\omega_S > \omega_L$ 时)或 $\omega_0 = \omega_L - \omega_S$ (当 $\omega_L > \omega_S$ 时)，ω_S 与 $2\omega_L$ 产生的镜像频率 $\omega_i = 2\omega_L - \omega_S = \omega_L - \omega_0$ 分量。由图 3-4 可以看出，ω_i 是信号相对于本振基频 ω_L 的"镜像"，故称之为镜频，其幅度由 $g_2 U_S$ 决定。ω_i 中包含部分有用信号功率，如果在输入电路中将其反射回二极管并重新与本振混频，即可再次产生中频 $\omega_L - \omega_i = \omega_0$。当相位选择合适时，就能"回收"信号能量，以减小变频损耗。这是后面要讨论的"镜频回收问题"。

以上是假设接收信号较弱情况下的小信号分析，并设本振与信号初相位均为零。实际中二者之间有相位差，而且信号可能较强，如雷达近距离目标的反射信号、附近电台的干扰信号等，在这种情况下，就不能将 U_S^2 以上的高次项忽略了。此时混频电流的频谱分量大为增加。下面定性分析信号较强情况下的电流频谱。

为了简便起见，用指数形式表达 $g(t)$ 函数。根据式(3-8)，考虑初相位 φ_L 和 φ_S，则有

$$g(t) = g_0 + 2\sum_{n=1}^{\infty} g_n \cos(n\omega_L t + n\varphi_L) \qquad (3-11)$$

用指数形式可表示为

$$g(t) = g_0 + \sum_{n=1}^{\infty}\left[y_n e^{jn\omega_L t} + y_n^* e^{-jn\omega_L t}\right] = \sum_{n=-\infty}^{\infty} y_n e^{jn\omega_L t} \quad (3-12)$$

式中：$y_n = g_n e^{jn\varphi_L}$，$y_n^* = g_n e^{-jn\varphi_L}$。如果定义 $g_n = g_{-n}$，则 $y_{-n} = g_n e^{-jn\varphi_L} = y_n^*$，并且 $y_0 = g_0$。

同样，信号电压可以表示为

$$u_S = U_S \cos(\omega_S t + \varphi_S) = \frac{1}{2}U_S(e^{j\omega_S t} + e^{-j\omega_S t})$$

当 U_S 较大，不能忽略 U_S^2 以上各项时，则式(3-9)最终可写为

$$i(t) = \sum_{n=-\infty}^{\infty}\sum_{m=-\infty}^{\infty} |\dot{I}_{n\cdot m}| \, e^{j(n\varphi_L + m\varphi_S)} \, e^{j(n\omega_L + m\omega_S)t}$$

$$= \sum_{n=-\infty}^{\infty}\sum_{m=-\infty}^{\infty} \dot{I}_{n\cdot m} e^{j(n\omega_L + m\omega_S)t} \quad (3-13)$$

式中：$\dot{I}_{n\cdot m}$ 是每个 $n\omega_L + m\omega_S$ 频率分量的复振幅。因为 $i(t)$ 是时间的实函数，所以有

$$\dot{I}_{n\cdot m} = \dot{I}_{-n,-m}^* \quad (3-14)$$

从式(3-14)中可得到实数中频电流为 $i_0(t) = 2|\dot{I}_{-1,+1}|\cos[(\omega_S - \omega_L)t - \varphi]$。

可见，当信号较强时，混频电流 $i(t)$ 中包括信号(ω_S)和本振(ω_L)所有可能的各次谐波组合，它比小信号时的组合分量丰富得多，从而消耗更多的信号功率，使变频损耗增加，并产生各种变频干扰和失真。因此，在设计混频电路时，应考虑如何抑制部分组合频率成分，以改善混频器的性能。

3.1.3 混频器等效网络

上面求混频产生的小信号电流 $i(t)$ 时，仅计算了接收信号 $v_S(t)$ 和本振的所谓"一次混频"，而未考虑混频产物的反作用。在实际工作中，至少要考虑中频 ω_0 和镜频 ω_i 的反作用，实际的混频器电路可以等效为图 3-5 所示的简化电路。

加在二极管上的电压为

本振电压：$u_L(t) = U_L \cos\omega_L t$

信号电压：$u_S(t) = U_S \sin\omega_S t$

中频电压：$u_0(t) = -U_0 \sin\omega_0 t$

镜频电压：$u_i(t) = -U_i \sin\omega_i t$

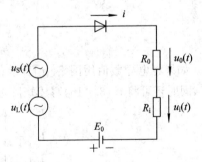

图 3-5　加在混频二极管上的电压

其中：$u_0(t)$ 和 $u_i(t)$ 取负号是因为混频电流 i 在中频电阻 R_0 和镜频电阻 R_i 上产生的电压降反向加到二极管上。在这些电压中，本振是大信号，其余幅值都很小，本振和直流偏压决定二极管的工作点，混频器的工作状态可看成是大信号 u_L 上叠加了小信号 u_S、u_0 和 u_i。这时流过二极管的电流为

$$i = f(E_0 + u_L + u_S + u_0 + u_i)$$
$$= f(E_0 + u_L + \Delta u)$$

式中：$\Delta u = u_S + u_0 + u_i$，利用前面的分析方法，得到小信号电流为

$$i_{D小} = f'(E_0 + u_L)\Delta u = g(t) \cdot \Delta u$$

$$= (g_0 + 2g_1 \cos\omega_L t + 2g_2 \cos2\omega_L t + \cdots) \times (U_S \sin\omega_S t - U_0 \sin\omega_0 t - U_i \sin\omega_i t)$$

$$= g_0 U_S \sin\omega_S t - g_0 U_0 \sin\omega_0 t - g_0 U_i \sin\omega_i t +$$

$$g_1 U_S \sin(\omega_L + \omega_S)t + g_1 U_S \sin(\omega_S - \omega_L)t -$$

$$g_1 U_0 \sin(\omega_L + \omega_0)t + g_1 U_0 \sin(\omega_L - \omega_0)t +$$

$$g_1 U_i \sin(\omega_L - \omega_i)t - g_1 U_i \sin(\omega_L + \omega_i)t +$$

$$g_2 U_S \sin(2\omega_L + \omega_S)t - g_2 U_S \sin(2\omega_L - \omega_S)t -$$

$$g_2 U_0 \sin(2\omega_L + \omega_0)t + g_2 U_0 \sin(2\omega_L - \omega_0)t -$$

$$g_2 U_i \sin(2\omega_L + \omega_i)t + g_2 U_i \sin(2\omega_L - \omega_i)t \tag{3-15}$$

从式(3-15)中取出信频、中频和镜频电流，它们的幅值分别为

$$\begin{cases} I_S = g_0 U_S - g_1 U_0 + g_2 U_i \\ I_0 = g_1 U_S - g_0 U_0 + g_1 U_i \\ I_i = -g_2 U_S + g_1 U_0 - g_0 U_i \end{cases} \tag{3-16}$$

式(3-16)是一个三端口网络的线性方程组。三个端口分别为信号端、中频端和镜频端。由此画出的混频器的等效电路如图3-6(a)所示。

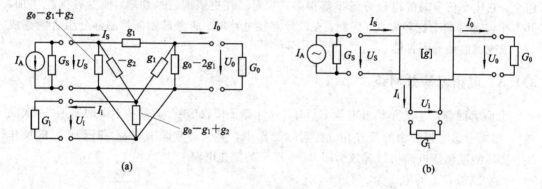

图 3-6 混频器的等效电路

(a) 等效电路；(b) 三端口网络

如果将电导数值用网络[g]表示，则图3-6(a)可画成图3-6(b)所示的三端口网络形式，同时还可将式(3-16)写成矩阵形式：

$$\begin{bmatrix} I_S \\ I_0 \\ I_i \end{bmatrix} = \begin{bmatrix} g_0 & -g_1 & g_2 \\ g_1 & -g_0 & g_1 \\ -g_2 & g_1 & -g_0 \end{bmatrix} \begin{bmatrix} U_S \\ U_0 \\ U_i \end{bmatrix} \tag{3-17}$$

或写为

$$[I] = [g][U] \tag{3-18}$$

式中：[g]称为混频器的导纳矩阵，它是研究混频器电路的重要参数。以上过程将含有非线性元件(混频二极管)的单端口网络表示为一个三端口的线性网络。该网络既反映了混频器的非线性频率变换作用，又给出了频率变换后各小信号成分的幅度之间的线性关系。网络的导纳矩阵[g]仅由二极管的特性和二极管的大信号激励条件所决定，而与小信号成分的幅度大小无关。

最后必须指出，以上仅是由混频器核心部分 $g(t)$ 所建立的小信号网络方程，忽略了非线性电容 $C_j(t)$ 的变频效应，所以不够完善，但它不影响对混频器的基本分析，严格的理论分析这里不再讨论。

3.2 微波混频器的小信号传输特性——变频损耗

微波混频器的作用是将微波信号转换为中频信号，频率变换后的能量损耗即为变频损耗。微波混频器的小信号传输特性的研究任务包括：

(1) 输入信号功率经过混频器后有多少功率转换成中频信号功率，即变频损耗。

(2) 当混频器的源电导 G_g 和输出电导 G_0 为何值时，变频损耗最小。

变频损耗定义为微波信号资用功率 P_{sa} 与输出中频资用功率 P_{oa} 之比，常用分贝表示，即

$$L = 10 \lg\left(\frac{P_{sa}}{P_{oa}}\right) \quad \text{(dB)} \tag{3-19}$$

变频损耗主要包括以下三部分：

(1) 由寄生频率产生的净变频损耗 L_0。

(2) 由混频二极管寄生参量引起的结损耗 L_j。

(3) 混频器输入/输出端的失配损耗 L_a。

3.2.1 净变频损耗

在混频过程中产生的寄生频率都含有一部分信号功率，如果它们消耗在电阻上，就会造成损耗，这些损耗称为净变频损耗。计算净变频损耗时，认为混频器输入、输出端口均已匹配，且将二极管只看做是一个受本振电压控制的时变电导 $g(t)$。

混频器的等效电路是一个三端口网络，净变频损耗不但与二极管的特性有关，还与各端口的负载阻抗有关。实际应用中，最受关心的是镜像短路、镜像匹配和镜像开路这三种混频器的净变频损耗。为普遍起见，首先讨论镜像端口负载电导 G_i 为任意值时的净变频损耗，然后再讨论三种主要混频器的净变频损耗。

1. G_i 为任意值时的净变频损耗

混频器的等效电路如图 3-6(b) 所示，根据网络方程式(3-16)，由镜像端口得

$$I_i = G_i U_i \tag{3-20}$$

对式(3-16)和式(3-20)联立求解，得

$$\begin{cases} I_S = m_{11} U_S + m_{12} U_0 \\ I_0 = m_{21} U_S + m_{22} U_0 \end{cases} \tag{3-21}$$

用矩阵表示为

$$\begin{bmatrix} I_S \\ I_0 \end{bmatrix} = \begin{bmatrix} m_{11} & m_{12} \\ m_{21} & m_{22} \end{bmatrix} \begin{bmatrix} U_S \\ U_0 \end{bmatrix} \tag{3-22}$$

式中：

$$\begin{cases} m_{11} = g_0 - \dfrac{g_2^2}{g_0 + G_i} \\[2mm] m_{12} = - m_{21} = - g_1 + \dfrac{g_1 g_2}{g_0 + G_i} \\[2mm] m_{22} = - g_0 + \dfrac{g_1^2}{g_0 + G_i} \end{cases} \tag{3-23}$$

于是把三端口网络简化成二端口网络，如图 3 - 7 所示。网络参数与镜像端口的负载电导 G_i 有关。

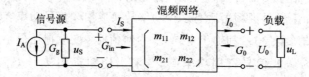

图 3 - 7　镜像电导 G 为任意值时的混频器等效电路

为计算净变频损耗，首先应求出信号源的资用功率和混频器输出的中频资用功率，然后求两者之比。

信号源的资用功率（$G_{in} = G_g$ 时）为

$$P_{sa} = \frac{U_S^2}{R_g} = \frac{I_A^2}{8 G_g} \tag{3-24}$$

式中：I_A 是信号的电流幅值。为求得混频器输出的中频资用功率，在中频端口使用戴维南定理，把输出端口以左的电流等效成一个新的恒流源，如图 3 - 8 所示。

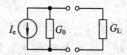

图 3 - 8　中频输出端等效电路

图 3 - 8 中，I_e 是恒流源电流，即输出端短路电流的幅值；G_0 是恒流源的内电导，即获取的中频输出电导。当中频端口短路时，$I_e = I_0$，混频器的外部方程为

$$\begin{cases} I_S = I_A - U_S G_g \\ U_0 = 0 \end{cases} \tag{3-25}$$

将式（3 - 25）和式（3 - 23）联立求解，得

$$I_e = \frac{m_{21}}{G_g + m_{11}} I_A \tag{3-26}$$

混频器的中频输出电导 G_0 是输入端恒流源 I_A 开路时（即 $I_A = 0$）由输出端向左看过去的等效电导。当 $I_A = 0$ 时，$I_S = -U_S G_g$，代入式（3 - 23）得

$$G_0 = \frac{U_0}{I_0} = m_{22} - \frac{m_{12} m_{21}}{m_{11} + G_g} \tag{3-27}$$

于是混频器输出的中频资用功率为

$$P_{oa} = \frac{I_e^2}{8 G_0} = \frac{m_{21}^2 I_A^2}{8 (G_g + m_{11}) [m_{22}(m_{11} + G_g) - m_{12} m_{21}]} \tag{3-28}$$

因此，镜频端口的负载电导 G_i 为任意值时，混频器的净变频损耗为

$$L_0 = \frac{P_{sa}}{P_{oa}} = \frac{(G_g + m_{11})[m_{22}(m_{11} + G_g) - m_{12}m_{21}]}{m_{21}^2 G_g} \tag{3-29}$$

可见，净变频损耗是信号源电导 G_g 与网络参数 $[m]$ 的函数。当混频器的激励状态一定时，L_0 随 G_i 变化。调整 G_g 可使 L_0 达到最小。令 $\frac{\partial L_0}{\partial G_g} = 0$，即可求得最小变频损耗及其相应的最佳源电导和最佳输出电导，即

$$L_{0min} = \frac{(G_{gopt} + m_{11})[m_{22}(m_{11} + G_g) - m_{12}m_{21}]}{m_{21}^2 G_g}$$

$$= \frac{1}{m_{21}^2}[2m_{11}m_{22} - m_{12}m_{21} + 2\sqrt{m_{11}m_{22}(m_{11}m_{22} - m_{12}m_{21})}] \tag{3-30}$$

$$G_{gopt} = \sqrt{\frac{m_{11}}{m_{22}}(m_{11}m_{22} - m_{12}m_{21})} \tag{3-31}$$

$$G_{oopt} = \sqrt{\frac{m_{22}}{m_{11}}(m_{11}m_{22} - m_{12}m_{21})} \tag{3-32}$$

2. 镜像匹配 $(G_i = G_g)$ 时的净变频损耗

当混频器输入回路的带宽相对于中频来说足够宽时，输入回路对镜频呈现的电导 G_i 和对信号频率所呈现的电导差不多相等，即 $G_i = G_g$，这种情况称为镜像匹配。在镜像匹配混频器中，镜频电压和镜频电流都不等于零。将 $G_i = G_g$ 代入式(3-31)，得到镜像匹配混频器的最小变频损耗、最佳源电导和最佳输出电导为

$$L_匹 = 2\frac{1 + \sqrt{1 - \frac{2g_1^2}{[g_0(g_0 + g_2)]}}}{1 - \sqrt{1 - \frac{2g_1^2}{[g_0(g_0 + g_2)]}}} \tag{3-33}$$

$$G_{g匹} = (g_0 + g_2)\sqrt{1 - \frac{2g_1^2}{[g_0(g_0 + g_2)]}} \tag{3-34}$$

$$G_{0匹} = g_0\sqrt{1 - \frac{2g_1^2}{[g_0(g_0 + g_2)]}} \tag{3-35}$$

3. 镜像短路 $(G_i = \infty)$ 时的净变频损耗

如果在输入端加入对镜频短路的窄带滤波器，使输入回路对镜频呈现短路，则称为镜像短路混频器，如图 3-9 所示。在镜像短路混频器中，由于镜频电流没有流过信号源内阻，因此镜频能量没有消耗，而是被反射回混频器，所以净变频损耗比镜像匹配时要小。将 $G_i = \infty$ 代入式(3-30)~式(3-32)求得镜像短路混频器的最小变频损耗、最佳源电导和最佳输出电导为

$$L_短 = \frac{1 + \sqrt{1 - \left(\frac{g_1}{g_0}\right)^2}}{1 - \sqrt{1 - \left(\frac{g_1}{g_0}\right)^2}} \tag{3-36}$$

$$G_{g短} = G_{0短} = g_0\sqrt{1 - \left(\frac{g_1}{g_0}\right)^2} \tag{3-37}$$

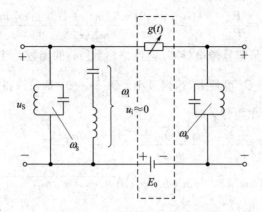

图 3 - 9　镜像短路混频器

4. 镜像开路($G_i = 0$)时的净变频损耗

如果在混频器的输入端与二极管之间嵌入一个镜频抑制滤波回路，则形成镜像开路，如图 3 - 10 所示。

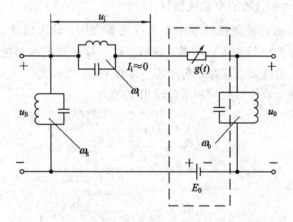

图 3 - 10　镜像开路混频器

在镜像开路混频器中，由于镜频电流 $I_i = 0$，因此不消耗镜频能量，而将镜频能量储存起来，在镜频抑制滤波器的两端形成镜频电压 U，U 又与本振基波混频（$\omega_L - \omega_i = \omega_0$），得到有用的中频能量，使输出的中频功率增加。所以镜像开路混频器具有最低的净变频损耗。

将 $G_i = 0$ 代入到式（3 - 30）～式（3 - 32），得到镜像开路混频器的最小净变频损耗、最佳信号源电导和最佳输出电导为

$$L_{开} = \frac{1 + \sqrt{1 - \dfrac{g_1^2 / \left[g_0^2(1 - g_2/g_0)\right]}{(1 + g_2/g_0)(1 - g_1^2/g_0^2)}}}{1 - \sqrt{1 - \dfrac{g_1^2 / \left[g_0^2(1 - g_2/g_0)\right]}{(1 + g_2/g_0)(1 - g_1^2/g_0^2)}}} \tag{3 - 38}$$

$$G_{g开} = g_0\left(1 - \frac{g_2^2}{g_0^2}\right)\sqrt{1 - \frac{g_2^2 / \left[g_0^2(1 - g_2/g_0)\right]}{(1 + g_2/g_0)(1 - g_1^2/g_0^2)}} \tag{3 - 39}$$

$$G_{0开} = g_0\left(1 - \frac{g_2^2}{g_0^2}\right)\sqrt{1 - \frac{g_1^2 / \left[g_0^2(1 - g_2/g_0)\right]}{(1 + g_2/g_0)(1 - g_1^2/g_0^2)}} \tag{3 - 40}$$

图 3 - 11 是采用正弦电压激励时三种镜像状态的最小变频损耗和本振电压幅值的关系曲线。由图可见，镜像开路混频器和镜像短路混频器由于镜频能量回收，使得 $L_{开} < L_{短} < L_{匹}$。理论上当 U_L 趋于无穷大时，$L_{匹}$ 趋于 3 dB，说明信号功率中有一半转换成镜频功率损耗在负载上，而 $L_{短}$ 和 $L_{开}$ 都趋于 0 dB。实际上镜像短路混频器或镜像开路混频器比镜像匹配混频器获得的变频损耗改善不可能达到 3 dB，一般在 0.5～2 dB 之间。

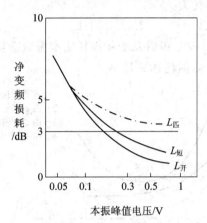

图 3 - 11　最小净变频损耗与本振电压幅值的关系

3.2.2　混频管寄生参量引起的结损耗

净变频损耗随着本振电压加大而单调下降，但实际情况上混频器是在某个一定大小的本振功率上得到最小的变频损耗值，过大或过小的本振功率都将增大变频损耗。这是因为上述分析仅考虑 R_j 的作用，忽略了寄生参量 L_S、C_p、C_j 和 R_S 的影响，所得结果是理想的。实际上必须考虑寄生参量的影响。分析时常把 L_S 和 C_p 合并到外电路去，只考虑 C_j 和 R_S 的影响。由于 R_S、C_j 对输入的微波功率进行分压和分流，只有部分信号功率加到 R_j 上参加频率变换，因此二极管的结损耗 L_j 定义为输入信号功率 P_{rf} 与结电阻 R_j 的吸收功率 P_j 之比。

如图 3 - 12 所示，流入二极管的总电流幅值为 I_j，R_j 两端的电压幅值为 U_j，R_j 的实际吸收功率为

$$P_j = \frac{U_j^2}{2R_j} \qquad (3-41)$$

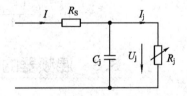

图 3 - 12　考虑寄生参数影响时计算变频损耗的电路

输入总信号功率为

$$P_{rf} = \frac{I^2 R_S}{2} + \frac{U_j^2}{2R_j}$$

$$= \frac{U_j^2}{2R_j}\left(1 + \frac{R_S}{R_j} + \omega_S^2 C_j^2 R_S R_j\right) \qquad (3-42)$$

由此求得结损耗为

$$L_j = 10 \lg\left(1 + \frac{R_S}{R_j} + \omega_S^2 C_j^2 R_S R_j\right) \quad (\text{dB}) \qquad (3-43)$$

因为 R_s 和 R_j 都和本振电压有关,所以调节 U_L 使 $R_j = \dfrac{1}{\omega_j C_j}$ 时,可使结损耗最小,即

$$L_{jmin} = 10\,\lg(1+2\omega_s C_j R_s)$$
$$= 10\,\lg\left(1+\frac{2R_s}{R_j}\right) \quad (\text{dB}) \tag{3-44}$$

混频二极管的总变频损耗为

$$L = L_0 + L_{jmin} \tag{3-45}$$

图 3-13 画出了 R_s、C_j 及二极管总变频损耗随本振激励功率的变化曲线。可见,恰当地选择本振幅度能使实际变频损耗达到最小。

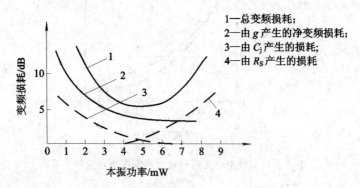

1——总变频损耗;
2——由 g 产生的净变频损耗;
3——由 C_j 产生的损耗;
4——由 R_s 产生的损耗

图 3-13 二极管总变频损耗与本振激励功率的关系

3.2.3 输入、输出端的失配损耗

混频器输入、输出端不匹配会引起信号功率和中频功率的损耗。假定输入端的反射系数为 Γ_1,电压驻波比系数为 ρ_1,中频输出端反射系数为 Γ_2,电压驻波比为 ρ_2,则失配损耗为

$$L_r = 10\,\lg\left(\frac{1}{1-|\Gamma_1^2|}\right)+10\,\lg\left(\frac{1}{1-|\Gamma_2^2|}\right) \quad (\text{dB})$$
$$= 10\,\lg\left(\frac{(1+\rho_1)^2}{4\rho_1}\right)+10\,\lg\left(\frac{(1+\rho_2)^2}{4\rho_2}\right) \quad (\text{dB}) \tag{3-46}$$

3.3 混频器的噪声系数及其他电气指标

混频器的噪声系数(NF)定义为输入端处于标准温度(290 K)时,输入端与输出端的信噪比之比,即

$$F = \frac{S_{ia}/N_{ia}}{S_{oa}/N_{oa}} = L\,\frac{N_{oa}}{N_{ia}} \tag{3-47}$$

式中:S_{ia} 为输入端的中频信号资用功率;S_{oa} 为输出端的中频信号资用功率;N_{ia} 为输入端处于标准温度(290 K)时的输入端的中频噪声资用功率;N_{oa} 为输入端处于标准温度(290 K)时输出端的中频噪声资用功率。需要注意的是,N_{ia} 和 S_{ia} 在同一通道中,因此计算 N_{ia} 时只应考虑有信号的那个通道。

3.3.1 镜像短路或开路(单通道)混频器的噪声系数

在镜像信号短路(或开路)混频器中,只有频率为 ω_S 的信号能够通过混频器而变为中频信号,外来的镜频信号不能通过混频器,因输入端只存在一个信号通道,故又称为单通道混频器。这种混频器可以等效为图 3 - 14 所示的有耗双端口网络。

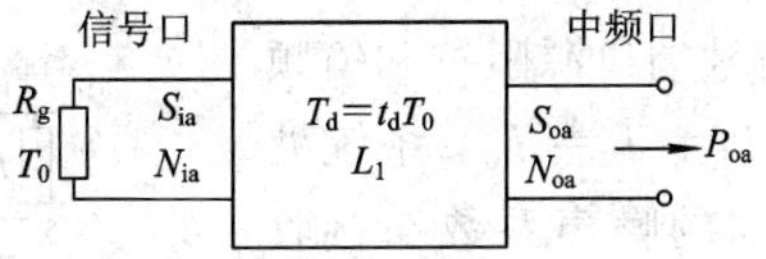

图 3 - 14   镜像短路(或开路)混频器噪声等效电路

设网络的衰减为 L_1,二极管的噪声温度为 T_1,信号源内阻的噪声温度 $T_S = T_0$,则混频器输出的噪声功率为

$$N_{oa} = \frac{1}{L}KT_0B + N_{内}(T_d) \tag{3 - 48}$$

式中:第一项为标准输入噪声经混频器衰减后的输出噪声功率,第二项为混频器内部产生的噪声功率。为了求得 T_d 温度下混频器的内部噪声在输出端呈现的噪声功率 $N_{内}(T_d)$,假定整个系统处于同一温度,即 $T_0 = T_d$,于是混频器输出的总噪声功率为

$$KT_dB = \frac{1}{L_1}KT_dB + N_{内}(T_d) \tag{3 - 49}$$

故混频器的内部噪声功率为

$$N_{内}(T_d) = \left(1 - \frac{1}{L_1}\right)KT_dB \tag{3 - 50}$$

混频器输出的总噪声功率为

$$N_{oa} = \frac{1}{L_1}KT_0B + \left(1 - \frac{1}{L_1}\right)KT_dB$$

$$= \frac{1}{L_1}KT_0B[1 + (L_1 - 1)t_d] \tag{3 - 51}$$

式中:$t_d = \dfrac{T_d}{T_0}$,为混频管的噪声比。因此单通道混频器的噪声系数为

$$F_单 = L_1\frac{N_{oa}}{N_{ia}} = 1 + (L_1 - 1)t_d \tag{3 - 52}$$

如果将 N_{oa} 等效为温度是 T_m 的电阻所产生的热噪声资用功率,即

$$N_{oa} = KT_mB$$

式中:T_m 为混频器的等效噪声温度,并定义混频器的噪声比为

$$t_{m单} = \frac{1}{L_1}[1 + (L_1 - 1)t_d] \tag{3 - 53}$$

则单通道混频器的噪声系数又可表示为

$$F_单 = L_1 t_{m单} \tag{3 - 54}$$

对于肖特基势垒二极管,$t_d \approx 1$,故 $F_单 = L_1 t_{m单} \approx L_1$。

由上式可知,混频器的噪声系数近似等于变频损耗,要获得低噪声系数,就必须使混频器的变频损耗尽可能得低。

3.3.2 镜像匹配(双通道)混频器的噪声系数

镜像匹配混频器是宽带的,外来的镜频信号 ω_i 像 ω_S 信号一样能通过混频器而变为中频信号。因混频器的输入端存在信号和镜频两个通道,故称双通道混频器。它是一个三端口的有耗网络,噪声等效电路如图 3 − 15 所示。

图中, T_S 和 T_i 分别为信号端口源阻抗和镜频端口阻抗的噪声温度,通常 $T_S = T_i = T_0$,系统处于同一温度。镜像匹配混频器的噪声系数与接收信号的形式有关,如果接收的信号是"窄带"或"单边带"(SSB)信号,例如雷达、通信、电子侦察等接收机中的混频器,则信号只存在于信号通道,镜频通道中没有信号。但这两个通道的噪声都将产生镜频噪声输出,因此输出端的噪声功率为

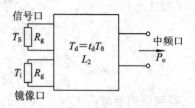

图 3 − 15   镜像匹配(双通道)混频器

$$N_{oa} = \frac{2}{L_2}KT_0 B + N_{内}(T_d) \tag{3 − 55}$$

同理可求得

$$N_{内}(T_d) = \left(1 - \frac{2}{L_2}\right)KT_d B \tag{3 − 56}$$

故混频器输出端的总噪声功率为

$$N_{oa} = \frac{2}{L_2}KT_0 B\left[1 + \left(\frac{L_2}{2} - 1\right)t_d\right] \tag{3 − 57}$$

噪声比为

$$t_{m双} = \frac{N_{oa}}{KT_0 B} = \frac{2}{L_2}\left[1 + \left(\frac{L_2}{2} - 1\right)t_d\right] \tag{3 − 58}$$

由于 N_{ia} 和 S_{ia} 应在同一通道中,因此计算 N_{ia} 时只考虑有信号的那个通道,即 $N_{ia} = KT_0 B$ 。故单边带噪声系数为

$$F_{SSB} = L_2 \frac{N_{oa}}{N_{ia}} = L_2 t_{m双} = 2\left[1 + \left(\frac{L_2}{2} - 1\right)t_d\right] \tag{3 − 59}$$

射电天文接收机和微波辐射计中的混频器接收的是"双边带"(DSB)或宽带信号,这时信号通道和镜频通道都存在信号,输出的中频信号功率为接收单边带信号时的两倍,即 $S_{oa2} = 2S_{oa1}$,输出信号与噪声的比值较之前增加一倍,而信号输入端的信号与噪声的比值仍然不变。因此镜像匹配混频器在接收"双边带"信号时的双边带噪声系数为

$$F_{DSB} = \frac{S_{ia}/N_{ia}}{S_{oa2}/N_{oa2}} = \frac{S_{ia}}{S_{oa2}} \cdot \frac{S_{oa}}{S_{ia}} = \frac{S_{ia}}{2S_{oa1}} \cdot \frac{S_{oa}}{S_{ia}}$$

$$= t_d\left(\frac{L_2}{2} - 1\right) + 1 = \frac{1}{2}F_{SSB} \tag{3 − 60}$$

可见,镜像匹配混频器的单边带噪声系数是双边带噪声系数的两倍,即增加 3 dB。这是由于双通道混频器在单通道使用时,镜频通道(亦称空闲通道)即使不输入信号,仍提供噪声,因而使噪声系数增大。为了降低噪声系数,应将镜频通道予以抑制,通常在混频器前加一个镜频抑制滤波器即可。

3.3.3 混频器 - 中放组件的噪声系数

由于二极管混频器没有增益，中频放大器的噪声影响便不能忽略。因此，以混频器作接收机前端的总噪声系数取决于混频器 - 中放组件的总噪声系数，如图 3 - 16 所示。

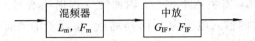

图 3 - 16 混频 - 中放级联方框图

设 L_m、F_m 分别为混频器的变频损耗和噪声系数，F_{IF} 是中放噪声系数，则整机噪声系数为

$$F = F_m + L_m(F_{IF} - 1) \qquad (3 - 61)$$

对于单通道混频器，$F_m = L_1 t_{m单}$，故整机噪声系数为

$$F = L_1(t_{m单} + F_{IF} - 1) \qquad (3 - 62)$$

对于双通道混频器来说，有以下两种情况：

（1）当接收窄带或"单边带"信号时，$F_m = L_2 t_{m双}$，故整机噪声系数为

$$F = L_2(t_{m双} + F_{IF} - 1) \qquad (3 - 63)$$

其形式与式（3 - 62）相同，但 $L_2 > L_1$。

（2）当接收宽带或"双边带"信号时，$F_m = L_2 t_{m双}/2$，故整机噪声系数为

$$F = L_2\left(\frac{1}{2}t_{m双} + F_{IF} - 1\right) \qquad (3 - 64)$$

当 $t_{m双} \approx 1$ 时，则

DSB：$\qquad\qquad\qquad F \approx L_2(dB) + F_{IF}(dB) - 3(dB)$

SSB：$\qquad\qquad\qquad F \approx L_2(dB) + F_{IF}(dB)$

3.3.4 混频器的其他电气指标

变频损耗和噪声系数是微波混频器的关键指标，是设计混频器时必须谨慎考虑的。设计一个工程化的混频器，还要正确处理下列指标，才能满足整机使用要求。

1. 信号端口与本振端口的隔离度

如果信号端口与本振端口的隔离较差，信号能量将会泄漏到本振端口，造成能量损失，以及本振能量泄漏到信号端口，造成信号源的不稳定及向外辐射能量，因此要求信号端口与本振端口之间具有一定的隔离度。

用 P_S 表示输入信号功率，P_{LS} 表示信号泄漏到本振端口的功率，则隔离度定义为 $L_{SL} = 10 \lg(P_S/P_{LS})$。也可用 P_L 表示输入本振功率，P_{SL} 表示本振泄漏到信号端口的功率，则隔离度定义为 $L_{LS} = 10 \lg(P_L/P_{SL})$。根据互易原理，可得到 $L_{LS} = L_{SL}$。一般信号端口与本振端口的隔离是通过采用特殊的电路结构来实现的，如采用定向耦合器来接入信号及本振。

2. 输入驻波比

混频器的输入端反射不仅导致失配损耗，而且当混频器为接收机前置级时，由于反射信号在天线与接收机之间来回传输，从而使输入端信号产生相位失真。在某些相位关系要求较高的系统里，对输入驻波比有特别严格的要求，在一般情况下，输入驻波比应小于 2。

3. 动态范围

混频器的动态范围指能够使混频器有效工作的输入电平范围。如果用图 3 - 17 来表示混频器变频损耗与输入功率的关系，结合前面对小信号混频器的讨论，可见当输入电平较低时，输入功率与输出中频功率成线性关系，变频损耗也是常数；当输入功率增加到一定电平时，由于大信号作用，寄生频率增多，因而使变频损耗增加。定义变频损耗相对于低电平恒定值增大 1 dB 时的输入电平为 1 dB 压缩点，混频器的动态范围上限即是 1 dB 压缩点，下限取决于噪声电平。

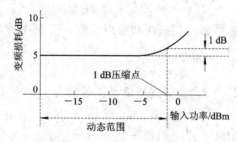

图 3 - 17   混频器的动态特性

混频器的动态范围也可用输入微波功率和输出中频功率的关系来描述，类似于饱和功率放大器，只要输入功率大于 1 dB 压缩点，就存在交调干扰(IMD)的可能。如果输入为单一频率，则输出为中频的各次谐波，即

$$Nf_i = Nf_L - Nf_S$$

如果输入为两个接近的微波信号，就会出现高次双音交调，即

上 IM 边带：$f_L - [Nf_{S1} - (N-1)f_{S2}]$
$\left.\begin{matrix}\end{matrix}\right\}$ $N = 2, 3, 4$
下 IM 边带：$f_L - [Nf_{S2} - (N-1)f_{S1}]$

图 3 - 18 给出了双音 IMD 的频谱图，图中本振频率为 10 GHz，信号频率为 9.9 GHz，输出中频为 100 MHz，假定输入的两个微波频率为 9.89 GHz 和 9.91 GHz。可见，最显著的 IMD 是 3 阶输出 $f_L - (2f_{S2} - f_{S1}) = 70$ MHz 和 $f_L - (2f_{S1} - f_{S2}) = 130$ MHz，最容易出现在中频带宽内。

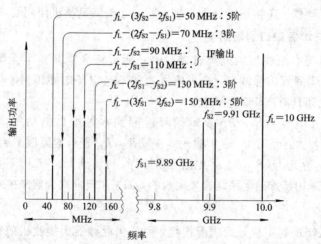

图 3 - 18   双音 IMD 的频谱图

图 3 - 19 给出了 1 dB 压缩点与三阶交调的关系。输入信号的功率大于 1 dB 压缩点后，线性外推到基频响应与三阶 IMD 响应相交的点成为理论三阶截点。混频器的三阶截点值越大，对三阶 IMD 的抑制越好，典型值为大于 1 dB 压缩点 10 dB 左右。混频器应工作在输入功率小于 1 dB 压缩点的范围内，门限噪声电平与 1 dB 压缩点的区间成为线性范围，一般应大于 60 dB 。

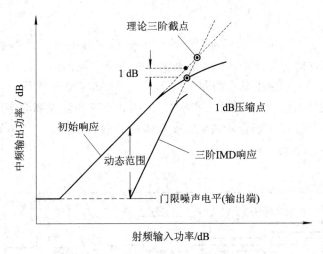

图 3 - 19　1 dB 压缩点与三阶交调的关系

对于一般接收机，动态范围的限制一般并不构成太大的影响，但对用于测试仪表的混频器，由于需用混频器输出来表征待测量参数，因此输入、输出信号之间需保持严格的线性关系，动态范围就必须予以限制。对于运动目标系统，接收机在近距离时是大功率工作，动态范围直接影响系统的工作性能。

4. 频带宽度

频带宽度是指满足各项指标的混频器工作频率范围，它主要取决于二极管的寄生参量及组成电路各元件的频带宽度。除了这些指标，由于应用场合的不同，对混频器还会有不同的要求，应用中应具体问题具体分析。

5. 结构尺寸和环境条件

混频器的外形结构及接口形式由整机给出，在此基础上来确定混频器的电路拓扑形式，并进行电气指标设计。环境条件包括温度、湿度、振动、冲击、加速度、盐雾和低气压等，应根据混频器的使用场合采取相应的措施，以保证混频器的电气指标。

3.4　微波混频器电路

微波混频器的基本电路包括单端混频器、平衡混频器和双平衡混频器，在这些基本混频器电路的基础上增加镜像信号处理技术就可构成镜像回收混频器，包括滤波器式镜像回收混频器和平衡式镜像回收混频器。

为了保证有效地进行混频，微波混频器的基本电路都应满足以下几项主要原则：① 信号功率和本振功率应能同时加到二极管上，二极管要有直流通路和中频输出回路；② 二极管和信号回路应尽可能做到匹配，以便获得较大的信号功率；③ 本机振荡器与混频器之间的耦合应能调节，以便选择合适的工作状态；④ 中频输出端应能滤掉高频信号，以防止渗入中频放大器。

3.4.1　单端混频器

1. 基本电路

单端混频器是一种最简单的混频器，前节的分析实际上就是以单端混频器为例进行的，其工作原理和性能已经详细讨论，这里主要关注其电路结构。图 3-20 给出了微带型单端混频器的电路结构，它由耦合微带线定向耦合器、1/4 波长阻抗变换器、阻性混频二极管(通常采用梁式引线肖特基势垒二极管)、中频和直流通路及高频旁路等部分组成。信号从电路左边送入，经定向耦合器和阻抗变换器加到混频二极管上，本振功率从定向耦合器的另一端口输入也加到二极管上。

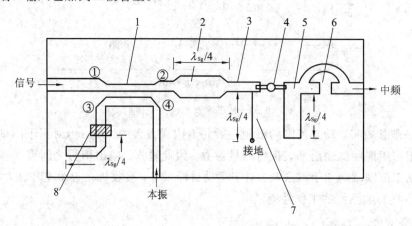

1—定向耦合器；2—阻抗变换器；3—相移线段；4—阻性混频二极管；
5—高频旁路；6—半环电感及缝隙电容；7—中频和直流通路；8—匹配负载
图 3-20　微带型微波单端混频器的电路结构

（1）定向耦合器除保证信号和本振功率有效加在二极管上之外，还可以保证信号端口和本振端口之间有适当的耦合度。其耦合度不宜取得过大和过小，耦合过松，会使完成正常混频要求的本振功率过大；耦合过紧，则由于定向耦合器的端口③接有匹配负载，信号功率传到定向耦合器的端口③后被负载吸收过多，导致信号功率损耗加大。一般耦合度取为 10 dB。

（2）在定向耦合器与混频二极管之间接有 $\lambda_{Sg}/4$（λ_{Sg} 为信号频率对应的微带导内波长）阻抗变换器及相移线段。相移线段的作用是抵消二极管输入阻抗中的电抗成分，再经过 $\lambda_{Sg}/4$ 阻抗变换器完成定向耦合器的端口②与混频二极管之间的阻抗匹配，使信号和本振最有效地加到二极管上。

（3）在二极管的右边接有低通滤波器，由 $\lambda_{Sg}/4$ 终端开路线、半环电感和缝隙电容组成。它的作用是滤除信号和本振及其各次谐波等高频信号，$\lambda_{Sg}/4$ 终端开路线对高频信号呈现短路输入阻抗，高频信号将从这里短路接到地板上而不会从中频端口输出，但这一开路线对中频信号则呈现较大容抗而近似不影响中频传输。为了对偏离中心频率 f_S 的其他高频信号也提供低阻抗，$\lambda_{Sg}/4$ 开路线采用低阻线(阻抗为 $5\sim10$ Ω)，即微带线很宽。中频引出线上的半环电感和缝隙电容组成谐振于本振频率的并联谐振回路，以进一步加强对本振的抑制，阻止它进入中频回路，但这一并联谐振回路对中频则近似短路，中频可以顺利通过。

　　(4) 为能构成中频电流流动的通路，在二极管输入端还接有中频通路。为了减小本振功率并改善混频器的噪声性能，可以给二极管适当加一个较小的正向偏压，但从简化电路出发，往往工作于零偏，这时仍要保证为混频电流中的直流成分提供通路。图 3 - 20 所示的直流通路就是由中频接地线兼做的。它是长度为 $\lambda_{Sg}/4$ 奇数倍的终端短路微带线，为主传输通道提供近似开路阻抗，同时它设计成线条很窄的高阻线，目的都是使它对信号和本振的传输没有影响。

　　电路中设计微带线长度时都是以信号频率对应的微带导内波长为基准的，一方面是由于信号频率和本振频率很接近，按信号波长设计对本振传输带来的影响不大；另一方面是由于信号功率比较弱，电路设计务必要保证信号的损失最小，因此只能牺牲部分本振功率。

　　单端混频器电路以微带形式光刻在介质基片上，为平面电路，其结构简单，制造容易，体积小，质量轻，但性能较差，实际应用不多。然而这种单端混频器也是其他各种混频器的基础，其基本结构及其设计思想对于其他混频器都具有参考意义。

2. 滤波器型电抗镜像终端单端混频器

　　要降低混频器的变频损耗和噪声系数，除了必须对各高次闲频提供短路终端外，还需对镜像频率提供短路和开路终端。在电路设计中所采取的措施是在信号输入端的适当位置加入镜像抑制滤波器，把镜像功率反射回二极管后再次参加混频，得到附加的中频输出。图 3 - 21 和图 3 - 22 分别给出了镜像短路和镜像开路的单端混频器微带电路。

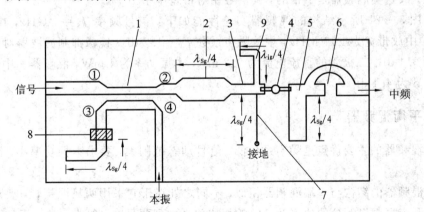

1—定向耦合器；2—阻抗变换器；3—相移线段；4—混频二极管；5—高频旁路；
6—半环电感及缝隙电路；7—中频及直流通路；8—匹配负载；9—镜像抑制滤波器
图 3 - 21　镜像短路单端混频器微带电路

　　从图 3 - 21 与图 3 - 22 的对比可见，图 3 - 21 中提供镜像短路的滤波器是一段长约 $\lambda_{ig}/4$(λ_{ig} 为镜像频率对应的微带导内波长)、终端开路的微带线，这段线对镜像频率提供很低的阻抗，使镜频近似短路。该微带线一般放在紧靠二极管输入接点的地方，使混频产生

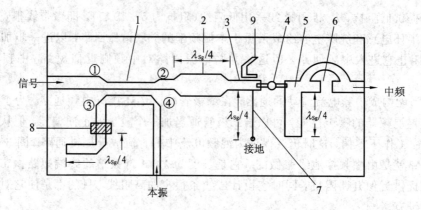

1—定向耦合器；2—阻抗变换器；3—相移线段；4—混频二极管；5—高频电路；

6—半环电感及缝隙电容；7—中频及直流通路；8—匹配负载；9—镜像抑制滤波器

图 3 - 22 镜像开路单端混频器微带电路

的镜频分量在二极管接点处就被短路到地。如果该微带线离开二极管有一段距离（不等于 $\lambda_{Sg}/2$），那么这一小段线的电抗就会形成镜像电压，而不能将镜像真正短路。电路的其他部分与图 3 - 20 相同。

图 3 - 21 中在二极管输入接点处放置了一个平行耦合带阻滤波器，组成此滤波器的微带线总长约为 $\lambda_{Sg}/2$，其中 $\lambda_{Sg}/4$ 长度与主线作平行耦合。根据无源微波元器件的性能，它是以 f_i 为带阻中心频率的带阻滤波器，对镜像频率提供开路阻抗，形成镜像开路终端。

对图 3 - 21 和图 3 - 22 中镜像抑制滤波器的一般要求是：对镜频有足够的衰减（约 20 dB），对输入信号的插入损耗足够小（小于 0.5 dB）。为了保证达到这一要求，信号和镜频边带的频率间隔应足够宽，中频不能选得太低。根据经验，中频 $f_{iS} \approx 1.5 B_S$，其中 B_S 为信号带宽，故这类混频器是窄带的，其信号相对带宽小于 10%。

给出图 3 - 21 所示结构的混频器实验性能如下：信号频率 $f_S = 4$ GHz，中频 $f_{if} = 70$ MHz，中放带宽为 ±10 MHz，中放噪声系数 $F_{if} = 1.7$ dB，镜像抑制滤波器对信号的插入损耗为 0.4 dB。二极管的直流电流为 2.2 mA，本振功率为 4 mW，混频器 - 中放组件的总噪声系数为 4.1 dB。

3.4.2 平衡混频器

平衡混频器的主要优点是噪声系数低，信号动态范围大，要求本振功率小，因此应用较广泛。

平衡混频器的结构与单端混频器相似，不同之处在于它采用两只混频管，要求混合电路使信号和本振都以等分的功率及一定的相位关系加到两只二极管上。常采用的混合电路是环形桥、分支线定向耦合器和正交场平衡电路。

平衡混频器电路可按加到两管上信号和本振的相位关系分为本振反相型和 π/2 相移型两类，它们的平衡混频原理相同，但电路结构及某些指标各有特点。

1. 本振反相型（180°相移型）平衡混频器

本振反相型平衡混频器的等效电路如图 3 - 23 所示。

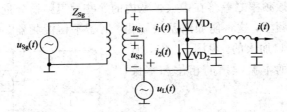

图 3 - 23 本振反相型平衡混频器等效电路

由图可见，从变压器次级输出的信号电压 U_{S1}、U_{S2} 等幅同相地加到两个二极管上：

$$u_{S1} = u_{S2} = U_S \cos\omega_S t \tag{3-65}$$

本振电压等幅反相地加到两只二极管上，即

$$\begin{cases} u_{L1} = U_L \cos\omega_L t \\ u_{L2} = U_L \cos(\omega_L t - \pi) \end{cases} \tag{3-66}$$

二极管 VD_1 和 VD_2 在本振电压的激励下产生相应的时变电导，分别为

$$\begin{cases} g_1(t) = g_0 + 2\sum_{n=1}^{\infty} g_n \cos n\omega_L t \\ g_2(t) = g_0 + 2\sum_{n=1}^{\infty} g_n \cos n(\omega_L t - \pi) \end{cases} \tag{3-67}$$

流过 VD_1、VD_2 的电流为（不考虑中频、镜频电压）

$$\begin{cases} i_1(t) = u_{S1} g_1(t) = U_S \cos\omega_S t \left[g_0 + 2\sum_{n=1}^{\infty} g_n \cos n\omega_L t \right] \\ i_2(t) = u_{S2} g_2(t) = U_S \cos\omega_S t \left[g_0 + 2\sum_{n=1}^{\infty} g_n \cos n(\omega_L t - \pi) \right] \end{cases} \tag{3-68}$$

设 $\omega_S > \omega_L$，$\omega_0 = \omega_S - \omega_L$，则由式（3-68）可得到两管产生的中频电流成分为

$$\begin{cases} i_{01}(t) = g_1 U_S \cos\omega_0 t \\ i_{02}(t) = g_1 U_S \cos[\omega_S t - (\omega_L t - \pi)] = -g_1 U_S \cos\omega_0 t \end{cases} \tag{3-69}$$

可见，VD_1 和 VD_2 产生的中频电流反相，而输出到负载上的中频电流为二者之差，因此有

$$i_0(t) = i_{01}(t) - i_{02}(t) = 2g_1 U_S \cos\omega_0 t \tag{3-70}$$

由此说明，平衡混频器的输入信号和本振功率都平分加到两只混频管上，得到了充分利用。这一方面大大降低了本地振荡器输出功率的要求，另一方面输入信号的动态范围增加了一倍。

平衡混频器的第二个优点是抑制本振引入的调幅噪音。实际中，振荡器在输出所需振荡信号的同时，一定伴随有噪声输出，其噪声频谱如图 3-24 所示。

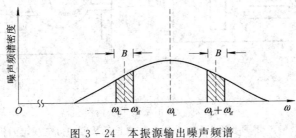

图 3 - 24 本振源输出噪声频谱

因此，凡是和本振频率之差落在中放带宽内的那些噪声频谱分量会经过混频而变为中频噪声。对于单端混频器，这将使噪声系数恶化。对于平衡混频器，因为本振调幅噪声和本振信号是从同一端口加入的，见图 3-25，所以加到 VD_1 和 VD_2 的本振噪声的相位和本振完全相同，即

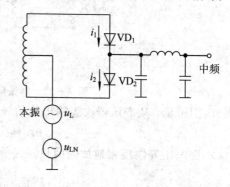

$$\begin{cases} u_{n1} = U_n \cos(\omega_L \pm \omega_0)t \\ u_{n2} = U_n \cos[(\omega_L \pm \omega_0)t - \pi] \end{cases}$$

$$(3-71)$$

由式(3-71)及式(3-67)得到的 VD_1、VD_2 混频产生的中频噪声电流分别为

$$\begin{cases} i_{n1}(t) = g_1 U_n \cos\omega_0 t \\ i_{n2}(t) = g_1 U_n \cos\omega_0 t \end{cases} \qquad (3-72)$$

图 3-25 本振调幅噪声等效电路

因此在负载上输出的中频噪声电流为

$$i_n(t) = i_{n1}(t) - i_{n1}(t) = 0 \qquad\qquad (3-73)$$

它正好与采用中频信号时的情况相反。可见，由于本振调幅噪声和本振总是以相同的相位关系加到两只二极管上的，因而能够抑制本振调幅噪声。

平衡混频器的第三个优点是能够抑制混频产生的部分无用的组合频率成分。根据式(3-68)可得时变电导 $g(t)$ 的 n 次本振谐波分量与信号电压乘积，分别为

$$\begin{cases} i'_1(t) = g_n U_S \cos(n\omega_L \pm \omega_S)t \\ i'_2(t) = g_n U_S \cos[(n\omega_L \pm \omega_S)t - n\pi] \end{cases} \qquad (3-74)$$

可见，当 n 为偶数时，$i_1(t)$ 和 $i_2(t)$ 同相，因此在输出电路中互相抵消；当 n 为奇数时，$i_1(t)$ 和 $i_2(t)$ 反相，因此在输出电路中互相叠加。这样即可抑制一半的组合频率成分。

常用的本振反相型平衡混频器有微带环形桥平衡混频器和正交场平衡混频器。

1) 微带环形桥平衡混频器

图 3-26(a)所示的电路是由 3 dB 环形桥、阻抗匹配电路(移相线及 1/4 波长阻抗变换器)、混频管及低通滤波器等组成的。环形桥亦称环形定向耦合器或混合环，其中三段臂长为 1/4 波长，一段臂长为 3/4 波长，各臂特性阻抗为 $\sqrt{2}\,Z_0$。

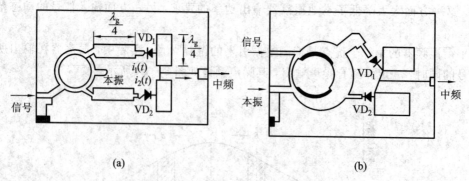

图 3-26 反相型微带平衡混频器

(a) 采用 3 dB 环形桥；(b) 采用 1/4 波长延长臂的分支线定向耦合器

由图可见，加在 VD_1、VD_2 管上的本振电压等幅反相，信号电压等幅同相。因此 VD_1 和 VD_2 产生的中频电流反相，输出到负载的中频电流为

$$i_0(t) = i_{01}(t) - i_{02}(t) = 2g_1 U_S \cos\omega_0 t \qquad (3-75)$$

在环形桥平衡混频器中，环形桥的结构保证了本振和信号之间具有良好的隔离度。在实际结构中，本振（或信号）输入端口引出线与电路的中频部分交叉，存在结构上的困难，故有时需将中频部分从微带基片的背面引出，这就带来不便。为此，可以改为采用具有 $1/4$ 波长延长臂的分支线定向耦合器作为混合电路，如图 3-25(b) 所示，VD_1 管前的延长臂是为了将 $90°$ 移相的分支线定向耦合器变换成 $180°$ 移相网络，分支线定向耦合器的频带比环形桥的频带窄。图中定向耦合器作为环形结构是为了减少 T 接头效应和拐弯处的不连续区影响。其工作原理和混合环平衡混频器相同，但结构上避免了线路交叉的问题。

2) 正交场平衡混频器

微带混频器具有体积小、重量轻、成本低和容易加工等优点，在小型设备中得到了广泛应用。但它不易与波导相连接，所以在波导系统中常采用波导腔结构。图 3-27 是正交场平衡混频器波导结构示意图。它具有结构紧凑、体积小、调整方便、频带和噪声合理等优点，因此成为目前波导混频器中最实用的结构形式之一。

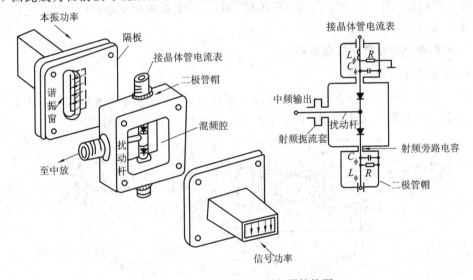

图 3-27　正交场平衡混频器结构图

正交场平衡混频器由混频腔、信号输入波导和本振输入波导三部分组成。信号和本振输入波导两者互相正交地连接到混频腔。混频腔是一段方波导，腔中心两个混频管串联地安装在一条轴上，两管连接处有一根与二极管轴线垂直的金属横杆（又称扰动杆），用以引出中频电流，并对本振电场分布起着微扰作用。两二极管的管帽与混频腔之间具有高频旁路电容，并由此引出整流电流（指示本振功率的大小）。每个管帽内部装有 LC 中频滤波器和直流电阻，用来滤除中频并提供直流偏压。在中频输出接头内加有高频扼流套，它是低通滤波器，用来防止高频进入中频电路。由图 3-27 可见，对于直流回路来说，两只混频管是串联的；而对中频输出端来说，两只混频管是并联的。

这种混频器是本振反相型平衡混频器。因为信号波导的宽边与二极管轴线垂直，所以信号所产生的 TE_{10} 波的电场方向与二极管轴线平行，于是加到两个二极管上的信号电压大小相

等，方向相同，如图 3 - 28(a)所示。本振输入波导的宽边与二极管轴线平行，如果腔内没有金属扰动杆的话，本振产生的电场将与二极管轴线垂直，但由于扰动杆的存在，本振电场将受到扰动而发生弯曲（因为场要垂直于导体表面），产生和二极管平行的电场分量。由于结构的对称性，本振电压是大小相等而反相地加在两个二极管上，如图 3 - 28(b)所示。

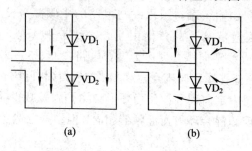

(a) (b)

图 3 - 28 混频腔内的电场分布

（a）信号电场分布；（b）本振电场分布

在正交场平衡混频器中，由于信号和本振的相位关系是依靠特定的空间电场分布来实现的，因此它是一种宽频带混频器。但由于使用了谐振腔，带宽要受到一定的限制，不能在很宽的频带内工作。由于加入混频腔的信号和本振电场是相互垂直的，因而把这种混频器称为正交场混频器。

2. $\pi/2(90°)$ 相移型平衡混频器

1) 分支线平衡混频器

图 3 - 29(a)所示的分支线耦合平衡混频器是一种 90°相移型平衡混频器，其功率混合电路采用 3 dB 变阻定向耦合器，匹配电路和滤波电路与单端混频器相同。

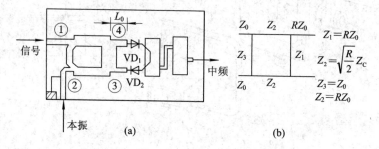

(a) (b)

图 3 - 29 $\pi/2$ 型微带平衡混频器

（a）采用 3 dB 变阻定向耦合器；（b）变阻定向耦合器各臂特性阻抗

在 3 dB 定向耦合器各端匹配的条件下，本振功率从端口②输入，信号从端口①输入，①端口到③、④端口的信号功率及②端口到④、③端口的本振功率都是功率平分而相位相差 90°。

设信号从①、②端口加入时初相位都是 0°，因传输路径相同不影响相对相位关系，故通过定向耦合器作用并注意到电路中二极管的接向后，加到 VD_1 和 VD_2 上的信号电压和本振电压分别为

$$\begin{cases} u_{S1}(t) = U_S \cos\omega_S t \\ u_{S2}(t) = U_S \cos\left(\omega_S t + \dfrac{\pi}{2}\right) \end{cases} \qquad (3-76)$$

$$
\begin{cases}
u_{L1}(t) = U_L \cos\left(\omega_L t - \dfrac{\pi}{2}\right) \\[2mm]
u_{L2}(t) = U_L \cos(\omega_L t - \pi)
\end{cases}
\tag{3-77}
$$

可见, 信号和本振部分分别以 $\pi/2$ 相位差分配到两只二极管上, 故称为 $\pi/2$ 型平衡混频器。

二极管 VD_1 和 VD_2 在本振电压作用下所产生的时变电导为

$$
\begin{cases}
g_1(t) = g_0 + 2\displaystyle\sum_{n=1}^{\infty} g_n \cos n\left(\omega_L t - \dfrac{\pi}{2}\right) \\[4mm]
g_2(t) = g_0 + 2\displaystyle\sum_{n=1}^{\infty} g_n \cos n(\omega_L t - \pi)
\end{cases}
\tag{3-78}
$$

设 $\omega_S > \omega_L$, $\omega_0 = \omega_S - \omega_L$, 通过 VD_1、VD_2 的电流和中频电流分别为

$$
\begin{cases}
i_1(t) = u_{S1}(t) g_1(t) = U_S \cos\omega_S t \left[g_0 + 2\displaystyle\sum_{n=1}^{\infty} g_n \cos n\left(\omega_L t - \dfrac{\pi}{2}\right) \right] \\[4mm]
i_{01}(t) = g_1 U_S \cos\left[\omega_S t - \left(\omega_L t - \dfrac{\pi}{2}\right) \right] = g_1 U_S \cos\left(\omega_0 t + \dfrac{\pi}{2}\right)
\end{cases}
\tag{3-79}
$$

$$
\begin{cases}
i_2(t) = u_{S2}(t) g_2(t) = U_S \cos\left(\omega_S t + \dfrac{\pi}{2}\right) \left[g_0 + 2\displaystyle\sum_{n=1}^{\infty} g_n \cos n(\omega_L t - \pi) \right] \\[4mm]
i_{02}(t) = g_1 U_S \cos\left[\left(\omega_S t + \dfrac{\pi}{2}\right) - (\omega_L t - \pi) \right] = g_1 U_S \cos\left(\omega_0 t - \dfrac{\pi}{2}\right)
\end{cases}
\tag{3-80}
$$

可见, VD_1 和 VD_2 产生的中频电流反相, 因此输出到负载上的中频电流为任一二极管产生的中频电流的两倍, 即

$$
i_0(t) = i_{01}(t) - i_{02}(t) = 2g_1 U_S \cos\left(\omega_0 t + \dfrac{\pi}{2}\right)
\tag{3-81}
$$

同反相型平衡混频器一样, 分支线平衡混频器同样能消除本振调幅噪声, 也能抑制由混频产生的部分无用的组合频率分量。

2) 平行耦合线平衡混频器

单端混频器的主要缺点之一就是由于输入定向耦合器的端口③接的是匹配负载, 尽管耦合度较低, 它仍会吸收一部分信号功率, 同时浪费了本振功率。如果在这个端口不接匹配负载而接一个相同的混频二极管, 并将耦合度设计为 3 dB, 使得分配到两个混频二极管上的本振功率和信号功率都相等, 然后将两个二极管的混频结果同相相加, 如图 3-30 所示。

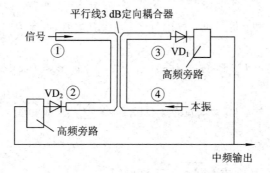

图 3-30 90°相移型平衡混频器原理图

3.4.3　微波双平衡混频器

1. 基本双平衡混频器电路

为了进一步改善混频器的性能，又出现了一种双平衡混频器电路，即将四只二极管正负顺次相接，组成一个环路或二极管电桥，故又称为环形混频器。图 3-31(a)所示为双平衡混频器低频电路：信号电压和本振电压加到两个平衡—不平衡变换器(简称巴仑)，它们的次级与环形电桥相连，中频信号从变换器次级中心抽头引出。

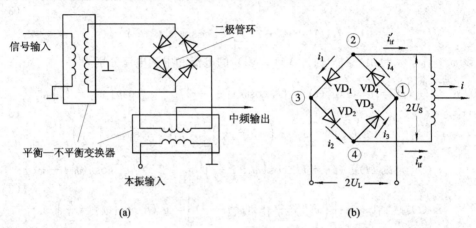

图 3-31　双平衡混频器电路
（a）低频电路；（b）等效电路

当四个二极管特性相同时(配对)，它们组成平衡电桥，电压加于对角端①、③两端，不会在另一对角端②、④两端出现。因此双平衡混频器具有固有的隔离度，而且工作频带很宽。下面定性地研究双平衡混频器的电流频谱。

设信号电压 $u_S = U_S \cos\omega_S t$，本振电压 $u_L = U_L \cos\omega_L t$。若四个二极管特性相同且巴仑平衡，则每个二极管上的信号电压和本振电压都相等，其对应的相位如图 3-31 中的箭头所示。它们的混频电导也相等。根据小信号理论分析，考虑到电流方向与二极管极性后，求得各电流源的电流为

$$
\begin{cases}
I_1 = U_S \cos\omega_S t \left[g_0 + 2 \sum_{n=1}^{\infty} g_n \cos n\omega_L t \right] \\[2mm]
I_2 = -U_S \cos\omega_S t \left[g_0 + 2 \sum_{n=1}^{\infty} g_n \cos n(\omega_L t + \pi) \right] \\[2mm]
I_3 = U_S \cos(\omega_S t + \pi) \left[g_0 + 2 \sum_{n=1}^{\infty} g_n \cos n(\omega_L t + \pi) \right] \\[2mm]
I_4 = -U_S \cos(\omega_S t + \pi) \left[g_0 + 2 \sum_{n=1}^{\infty} g_n \cos n\omega_L t \right]
\end{cases}
$$

其中：

$$
\begin{aligned}
g(\omega_L t) &= g_0 + 2 \sum_{n=1}^{\infty} g_n \cos n\omega_L t \\
&= g_0 + 2g_1 \cos\omega_L t + 2g_2 \cos 2\omega_L t + 2g_3 \cos 3\omega_L t + \cdots
\end{aligned}
$$

则总电流为

$$
\begin{aligned}
i_\Sigma &= i_1 + i_2 + i_3 + i_4 \\
&= 8g_1 U_S \cos\omega_S t \cos\omega_L t + 8g_3 U_S \cos\omega_S t \cdot \cos3\omega_L t + \cdots \\
&= 4g_1 U_S \cos(\omega_S - \omega_L)t + 4g_1 U_S \cos(\omega_S + \omega_L)t \\
&\quad + 4g_3 U_S \cos(3\omega_L - \omega_S)t + 4g_3 U_S \cos(3\omega_L + \omega_S)t + \cdots
\end{aligned}
\tag{3-82}
$$

中频电流为

$$
i_0 = 4g_1 U_S \cos(\omega_S - \omega_L)t \tag{3-83}
$$

由此可见，输出总电流中信号和本振的偶次谐波差产生的电流都相互抵消了，只剩下由本振奇次谐波差产生的电流相加。因此输出频谱比较纯净，输出的中频电流是一个二极管的中频电流的 4 倍。在同样的输入信号强度下，分配到每个二极管上的功率与单平衡混频器相比小 3 dB，因此，它的动态范围扩大 3 dB。双平衡混频器不仅能抑制本振引入的中频噪声，而且当有干扰信号进入时，它还能有效地抑制互调干扰。

双平衡混频器具有信号和本振隔离度高、输出电流频谱寄生干扰频率分量少、动态范围大、频带宽等优点，目前得到了广泛应用，并且在结构上仍不断进行改进。我国生产的双平衡混频器组件，如 HSP30，频段为 10～3000 MHz；已研制出 10～4000 MHz 宽频带、高动态范围的组件，其变频损耗约为 7 dB。

2. 微带双平衡混频器

微带双平衡混频器的结构由微带型巴仑结构和已形成"二极管堆"组件的四个二极管组成。关键部件的微带型巴仑结构形式很多，有同轴型、微带型、共面波导型等多种。

图 3-32 为双面微带线巴仑的结构示意图。如图 3-32(a)所示在介质基片两面光刻腐蚀出宽度为 W 的金属带基片，悬空架设于屏蔽盒内半壁高的位置。图 3-32(b)是介质片上、下两层金属带线，线长约为 1/4 波长，下金属带右端接地，右端是不平衡端口，左端口②、③是平衡端口，与二极管堆相接。

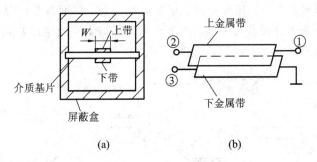

图 3-32　双面微带线巴仑
(a) 横截面图；(b) 纵向结构示意图

微带巴仑的工作原理可简述如下：从①端口加入信号 u_S，假定②、③端口各接负载 R_L，但③端口尚有一段 1/4 波长的短路传输线与 R_L 并联，画出等效电路如图 3-33 所示。由图可得

$$
\frac{U_2}{U_3} = -\frac{R_L + Z_3}{Z_3} = -1 + j\frac{R_L}{Z_3} \tag{3-84}
$$

若 $L=\lambda_0/4$（λ_0 是信号频段中心频率的波长），则当 $\lambda=\lambda_0$ 时 $\theta=90°$，故得

$$\frac{U_2}{U_3}=-1+j0 \qquad (3-85)$$

满足平衡的要求。

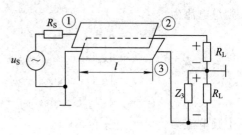

图 3-33　巴仑等效电路

应用双面微带巴仑组成双平衡混频器，结构示意图如图 3-34 所示。信号巴仑和本振巴仑与二极管堆连接起来，相连的极性如图中所示。由于双面微带巴仑没有中心抽头，因此在巴仑的输出端并联两个串联的高频扼流圈 L_T，其中心点为巴仑的中心抽头，一个抽头作为中频输出端，另一个抽头中心接地。扼流圈 L_T 对中频而言是低阻抗，对高频来说是高阻抗。微带线上加有微带电容 C 是为了防止中频电流通过微带线接地或流入本振和信号端口。选择微带电容器 C 使之对高频具有低阻抗，而对中频具有高阻抗。

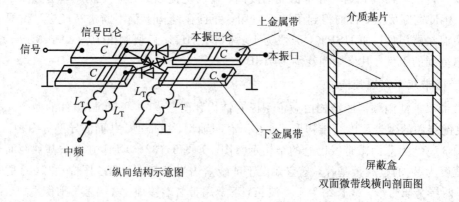

图 3-34　微带型双平衡混频器结构示意图

除了双面微带线巴仑外，还有一种共面微带线巴仑。共面微带线是将地面铜箔和带线均以三条金属带分布于介质基片表面，两个平衡端都与 1/4 短路线并联。图 3-35 是微带线结合槽线构成的平面双平衡混频器电路实例。

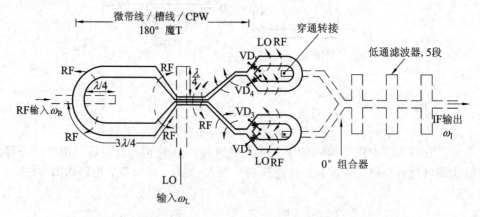

实线表示槽线和耦合槽线，虚线表示平面基板反面的微带。

图 3-35　平面双平衡混频器电路

3.4.4　镜像回收混频器

1. 滤波器型镜像回收平衡混频器

图 3－36(a)给出了镜像短路平衡混频器的微带电路图。分支线电桥的信号和本振输入端都放置了平行耦合镜像带阻滤波器,在该处它们镜像开路。由于该处距二极管约为 $\lambda_{Sg}/4$,因而在两个二极管输入接点处镜像信号被短路到地。

图 3－36(b)为镜像开路平衡混频器,与前面介绍的平衡混频器比较,电路的主要不同之处在于靠近连接二极管端口处有一耦合微带线作带阻滤波器,该滤波器由两段 1/4 镜频波长的短线组成,一段终端开路,另一段与主传输线平行,形成平行耦合微带线。在二极管端口等效开路并形成以 ω_i 为中心的带阻特性。要求信频 ω_S 在阻带外,呈现插入损耗小。

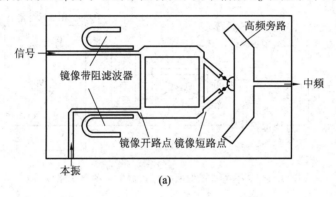

(a)

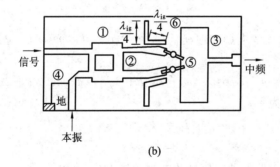

(b)

图 3－36　镜像回收平衡混频器

(a) 镜像短路平衡混频器的微带电路;(b) 镜像开路平衡混频器

同样,由波导腔体结构构成的平衡混频器也可以运用镜像回收技术,如安置镜像带阻滤波器,这里不再介绍。

以上镜像开路和镜像短路混频器,都是采用镜频带阻滤波器来实现的,将混频器内部产生的镜频$(2f_L-f_S=f_L-f_0=f_i)$能量反射回二极管,重新参与混频,转化为有用的中频分量。

镜像带阻滤波器的作用十分重要,它使混频管的微波输入端对镜频产生开路或短路,并且对外来输入的镜频干扰能产生反射,故对外来镜频有抑制作用。

2. 平衡式镜像回收混频器

采用滤波器型电抗镜像终端可以有效降低变频损耗和噪声系数,但其代价是限制了中频的选择，在信频和镜频之间必须留出足够大的频率间隔，以便运用实际可行的低损耗镜像滤波器。如果混频器接收的信号频带加宽，则要求中频增高，前置中频放大器的噪声系数也有所增大。这样不但不能发挥镜像抑制带来的好处，还使得混频器－中放组件的总噪声系数得不到改善或改善很小。

解决上述问题的办法是采用平衡式镜像回收混频器，这种混频器利用两个混频器结构中内部的对称性来获得镜像终端。图 3－37 给出了一种典型平衡式镜像回收混频器的方框图，它包括两个相同的混频器。大小相等且相位相同的输入信号经过功率分配器，加到两个混频器的信号输入端，本振信号通过 90°相移耦合器接到两个混频器的本振输入端，使加到两个混频器上的本振电压相移 90°，而两个混频器的中频输出端连接到中频 90°相移耦合器，经过合成后产生中频输出。

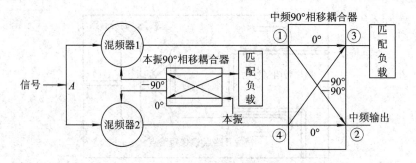

图 3－37　平衡式镜像回收混频器的一种方案原理图

混频器各电流分量的相位关系是这种类型混频器的关键。可求得混频后产生的中频电流为

$$i_{if}(t) = g_1 U_S \cos[(\omega_S - \omega_L)t - \varphi] = I_{if} \cos(\omega_{if}t - \varphi) \tag{3-86}$$

镜像电流为

$$i_i(t) = g_2 U_S \cos[(2\omega_L - \omega_S)t + 2\varphi] = I_i \cos(\omega_i t + 2\varphi) \tag{3-87}$$

将上述电流用相量表示为

$$\begin{cases} \dot{I}_{if} = I_{if}\angle -\varphi \\ \dot{I}_i = I_i\angle 2\varphi \end{cases} \tag{3-88}$$

根据图 3－37 中两个混频器的信号及本振相位安排，对混频器 1，$\varphi = -90°$，而对混频器 2，$\varphi = 0°$，于是有

$$\begin{cases} \dot{I}_{if1} = I_{if}\angle 90° \\ \dot{I}_{i1} = I_i\angle 180° \\ \dot{I}_{if2} = I_{if}\angle 0° \\ \dot{I}_{i2} = I_i\angle 0° \end{cases} \tag{3-89}$$

可以看到：

（1）信号通过两个混频器产生的两路中频在中频 90°相移耦合器的端口②同相相加，在端口③反相相加而抵消，中频输出端口能量加强，匹配负载端口没有由于信号混频产生的中频能量被吸收而造成信号能量损耗。

（2）两个混频器内部产生的镜像分量在功率分配器分支点（图 3－37 中的 A 点）反相相

加，使信号输入支路的镜像电流为零。A 点是镜像电压波节点，相当于实现了镜像短路。

如果信号输入端存在一个频率等于镜像频率的外来干扰信号，则有

$$u'_{\text{S}}(t) = U'_{\text{S}} \cos[(\omega_{\text{S}} - 2\omega_{\text{if}})t] = U'_{\text{S}} \cos\omega_{\text{i}}t \qquad (3-90)$$

经过混频器混频后产生的干扰中频电流为

$$i'_{\text{if}}(t) = g_1 U'_{\text{S}} \cos\{[\omega_{\text{L}} - (\omega_{\text{S}} - 2\omega_{\text{if}})t + \varphi]\}$$
$$= I'_{\text{if}} \cos(\omega_{\text{if}}t + \varphi) \qquad (3-91)$$

同样，用相量表示两个混频器混频产生的结果为

$$\begin{cases} \dot{I}'_{\text{if1}} = I'_{\text{if}} \angle -90° \\ \dot{I}'_{\text{if2}} = I'_{\text{if}} \angle 0° \end{cases} \qquad (3-92)$$

因此镜像通道干扰产生的干扰中频电流与信号混频产生的中频电流正好相反，它在中频 90°相移耦合器的端口②反相相加而抵消，而在端口③同相相加后被匹配负载吸收，不会产生干扰中频输出。可见，这种混频器在实现对混频产生镜频短路的同时，还能够抑制外来镜像干扰，具有单通道特性。

镜像回收混频器是利用相位抵消而不是利用窄带滤波器来回收镜频能量的，因而它是宽带低噪声混频器，它的频带只受到混频器微波元件带宽的限制。但是要获得良好的性能，两个混频器的通路必须具有极好的匹配。例如，要获得 20 dB 的镜像对消，要求两路信号的振幅不平衡低于 1.0 dB，相位不平衡低于 10°。当信号频率较高时，实现匹配相当困难。

图 3-38 给出了这种混频器的微带电路图。两个子混频器采用 90°相移型分支线电桥平衡混频器，本振经过功率分配器后加到两个混频器时的两路微带线长相差为 $\lambda_{\text{Lg}}/4$，本振对两个子混频器输入初始相差为 90°。

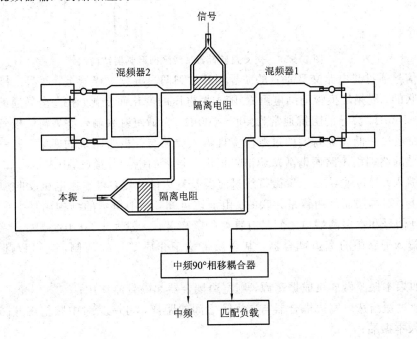

图 3-38　平衡式镜像回收混频器的微带电路

3.4.5　毫米波混频器

毫米波与亚毫米波技术是当代电子技术发展前沿中的一项技术,其发展始于 20 世纪
70 年代初期,现在仍在持续发展。随着这项新技术的发展和应用,毫米波集成混频器越来
越受到人们的重视,研究的核心问题包括两个方面,即微波结构和混频器器件的材料。经
过几十年的努力,毫米波段混频器器件的工作频率和性能不断提高,而在混频电路和结构方
面,利用 E 面印刷电路和鳍线组成平衡混频器、双平衡混频器等多种形式。这里,对混频
器的新型结构作一简单介绍。

1. 悬置微带线混频器

悬置微带线混频器是将集成电路技术和波导相结合设计的一种新型混频器。图 3 - 39
所示为交叉式悬置微带线平衡混频器的结构示意图。

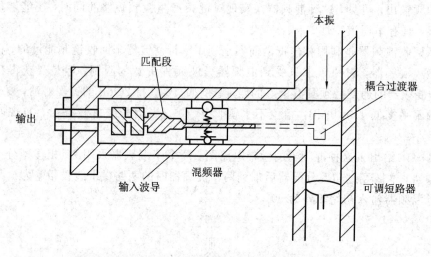

图 3 - 39　交叉式悬置微带线平衡混频器结构

射频信号通过与电路交叉垂直的波导同相加到两只混频二极管上,两只二极管对射频
信号是串联的。混频二极管的结电阻 R_j 随本振电压的变化而变化,在完全导通的条件下其
值为 100～150 Ω。波导的阻抗通常为 400～600 Ω。为了使射频输入波导与二极管阻抗相匹
配,一方面通过减低波导高度的过渡段实现输入波导与二极管阻抗的匹配,另一方面在射
频输入波导的终端用短路调谐活塞调谐以抵消二极管的电抗分量(图中未示出)。本振功率
也由波导馈入。经过波导 - 悬置微带线过渡器及宽边耦合器,将本振电压反向加到两只混
频二极管上,对本振而言两管是并联的。由上述可知,图中所示的结构满足平衡混频器的
条件,并且信号和本振两端口之间具有良好的隔离度,一般大于 20 dB。

本振输入通路中的宽边耦合器,其金属带位于介质基片的两侧,它可以起以下几个
作用:

(1) 如果本振源做成集成振荡源,则宽边耦合器起隔直流作用;

(2) 通过适当选取宽边耦合器与二极管之间的距离,可使其对中频呈现开路,阻止中
频信号进入本振端;

(3) 适当选取宽边耦合器与二极管之间的距离,可使其对镜像频率呈现开路,将镜频
信号反射回二极管后再次混频,从而减少变频损耗。

对于中频，两只二极管并联，可通过优化的方法设计混频管和中频负载之间的匹配段，其中的中频滤波器阻止射频和本振信号通过。一般采用切比雪夫低通型滤波器。

这种混频器保持了波导损耗小和微带易集成的优点，并克服了在毫米波波段波导尺寸小、加工困难及普通微带线色散大所带来的缺点，因而是一种较好的毫米波混频器的结构形式。

悬置微带线毫米波混频器的实例，已实现了在 W 波段下信号频率为 76～91 GHz，本振频率为 75 GHz；对 15 GHz 的瞬时中频带宽，变频损耗为 7.5 dB。

2. 鳍线混频器

鳍线混频器的研究进展很快，已经出现了平衡混频器等多种电路结构形式，其工作频率已达到 100 GHz 以上，并有较好的性能。

图 3 - 40 为鳍线平衡混频器的平面电路图。信号经对称鳍线馈送给一对二极管，为了实现由波导到鳍线的良好过渡，鳍线段金属鳍的形状采用了余弦变化的形式。本振信号经过非对称鳍线以及鳍线 - 共面线过渡传输到一对二极管上。在离过渡段 1/4 波长的地方放置一短路块，用来调节本振输入阻抗。中频信号经过微带低通滤波器输出。该混频器结构的关键部分是鳍线 - 共面线过渡，这种过渡形式类似于探针型波导 - 同轴过渡。

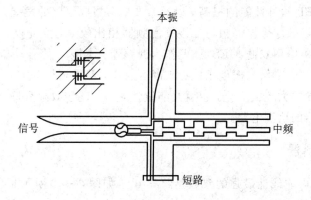

图 3 - 40　鳍线平衡混频器结构图

图 3 - 41 示出了鳍线激励共面线、同轴线激励共面线的场分布图。鳍线槽中传输的模式类似于 TE_{10} 模，而共面线传输的是准 TEM 模。由场分布图可知，信号和本振端之间是隔离的。

图 3 - 41　鳍线、共面线、同轴线电场分布图
(a) 鳍线激励共面线；(b) 同轴线激励共面线

两只混频二极管反向安装，所以信号分量同相加到两只二极管上，而本振信号反向加到两只二极管上。因此，采用鳍线共面线过渡结构能够满足平衡混频器的相位要求，并且

信号和本振之间的隔离度可达到 20 dB。

　　表 3-1 归纳出了各种混频器的性能比较,供设计混频器时参考。

表 3-1　混频器的特性

混频器类型	二极管数	RF 输入匹配	RF-LO 隔离	变频损耗	三阶截取
单端	1	差	中等	好	中等
平衡(90°)	2	好	差	好	中等
平衡(180°)	2	中等	很好	好	中等
双平衡	4	差	很好	很好	很好
镜像抑制	2 或 4	好	好	好	好

3.5　微波 MESFET 混频器

　　随着 GaAs FET 器件性能的提高,以及微波单片集成电路的发展,场效应管用作混频器越来越频繁。用场效应管作混频与二极管混频器相比较,主要优点是具有混频增益,所需本振功率小,如果应用双栅 MES FET 作为混频器,本振-信号端口的隔离度高。场效应管用于混频器时,应工作在栅偏压接近夹断区状态,跨导近似为零,小的正向栅压(本振信号)就能引起跨导的大范围变化,也就是非线性效应,混频效果良好。下面简单介绍单栅和双栅 FET 混频器的典型电路。

3.5.1　栅极混频器

　　微波场效应管中非线性最强的参数是跨导 g_m,如图 3-42 所示是典型的 FET 跨导随栅源偏压的变化。做放大器时,栅偏为零左右,跨导接近最大值,FET 按线性器件工作;当栅偏压接近夹断电压时,跨导近似为零、小的正栅源电压就会引起跨导的大改变,导致非线性效应。用本振信号做这个偏压就可使跨压在最高和最低之间转换,实现混频功能。

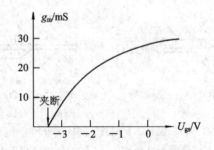

图 3-42　FET 跨导与栅源电压的关系

单端 FET 混频器电路及其等效电路如图 3-43 所示。

本振驱动 FET,实现输入的射频信号与输出的中频信号之间的最大功率传输是混频器

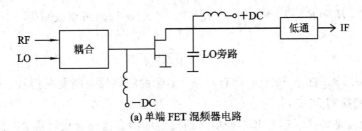

(a) 单端 FET 混频器电路

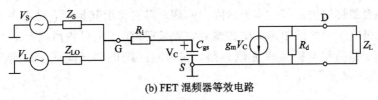

(b) FET 混频器等效电路

图 3-43 单端 FET 混频器

的设计目标。FET 的跨导计算与肖特基势垒二极管的跨导计算类似,用本振谐波的傅里叶级数表示

$$g_{\mathrm{m}}(t) = g_0 + 2\sum_{n=1}^{\infty} g_n \cos n\omega_{\mathrm{L}}t \tag{3-93}$$

FET 的跨导没有公式可用,所以无法计算出傅里叶系数只能依靠实验测量得出。参考肖特基垫垒二极管混频器,仅考虑基波混频,亦即 $n=1$,所以只要测量 g_n 系数即可。典型情况下,g_1 测量值为 10 mS。可以计算出 FET 混频器的变频增益为

$$G = \frac{P_{\mathrm{oa}}}{P_{\mathrm{sa}}} = \frac{\dfrac{V_{\mathrm{o}}^2 R_{\mathrm{L}}}{\mid Z_{\mathrm{L}}\mid^2}}{\dfrac{V_{\mathrm{S}}^2}{4R_{\mathrm{S}}}} = \frac{4R_{\mathrm{S}}R_{\mathrm{L}}}{\mid Z_{\mathrm{L}}\mid^2}\left(\frac{V_{\mathrm{o}}}{V_{\mathrm{S}}}\right)^2 \tag{3-94}$$

式中 V_{o} 是漏极中频电压的模值,Z_{S} 和 Z_{L} 是输入口和输出口按最大功率传递选择的阻抗值。栅源电容上的射频信号电压由 Z_{S}、R_{i} 和 C_{gs} 的分压确定

$$V_{\mathrm{c}}(t) = \frac{V_{\mathrm{S}}}{\mathrm{j}\omega_{\mathrm{S}} C_{\mathrm{gs}}\left[(R_{\mathrm{i}}+Z_{\mathrm{S}}) - \dfrac{\mathrm{j}}{\omega_{\mathrm{S}} C_{\mathrm{gs}}}\right]} = \frac{V_{\mathrm{S}}}{1+\mathrm{j}\omega_{\mathrm{S}} C_{\mathrm{gs}}(R_{\mathrm{i}}+Z_{\mathrm{S}})} = V_{\mathrm{c}}\cos\omega_{\mathrm{S}}t \tag{3-95}$$

混频电流由电导乘电压得出

$$g_{\mathrm{m}}(t)V_{\mathrm{c}}(t) = g_0 V_{\mathrm{c}}\cos\omega_{\mathrm{S}}t + 2g_1 V_{\mathrm{c}}\cos\omega_{\mathrm{S}}t\cos\omega_{\mathrm{L}}t + \cdots \tag{3-96}$$

对式(3-96)的第二次使用三角恒等式就可得到中频电流

$$i_{\mathrm{o}} = g_1 V_{\mathrm{c}}\cos\omega_{\mathrm{o}}t \tag{3-97}$$

式中 $\omega_{\mathrm{o}} = \omega_{\mathrm{if}} = \omega_{\mathrm{L}} - \omega_{\mathrm{S}}$。考虑式(3-95)可以求出漏极电压的中频分量

$$V_{\mathrm{o}} = -g_1 V_{\mathrm{c}}\left(\frac{R_{\mathrm{d}} Z_L}{R_{\mathrm{d}}+Z_L}\right) = \frac{-g_1 V_{\mathrm{S}}}{1+\mathrm{j}\omega_{\mathrm{S}} C_{\mathrm{gs}}(R_{\mathrm{i}}+Z_{\mathrm{S}})}\left(\frac{R_{\mathrm{d}} Z_L}{R_{\mathrm{d}}+Z_L}\right) \tag{3-98}$$

考虑式(3-94)可以求出共轭匹配前的变频增益

$$G\mid_{\text{不匹配}} = \left(\frac{2g_1 R_{\mathrm{d}}}{\omega_{\mathrm{S}} C_{\mathrm{gs}}}\right)^2 \frac{R_{\mathrm{S}}}{(R_{\mathrm{i}}+R_{\mathrm{S}})^2 + \left(X_S - \dfrac{1}{\omega_{\mathrm{S}} C_{\mathrm{gs}}}\right)^2} \cdot \frac{R_{\mathrm{L}}}{(R_{\mathrm{d}}+R_{\mathrm{L}})^2 + X_{\mathrm{L}}^2} \tag{3-99}$$

为了得到最大的变频增益,就要对输入(射频信号)口和输出(中频信号)口进行共轭匹

配。取 $R_S = R_i$，$R_L = R_d$，$X_S = \dfrac{1}{\omega_S C_{gs}}$，$X_L = 0$，则式(3-99)可以改写为

$$G = \frac{g_1^2 R_d}{4\omega_S^2 C_{gs}^2 R_i} \qquad (3-100)$$

式中 g_1、R_d、R_i、C_{gs} 都是 FET 的固有参量。实际的混频器电路要在信号、本振和中频端口将 FET 阻抗变换到 50 Ω。

栅极混频器是将高频信号和本振信号通过定向耦合器或合成器混合，经交指电容加到栅极。利用耦合器可解决信号与本振的隔离问题，但它将引起损耗，对噪声系数和变频增益均不利。栅极电路中的低频偏置滤波器对中频呈现短路。漏极输出端有 $\lambda/4$ 分支开路线，它对信号频率、镜频和本振频率近似短路。在中频匹配电路之间还加入低通滤波器，见图 3-44。

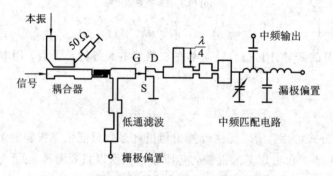

图 3-44   FET 微带栅极混频器电路

场效应管也可构成平衡混频器，设计思路与肖特基势垒二极管的方法类似，如图 3-45 所示。

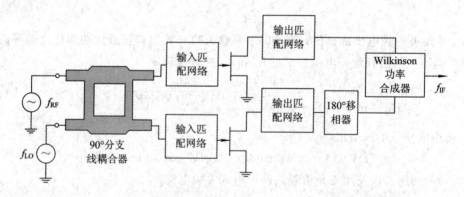

图 3-45   由耦合器及功率合成器组成的单平衡 MESFET 混频器

3.5.2   漏极混频器

由前分析可知，$i_d \sim u_{Sg}$ 之间呈现非线性，将高频信号加入栅极，本振信号从漏极输入，则可利用沟道电阻的非线性特性实现混频。这种电路可利用栅、漏极间的隔离，去掉栅极混频器输入端的耦合器，高频信号直接加到栅极，经放大后再与漏极输入的本振信号相混，故称为漏极混频器。它与栅极混频器相比较，电路虽简单，但噪声性能较差，见图 3-46。

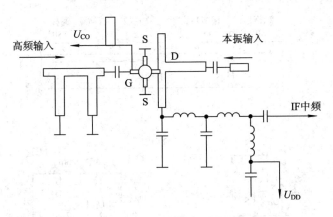

图 3 - 46 漏极混频器电路

3.5.3 源极混频器

源极混频器电路示于图 3 - 47，信号从栅极输入，本振从源极输入，它充分利用了栅极和漏极的非线性特性以实现混频。对本振和高频信号而言，该电路等效为一个共漏电路，中频由漏极输出。此外，利用单栅 FET 还可组成平衡混频器，其方框图如图 3 - 48 所示。它有许多优点，如易于加入信号和本振功率，能抑制本振噪音，增加动态范围，而且输入端易于得到良好匹配。图中在输入端有一个 90°耦合器，中频支路中分别有＋90°和－90°相移器用来实现平衡混频。

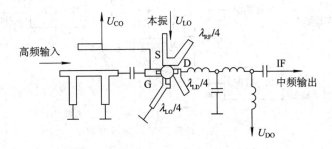

图 3 - 47 源极混频器电路

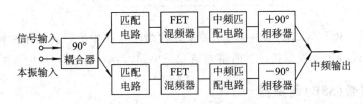

图 3 - 48 单栅 FET 混频器方框图

3.5.4 双栅场效应管混频器

图 3 - 49 是双栅肖特基势垒场效应管的一种结构，在源极和漏极两个欧姆接触之间有两个肖特基势垒栅。两个沟道中掺杂的浓度不同，两个独立的栅极增加了器件的控制功能，并减小了漏极与源极之间的反馈，可提高工作稳定性及功率增益。

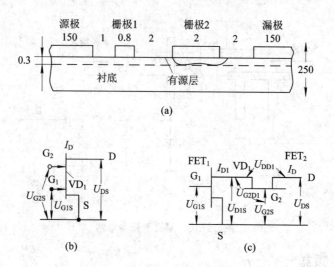

图 3 - 49 双栅 FET 的结构和符号

(a) 器件截面示意图；(b) 符号；(c) 双栅 FET 等效为两个单栅的电路

图 3 - 50 示出了双栅 FET 混频器的原理图，信号和本振分别加到不同的栅极上。通常信号加到第一栅极，本振功率加到第二栅极，从而保证了信号和本振的隔离。同时，还可在第一栅极应用噪声匹配网络，以减小混频器的噪声。中频信号从漏极输出到 50 Ω 负载或下一级放大器，漏极可加入对 f_L（或 f_S）为 $\lambda/4$ 的开路线，使高频短路。

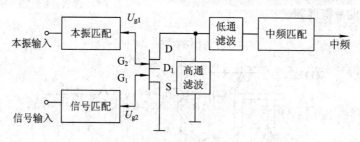

图 3 - 50 双栅 FET 混频器原理图

3.6 微波混频器新技术

随着 MMIC 和 LTCC 技术的快速发展，现代微波系统中大量使用单片混频器电路、集成接收机电路或者集成发射机。下面将介绍几个电路实例，以建立初步印象。

3.6.1 单边带(SSB)调制器

图 3 - 51 是一个单片 GaAs FET 双平衡混频器构成的单边带(SSB)调制器。整个电路由两个差分对和相应的混合电路构成。当微波信号输入到差分对的一个栅极时，在每一个FET 中将产生振幅相等而相位相反的电流。因为每个场效应管的漏极都连接到一起，故抵消了载波。由于调制差动地加到每个 FET，故在每个场效应管中载波和调制之间相位差相同，因此，形成的中频电流在每个场效应管对的漏极端相加。把载波和调制正交地加到每对 FET 上，只有调制器波形的一个单边带从电路输出。可以通过把调制信号间的相位正交

来完成单边带选择。

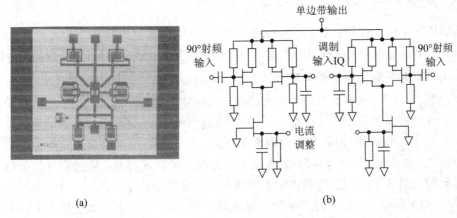

(a)　　　　　　　　　　　(b)

图 3 - 51　集成 GaAs FET 单边带调制器

(a) 电路照片；(b) 电路原理图

3.6.2　谐波混频器

在毫米波段，为了降低本振成本和改善噪声性能，经常使用谐波混频器。任何混频器结构都可以在本振的谐波处工作，但是如果不做特殊设计的话，效率将会很低。

图 3 - 52 是一个单片谐波混频器实例。图 3 - 52(a)中，定向环谐振腔滤波器有效地隔离了射频和本振信号，经过一个低通滤波器($L - C - L$)输出中频信号，中频电流回路是通过二极管对的接地端。由图 3 - 52(b)可以看出：输入的本振(f_L)和射频(f_S)在每个二极管中产生的中频信号是 180°反相的。由于二极管是并联的，基波的响应相抵消。可以想象：合成的电导波形在每个本振周期有两个电导波峰，它等效于在两倍本振频率($2f_p$)处每个周期有一个电导峰值。这样就得到了 1×2(1，2)混频响应。类似地，可以用本振的四次谐波实现混频器。

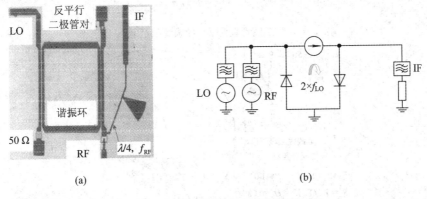

(a)　　　　　　　　　　　(b)

图 3 - 52　MMIC 谐波混频器电路实例

(a) 电路照片；(b) 电路原理图

由于在足够的功率电平上得到毫米波本振信号非常复杂，且难度大、费用高，因而谐波混频器在毫米波频段上的应用非常普遍。典型实例是 77 GHz 雷达的混频器和警用交通雷达等。

3.6.3 使用 CAD 工具设计混频器

前面说明了设计有源和无源混频器的多种分析方法，掌握这些基础方法是非常重要的。下面以无源 LTCC 单平衡混频器和有源 Gibert 混频单元为例说明 CAD 设计软件的应用。

1. LTCC 单平衡混频器的 CAD 设计

（1）通过 LTCC 技术实现的单平衡二极管混频器来分析非线性和电磁场，其关键是建立严格非线性的混频器二极管模型。首先，由二极管电路元件得出二极管的直流 I-U 数据，如图 3-53 所示，此时可忽略射频寄生电路元件，然后把射频封装元件合并到二极管模型中。大多数产品都会提供以偏置电流为函数的二极管 S 参数，通过在近似的偏置电流处把完整的二极管模型调配到提供的射频数据，来获得封装元件数值。对于本振功率的中等电平(6~10 dBm)，1 mA 的二极管偏置电流是混频器二极管从本振源获得功率的时间平均电流值的合理代表。通过把封装寄生元件 C_p、L_s 与直流 I-U 模型联系到一起，可以得到合成的非线性射频二极管模型。应注意，从直流 I-U 模型中得到 R_s 和 C_{j0} 的值，允许同最终的最优化值之间有轻微的变化，以便二极管模型能最准确地反映测量的射频数据，获得的模型元件值仍与测量的射频和直流数据保持一致。图 3-54 是完整的二极管非线性模型。

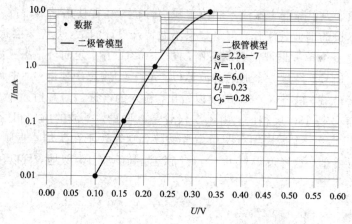

图 3-53   二极管直流 I-U 模型和直流实验数据

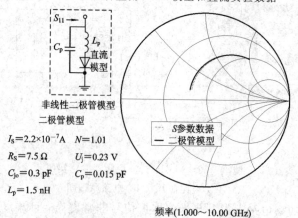

图 3-54   非线性混频器二极管模型和测量的射频数据的模型参数

（2）确定满足系统要求的混频器电路拓扑。设计一个混频器，要求工作在 5～6 GHz 频带范围，需要用传输线实现电路，大多数系统都要求获得很好的本振到射频的隔离。一般选择 LTCC 方法实现低成本混频器。这种多层结构能够实现任何类型的巴仑变压器，而采用宽带 180°巴仑变压器可实现单平衡混频器混合环，其电磁分析拓扑如图 3 - 55 所示。在混合环的 LO 端口加入本振信号，就能保证射频端口的本振能量最小，也就降低了系统的天线输入处本振功率的泄漏。

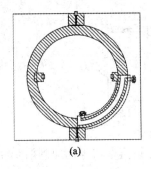
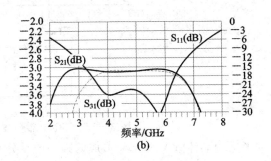

(a)　　　　　　　　　　　　　　　　(b)

图 3 - 55　宽带混合环的设计结果
（a）电磁分析模型；（b）混合环的频率响应

（3）使用 ANSOFT HFSS 电磁分析软件确定耦合线混合电路的尺寸。虽然可以用多种方法来实现耦合线，但用多层陶瓷介质能够方便地实现一个立体式的耦合器。一般先使用标准微带模型进行元件建模，再用电磁分析软件设计混合电路。图 3 - 55 给出了混合电路的设计结果，然后把混合环、非线性二极管模型和中频滤波器结合起来形成混频器，如图 3 - 56 所示，除混合环和两个二极管外，还有多层电容和多圈电感构成的中频滤波器，用于实现中频与射频/本振的隔离。图 3 - 57 为模拟计算混频器损耗，其他电气指标（如噪声系数、互调失真和电压驻波比等）也可以简单地通过一个非线性电路 CAD 来模拟。

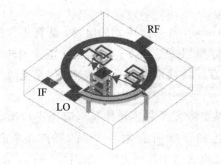
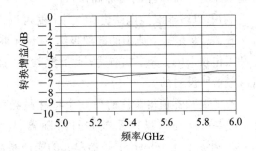

图 3 - 56　单平衡 LTCC 宽带二极管混频器　　　图 3 - 57　混频器损耗计算

2. Gilbert 混频器单元的 CAD 设计

Gilbert 于 1968 年提出了一种集成混频器单元，近些年的无线产品中使用的集成平衡有源混频器都是以这种混频器为基础的。图 3 - 58 是一个 Gilbert 混频器单元的简化模型，可以看出本振、射频和中频信号间的相位关系。

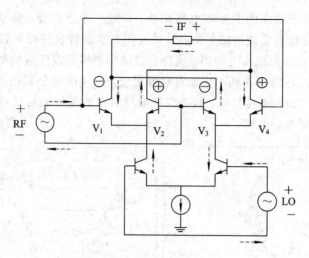

图 3 - 58　　Gilbert 混频器单元模型

　　首先考虑由晶体管 V_1 和 V_2 形成的第一个差分对，射频信号均等地加到两个器件的基极中，射频电流相等，集电极射频电流相等，方向相反。由于两个差分对是交叉连接的，V_3 和 V_4 的集电极电流方向相反，在输出负载处射频电流为零。类似地，本振电流在输出负载处也是零。尽管 V_1 和 V_4 的集电极处射频电流有相同的相位关系，但是，由于本振电流是 180° 反相的，因此产生的中频信号也是 180° 反相的。相同的情况也发生在晶体管 V_1 和 V_2 的集电极上。因此，中频信号在输出负载处是相加的。Gilbert 单元混频器的输出中频电流可以表示为

$$I_{IF} \sim K(I_{EE}, U_T)[\mathrm{Tanh}(U_{RF})\mathrm{Tanh}(U_{LO})] \tag{3-101}$$

　　考虑到 x 很小时，$\mathrm{Tanh}(x)=x$，因此，在小信号情况下，混频器是线性的。也可通过负反馈等方法改善混频器的线性。虽然这种混频器的交调特性和噪声性能存在缺陷，但它的优点十分明显，它能与信号处理电路构成单片块集成电路，提供转换增益，本振功率低，平衡效果好，端口隔离指标高。

　　利用 ADS 非线性电路仿真软件，就可以设计 Gilbert 混频器单元的电路，计算出性能指标。图 3 - 59 是一个典型的硅双极结 Gilbert 混频器单元电路。图 3 - 60 是这个电路的转换增益和工作频率的关系。如前述，此类混频器的优点在于转换增益和平衡性能，这是无源二极管混频器所没有的。

　　有源混频器值得关注的另一个特性是噪声系数。将有源混频元件与电流源进行综合设计，可得到较高的噪声系数并且可随器件的工艺和频率而变化，一般的噪声系数值为 10～20 dB。上述 Gilbert 混频器单元的噪声系数性能也在这个范围之内，如图 3 - 61 所示。如果噪声系数性能特别重要，则可以用砷化镓场效应管混频器来获得最低的噪声系数。尽管 Gilbert 混频器单元趋于线性区域的边缘，但要求具有非常小的本振功率；其他混频器拓扑结构，例如无源开关元件（如结型场效应管、砷化镓场效应管、二极管等）、传输线或铁氧体不平衡变压器中之一来构建的混频器可以表现出良好的动态范围性能，但往往需要很大的本振功率。图 3 - 62 是前述 Gilbert 混频器单元的失真特性。需注意的是，对于 6～10 dBm 的本振激励，线性特性大约等效于一个单平衡二极管混频器。

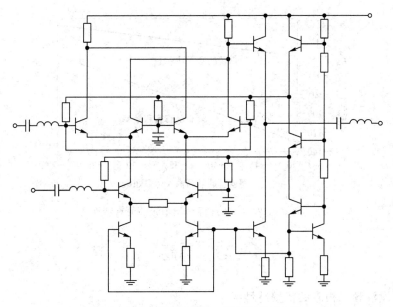

图 3 - 59 双极结 Gilbert 混频器单元电路

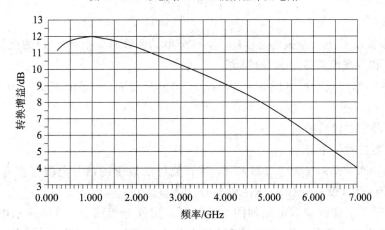

图 3 - 60 Gilbert 混频器单元的转换增益与频率的关系

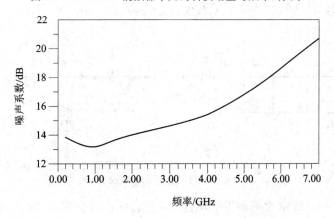

图 3 - 61 Gilbert 混频器单元的噪声系数性能

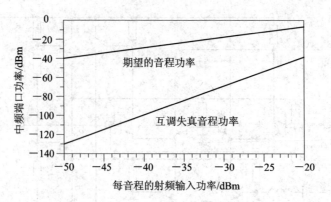

图 3 - 62 Gilbert 混频器单元的失真特性

3 - 1 设混频二极管的伏安特性为

$$i = \begin{cases} g_d u & u \geqslant 0 \\ 0 & u \leqslant 0 \end{cases}$$

(1) 在零偏压及正弦本振电压激励下，试画出二极管时变电导 $g(t)$ 的波形，并求出其直流分量 g_0 和各次谐波分量 g_n 的幅值。

(2) 若在零偏压及本振电压 $u_p = 2 \cos \omega_p t (\text{V})$ 的激励下，信号电压 $u_S = 10^{-3} \cos \omega_S t (\text{V})$。试求：

① 流过混频二极管的直流电流 I_{dc}；

② 混频器的时变电导 g_0、g_1；

③ 当 $g_0 = 0.005$ s，$g_1 = 0.003$ s 时，计算流过二极管的信号电流幅值和频率为 $f_0 = f_L - f_S$ 的电流幅值（设 $U_i = 0$ V，$R_0 = 200$ Ω）。

3 - 2 微带平衡混频器电路如图 3 - 63 示，定性分析图(a)、(b)所示电路的工作原理，并判断输出电流成分，如输出电流频谱中的中频分量、和频分量、镜频分量、本振噪声、外来镜频干扰等。（假定 $f_S > f_L$，$f_0 = f_S - f_L$。）

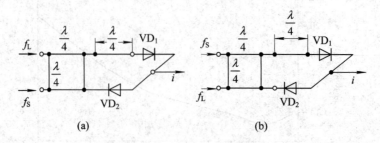

(a)   (b)

图 3 - 63 微带平衡混频器

3 - 3 图 3 - 64 所示的平衡混频电路（两个二极管完全配对）能否实现上变频？为什么？若要实现上变频，电路应作如何改变？

3 - 4 有一微带混频器电路，如图 3 - 65 所示，试说明：

（1）混频电路的形式；

（2）电路的工作原理及特点；

（3）各部件的作用。

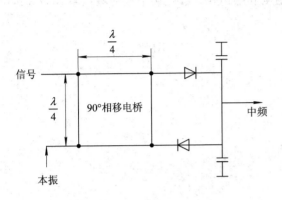

图 3 - 64　微带平衡混频器

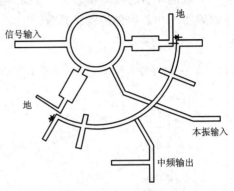

图 3 - 65　微带混频器电路

3 - 5　图 3 - 66 所示为镜像回收混频器，假设有 $f_S > f_L$，$f_{IF} = f_S - f_L$，试说明此混频器的信号和外来镜像干扰的混频过程和结果。

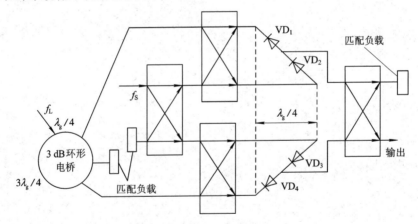

图 3 - 66　镜像回收混频器

3 - 6　设接收机的高频系统由混频器与中频放大器级联组成。此系统在信号通道内的总增益为 G_{AS}，在镜像通道内的总增益为 G_{Ai}。假设输入信号频谱是宽带的（即双边带），证明此系统总噪声系数为

$$F_{MA} \approx \frac{L(t_m + F_0 - 1)}{1 + G_{Ai} G_{AS}}$$

式中：L 是信频通道内混频器的变频损耗；t_m 是混频器的噪声比；F_0 是中频放大器的噪声。

3 - 7　某雷达接收机采用正交场平衡混频器。在正常情况下，A 式显示器的荧光屏上显示茅草的高度为 3 mm，某固定目标的回波脉冲高度为 10 mm。

（1）若混频器中某个二极管损坏，试问显示的茅草与回波振幅的大小如何变化？为什么？

（2）若更换损坏的二极管，结果显示器上的茅草反而更大，而目标消失，试问这是什么原因？应该如何处理才能使接收机正常工作，并说明理由。

3-8 某雷达机的镜像匹配混频器使用 $t_d=1.4$ 的混频管，混频器的变频损耗为 6 dB，求混频器的噪声系数、等效噪声温度和噪声比。若后接中放的噪声系数为 3 dB，则求混频器－中放组件的噪声系数。

第 4 章　微波上变频器与倍频器

```
───── 本 章 内 容 ─────
非线性电容中的能量关系及其应用
变容管上变频器
微波晶体管上变频器
变容管倍频器
阶跃恢复二极管倍频器
场效应管倍频器
微波分频器
```

　　从频域观点来看，上变频器的工作过程与下变频器的工作过程正好相反，它是将信号频谱从中频搬移至射频。倍频是将微波频率按整数倍增长。实现上变频和倍频最简单的方法，是利用非线性电阻或电抗的非线性进行频率变换。上变频器的工作电平较高，如输入电平一般在－20 dBm 左右，则输出信号电平可能在 0～＋10 dBm 之间，但因非线性电阻变频损耗太大而很少采用，多采用非线性电抗器件（如变容二极管和阶跃恢复二极管等）。在过去十年中，将 MES FET 器件（如单栅 FET、双栅 FET）作为上变频器和倍频器已越来越多，因其工作稳定、频带宽、输出功率大、有变频增益等优点，所以更适于集成电路，故 FET 上变频器发展得很快。

　　上变频器主要应用于微波发送设备电路中，图 4－1 为发射机的上变频器方框图。图中 70 MHz 中频为已调信号；本振频率较低，尽管只有 500 MHz，但是比微波频率振荡器容易制作，且频率稳定度较高，若采用 FET 三次倍频，再经混频，即可得到 1.5 GHz 微波信号。

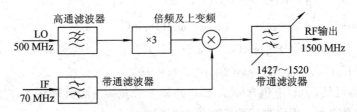

图 4－1　上变频器方框图

　　倍频器主要用于产生微波功率源，用它可以获得高于微波振荡基波频率的信号源。对于连续波振荡倍频器，多采用变容二极管和阶跃恢复二极管，前者倍频次数不高（一般在 5

倍频以下），但功率较大，频率可达毫米波段；后者多用于小功率的高次倍频，已可达 Ku 波段。

本章主要介绍变频器、倍频器的工作原理及其常见电路，还将介绍分频器的概念等。

4.1 非线性电容中的能量关系及其应用

4.1.1 非线性电容的变频效应

由变容二极管的结电容表达式可知，如果在变容管上加偏压 U_0、大信号泵浦电压 $U_P(i) = U_P \cos\omega_P t$ 及小信号电压 $u_S(t) = U_S \cos\omega_S t$，则与 $I - U$ 特性的混频原理类似，该 $C - U$ 特性也会产生 $(m\omega_P \pm n\omega_S)$ 各组合频率成分。

设加到变容管上的偏置电压为

$$u = -U_0 - U_P \cos\omega_P t = -(U_0 + U_P \cos\omega_P t) \tag{4-1}$$

则由变容管原理可求得

$$\begin{aligned} C_j(u) &= C_j(0)\left(1 + \frac{U_0 + U_P \cos\omega_P t}{\phi}\right)^{-\gamma} \\ &= C_j(-U_0)(1 + P \cos\omega_P t)^{-\gamma} \end{aligned} \tag{4-2}$$

式中：$C_j(-U_0) = \dfrac{C_j(0)}{\left(1 + \dfrac{U_0}{\phi}\right)^{\gamma}}$，$P = \dfrac{U_P}{\phi + U_0}$，分别为工作点上的结电容值和相对泵浦电压振幅。

式（4-1）是时间 t 的周期性偶函数，故可展开为傅立叶级数：

$$\begin{aligned} C_j(t) &= C_0 + \sum_{n=1}^{\infty} 2C_n \cos n\omega_P t \\ &= C_0 + 2C_1 \cos\omega_P t + 2C_2 \cos 2\omega_P t + \cdots \end{aligned} \tag{4-3}$$

式（4-3）表明，在泵浦电压的激励下，结电容是一个随时间变化的电容（简称时变电容），它等效为许多不同频率电容的并联。

若在非线性结电容上再加上信号电压 $u_S(t) = U_S \cos\omega_S t$，并设 $U_S \ll U_P$，则流过非线性电容的电流可近似表示为

$$\begin{aligned} i(t) &= \frac{\mathrm{d}Q}{\mathrm{d}t} = \frac{\mathrm{d}}{\mathrm{d}t}[C_j(t) \cdot u_S(t)] \\ &= -U_S\omega_S C_0 \sin\omega_S t - U_S(\omega_P + \omega_S)C_1 \sin(\omega_P + \omega_S)t - \\ &\quad U_S(\omega_P - \omega_S)C_1 \sin(\omega_P - \omega_S)t - U_S(2\omega_P + \omega_S)C_2 \sin(2\omega_P + \omega_S)t - \\ &\quad U_S(2\omega_P - \omega_S)C_2 \sin(2\omega_P - \omega_S)t + \cdots \end{aligned} \tag{4-4}$$

由式（4-4）可见，$i(t)$ 中包含 $m\omega_P \pm \omega_S$ 的频率分量，一般可表示为 $f_{m,n} = mf_P + nf_S$，其中 m、n 为任意整数，此即非线性变容管的变频效应。

4.1.2 非线性电容中的能量关系

已知非线性电容变频效应，理论分析表明，在变频过程中，各频率分量之间的能量分

配遵循一定的规律，门雷－罗威(Manley－Rowe)关系式表明了非线性电抗参量倍频分量之间的能量关系。

采用图 4－2 所示的电路模型，将非线性电容和数条支路并联。输入的能量为泵浦源 $u_P(t)$(或称本振源)、信号源 $u_S(t)$，以及一些无源支路。图中 R_S 和 R_{P0} 为信源内阻和本振源内阻，R_1、R_2、R_3 为各支路负载电阻。每条并联支路有一理想的滤波器，只允许所标的频率分量通过，而把其他频率分量都抑制掉。由变容管变频效应产生的组合频率分量 $f_{m,n}$ 将分别流过相应的支路。

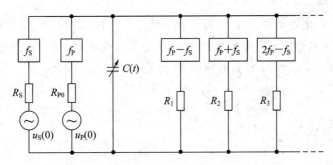

图 4－2　说明门雷－罗威关系式的电路模型

根据能量守恒原理，非线性电容中所有频率分量的平均功率之和均为零，即

$$\sum_{m=-\infty}^{\infty} \sum_{n=-\infty}^{\infty} P_{m,n} = 0 \qquad (4-5)$$

式中：$P_{m,n}$ 是频率为 $f_{m,n}$ 的平均功率。当 $P_{m,n}>0$ 时，表示输入非线性电容的功率；当 $P_{m,n}<0$ 时，表示非线性电容输出的功率。式(4－5)表示输入至非线性电容的能量只能转换为其他频率分量的能量而全部输出。式(4－5)乘以

$$\frac{mf_P + nf_S}{mf_P + nf_S} = 1 \qquad (4-6)$$

可得

$$f_P \sum_{m=-\infty}^{\infty} \sum_{n=-\infty}^{\infty} \frac{mP_{m,n}}{mf_P + nf_S} + f_S \sum_{m=-\infty}^{\infty} \sum_{n=-\infty}^{\infty} \frac{nP_{m,n}}{mf_P + nf_S} = 0 \qquad (4-7)$$

f_P 和 f_S 为任意频率，是正实数，为使方程成立，必有

$$\sum_{m=-\infty}^{\infty} \sum_{n=-\infty}^{\infty} \frac{mP_{m,n}}{mf_P + nf_S} = 0 \qquad (4-8)$$

$$\sum_{m=-\infty}^{\infty} \sum_{n=-\infty}^{\infty} \frac{nP_{m,n}}{mf_P + nf_S} = 0 \qquad (4-9)$$

得到理想非线性电抗被两个不同频率 f_P 和 f_S 激励后，在各频率分量 $f_{m,n}$ 上的平均功率分配关系表示为

$$\begin{cases} \sum_{n=-\infty}^{\infty} \sum_{m=-\infty}^{\infty} \dfrac{mP_{m,n}}{mf_P + nf_S} = 0 \\[4mm] \sum_{m=-\infty}^{\infty} \sum_{n=-\infty}^{\infty} \dfrac{nP_{m,n}}{mf_P + nf_S} = 0 \end{cases} \qquad (4-10)$$

式(4－10)称为门雷－罗威关系式，它描述了理想非线性电抗中能量交换的定量关系，

在微波非线性电抗电路中有着广泛的实际应用。

4.1.3　门雷－罗威关系式的应用

利用门雷－罗威关系式可求出各频率分量的平均功率分配关系。实际上有用的组合频率分量数总是有限的，最常用的组合频率只有 f_S 与 f_P 的和频或差频。这时图 4－2 只有三个支路，即泵浦支路、信号支路、和频或差频支路。

1. 和频上变频

在图 4－2 中，除频率为 f_S、f_P 的有源支路外，只有一条 f_P+f_S 的和频无源支路，即仅有 f_S、f_P 和 f_P+f_S 三个频率分量的电流流过非线性电容，从 $f_{m,n}=mf_P+nf_S$ 中不难看出，频率 f_S、f_P 和 f_P+f_S 各自对应的 m、n 分别为

$$f_S\begin{cases}m=0\\n=1\end{cases},\quad f_P\begin{cases}m=1\\n=0\end{cases},\quad f_P+f_S\begin{cases}m=1\\n=1\end{cases}$$

根据门雷－罗威关系式可得

$$\begin{cases}\dfrac{P_{1,0}}{f_P}+\dfrac{P_{1,1}}{f_P+f_S}=\dfrac{P_P}{f_P}+\dfrac{P_{P+S}}{f_P+f_S}=0\\[3mm]\dfrac{P_{0,1}}{f_S}+\dfrac{P_{1,1}}{f_P+f_S}=\dfrac{P_S}{f_S}+\dfrac{P_{P+S}}{f_P+f_S}=0\end{cases}\qquad(4-11)$$

由于和频支路是无源支路，吸收功率 $P_{P+S}<0$；由式(4－11)可得 $P_P>0$，即本振源向电路输入功率；$P_S>0$，信号也向电路输入功率。比较 P_{P+S} 和 P_S 的大小，求得功率增益为

$$G_{P+S}=\frac{|P_{P+S}|}{P_S}=\frac{f_P+f_S}{f_S}=1+\frac{f_P}{f_S}>1\qquad(4-12)$$

选择 f_P 越大，功率增益就越大，故称为"和频上变频器"或"上边带上变频器"，用于放大功率，其原理是非线性变容管的参量将泵浦能量转换为和频能量。因此常利用此关系制成发射机上变频器，以后将详细讨论。

2. 差频变频

类似和频变频的情况，电路中除信号和本振支路外，只有差频支路对其他频率支路均呈开路情况，因而存在 $f_S(m=0,\ n=1)$、$f_P(m=1,\ n=0)$、差频 $f_P-f_S(m=1,\ n=-1)$ 或 $f_S-f_P(m=-1,\ n=1)$，于是按门雷－罗威关系式可得

$$\begin{cases}\dfrac{P_{1,0}}{f_P}+\dfrac{P_{1,-1}}{f_P-f_S}=\dfrac{P_P}{f_P}+\dfrac{P_{P-S}}{f_P-f_S}=0\\[3mm]\dfrac{P_{0,1}}{f_S}-\dfrac{P_{1,-1}}{f_P-f_S}=\dfrac{P_S}{f_S}-\dfrac{P_{P-S}}{f_P-f_S}=0\end{cases}\qquad(4-13)$$

由于差频支路为无源支路，只能吸收功率，$P_{P-S}<0$；由式(4－13)可得 $P_P>0$，即泵浦向变容管电路提供功率；$P_S<0$，则表示信号功率从变容管电路输出。当然，此电路中的信号源支路一定有功率输入变容管，否则不可能产生差频信号。因此，分析时要注意两点：

(1) 分析各支路能量转换关系时，以无源支路吸收功率为出发点，至于是由哪个有源支路提供能量的，需根据门雷－罗威关系式来判断。

(2) 在门雷－罗威关系式中，$P_{m,n}$ 是对变容管而言的，因此 $P_S<0$ 意味着由信源给变容管输入功率，但又有信号功率从变容管返回信号支路，最终使信号支路获得功率。

利用这一性质，定义差频变频器的功率增益为

$$G_{P-S} = \frac{|P_{P-S}|}{P_{sa}} \qquad (4-14)$$

式中：P_{sa} 为信号源的资用功率。

变换效率为

$$\eta = \frac{|P_{P-S}|}{P_P} = \frac{f_P - f_S}{f_P} = 1 - \frac{f_S}{f_P} < 1$$

差频变频有两种情况，当 $f_{P-S} = f_P - f_S > f_S$ 时，为差频上变频；当 $f_{P-S} = f_P - f_S < f_S$ 时，为差频下变频，它们的变换效率低，且不稳定，故很少使用。

3. 反射型负阻参量放大器

在讨论差频变频时已知，在 $f_P > f_S$ 的情况下，由式（4 - 13）可得 $P_P > 0$，$P_{P-S} < 0$，$P_S < 0$。这表示不仅差频频率能得到功率，而且信号频率也能得到功率。如果不从差频回路输出功率，而利用环行器从信号回路输出功率，则构成对 f_S 的单端口放大器，如图 4 - 3 所示。由于该电路的输入、输出信号在同一端口，因此称为反射型负阻参量放大器。

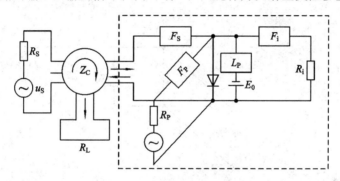

图 4 - 3　反射型负阻参量放大器

必须指出，反射型负阻参量放大器虽然不从差频支路输出功率，但差频支路（常称空闲回路）必须存在。这样才能在一定条件下，使泵浦能量首先转换成差频能量（f_P 与 f_S 通过电容变频效应产生 $f_P - f_S$），然后又转换成信号能量（$f_P - f_S$ 与 f_P 又通过电容变频效应产生 f_S）。这个"再生"信号电流的相位与原信号电流的相位相同，从而使信号得到放大。所以空闲回路起能量转换的作用，将泵浦源功率最后转换成信号能量输出。

反射型负阻参量放大器具有低噪声的优点，但存在潜在不稳定、频带窄、结构复杂、调整困难等缺点。目前随着微波晶体管的发展，低噪声、高频率新器件的出现，微波集成前端低噪声电路已取代参量放大器，故在此不多作介绍。

4. 参量倍频

在图 4 - 2 中，如果只有一条有源支路，当输入功率加在非线性电容上时，则其他电路均为无源支路。由于非线性变换作用，输入信号将产生各次谐波。式（4 - 10）可得

$$\sum_{n=0}^{\infty} \frac{nP_{0,n}}{nf_S} = 0$$

因为 $f_S \ne 0$，所以

$$\sum_{n=0}^{\infty} P_{0,n} = 0$$

即

$$P_{0,1} = \sum_{n=2}^{\infty}(-P_{0,n}) \tag{4-15}$$

式中：n 次谐波功率 $P_{0,n}<0$（当 $n\neq1$ 时），为输出功率；基波功率 $P_{0,1}>0$，说明向变容管输入基波功率，并全部转换为所有的谐波功率。如果 $n=2$，即只接一个二次谐波支路，则

$$P_{0,1} = -P_{0,n} = |P_{0,2}|$$

理论上任意 n 次谐波倍频器的理想效率为 100%，但实际电路中因 R_S 损耗及反射等影响，使效率远低于 100%。

4.2 变容管上变频器

变容管上变频器的输入信号含有泵浦电压 u_P、信号电压 u_S 及产生的和频 $f_{out} = f_P + f_S > f_P$，它们与变容管并联，只允许 f_S、f_P、f_{out} 三个正弦电流分量通过变容管，对其他频率分量均呈开路状态。图 4－4 示出了上变频器等效电路，图中省去了各分支的调谐滤波电路。

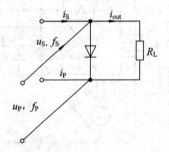

图 4－4 上变频器等效电路

4.2.1 电荷分析法

功率上变频器的分析方法有电荷分析法和谐波平衡法两种，电荷分析法是属于早期采用的方法。

假设二极管上的激励电荷为

$$q(t) = Q_0 + 2Q_S \sin\omega_S t + 2Q_P \sin\omega_P t + 2Q_{out} \sin\omega_{out} t \tag{4-16}$$

式中：假定 $t=0$ 时初相位均相同。

流过二极管的电流为

$$i(t) = \frac{dq(t)}{dt} = 2\omega_S Q_S \cos\omega_S t + 2\omega_P Q_P \cos\omega_P t + 2\omega_{out} Q_{out} \cos\omega_{out} t \tag{4-17}$$

为求得二极管上的电压 $u(t)$，应先推导出变容管上的电荷－电压$(q-u)$特性。

根据变容管原理，利用 $q(u) = \int C_j(u)du$ 关系求得结电容上存储的电荷为

$$q(u) = C_{min}(\phi - U_B)^{\gamma} \frac{(\phi - u)^{1-\gamma}}{1-\gamma} \cdot (-1) + q_{\phi} \tag{4-18}$$

于是可得

$$q(u) - q_\phi = C_{\min}(\phi - U_B)^\gamma \frac{(\phi - u)^{1-\gamma}}{1 - \gamma} \cdot (-1) \qquad (4-19)$$

式中：q_ϕ 为 $v = \phi$ 时结电容上存储的电荷。

当 $u = U_B$ 时，$q(u) = Q_B$，则式(4-19)可写成

$$Q_B - q_\phi = -C_{\min} \frac{\phi - U_B}{1 - \gamma} \qquad (4-20)$$

根据式(4-19)和式(4-20)可得

$$\frac{q(u) - q_\phi}{Q_B - q_\phi} = \left(\frac{\phi - u}{\phi - U_B}\right)^{1-\gamma} \qquad (4-21)$$

一般近似认为 $u = \phi$ 时，势垒消失，q_ϕ 趋于零，所以

$$q(u) = Q_B \left(\frac{\phi - u}{\phi - U_B}\right)^{1-\gamma} \qquad (4-22)$$

式(4-22)表示 $q(u)$ 的一般特性。式中：Q_B 按积分式本应为负值，但为使 $q-u$ 特性使用方便，因此在式(4-22)中令 Q_B 为正值，这并不影响 $q-v$ 特性的物理实质。

对于突变结变容管，$\gamma = \dfrac{1}{2}$，于是式(4-22)可写成

$$q^2(u) = Q_B^2 \left(\frac{\phi - u}{\phi - U_B}\right) \qquad (4-23)$$

令 $A = (\phi - U_B)/Q_B^2$，故得

$$\phi - u = q^2(u)\frac{\phi - U_B}{Q_B^2} = Aq^2(u) \qquad (4-24)$$

由此可画出突变结变容管的 $q-u$ 特性，如图 4-5 中实线所示。为分析方便，图中将 u 的坐标零点移至 ϕ 处，并令 $u' = \phi - u$，故得到

$$u' = Aq^2(u) \qquad (4-25)$$

式中：$A = U_B/Q_B^2$。

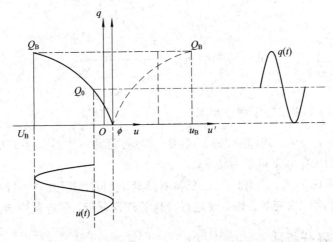

图 4-5　变容管的 $q-u$ 特性及正弦电荷全激励状态

若将图 4-5 中曲线坐标进行变换，则式(4-25)的特性为图中虚线所示。注意，实际中二极管工作于反向电压区。

若在变容管上加入正弦变化的电荷激励，根据 $q-u$ 特性，则二极管上的电压为非正

弦波,如图4-5所示。图中二极管上的电压限制在$U_B \sim \phi$的范围内,为满激励(全激励)状态。此时取$Q_0 = Q_B/2$,可得到最大交变电荷幅度。将这种最佳状态下的工作参数代入式(4-17),可得

$$q(t) = Q_B \left(\frac{1}{2} + 2m_S \sin\omega_S t + 2m_P \sin\omega_P t + 2m_{out} \sin\omega_{out} t \right) \qquad (4-26)$$

式中:m为电荷激励系数,$m_S = \dfrac{Q_S}{Q_B}$,$m_P = \dfrac{Q_P}{Q_B}$,$m_{out} = \dfrac{Q_{out}}{Q_B}$。

设$\omega_S < \omega_P$,$\omega_S + \omega_P = \omega_{out}$,由式(4-25)求得变容管上的电压为

$$u' = Aq^2(u) = \frac{U_B}{Q_B^2} Q_B^2 \left(\frac{1}{2} + 2m_S \sin\omega_S t + 2m_P \sin\omega_P t + 2m_{out} \sin\omega_{out} t \right)^2$$

$$= U_B \left[\left(\frac{1}{4} + 2m_S^2 + 2m_P^2 + 2m_{out}^2 \right) + 2(m_S \sin\omega_S t + m_P \sin\omega_P t + m_{out} \sin\omega_{out} t) + \right.$$

$$4(m_P m_{out} \cos\omega_S t + m_S m_{out} \cos\omega_P t - m_S m_P \cos\omega_{out} t) +$$

$$\left. 无用边带分量和谐波 \right] \qquad (4-27a)$$

流过变容管的电流为

$$i(t) = \frac{dq}{dt} = 2m_S \omega_S \cos\omega_S t + 2m_P \omega_P \cos\omega_P t + 2m_{out} \omega_{out} \cos\omega_{out} t \qquad (4-27b)$$

将式(4-27a)和式(4-27b)进行比较,由变容管上的电压和流过电流之间的相位关系可以看出:对ω_S、ω_P和ω_{out}既有同相分量,也有正交分量,而且对输出频率ω_{out},电路呈现负阻及容抗,对ω_S和ω_P均呈现正阻及容抗,这说明有ω_{out}频率分量的能量输出。由此还可求得变频器的功率增益及变换效率,即

$$G = \frac{P_{out}}{P_S} = \frac{f_{out}}{f_S} \cdot \frac{m_P - \dfrac{f_{out}}{f_c} \cdot \dfrac{m_{out}}{m_S}}{m_P + \dfrac{f_S}{f_c} \cdot \dfrac{m_S}{m_{out}}} \qquad (4-28)$$

$$\eta = \frac{P_{out}}{P_P} = \frac{f_{out}}{f_P} \cdot \frac{m_S - \dfrac{f_{out}}{f_c} \cdot \dfrac{m_{out}}{m_P}}{m_S + \dfrac{f_P}{f_c} \cdot \dfrac{m_P}{m_{out}}} \qquad (4-29)$$

式中:$f_c = \dfrac{1}{2\pi R_S C_{min}}$,表示额定截止频率。

当$R_S = 0$时,$f_c \to \infty$,式(4-28)、式(4-29)与门雷-罗威关系式的结果完全一样。以上分析是在全激励状态下得出的结果。

以上讨论只考虑了f_S、f_P和f_{out}三个频率分量,实际上其他一些谐波分量也会重新加到二极管上,产生第二次变频。如果要进行严格的理论分析,还应利用谐波平衡法。

4.2.2　等效电路分析法

利用图4-6所示的变容管等效电路,列出回路方程:

$$Z_{su} = \frac{\gamma^2}{\omega_S \omega_+ C_0^2 Z_{22}}, \quad Z_{us} = \frac{\gamma^2}{\omega_+ \omega_S C_0^2 Z_{11}} \qquad (4-30)$$

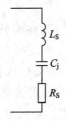

图 4 - 6 变容管等效电路

可求出输入、输出阻抗为

$$
\begin{cases}
Z_{in} = R_S + j\left(\omega_S L_S - \dfrac{1}{\omega_S C_0}\right) + Z_{su} \\[2mm]
Z_{out} = R_S + j\left(\omega_+ L_S - \dfrac{1}{\omega_+ L_0}\right) + Z_{us}
\end{cases}
\tag{4-31}
$$

调谐时，有

$$
\begin{cases}
Z_{in} = R_S + \dfrac{\gamma^2}{\omega_S \omega_+ C_0^2 (R_L + R_S)} = R_S(1 + \gamma^2 Q_S^2)\dfrac{R_S}{R_L + R_S}\dfrac{\omega_S}{\omega_+} \\[3mm]
Z_{out} = R_S + \dfrac{\gamma^2}{\omega_+ \omega_S C_0^2 (R_g + R_S)} = R_S(1 + \gamma^2 Q_S^2)\dfrac{R_S}{R_S + R_g}\dfrac{\omega_S}{\omega_+}
\end{cases}
\tag{4-32}
$$

由此可得到以下结论：

(1) 式(4 - 32)与 R_g 和 R_L 对称，源和负载两端都匹配，则 $R_g = R_L = R_S\sqrt{(\gamma Q_S)^2\dfrac{\omega_S}{\omega_+} + 1}$。

(2) 该电路绝对稳定，没有负阻。

(3) 调谐时 $G_0 = \dfrac{\frac{1}{2}I_S^2 R_L}{\dfrac{U_S^2}{8R_g}}$，匹配时 $G_{max} = \dfrac{(\gamma Q_S)^2}{\left(\sqrt{(\gamma Q_S)^2\dfrac{\omega_S}{\omega_+} + 1}\right)^2}$。

(4) R_S 减小时，Q_S 和 f_P^+ 都提高，G_0 也增大。

4.2.3 功率上变频器电路及其设计

依据工作频率的不同，功率上变频器电路所用的传输线可以是波导、带状线或微带线。设计中必须考虑的问题是抑制寄生频率。在功率变频器中，输入、输出及本振都是大信号，除了本振信号的高次谐波外，输入和输出信号的高次谐波也都可能参加变频，因而产生了许多不需要的频率分量。因为 f_S 相对较低，所以很多频率分量靠得很近，微波滤波器不易区分开，同时这些频率分量也具有较高的电平。因此在电路设计中必须认真考虑对这些频率分量的抑制问题。

1. 滤波器式功率变频器

图 4 - 7(a)所示是滤波器式波导型功率上变频器示意图，该电路在输入和输出端加了滤波器，以滤除不需要的寄生频率分量。输出频率为 6070 MHz，它的邻近频率分量有 5930 MHz、6000 MHz、6140 MHz、6210 MHz 等。可以看出，为了消除这些频率分量，输出滤波器必须具有相当高的 Q 值。如果要求变频器必须工作在一定频率范围内，则只有采

用电调滤波器才能实现。

　　在这种形式的变频器中,寄生频率遇到滤波器电抗反射后返回到二极管进行二次混频。二次混频产生的输出频率分量和第一次混频产生的输出频率分量叠加,它们之间的相位关系与入射、反射的行程有关,因此,合成电压将随频率的变化而变化。这样就会严重影响变频器的幅度 – 频率特性。这是滤波器式功率变频器存在的主要问题。

　　图 4 – 7(b)为 Ku 波段微带型滤波式上变频器。图中输入信号回路设计为低通滤波阻抗变换器,既对变容管在 f_S 呈现的阻抗进行匹配和调谐,又对 f_P、($f_P \pm f_S$)上、下边带及寄生频率进行抑制。泵浦回路和输出信号回路采用带通滤波阻抗变换器,分别对变容管在 f_P 和 f_{out} 呈现的阻抗进行匹配和调谐,同时对其他频率呈现开路。这种上变频器的主要缺点是频带很窄。

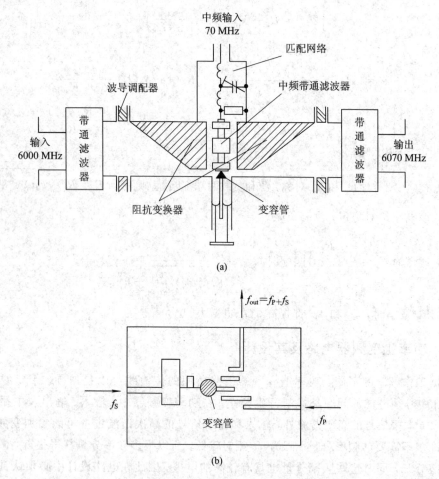

图 4 – 7　滤波器式功率变频器
(a)滤波器式波导型功率上变频器;(b)Ku 波段滤波器式微带上变频器

2. 环流器式功率变频器

　　图 4 – 8 所示是环流器式功率变频器电路。图中,中频信号频率 ω_S 和本振信号频率 ω_L 分别通过中频滤波器及环流器 1 加到变容管中进行变频,变频后产生的输出频率分量通过环流器 1、环流器 2 及输出滤波器输出。被输出滤波器反射的寄生频率分量将通过环流器 2

进入匹配负载被吸收。在输出滤波器与变容管之间相当于插入了两级隔离器，具有较好的隔离度，因此基本上消除了寄生频率分量返回到二极管进行二次混频的可能性，使变频器的幅度－频率特性得到较大的改善。但是，因为插入了两只环流器，所以变频器的总变频损耗中必须加上这两只环流器的损耗。

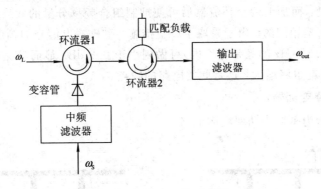

图 4 - 8　环流器式功率变频器电路

3. 二次变频的变频器

如前所述，功率上变频器中由于输入频率较低，因而各组合频率分量间距较近，输出滤波器难于将它们分开。如将输入中频经过第一次变频提高到第二中频，然后再变换到微波频率上，就可以使组合频率分量之间的间距拉大，这样不仅简化了滤波器的设计和制作，还能保证获得较好的幅度－频率特性。

图 4 - 9 所示的是卫星通信地面站所用测试上变频器的方框图。这里采用了两级环流器式变频器。第一变频器的输入频率为 70 MHz 中频，本振频率为 805 MHz，输出为上变频的下边带频率 735 MHz。735 MHz 作为第二中频，它通过两只环流器、一个带通滤波器和一个低通滤波器后，加到第二变频器上。第二本振源的频率在 4.435～4.935 GHz 内变化，因此第二变频器的输出频率可在 3.7～4.2 GHz 的范围内变化；输出功率经过两级隔

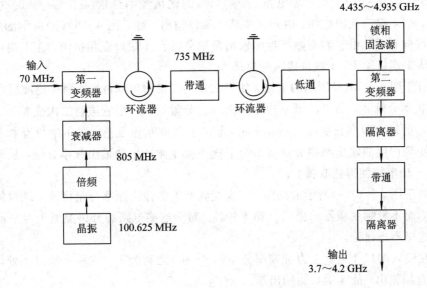

图 4 - 9　用于卫星通信地面站的二次倍频器

离器、带通滤波器送到输出端。为保证输出端具有很高的频率稳定度，第一本振源采用晶振 - 倍频方式，由高稳定度的晶体振荡器产生 100.625 MHz 的频率，通过 8 次倍频变为 805 MHz。衰减器的作用是减轻变频器对倍频器的影响。第二本振源采用频率稳定度很高的锁相固态源。第一变频器与第二变频器之间的 735 MHz 带通滤波器和低通滤波器用于抑制组合频率分量，而加上两个环流器后可使抑制组合频率分量的效果更好。隔离器的作用与环流器的作用是相同的。由于采取了以上措施，整机输出信号的幅度 - 频率相应的不平坦度(在 3.7～4.2 GHz 的频带宽度内)可做到小于 0.2 dB。显而易见，这一方案使系统复杂化，总变频损耗也将增大，这是此类电路的缺点。

4. 平衡式功率变频器

图 4 - 10 所示为平衡式功率变频电路。

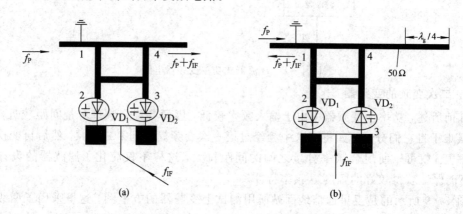

图 4 - 10 平衡式功率变频电路

(a) 二极管同极性接入；(b) 二极管反极性接入

分析表明，该电路具有以下特点：

(1) 对于图 4 - 10(a)所示的电路，变频以后的输出频率分量($\omega_{out} = \omega_L + \omega_S$)在 1 端口互相抵消，在 4 端口互相叠加，因此频率从 4 端口输出。对于图 4 - 10(b)所示的电路，两个二极管接向相反，由它们变频产生的输出频率分量在 4 端口互相抵消，在 1 端口互相叠加，因此从 1 端口输出，4 端口接匹配负载。

(2) 对于图 4 - 10(a)所示的电路，如果在 4 端口接输出滤波器，则被滤波器所反射的主要寄生频率分量 $2\omega_L$ 或 $2\omega_S$ 及下边带($\omega_L - \omega_S$)分量返回二极管进行二次变频，二次变频所产生的新的输出频率分量($\omega_{out} = \omega_L + \omega_S$)将在 4 端口互相抵消，在 1 端口互相叠加。因此，二次变频产生的输出频率分量将不会干扰一次变频产生的输出频率分量，从而使变频器的幅度 - 频率特性得到改善。

(3) 对于图 4 - 10(b)所示的电路，二次变频产生的输出频率分量将被 4 端口的匹配负载所吸收，而不影响变频器的幅度 - 频率特性。对于这些电路的分析类似于对平衡混频器的分析，这里不再讨论。

(4) 在输入端口 1 处，上边带频率分量($\omega_L + \omega_S$)之和为零。在输入端口 4 处，上边带分量同相叠加输出，故 4 端口为输出端。

(5) 寄生频率在 4 端口相互抵消，在 1 端口相互叠加，因而不会干扰原来的输出频率分量。下边带分量与中频 ω_S 二次谐波变频产生的上边带分量也在 4 端口抵消，在 1 端口叠加。

现将功率上变频器的设计过程简单归纳如下：

（1）根据指标要求选择变容管和变频器电路。对二极管的主要要求是：R_S 应尽可能小，f_c 应尽可能高。选择合适的变频器电路的主要依据是：工作频段、效率、结构要求及对输出信号的幅度 - 频率特性要求等。

（2）根据二极管的参数、工作频率等，按最大输出功率（或效率）的条件确定合适的激励系数。

（3）按推导出的公式计算功率、效率、偏置电压、阻抗等参数。

（4）按计算的阻抗值设计匹配网络。

（5）按抑制寄生频率的要求和阻抗匹配条件设计滤波器。

在保证最大输出功率的条件下，若同时要求较高的效率，必须反复计算数次，以确定最佳的激励系数。利用计算机辅助设计，可很快得到满意的结果。

图 4 - 11 所示为另一种平衡式微带上变频器。该变频器由一个 3 dB 电桥、两个变容管（VD_1、VD_2）和一些用于阻抗变换和直流偏置的传输线段组成。图中未包括泵浦端口的隔离器和输出端口的带通滤波器。两个中频输入端的引线接到同一个中频放大器上，中频接地线由 $\lambda_\mathrm{g}/4$ 高阻线和扇形短路块构成。根据 3 dB 电桥特性，可分析得出端口 3 有和频输出。微带线的损耗较大，这种电路以线性作为主要指标，但效率很低，只有 1%。

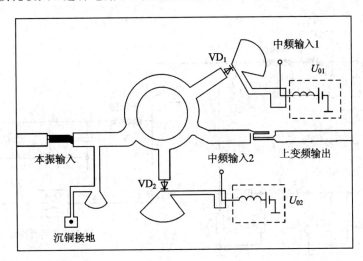

图 4 - 11　平衡式微带上变频器

4.3　微波晶体管上变频器

微波晶体管上变频器与变容管上变频器相比，除了工作稳定、频带宽、输出功率大、效率高、有变频增益等优点，它的泵浦信号和边带输出信号具有固有的隔离特性，因此近年来的应用较多。

图 4-12 为单管 FET 上变频器的原理图。它采用共源极电路,泵浦功率和中频信号加在 FET 的栅极上,利用栅极电压与漏极电流的非线性特性,将泵浦信号与中频信号混频,混频产生的上变频信号从 FET 的漏极输出,从而实现上变频作用。

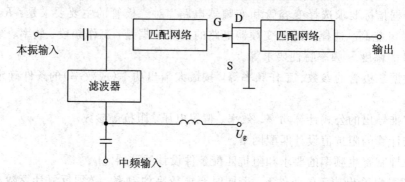

图 4-12 单管 FET 上变频器原理图

图 4-13 示出一个双极晶体管上变频器的原理图。该变频器对 f_0、f_P 和 f_{out} 三个频率端口的匹配电路和滤波网络都有严格的要求。因其频率较低,$f_0 = 70$ MHz,故采用集总参数网络,f_P 和 f_{out} 均在 1.5 GHz 频段,滤波网络采用集中与分布参数传输线混合网络。和频端出口采用微带交指型滤波器,由于微带交指型滤波器体积小、重量轻,因而获得了广泛应用。

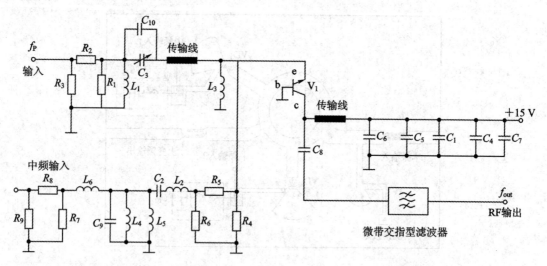

图 4-13 双极晶体管上变频器原理图

双栅 FET 上变频器的工作原理是利用漏极电流同时受控于两个栅极偏压的特点来实现的。图 4-14 为双栅 FET 上变频器的原理图,中频信号电压和泵浦电压分别加至 FET 第一栅和第二栅。电路中最关键的部分是各端口所连接的匹配网络,为实现中频低阻抗与输入高阻抗的匹配,中频信号电压通过传输线变压器与上变频器输入端相接。

这种双栅 FET 上变频器的信号和泵浦的隔离性好,变频增益高,所需泵浦功率小,并且采用混合集成后,重量轻、体积小、可靠性高,因此优于二极管变频器。

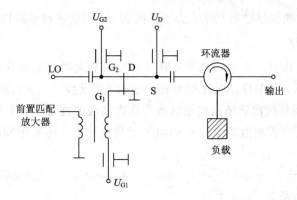

图 4 - 14　双栅上变频器电原理图(包括中频匹配电路)

4.4　变容管倍频器

微波倍频器可以利用变容管、阶跃恢复二极管、场效应管等器件来实现，本节讨论变容管倍频器。

4.4.1　变容管倍频器的分析

若使用大信号正弦电流或正弦电压激励变容管，则产生谐波，于是利用滤波器可获得倍频输出。

变容管倍频器电路有两种形式：并联电流型和串联电压型。并联电流型电路的优点是变容管一端接地，便于散热，多用于低次倍频。图 4 - 15 所示为电流激励型倍频器的原理图，输入信号为 f_1，输出信号为 Nf_1，流过变容二极管的电流为

$$i = i_1 + i_N = I_1 \cos\omega_1 t + I_N \cos N\omega_1 t \qquad (4 - 33)$$

故激励变容管的电荷为

$$q(u) = Q_0 + Q_1 \sin\omega_1 t + Q_N \sin N\omega_1 t$$

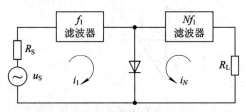

图 4 - 15　电流激励型倍频器原理图

如果采用突变结变容管，且工作于全激励或欠激励状态下，即结电压不超过 $U_B \sim \phi$ 的范围，那么，由式(4 - 25)可知

$$u' = Aq^2(u) = A(Q_0 + Q_1 \sin\omega_1 t + Q_N \sin N\omega_1 t)^2$$

$$= A\{Q_0^2 + \frac{1}{2}Q_1^2 + \frac{1}{2}Q_N^2 - \frac{1}{2}Q_1^2 \cos 2\omega_1 t - \frac{1}{2}Q_N^2 \cos 2N\omega_1 t +$$

$$Q_1 Q_N [\cos(N-1)\omega_1 t - \cos(N+1)\omega_1 t] + 2Q_0 Q_1 \sin\omega_1 t + 2Q_0 Q_N \sin N\omega_1 t\}$$

$$(4 - 34)$$

只有当 $N=2$ 时，才能提供输出功率。为了获得 $N>3$ 的倍频可采取以下几种措施。

1. 设置空闲回路

设置空闲回路，即在变容管两端再并联一个 Q 值较高的串联谐振回路，调谐于 i 次谐波，如图 4-16 所示。它的作用是把变容管产生的 i 次谐波$(i<N)$的能量送回变容管，再通过非线性变频作用将低次谐波的能量转换为高次谐波的能量。由于增加了 i 次谐波的空闲回路，因此流过变容管的电流除原有的两个激励电流外，还有中间谐波激励电流（称空闲电流），故

$$i = i_1 + i_N + i_i = I_1 \cos\omega_1 t + I_N \cos N\omega_1 t + I_i \cos i\omega_1 t \tag{4-35}$$

激励变容管的电荷为

$$q(u) = \int i \, \mathrm{d}i = Q_0 + Q_1 \sin\omega_1 t + Q_N \sin N\omega_1 t + Q_i \sin i\omega_1 t \tag{4-36}$$

假定 $R_S=0$，变容管两端的电压为

$$u' = Aq^2(u)$$
$$= A[Q_0 + Q_1 \sin\omega_1 t + Q_N \sin N\omega_1 t + Q_i \sin i\omega_1 t]^2$$
$$= \left\{ 式(4-34) + A\left[\frac{1}{2}Q_1^2(1 - \cos 2i\omega_1 t) + 2Q_0 Q_i \sin i\omega_1 t + Q_1 Q_i \cos(i-1)\omega_1 t - \right. \right.$$
$$\left. \left. Q_1 Q_i \cos(i+1)\omega_1 t + Q_N Q_i \cos(N-i)\omega_1 t + Q_N Q_i \cos(N+i)\omega_1 t \right] \right\}$$

$$\tag{4-37}$$

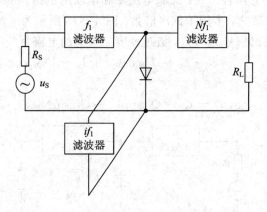

图 4-16　加空闲回路的变容管倍频器

由此可见，即使仍然采用 $n=1/2$ 的突变结变容管，当 $i=2$ 时，除得到二倍频外，还可得到三次倍频和四次倍频，故变容管的倍频电路有 1-2-3、1-2-4、1-2-3-4 等不同的电路。空闲回路并不"空闲"，它是产生倍频的一个重要回路。但是增加空闲回路会使电路结构及调整变得复杂，所以尽可能地少加入空闲电路。

2. 工作于过激励状态下的变容管

如果加大输入激励基波的幅度，使二极管外加电压超过 ϕ 值，则称为过激励工作状态。由于二极管结区正向电压不可能超过 ϕ 值，因此二极管上外加电压超过 ϕ 值的部分箝

位于 ϕ，图 4 - 17 示出了变容管在三种激励状态下的电荷 - 电压($q-u$)波形图。虽然在变容管上外加正弦电荷激励，但由于结电压产生严重畸变而致使电压中包含高次谐波，因此稳态时变容管倍频器的结电压和储存电荷的波形都是非正弦的。过激励状态时的 $q-v$ 特性表示为

$$\begin{cases} u' = Aq(u)^2 & q > 0 \\ u' = 0 & q < 0 \end{cases} \qquad (4-38)$$

激励状态可用激励系数来表示，定义激励系数 D 为

$$D = \frac{q_{max} - q_{min}}{Q_B - Q_\phi} \qquad (4-39)$$

式中：q_{max}、q_{min} 分别为变容管受激励时的最大电荷和最小电荷；Q_B、Q_ϕ 分别对应 $u=U_B$ 和 $u=\phi$ 时结电容上的电荷。在全激励情况下，$q_{max} = Q_B$，$q_{min} = Q_\phi$，$D = 1$；在欠激励情况下，$D < 1$；而在过激励情况下，$D > 1$。因此，当过激励工作时，即使是突变结变容管，结电压也将产生严重畸变而产生高次谐波，从而可获得 $N \geqslant 3$ 次倍频输出。

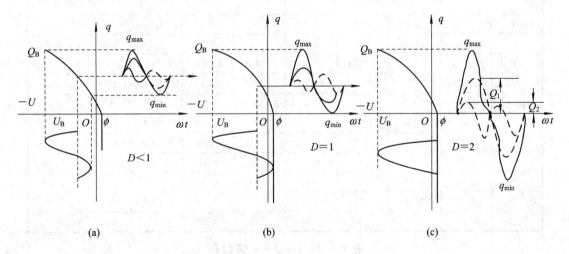

图 4 - 17　突变结变容管二倍频器工作于三种激励状态时的情况

(a) 欠激励；(b) 全激励；(c) 过激励

3. 采用不同特性的变容管

若采用线性缓变结变容管，$n = 1/3$，则其 $q-u$ 特性为

$$u' = Aq(u)^{3/2} \qquad (4-40)$$

由于式(4 - 40)不是平方律关系，当输入激励正弦信号时，可以产生 $N \geqslant 3$ 的高次谐波。

以上讨论说明，设置空闲回路、变容管激励状态(激励系数 D)以及 $q-u$ 特性(非线性指数 n)都会影响变容管倍频器的工作性能，设计时应综合考虑，选择合适的方案。

4.4.2　变容管倍频器的设计

在考虑了变容管损耗电阻 R_S 的影响后，对不同器件、不同激励系数、若干种空闲回路配置情况的倍频器进行优化计算，设计时可参考表 4 - 1～表 4 - 8。

表 4-1　二 倍 频 器

	$n=0$		$n=\frac{1}{3}$			$n=\frac{1}{2.5}$			$n=\frac{1}{2}$	
D	1.5	2.0	1.0	1.3	1.6	1.0	1.3	1.6	1.3	1.6
α	6.7	4.7	12.6	8.0	6.9	11.1	8.0	7.2	8.3	8.3
β	0.0222	0.0626	0.0118	0.0329	0.0587	0.0168	0.0406	0.0678	0.0556	0.0835
A	0.117	0.213	0.0636	0.101	0.126	0.073	0.102	0.118	0.098	0.0977
B	0.204	0.211	0.0976	0.158	0.172	0.112	0.157	0.161	0.151	0.151
S_{01}/S_{max}	0.73	0.50	0.68	0.52	0.40	0.61	0.45	0.35	0.37	0.28
S_{02}/S_{max}	0.60	0.50	0.66	0.48	0.41	0.59	0.44	0.38	0.40	0.34
U_{norm}	0.35	0.25	0.41	0.33	0.27	0.39	0.31	0.26	0.28	0.24

表 4-2　1-2-3 三倍频器

	$n=0$	$n=\frac{1}{3}$			$n=\frac{1}{2.5}$			$n=\frac{1}{2}$	
D	1.5	1.0	1.3	1.6	1.0	1.3	1.6	1.3	1.6
α	7.0	14.2	9.0	8.1	12.5	8.6	8.6	9.4	9.8
β	0.0212	0.0101	0.0281	0.049	0.0144	0.0345	0.0563	0.0475	0.070
P_{max}/P_{norm}	7.5×10^{-4}	1.8×10^{-4}	8×10^{-4}	1.4×10^{-3}	3×10^{-4}	9.6×10^{-4}	1.5×10^{-3}	1.2×10^{-3}	1.7×10^{-3}
ω_{max}/ω_c	0.10	7×10^{-2}	0.10	0.10	8×10^{-2}	0.10	0.10	0.10	0.10
A	0.185	0.104	0.170	0.214	0.120	0.172	0.200	0.166	0.172
B	0.0878	0.0471	0.0573	0.0871	0.0542	0.0755	0.0818	0.0728	0.0722
S_{01}/S_{max}	0.80	0.69	0.54	0.41	0.62	0.47	0.35	0.36	0.26
S_{02}/S_{max}	0.54	0.67	0.50	0.40	0.60	0.45	0.37	0.38	0.31
S_{03}/S_{max}	0.72	0.67	0.52	0.42	0.61	0.46	0.37	0.38	0.30
U_{norm}	0.32	0.39	0.29	0.22	0.37	0.27	0.20	0.24	0.18

表 4-3　1-2-4 倍频器

	$n=0$		$n=\frac{1}{3}$			$n=\frac{1}{2.5}$			$n=\frac{1}{2}$	
D	1.5	2.0	1.0	1.3	1.6	1.0	1.3	1.6	1.3	1.6
α	11.1	10.3	19.3	12.6	12.2	17.1	12.0	12.9	13.6	14.1
β	0.0154	0.0298	0.0082	0.0224	0.0351	0.0116	0.0271	0.0410	0.0368	0.0530
P_{max}/P_{norm}	1.8×10^{-4}	4.0×10^{-4}	6.2×10^{-5}	2.3×10^{-4}	4.0×10^{-4}	1.0×10^{-4}	2.9×10^{-4}	4.3×10^{-4}	3.7×10^{-4}	5.3×10^{-4}
ω_{max}/ω_c	3.2×10^{-2}	3.1×10^{-2}	2.3×10^{-2}	3.3×10^{-2}	3.3×10^{-2}	2.4×10^{-2}	3.0×10^{-2}	3.3×10^{-2}	3.0×10^{-2}	2.4×10^{-2}
A	0.230	0.281	0.115	0.188	0.215	0.132	0.188	0.202	0.180	0.176
B	0.0754	0.101	0.0409	0.0623	0.0719	0.0456	0.0627	0.0688	0.0605	0.0613
S_{01}/S_{max}	0.73	0.50	0.68	0.53	0.40	0.61	0.46	0.35	0.36	0.27
S_{02}/S_{max}	0.73	0.50	0.68	0.53	0.40	0.61	0.46	0.35	0.37	0.24
S_{04}/S_{max}	0.87	0.50	0.69	0.56	0.41	0.62	0.48	0.34	0.36	0.24
U_{norm}	0.33	0.25	0.40	0.31	0.25	0.38	0.29	0.23	0.26	0.21

表 4 - 4　1 - 2 - 3 - 4 四倍频器

	D	α	β	P_{max}/P_{norm}	ω_{1max}/ω_c	A	B	S_{01}/S_{max}	S_{02}/S_{max}	S_{03}/S_{max}	S_{04}/S_{max}	U_{norm}
	1.0	14.1	0.0094	1.1×10^{-4}	3.0×10^{-2}	0.0719	0.0489	0.69	0.66	0.67	0.67	0.40
$n=\frac{1}{3}$	1.3	8.9	0.0260	4.8×10^{-4}	6.4×10^{-2}	0.1180	0.0797	0.55	0.48	0.51	0.50	0.30
	1.6	8.1	0.0438	8.2×10^{-4}	6.3×10^{-2}	0.1550	0.0927	0.40	0.41	0.42	0.40	0.23
$n=\frac{1}{2}$	1.3	9.4	0.0439	7.4×10^{-4}	5.2×10^{-2}	0.1200	0.0748	0.36	0.36	0.38	0.38	0.25
	1.6	9.7	0.0647	1.1×10^{-4}	6.0×10^{-2}	0.1220	0.0729	0.25	0.31	0.31	0.30	0.20

表 4 - 5　1 - 2 - 4 - 5 五倍频器

	D	α	β	P_{max}/P_{norm}	ω_{1max}/ω_c	A	B	S_{01}/S_{max}	S_{02}/S_{max}	S_{04}/S_{max}	S_{05}/S_{max}	U_{norm}
	1.0	21.4	0.0072	4.2×10^{-5}	1.4×10^{-2}	0.104	0.0315	0.69	0.69	0.68	0.67	0.40
$n=\frac{1}{3}$	1.3	14.5	0.0198	1.6×10^{-4}	2.2×10^{-2}	0.170	0.0524	0.54	0.54	0.53	0.49	0.29
	1.6	14.3	0.0310	2.4×10^{-4}	2.0×10^{-2}	0.203	0.0592	0.39	0.40	0.41	0.40	0.23
$n=\frac{1}{2}$	1.3	15.8	0.0326	2.5×10^{-4}	2.2×10^{-2}	0.167	0.0485	0.36	0.36	0.37	0.38	0.24
	1.6	16.6	0.0470	3.4×10^{-4}	2.2×10^{-2}	0.163	0.0470	0.26	0.28	0.32		0.19

表 4 - 6　1 - 2 - 4 - 6 六倍频器

	D	α	β	P_{max}/P_{norm}	ω_{1max}/ω_c	A	B	S_{01}/S_{max}	S_{02}/S_{max}	S_{04}/S_{max}	S_{06}/S_{max}	U_{norm}
	1.0	19.6	0.0086	4.1×10^{-5}	1.4×10^{-2}	0.0877	0.0179	0.69	0.68	0.69	0.68	0.40
$n=\frac{1}{3}$	1.3	13.0	0.0239	1.7×10^{-4}	2.3×10^{-2}	0.145	0.0290	0.54	0.52	0.56	0.53	0.32
	1.6	11.3	0.0419	3.3×10^{-4}	2.0×10^{-2}	0.177	0.0314	0.40	0.40	0.41	0.41	0.26
$n=\frac{1}{2}$	1.3	13.4	0.0405	2.7×10^{-4}	2.5×10^{-2}	0.140	0.0271	0.36	0.36	0.36	0.37	0.27
	1.6	13.7	0.0598	4.0×10^{-4}	2.3×10^{-2}	0.140	0.0259	0.26	0.28	0.24	0.28	0.22

表 4 - 7　1 - 2 - 4 - 8 八倍频器

	D	α	β	P_{max}/P_{norm}	ω_{1max}/ω_c	A	B	S_{01}/S_{max}	S_{02}/S_{max}	S_{04}/S_{max}	S_{08}/S_{max}	U_{norm}
	1.0	28.4	0.0071	1.7×10^{-5}	5.0×10^{-3}	0.0795	0.0156	0.68	0.68	0.68	0.68	0.41
$n=\frac{1}{3}$	1.3	17.8	0.0205	7.2×10^{-5}	1.1×10^{-2}	0.129	0.0220	0.53	0.53	0.52	0.50	0.33
	1.6	13.9	0.0380	1.6×10^{-4}	1.1×10^{-2}	0.153	0.0255	0.40	0.41	0.41	0.39	0.28
$n=\frac{1}{2}$	1.3	17.7	0.0355	1.2×10^{-4}	8.0×10^{-2}	0.125	0.0217	0.37	0.37	0.37	0.37	0.28
	1.6	17.5	0.0537	1.9×10^{-4}	9.0×10^{-2}	0.124	0.0212	0.27	0.28	0.28	0.30	0.24

表 4 - 8　无空闲回路的倍频器($n=0,m=2$)

倍频次数	α	β	P_{max}/P_{norm}	ω_{1max}/ω_c	A	B	S_{01}/S_{max}	S_{0N}/S_{max}	U_{norm}
4	11.8	0.0144	2.2×10^{-4}	1.0×10^{-1}	0.0415	0.0430	0.50	0.50	0.27
6	17.6	0.0063	4.1×10^{-5}	1.0×10^{-1}	0.0175	0.0189	0.50	0.50	0.28
8	21.7	0.0034	1.3×10^{-5}	3.0×10^{-2}	0.0098	0.0106	0.50	0.50	0.29

根据式(4-21)可导出考虑 R_S 后变容管倍频器的大信号方程:

$$u_i - \phi = (U_B - \phi) f(\bar{q}) + R_S (Q_B - q_\phi) \frac{d\bar{q}}{dt} \qquad (4-41)$$

式中: u_i 为变容管两端的电压(含 R_S 上的电压), $\bar{q}$ 为归一化电荷, $\bar{q} = \dfrac{q(u) - q_\phi}{Q_B - q_\phi}$。

若对变容管加入激励信号 (f_1), 则根据 $q - u$ 非线性特性, 上式中的 $u_i - \phi$、$f(\bar{q})$ 都是非正弦的周期函数, 均可展成傅氏级数。将它们代入式(4-41)得到同频率项系数间的关系, 然后计算输入回路、输出回路和空闲回路的同频率电压、电流之比, 得到变容管对该频率呈现的阻抗, 进而计算功率和效率。

在使用设计表格时已知数据如下:

(1) 倍频器的输入、输出及空闲回路的频率。

(2) 变容管的参数 n、R_S、U_B、ϕ、C_{min} 或 C_j 等。

(3) 变容管的激励系数 D。

由设计表格可查出 α、β、A、B、S_{01}/S_{max} 等参数, 根据下列近似公式即可得到所需的设计数据:

(1) 倍频器的效率:

$$\eta = \exp\left(\frac{-\alpha\omega_{out}}{\omega_c}\right)$$

(2) 输出功率:

$$\frac{P_{out}}{P_{norm}} = \beta\left(\frac{\omega_1}{\omega_c}\right)$$

其中标称功率

$$P_{norm} = \frac{(U_B - \phi)^2}{R_S}$$

(3) 输入电阻:

$$\frac{R_{in}}{R_S} = A\left(\frac{\omega_c}{\omega_1}\right)$$

(4) 输出电阻:

$$\frac{R_{out}}{R_S} = B\left(\frac{\omega_c}{\omega_1}\right)$$

(5) 变容管对输入频率呈现的等效电容 $C_{01} = 1/S_{01}$, 设计表格给出的是倒电容 S_{01} 与 S_{max} 的比值, $S_{max} = 1/C_{min}$, C_{min} 为偏压为 U_B 时的结电容, 也可由零偏压结电容 $C_j(0)$ 求得。

(6) 偏压归一化值:

$$U_{norm} = \frac{U_0 - \phi}{U_B - \phi}$$

由此可求出 U_0。

此外, 表中给出的 ω_{1max}/ω_c 为倍频器能够获得最大输出的频率, P_{max}/P_{norm} 为对应的最大输出功率, 由此可检验所选用的倍频方案是否充分发挥了变容管和电路的潜力。

最后需说明的是, 上述计算结果是对最大效率进行优化的, 并假设 R_s 为常数, 器件截止频率应满足 $\omega_1 \ll \omega_c$ (最好 $\omega_1 < \omega_c/100$)。因此在不符合以上条件的情况下, 将会有设计误差。

4.4.3 变容管倍频器电路

和上变频器类似，要在微波频段实现变容管倍频，除了选择合适的器件外，还需将输入、输出及空闲回路都耦合到变容管，同时又要互相隔离。图 4 - 18 是一个微带型 1 - 2 - 4 四倍频器。该电路采用突变结变容管，输入频率 $f_1 = 2.25\,\mathrm{GHz}$，输出频率 $f_N = 9\,\mathrm{GHz}$，空闲频率 $f_i = 4.5\,\mathrm{GHz}$。

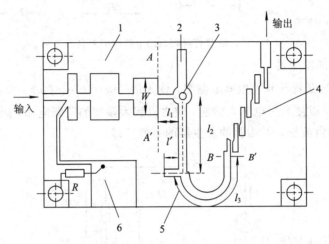

1—变阻低通滤波器；2—空闲回路；3—变容管；
4—输出带通滤波器；5—阻抗匹配网络；6—偏置电路

图 4 - 18 微带型 1 - 2 - 4 四倍频器

输入回路为一低通滤波阻抗变换器。输出回路设计成阻抗匹配网络和带通滤波器两部分。空闲回路由空闲频率的 1/4 波长开路线构成。偏置电路由高频短路块和基波频率的 1/4 波长高阻线构成，这里采用自给偏置，R 为偏置电阻。

4.5 阶跃恢复二极管倍频器

前面已介绍过 PN 结变容管势垒电容与外加电压 c_j - u 的关系，当非线性指数 $n = 1/15 \sim 1/30$ 时为阶跃恢复结。由这种阶跃恢复结构成的二极管称之为阶跃恢复二极管（SRD），是一种 PN 结电荷储存二极管。对 PN 结材料和结构采取特殊措施，加大正偏时的电荷存储效应，使二极管在正偏时有很大的扩散电容，此时该器件等效为一个大电容，呈现低阻，近似短路；而反偏时近似等效为一个小电容，呈现高阻，近似开路。因此在大信号交流电压的激励下，这种特殊的变容管呈现两种阻抗状态，具有电容开关特性。

4.5.1 阶跃管倍频器电路原理及分析

阶跃管倍频器的电路构成和各级波形如图 4 - 19 所示。阶跃管的作用是把每一个周期 (T_1) 输入的信源能量转换为一个谐波丰富的大幅度窄脉冲；再利用它激励一个谐振电路，得到频率为 $f_N = N f_1$ 的衰减波振荡，最后通过带通滤波器在负载上得到 N 次谐波的等幅波。本节主要介绍阶跃管脉冲发生器及谐振电路两个部分。

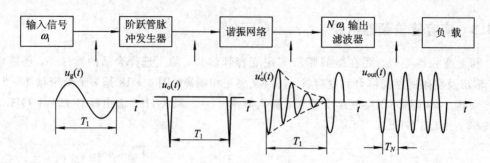

图 4-19 阶跃管倍频器的电路构成及各级波形

1. 阶跃管脉冲发生器

图 4-20 为阶跃管脉冲发生器电路图，输入信号 $u_g = U \sin(\omega_1 t + \theta)$，通过一个激励电感 L 激励阶跃管，以便利用电感来储能，使之得到大幅度的阶跃电流，因此 u_g 应为功率信号源。图中 U_0 为负偏压，R'_L 为脉冲发生器的等效负载。

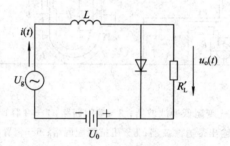

图 4-20 阶跃管脉冲发生器电路

以阶跃管在导通和截止两种不同状态下工作来对脉冲发生器进行分析。

（1）导通期间。当外加电压 u_g 和偏压 $-U_0$ 叠加，使加到二极管上的电压超过势垒电位差 ϕ 时，二极管上的压降箝位于 ϕ，同时阶跃管相当于一个大电容 C_D（扩散电容），由激励源对其充电，此时的等效电路如图 4-21(a)所示。由于 C_D 电容大、容抗小，近似短路，其电压为 ϕ，在等效电路中阶跃管以等效电压源 ϕ 来表示（注意：方向与势垒电位的方向相反）。负载 R'_L 相对很大，故在等效电路中将其忽略。

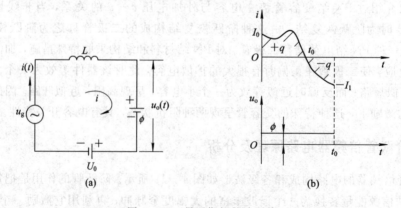

图 4-21 导通期间的阶跃管

（a）导通期间的等效电路；（b）阶跃管上电流、电压波形

由图 4 - 21(a)的等效电路可求出电路中电流的表达式。

电路的微分方程：

$$L\frac{\mathrm{d}i}{\mathrm{d}t} = U\sin(\omega_1 t + \theta) - U_0 - \phi$$

假定起始条件为 $i|_{t=t_0} = I_0$，I_0 为电感中的起始电流，则解方程得

$$i(t) = I_0 + \frac{U}{\omega_1 L}[\cos\theta - \cos(\omega_1 t + \theta)] - \frac{U_0 + \phi}{L}t \qquad (4-42)$$

由此可见，电流由三部分组成：直流分量、余弦分量和线性下降项，其波形如图 4 - 21 (b)所示。因电流 i 的相位落后于电压 u_g，故当 $t = t_0$ 时，激励电压已摆动到负半周，当 $t > t_0$ 时，受激励电压和负偏压的作用，阶跃管在正向导通期注入的少数载流子被外加电压吸出，故转为出现大的反向电流，也就是将 $t < t_0$ 注入的少子电荷清除掉。到 $t = t_0$ 时，时间轴上、下方的正、负电流波形包围的面积接近相等，表明存储电荷基本清除，反向电流陡降，因此，$t > t_0$，即进入阶跃区间。

（2）阶跃期间。为了说明阶跃期间阶跃管上的电流、电压波形，假定在 $i(t)$ 达到负的最大值，即 $\frac{\mathrm{d}i}{\mathrm{d}t}\Big|_{t=t_a} = 0$，产生阶跃，则可画出阶跃期间的等效电路和写出电路方程：

$$L\frac{\mathrm{d}i}{\mathrm{d}t} = 0 = U\sin(\omega_1 t_a + \theta) - U_0 - \phi$$

即

$$U\sin(\omega_1 t_a + \theta) - U_0 = \phi \approx 0 \qquad (4-43)$$

这里将 ϕ 忽略，因相对二极管反向激励电压而言，ϕ 很小。由式(4 - 43)可知，在 t_a 时刻，激励电压正好等于偏压，故可画出阶跃期的等效电路，如图 4 - 22(a)所示。图中 C_0 表示阶跃管反偏时的等效电容(势垒电容)，此时 R'_L 不能忽略。

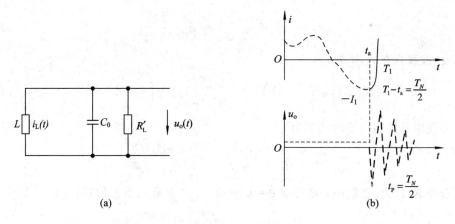

图 4 - 22　阶跃期间的阶跃管
(a) 阶跃期间的等效电路；(b) 阶跃管上电流、电压波形

由图 4 - 22(a)等效电路可写出电路的微分方程，并求出电流 $i_L(t)$。注意，此时的电流方向与导通期间电流 $i(t)$ 的正方向相反。电路微分方程为

$$i_L(t) + C_0\frac{\mathrm{d}\left(L\dfrac{\mathrm{d}i}{\mathrm{d}t}\right)}{\mathrm{d}t} + \frac{L\dfrac{\mathrm{d}i}{\mathrm{d}t}}{R'_L} = 0 \qquad (4-44)$$

令 $t = t_a$ 为阶跃期间的起始时刻，$t = 0$ 时，起始条件为

$$\begin{cases} i_{\mathrm{L}} \mid_{t=0} = -I_1 \\ u_{\mathrm{o}} \mid_{t=0} = 0 \end{cases} \tag{4-45}$$

解得电流为

$$i_{\mathrm{L}}(t) = -I_1 \mathrm{e}^{\alpha} \left(\cos\omega_{\mathrm{N}} t - \frac{\gamma}{\omega_{\mathrm{N}}} \sin\omega_{\mathrm{N}} t \right) \tag{4-46}$$

式中：

$$\gamma = \frac{1}{2R_{\mathrm{L}}' C_0} = \frac{\zeta\omega_{\mathrm{N}}}{\sqrt{1-\zeta^2}} \tag{4-47}$$

$$\omega_{\mathrm{N}} = \sqrt{\frac{1-\zeta^2}{LC_0}} \tag{4-48}$$

$$\zeta = \frac{1}{2R_{\mathrm{L}}'} \sqrt{\frac{L}{C_0}} \tag{4-49}$$

ζ 为阻尼因子，由电路参数决定。适当选择激励电感和 R_{L}'，对一定的阶跃管使 $\zeta < 1$，则 $i_{\mathrm{L}}(t)$ 的波形表现为衰减振荡。负载上的电压波形为

$$u_{\mathrm{o}}(t) = \frac{1}{C_0} \int i \, \mathrm{d}i = -I_1 \exp\left(-\frac{\zeta\omega_{\mathrm{N}} t}{\sqrt{1-\zeta^2}} \right) \frac{\sqrt{L/C_0}}{\sqrt{1-\zeta^2}} \sin\omega_{\mathrm{N}} t \tag{4-50}$$

可见，电压波形也表现为衰减振荡。

　　实际上振荡不可能永远维持下去，一旦进入正半周，阶跃管又将导通，管压降被箝位于 ϕ，脉冲发生器又会恢复到导通期间的等效电路。因此上述衰减振荡只在 ω_{N} 的第一个负半周期有效，见图 4-22(b) 的实线部分。所以，形成的大幅度窄脉冲电压只有半个正弦波，由此产生的脉冲宽度 t_{P} 为

$$t_{\mathrm{P}} = \frac{T_{\mathrm{N}}}{2} = \frac{1}{2} \frac{2\pi}{\omega_{\mathrm{N}}} = \pi \sqrt{\frac{LC_0}{1-\zeta^2}} \tag{4-51}$$

脉冲幅度（波腹点在 $t_{\mathrm{N}}/4$ 处）为

$$U_{\mathrm{P}} = \left| u_{\mathrm{o}}\left(t = \frac{t_{\mathrm{N}}}{4} \right) \right| = \frac{I_1 \sqrt{L/C_0}}{\sqrt{1-\zeta^2}} \exp\left(\frac{-\zeta\pi}{2\sqrt{1-\zeta^2}} \right) \tag{4-52}$$

　　脉冲发生器的输出平均功率为

$$P_0 = \frac{1}{T_1} \int_0^{t_{\mathrm{P}}} \frac{u_{\mathrm{o}}^2(t)}{R_{\mathrm{L}}'} \, \mathrm{d}t = f_1 \frac{\pi\zeta U^2 C_0}{\sqrt{1-\zeta^2}} \tag{4-53}$$

一般若选择 R_{L}' 较大、ζ 较小，则可令 $\zeta = 0.3 \sim 0.5$，于是有以下近似式：

$$\begin{cases} t_{\mathrm{P}} \approx \pi \sqrt{LC_0} \\ U_{\mathrm{P}} \approx I_1 \sqrt{\dfrac{L}{C_0}} \\ P_0 \approx \pi\zeta U_{\mathrm{P}}^2 f_1 C_0 \end{cases} \tag{4-54}$$

可见，若 I_1 值增大，则 U_{P} 增大，P_0 也随之增大。

　　(3) 偏置电压的选择。在阶跃管导通期间，当外加激励电压 u_{g} 和负偏压 $-U_0$ 叠加之值大于 ϕ 时，二极管导通。当电流阶跃发生在电流 $-I_1$ 的瞬间时，$L \dfrac{\mathrm{d}i}{\mathrm{d}t} = 0$，故得偏置电压为

$$U_0 = U \sin\left(-\frac{\omega_1}{\omega_N}\pi + \theta\right) = U \sin\left(\theta - \frac{\pi}{N}\right) \qquad (4-55)$$

式中：$\omega_N / \omega_1 = N$。

　　可见，当输入电压幅度 U 及倍频次数 N 确定后，必须选择并调整合适的偏压，使相应的 θ 满足每个周期的电流阶跃发生在电流的最大数值瞬间。

　　（4）输入导纳。计算脉冲发生器的输入导纳对电路的匹配很重要，可将输入电流分解为与输入基波电压同相分量 I_A 和正交分量 I_B 两部分，如图 4-23 所示。将 I_A、I_B 与输入基波电压幅度相比，得到输入导纳 $Y_{in}(\omega_1) = G_{in} -$

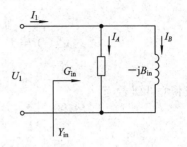

图 4-23　脉冲发生器的基波等效电路

jB_{in}，或用 $Y_{in}(\omega_1) = \dfrac{1}{R_{in}} + \dfrac{1}{jX_{in}}$ 来表示。通过分析，可得

$$\begin{cases} R_{in} = \dfrac{1}{G_{in}} \approx \dfrac{\omega_1 L}{2\cos\theta \sin\left(\theta - \dfrac{\pi}{N}\right)} = \omega_1 L R_0 \\[4mm] X_{in} = \dfrac{1}{B_{in}} \approx \dfrac{\omega_1 L}{1 + 2\sin\left(\theta - \dfrac{\pi}{N}\right)\sin\theta} = \omega_1 L X_0 \end{cases} \qquad (4-56)$$

式中：L 为激励电感值；R_0、X_0 为阻抗倍乘系数，它是 ζ 和 N 的函数，通常估算输入阻抗时，近似认为 $R_0 \approx 1$，$X_0 \approx 1$。为此可用一调谐电容对电感分量进行补偿，则输入阻抗为

$$Z_{in} \approx \omega_1 L$$

　　（5）脉冲电压波形及其频谱。正弦电压激励阶跃管脉冲发生器时，输入电压、流过阶跃管的电流及阶跃管的端电压波形如图 4-24 所示。脉冲发生器输出的电压为周期性窄脉冲串，具有丰富的谐波。t_P 愈小，谐波愈丰富，并与激励电感和阶跃管的特性有关。

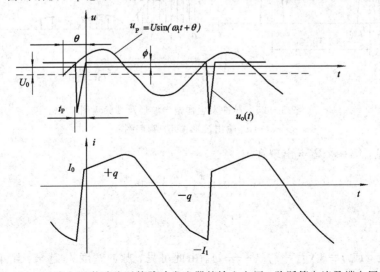

图 4-24　正弦电压激励阶跃管脉冲发生器的输入电压、阶跃管电流及端电压波形

为求电压脉冲频谱，将负脉冲串变为正脉冲，并将时间坐标移动，使之成为偶函数，这样处理不会影响分析的结果。

由图 4 - 25(a)所示脉冲发生器输出周期性脉冲的波形，可写出表达式为

$$u'_{\mathrm{o}}(t) = \begin{cases} U_{\mathrm{P}} \cos\omega_N t & -\dfrac{t_{\mathrm{P}}}{2} \leqslant t \leqslant \dfrac{t_{\mathrm{P}}}{2} \\ 0 & \dfrac{t_{\mathrm{P}}}{2} \leqslant t \leqslant T - \dfrac{t_{\mathrm{P}}}{2} \end{cases} \tag{4-57}$$

展成傅立叶级数为

$$u'_{\mathrm{o}}(t) = \sum_{n=-\infty}^{\infty} C_n \mathrm{e}^{jn\omega_1 t} \tag{4-58}$$

$$C_n = \frac{2}{\pi} \int_0^{t_{\mathrm{P}}/2} U_{\mathrm{P}} \cos\omega_N t \cdot \cos n\omega_1 t \, \mathrm{d}t = \frac{U_{\mathrm{P}}}{\pi N} \cdot \frac{\cos\left(\dfrac{\pi}{2} \cdot \dfrac{n}{N}\right)}{1 - \left(\dfrac{n}{N}\right)^2} \tag{4-59}$$

式中：n 是任一次谐波，N 是所要求的倍频次数。当 $n=0$ 时，得 $C_0 = \dfrac{U_{\mathrm{P}}}{\pi N}$。因此脉冲串频谱的相对幅值为

$$\frac{C_n}{C_0} = \frac{\cos\left(\dfrac{\pi}{2} \cdot \dfrac{n}{N}\right)}{1 - \left(\dfrac{n}{N}\right)^2} \tag{4-60}$$

由此画出其频谱图，见图 4 - 25(b)。

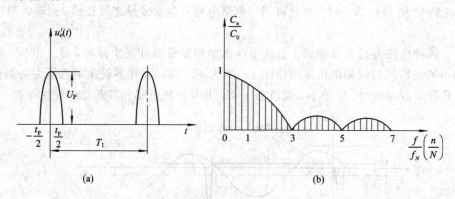

图 4 - 25 脉冲发生器输出波形及其频谱图
（a）输出波形；（b）频谱图

由图可见，第一个零点出现在

$$\begin{cases} \cos\left(\dfrac{\pi}{2} \cdot \dfrac{n}{N}\right) = 0 \\ 1 - \left(\dfrac{n}{N}\right)^2 \neq 0 \end{cases}$$

即 $n/N=3$ 处，或 $f=3Nf_1=3f_N=\dfrac{3}{2t_{\mathrm{P}}}$ 处。由此可见，脉冲宽度 t_{P} 越窄，则第一个零点的频率越高，频谱特性越平坦。

如果脉冲发生器输出端接一电阻性负载，则可在相当宽的频率内得到间隔为 f_1 的均匀谱线，故可用作梳状频谱发生器。如果将脉冲发生器用作倍频器，采用滤波器直接从频谱中取出 Nf_1，则效率太低。因此，多用脉冲直接激励一个谐振回路，取出其所需要的谐波分量。

2. 谐振电路

图 4 - 26(a)是一阶跃管倍频器电路，阶跃管的输出端与一段微带传输线相连，传输线终端接一段开路短线，这样可等效一电容，由此画出其等效电路，如图 4 - 26(b)所示。图中 C_C 为耦合电容，用来隔直流和调节谐振电路的有载 Q 值。1/4 波长传输线作谐振电路，从 $11'$ 端输入幅度为 U_P 的负脉冲电压波，由于 $22'$ 端不匹配，因此以反射系数 Γ 向二极管方向反射，反射脉冲幅度为 ΓU_P。当到达二极管处的时间滞后 $T_N/2$ 时，正好二极管又进入导通期，$11'$ 端等效短路，反射系数为 -1。于是一个幅度为 ΓU_P 的正脉冲向传输线终端传播，到达负载处又以反射系数 Γ 向二极管方向反射回去……如此往返多次，即可在负载上得到一个衰减振荡波形，周期为 T_1，衰减振荡幅度每隔 $T_N/2$ 时间以 $(1+\Gamma)U_P \rightarrow (1+\Gamma)\Gamma U_P \rightarrow (1+\Gamma)\Gamma^2 U_P \cdots$ 逐渐减小。振荡波形表示式为

$$u'_o(t) = -(1+\Gamma)U_P e^{-\alpha t} \sin\omega_N t \qquad (4-61)$$

式中：α 是衰减常数，其值为

$$\alpha = \frac{\omega_N}{2Q_L} = \frac{N\omega_1}{2Q_L} \qquad (4-62)$$

选择 Q_L 的原则是在输入信号的一个周期内振荡衰减至很小，由第二个脉冲再激励起振荡。一般可调节耦合电容 C_C 来改变谐振回路的 Q_L 值，从而控制衰减速度，当取 $Q_L = \pi N/2$ 时，$\alpha = \omega_1/\pi$，于是当 $t = T_1$ 时，$e^{-\alpha t} = e^{-2} = 13\%$，此即意味着在输入信号的一个周期内，$u'_o(t)$ 的幅度已衰减至最初值的 13%，大部分能量靠多次反射已传递给负载。当 $Q_L = N$ 时，同理有 $e^{-\alpha t} = e^{-\frac{\omega_1}{2}T_1} = e^{-\pi} = 4\%$。$Q_L$ 值的选取不能过小，否则衰减太快，其极端情况就是直接接负载电阻，脉冲无畸变地传输，没有起到转移频谱的作用。若 Q_L 值选取过高，振荡衰减太慢，则在输入信号的一个周期内来不及把大部分能量传递到负载上，同样是不利的，因此一般选择 Q_L 在 $\pi N/2 \sim N$ 范围内。

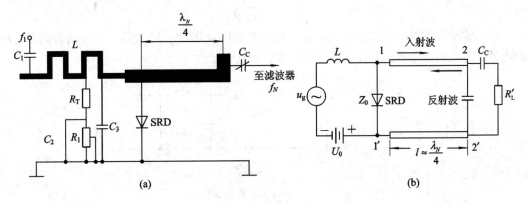

图 4 - 26　阶跃管倍频器及其等效电路
(a) 阶跃管倍频器电路；(b) 等效电路

将式(4-61)的衰减振荡 $u'_o(t)$ 展成傅立叶级数，可得到图4-27所示的频谱。由分析可知，频谱在 $n/N = \sqrt{1-(1/4Q_L^2)} \approx 1$ 时频谱幅度最大。可见谐振回路的作用是将原来窄脉冲的宽频谱能量集中到 Nf_1 附近，此即应用谐振回路的特点。

关于传输线特性阻抗 Z_0 的确定，可认为脉冲发生器产生负脉冲期间，负脉冲向传输线终端传播，尚未产生反射波，在此期间从二极管向传输线看去相当于一个"无限长传输线"。因此传输线特性阻抗 Z_0 就是阶跃期等

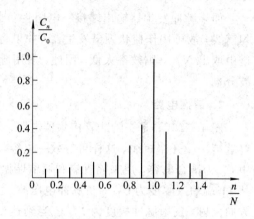

图4-27 衰减振荡的频谱

效电路中二极管的等效负载 R'_L。根据式(4-49)，并取 $\zeta = 0.3 \sim 0.5$，便可确定 Z_0 值为

$$Z_0 = (1 \sim 1.67)\sqrt{\frac{L}{C_0}} > \sqrt{\frac{L}{C_0}} \tag{4-63}$$

阶跃管倍频器的谐振回路形式很多，1/4输出信号波长传输线只是其中的一种，还可以应用各种形式的谐振腔，通过谐振腔将谐波能量取出。

4.5.2 阶跃管倍频器的设计步骤

设计阶跃管倍频率器的步骤大致如下：

(1) 挑选合适的阶跃恢复二极管。通常对二极管有以下要求：

① 阶跃时间：$t_t < 1/f_N$，应尽量选得小一些。

② 载流子寿命：一般应选 $\tau \gg \dfrac{1}{2\pi f_1}$（在大多数场合下，$\omega\tau > 10$ 即可）。

③ 反向结电容：为避免传输线对脉冲发生器过载，在 50 Ω 系统中对阶跃管阻抗的要求为 10 Ω < X_D < 20 Ω，由此可以确定所需的 C_0 值。如果一个阶跃管的 C_0 不能满足要求，可以采用几个阶跃管并联的方法。阶跃恢复二极管的阻抗为

$$X_D = \frac{1}{2\pi f_N C_0}$$

(2) 脉冲发生器的设计。实际的脉冲发生器电路如图4-28所示，它包括阶跃管、激励电感、高频调谐电容、阻抗匹配网络、偏置电路等。

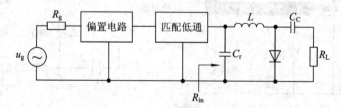

图4-28 脉冲发生器的实际电路

① 确定脉冲宽度为

$$\frac{1}{2Nf_1} < t'_P < \frac{1}{Nf_1}$$

式中：t'_P 为阶跃管的阶跃时间 t_t 不等于零时的实际脉冲宽度，它与理想脉冲宽度 $t_P(t_t=0)$ 之间有下述关系：

$$t'_P = t_P \sqrt{1 + \frac{t_t^2}{t_P^2}}$$

选定 t'_P 以后（t'_P 必须大于 t_t，否则应另选阶跃管），即可求出 t_P 为

$$t_P = \sqrt{t'^2_P - t_t^2}$$

当 $t_t < 0.5 t_P$ 时，可忽略 t_P 与 t'_P 之间的差别，直接用 t'_P 进行计算。

② 计算调谐电感 L（一般取阻尼系数 $\zeta=0.3$）：

$$L = \frac{t_P^2(1-\zeta^2)}{\pi^2 C_0}$$

③ 计算调谐电容 C_r。C_r 用来调谐脉冲发生器的输入导纳，调谐后脉冲发生器的输入阻抗为纯电阻，C_r 的值为

$$C_r = \frac{1}{(2\pi f_1)^2 L X_0}$$

④ 计算输入电阻：

$$R_{in} = \omega_1 L R_0$$

X_0、R_0 为阻抗倍乘系数。

⑤ 为了使脉冲发生器的输入电阻与信号源内阻（一般为 50 Ω）匹配，较简单的方法是采用变阻低通滤波器。匹配电路的简化等效电路图如图 4-29 所示，该电路可看成是参数半节 Γ 形阻抗变换器。对于这种电路，应有 $\omega_1 = 1/\sqrt{L_M C_M}$，输入阻抗为一纯阻，其值为 $\frac{L_M}{R_{in} C_M}$，且应等于 R_g。由此可求出：

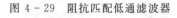

$$L_M \approx \frac{\sqrt{R_g R_{in}}}{2\pi f_1}$$

$$C_M \approx \frac{1}{2\pi f_1 \sqrt{R_g R_{in}}}$$

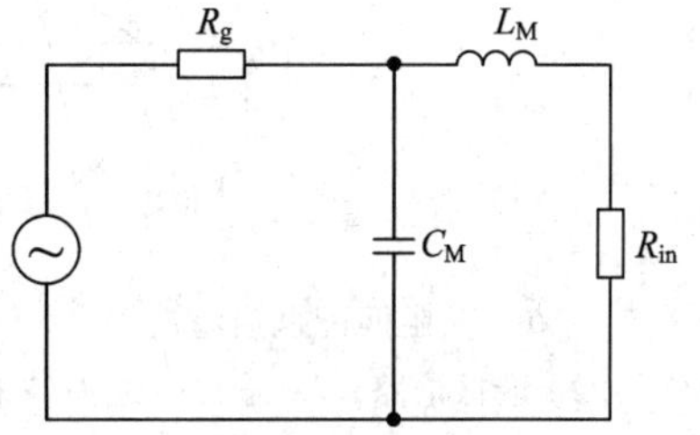

图 4-29　阻抗匹配低通滤波器

低通滤波器的 3 dB 带宽为

$$B = \frac{2 f_1}{\sqrt{\dfrac{R_g}{R_{in}}} - 1}$$

⑥ 实际偏置电路。一般采用自偏置，偏置电路基本上与变容管倍频器的偏置电路相同。偏置电阻值可按下式估算：

$$R \approx \frac{2\tau}{\pi N^2 C_0}$$

式中：τ 为载流子寿命。

（3）谐振回路的设计。对于特性阻抗为 Z_0 的四分之一波长谐振线，其长度为 $l \approx \frac{1}{4}\lambda_N$，特性阻抗为 $Z_0 > \sqrt{\dfrac{L}{C_0}}$，谐振电路的输入阻抗为 $Z_1 = R'_L = R_L \dfrac{Z_0^2}{X_C^2}$，耦合电容为

$C_C = \dfrac{1}{\omega_N \sqrt{2NR_L Z_0}}$，考虑到耦合电容加载的影响，谐振线的长度应略小于四分之一波长。

（4）设计输出滤波器。输出滤波器应根据所要求的阻抗及带宽进行设计。滤波器的设计方法在相关课程中已有介绍，这里不再重复。

必须指出的是，和变容管倍频器一样，上述设计只是粗略计算，还要通过反复实践进行修正。实践表明，有时理论计算值与实际电路的数值相差较大，其可能原因是：① 管子参数的误差及离散性较大；② 设计中没有考虑寄生参量以及输入回路与输出回路之间的影响；③ 大信号(特别是过激励)的理论尚不完善，对于准确的设计还有待于进一步研究。

4.5.3　阶跃管倍频器电路实例

1. 微带型 C 波段阶跃管六次倍频器

图 4-30 为采用微带电路的 C 波段阶跃管六次倍频器，输入信号 $f_1 = 1$ GHz，激励功率为 30 dBm，输出信号 $f_N = 6$ GHz，输出功率为 20 dBm。

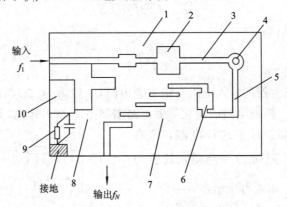

1—交阻匹配低通滤波器；2—调谐电容；3—激励电感；4—阶跃管；5—连接线；
6—$\lambda_N/4$ 谐振电路；7—输出带通滤波器；8—偏置线；9—偏置电阻与旁路电容；10—高频短路块

图 4-30　C 波段阶跃管六次倍频器

2. 同轴－波导型六次倍频器

图 4-31 是微波中继通信系统的同轴－波导型六次倍频器结构图。其技术指标与上述微带电路类似，输入信号 $f_1 = 1$ GHz，激励功率为 30 dBm，输出信号 $f_N = 6$ GHz，输出功率为 21.5 dBm。

输入功率经过输入滤波器滤除杂波和噪声后，耦合电容从输入腔中取出能量，通过低通滤波器 C_M、L_M 调谐电容 C_T 和激励电感 L 等加到阶跃管上。阶跃管后接的一段传输线（长度为 l_2）用作谐振电路与探针耦合。谐振电路的调谐可以通过调谐螺钉 4 及改变波导末端短路面的位置来进行。耦合量的大小可以通过改变探针的长度来调节。与输出滤波器的匹配可用宽壁上的调谐螺钉 5 来调节。由于输出波导对输入频率来说是截止的，因此输入功率不能进入输出波导。输入滤波器同样阻止输出功率返回到信号源去。偏置方式为自偏置，即在同轴线外导体上开孔穿一电阻，其一端接内导体的低阻抗段，另一端接外导体，这样既降低了偏置线对同轴线的影响，又减少了高频泄漏。对于频带宽度要求不高的倍频器来说，该电路结构简单，易于实现。

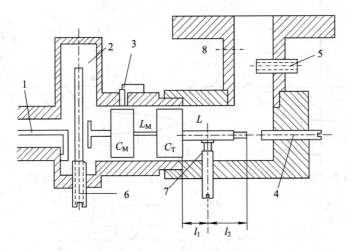

1—输入端；2—输入腔；3—偏置电阻；4、5、6—调谐螺钉；7—阶跃管；8—输出波导

图 4 - 31　同轴 - 波导型六次倍频器的结构

4.6　场效应管倍频器

微波晶体管倍频器与二极管倍频器相比有一些比较突出的优点，如频带宽、变频增益大于 1、消耗直流功率小、热耗散较小等，并且要求较低的输入信号电平，因此获得了广泛的应用。本节简单介绍微波场效应管倍频器的工作原理及其典型的电路结构。

4.6.1　场效应管倍频器的原理

在场效应管中，产生谐波非线性的原理主要如下：

(1) 栅、源极和栅、漏极非线性电容 C_{GS} 和 C_{DG} 的存在。

(2) 漏极电流 I_D 因为限幅而产生的非线性。

(3) $I_D - U_{GS}$ 的非线性转移特性。

(4) 输出电导的非线性。

利用其中任何一种非线性均可实现倍频，在此主要研究对单栅场效应管利用其漏极电流 I_D 的限幅作用实现高次倍频的原理。

图 4 - 32 示出了单栅场效应管倍频器的原理图，此电路的输出回路调谐于激励信号频率的第 9 次谐波，对其他谐波和基波分量都是短路的。根据栅偏压的不同，这种倍频器可以分为 A 类倍频、B 类倍频和 AB 类倍频三种工作状态。

在 A 类倍频工作状态下，栅极偏置电压在 ϕ 附近（ϕ 为栅极肖特基势垒电压），利用 I_D 的限幅效应得到半波，导通角 $\theta = 2\pi$，如图 4 - 33 所示。A 类倍频器的直流分量较大，平均直流分量为 $0.613 I_{DSS}$（I_{DSS} 为最大的源漏极电流）。

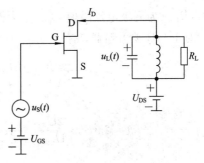

图 4 - 32　单栅场效应管倍频器原理图

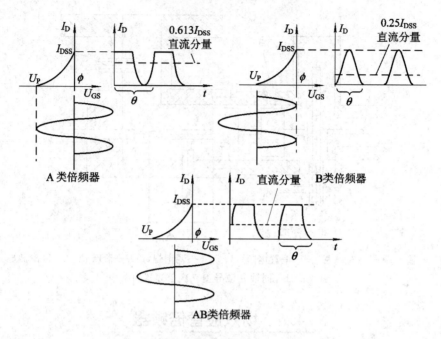

图 4 - 33 场效应管倍频器的工作状态

在 B 类倍频工作状态下，栅极偏置在夹断电压 U_P 附近，利用管子夹断效应得到尖峰脉冲电流，如图 4 - 33 所示。这种倍频器的平均直流分量小（约等于 $0.25I_{DSS}$），因而管耗小、效率高，且不容易产生自激振荡，是目前广泛采用的倍频方式。

在 AB 类倍频工作状态下，栅极偏压处于 ϕ 和 U_P 之间，大信号输入后使限幅和夹断效应同时出现，引起漏极电流的上、下截顶，如图 4 - 33 所示。若忽略交调失真，则电压变化近似为对称方波。

对于 B 类倍频器，将 I_D 的波形分解为各次谐波分量的叠加，求出各次谐波电流幅值，可以表示为

$$I_n = I_{Dmax} \frac{\theta}{\pi} \left| \frac{\cos(n\theta/2)}{1 - (n\theta/\pi)^2} \right| \tag{4 - 64}$$

$$\theta = 2\arccos \frac{2U_P - U_{GSmax} - U_{GSmin}}{U_{GSmax} - U_{GSmin}} \tag{4 - 65}$$

式中：I_{Dmax} 为漏极电流峰值；U_{GSmax} 为栅极饱和电压；U_{GSmin} 为栅极反向电压峰值。

对于 AB 类倍频器，有

$$I_{2n-1} = \frac{2I_{Dmax}}{\pi \dfrac{\theta - \pi}{2}} \left| \frac{\sin\left[(2n-1) \dfrac{\theta - \pi}{2} \right]}{(2n-1)^2} \right| \tag{4 - 66}$$

$$\theta = 2\arccos \frac{2U_P - \phi - U_P}{U_{GSmax} - U_{GSmin}} = 2\arccos \frac{U_P - \phi}{U_{GSmax} - U_{GSmin}} \tag{4 - 67}$$

$$(\pi < \theta \leqslant 2\pi; \ n = 2, 3, 4, \cdots)$$

当 $\theta \to \pi$ 时，I_{2n-1} 有最大值，这是由于方波中所含的谐波分量丰富，在逼近方波时，各次谐波的幅值最大。

AB 类倍频器的效率比 A 类倍频器和 B 类倍频器高, 但 AB 类倍频器不能得到偶次谐波。图 4 - 34 示出了栅极电压在整个偏置域内谐波电流 I_2、I_3 与最大电流值 I_{max} 之间的关系。由图可见, 对于三倍频器有三个峰值, 中间峰值最大, 为 AB 类倍频器; 二倍频只有两个峰值, 对应于 A 类倍频器和 B 类倍频器。但是 AB 类倍频器工作于放大区, 工作电流大, 容易自激。

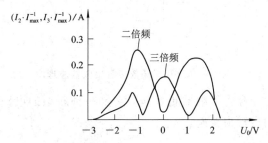

图 4 - 34　全偏置区域内谐波电流 I_2、I_3 与 I_{max} 的关系

4.6.2　场效应管倍频器电路

1. 场效应管三倍频器

图 4 - 35 给出了场效应管三倍频器微带电路图, 该倍频器的输入频率为 2.44 GHz, 输出频率为 7.32 GHz。图中 L_1、C_2、L_3 和 C_4 组成了输入滤波器, 同时起阻抗匹配的作用。

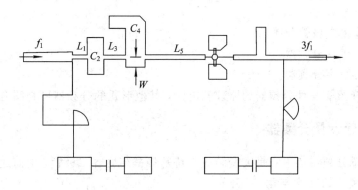

图 4 - 35　场效应管三倍频器微带电路

为保证输出频率成分在输入端短路, 选取 C_4 短截线下的长度 W 为输出频率的四分之一波长开路线。L_5 用来匹配晶体管输入端呈现的容抗。输出端采用了并联开路匹配线, 并经带通滤波器输出。

2. 双栅场效应管倍频器

双栅场效应管倍频器与单栅场效应管相比有较高的增益, 且隔离度和非线性特性均较好。双栅场效应管可以等效为两个单栅器件级联, 如图 4 - 36 所示。图中, 输入信号加至 FET_1 的栅极 G_1, 经变频跨导 g_{m1} 调制, 送至 FET_2。在 FET_2 的栅极, 信号被 I_{G2}-U_{DS1} 正向导通特性削波, 因此波形畸变, 放大后由 FET_2 的漏极输出, 经过高通滤波器和 nf_1 的调谐回路取出谐波。G_2 对地接有纯电抗 jX, 调节它可获得最佳变频增益。

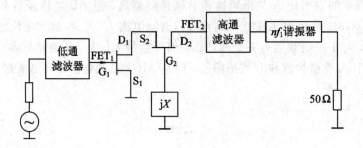

图 4-36　双栅场效应管倍频器原理图

场效应管倍频器比变容管倍频器更优越，它是一种新型的电路，但对高次倍频而言，阶跃恢复二极管仍然用得较为普遍。

4.7　微波分频器

微波分频器是现代微波系统或测试仪器中经常使用的一种电路单元。实现分频器的基本方法有以下七种：

（1）变容管参量分频器。

（2）反馈混频器再生式分频器。

（3）注入锁相振荡器分频器。

（4）数字式分频器。

（5）阶跃恢复二极管分频器。

（6）耿式二极管分频器。

（7）锁相环数字分频器。

本节简单介绍前三种分频器的原理和电路，其他形式的分频器可查阅有关专著。

4.7.1　变容管参量分频器

变容管参量分频器使用的是突变结或肖特基势垒结变容二极管。由前述门雷 - 罗威关系可知：输入频率的功率与第 N 次分频谐波功率之间的关系为

$$\frac{P_{(1/N)}}{P_1} \leqslant 1$$

分频器的最大可能效率是 100%，但在一般情况下，分频效率不会这么高。

图 4 - 37 是双变容管平衡分频器的原理图。可以由器件的 C - U 关系或 Q - U 关系建立回路方程，在已知器件

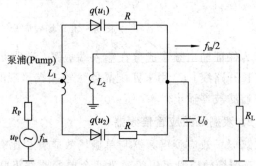

图 4 - 37　双变容管平衡分频器原理电路

参数条件下，求解分频频率上的功率与泵频功率和频率的关系。可以证明：整个电路对输出信号呈现负阻，由此得到分频频率的功率输出。

图 4 - 38(a)所示是一个微带双变容管平衡二分频器电路的实际结构。这是一个两面微带结构，输入信号在微带顶面，变容二极管穿透介质层，输出信号经过微带底面的开槽线。变容管的非线性电容与长度为 l 的开槽线对分频频率谐振。输入信号同相激励变容管，由于激励信号与谐振器之间的非线性耦合机理，能量从 $2f$ 信号向 f 信号转换。由于顶层微带线与底层开槽线的电场近似正交，因而实现了输入和输出之间的隔离。图 4 - 38(b)是宽带分频器结构，输入端增加了宽带匹配器，为变容管提供了直流偏置，输出信号引到微带顶层，便于对外连接。这是一个 $2 - 4\ \text{GHz}$ 的倍频程分频器电路。

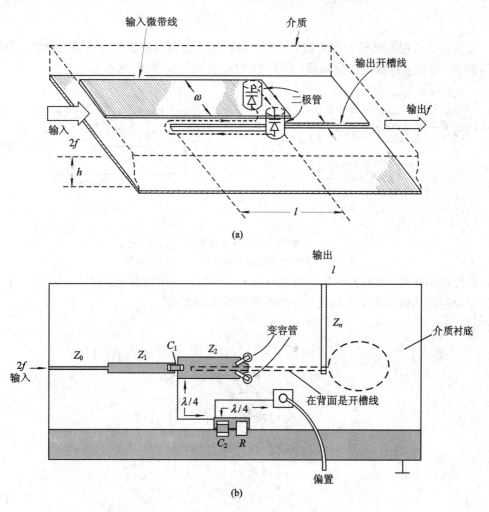

图 4 - 38 微带双变容管平衡二分频器电路

4.7.2 反馈混频器再生式分频器

反馈混频器再生式分频器又称 Miller 分频器，简称 RFD，是一种具有环路增益的有源分频器，广泛用于微波 MMIC 电路，已有大量商品器件供选购。

图 4 - 39(a)是 N 次再生分频器的原理图。在正向通路中有一个宽带混频器、一个低通滤波器和一个宽带放大器。在反馈通路中有一个 $(N-1)$ 倍频器。该电路必须满足以下三

个条件:

(1) 环路中必须存在一定的噪声幅度,为再生提供必要的起始条件。

(2) 小信号环路增益必须大于1。

(3) 零输入时输出为零,没有输入信号时,环路增益小于1。

如果条件(3)不满足,则电路变为注入锁相分频器。混频器输出的主边带信号为

$$f_{in} \pm \frac{(N-1)f_{in}}{N} = \begin{cases} \dfrac{(N-1)f_{in}}{N} \\ \dfrac{f_{in}}{N} \end{cases} \quad\quad (4-68)$$

低通滤波器用来获得下边带信号,放大器则用来克服混频器和倍频器的损耗。如果没有倍频器,电路就构成了二分频器,简称 2RFD,如图 4-39(b)所示。

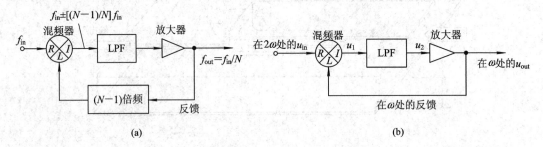

图 4-39 再生分频器

(a) N 次再生分频器的原理;(b) 2RFD 分频器

值得强调的是,分频器的输出功率与输入信号的功率密切相关。图 4-40 是一个分立元件二分频器的输入功率和输出功率的频率响应实测数据。

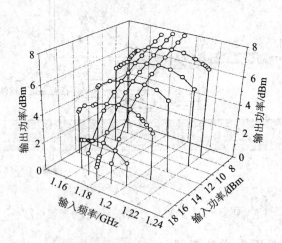

图 4-40 分立元件二分频器输入功率和输出功率的关系

反馈混频器再生式分频器的实际电路多为 MMIC 电路。表 4-9 给出了各种单个混频器和放大器器件的适用场合。表中前四种器件增益为负,有衰减;后两种器件是双栅场效应管,有增益。图 4-41 是一个 MMIC 砷化镓再生式二分频器电路。

表 4 - 9　用于分频器的单个混频器和放大器器件

有源器件	工　艺	分频比	输入频率 /GHz	相对带宽 $\Delta f/f$ /%	增益 /dB
砷化镓场效应管	微带线	2：1	～16	6	−4
肖特基二极管混频器 ＋砷化镓场效应管	砷化镓芯片，微带线	2：1	～14	7	−10
砷化镓效应管	砷化镓 MMIC	2：1	～9.7	8.2	−8
双栅砷化镓场效应管	微带线	2：1	～7	17～20	−4
双栅砷化镓场效应管	砷化镓 MMIC	2：1	～15	4	−2.5

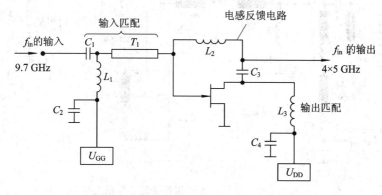

图 4 - 41　MMIC 砷化镓再生式二分频器电路

对于宽带分频器，通常采用表 4 - 10 给出的有源器件参数来设计倍频程。这些电路中结合了数字技术。

表 4 - 10　倍频程分频器所用有源器件

器　　件	工　艺	分频比	输入功率 /GHz	$\Delta f/f$ /%	增益 /dB
1 双栅，2 单栅 GaAs FET	GaAs MMIC	4：1	～9	23	−5
2 个硅达林顿对	硅 MMIC	2：1	～13.5	20	～＋10
22 个双极晶体管，两个二极管	硅 MMIC	2：1	1.5～5	100	N/A
17 个双极晶体，两个二极管	硅 MMIC	2：1 和 8：1	2～7.3	87	N/A
21 个双极晶体管	硅 MMIC	16：1	28	80	N/A
2 个高电子迁移率晶体管	微带线	2：1	48	3～5	−10～ −13
2 个砷化镓金属氧化物场效应管	砷化镓 MMIC	2：1	3.7～4.3	15	−7
砷化镓场效应管	低功率砷化镓 MMIC	6：1	9.7～10.7	9.8	−5

4.7.3　注入锁相振荡器分频器

注入锁相振荡器分频器与前述 RFD 类似，正反馈足够大，没有输入信号时，也能产生自激振荡。这种电路的特点是：工作频带窄，分频增益高，易实现高分频比。所用有源器件可以是隧道二极管、雪崩二极管、耿氏二极管等，现代电路中常用砷化镓场效应管构成 MMIC。这种分频器实际上是一种振荡器，详细理论可参阅本书第 6 章微波振荡器相关知识。

图 4 - 42 是一个单片注入锁相振荡器二分频电路。输入频率为 6 GHz，输出频率为 3 GHz，低 Q 值并联反馈振荡器工作于 3 GHz。图中的电容单位是 pF，电感单位是 nH，电阻单位是 Ω，长度单位是 μm，场效应管尺寸是 0.5 μm×150 μm。

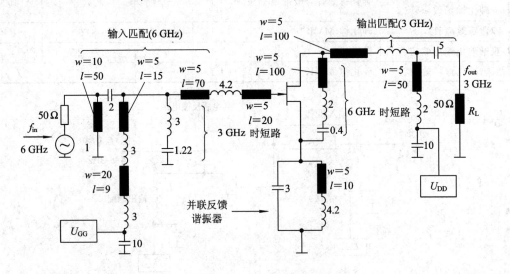

图 4 - 42　单片注入锁相振荡器二分频电路

习　题

4 - 1　图 4 - 43 为一差频变频器，设信号频率 f_S ＞泵浦频率 f_P，差频 $f_i = f_S - f_P$，试由门雷 - 罗威关系式分析：

（1）此系统能否构成对信号 f_S 的负阻反射型参量放大器？

（2）此系统工作是否绝对稳定？

（3）此系统作为差频变频器时是否具有功率增益？

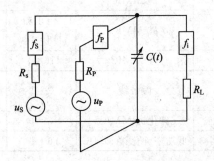

图 4 - 43　变容管差频变频器

4 - 2　如图 4 - 44 所示的时变网络，试由门雷 - 罗威关系式写出各频率分量的功率表示式。

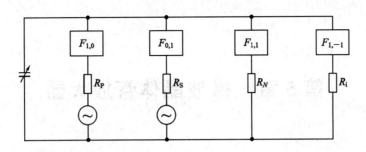

图 4 - 44　时变网络

4 - 3　用缓变结变容管构成输出频率为 2 GHz 的 1 - 2 - 4 倍频器。已知变容管的 $U_B = -70$ V，$C_j(-6$ V$) = 3$ pF，管壳封装电容 $C_p = 0.11$ pF，在 3 GHz、-6 V 时测得静态 $Q = 6$，$D = 1.6$，$\phi = 1$ V。试求：

（1）此倍频器的效率、输入阻抗和输出阻抗；

（2）求此倍频器的输入频率；

（3）画出其微带型电路结构。

4 - 4　有一阶跃管倍频器，如图 4 - 45
所示（图中 1、2、3 为传输线）。

（1）试说明图中各元器件的作用；

（2）设计倍频器时，试说明各元器件的
定量关系。

4 - 5　分析图 4 - 46 所示变容管微带
二次倍频器电路的工作原理，说明各部分
电路的作用。

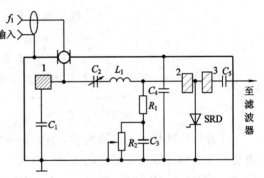

图 4 - 45　阶跃管倍频器电路

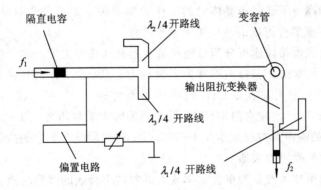

图 4 - 46　变容管微带二次倍频器电路

4 - 6　试从元件、工作原理、分析方法、电路组成、倍频次数等方面比较变容管倍频
器与阶跃管倍频器的异同。

第 5 章　微波晶体管放大器

———— 本 章 内 容 ————

微波晶体管的 S 参数

微波晶体管放大器的功率增益

微波晶体管放大器的稳定性

微波晶体管放大器的噪声系数

小信号微波晶体管放大器的设计

宽带放大器

微波晶体管功率放大器

随着半导体技术的迅速发展，微波晶体管放大器在降低噪声、提高工作频率和增大输出功率等方面都取得了很大的进展。双极晶体管的工作频率已从几百兆赫(UHF)到 S 波段(2～4 GHz)，直到 Ka 波段，GaAs MES FET 几乎占领了微波应用的各个领域。目前在微波频率低端，一般采用双极晶体管。20 世纪 80 年代发展起来的两种新型器件——异质结双极型晶体管和高电子迁移率晶体管的工作频率突破了普通微波双极型晶体管和 MES FET 的极限，使三端器件得以成功应用于毫米波段。

微波晶体管放大器按用途可分为低噪声放大器和功率放大器两类。在低噪声放大器方面，双极晶体管放大器在 1 GHz 时的噪声系数约为 1 dB，3 GHz 时达到 2 dB，6 GHz 时可达 4.5 dB；场效应管放大器在 8 GHz 时噪声系数可达 1.25 dB，12 GHz 时达到 3 dB，18 GHz 时达到 4 dB。C 波段常温 HEMT 放大器的噪声系数约为 0.3～0.4 dB，70 K 制冷时 HEMT 放大器的噪声系数已低至 0.1～0.2 dB。现代微波系统中的接收机高放几乎毫无例外地使用晶体管低噪声放大器。

微波晶体管功率放大器分为单管功率放大器和功率合成的多管功放。单管功率放大器的当前技术水平是：双极晶体管功率放大器工作在 1 GHz 时输出功率可达 40 W，3 GHz 时输出功率可达 10 W，5 GHz 时可达 5 W，8 GHz 时可达 0.5 W；场效应管功率放大器在 4 GHz 时输出功率可达 20 W，10 GHz 时可达 10 W，20 GHz 时可达 1 W。利用功率合成技术，放大器功率可以更大，在许多微波系统中，微波晶体管功率放大器已逐步取代中等功率的行波管等电真空器件放大器。

本章主要介绍以 S 参数法分析和设计晶体管放大器的基本方法，小信号晶体管放大器和晶体管功率放大器的性能和电路结构，并简单介绍分布放大器及功率合成的概念。

5.1 微波晶体管的 S 参数

工作在微波波段的晶体管，其内部参数是一种分布参数，对于某特定频率可以用集总参量来等效，但是用这种等效电路进行分析很难得到一个明确的结论，且计算繁琐，也很难测得等效电路各参数值。因此这种等效电路可以用来说明微波晶体管工作的物理过程，但不便用来计算。

为便于工程应用，常把在小信号工作状态下的微波晶体管看成是一个线性有源二端口网络，如图 5 - 1 所示，并采用 S 参数来表征微波晶体管的外部特性。

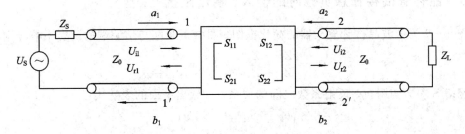

图 5 - 1 用 S 参数表示微波晶体管特性

设图 5 - 1 中输入端和输出端所接传输线的特性阻抗均为 50 Ω，Z_L 为终端负载阻抗，Z_S 为信号源阻抗，U_{i1}、U_{r1} 和 U_{i2}、U_{r2} 分别表示输入端口和输出端口的入射波、反射波，a_1、a_2 为归一化入射波，b_1、b_2 为归一化反射波，即

$$\begin{cases} a_1 = \dfrac{U_{i1}}{\sqrt{Z_0}} & a_2 = \dfrac{U_{i2}}{\sqrt{Z_0}} \\ b_1 = \dfrac{U_{r1}}{\sqrt{Z_0}} & b_2 = \dfrac{U_{r2}}{\sqrt{Z_0}} \end{cases} \tag{5-1}$$

由图 5 - 1 可写出线性网络方程为

$$\begin{cases} b_1 = S_{11}a_1 + S_{12}a_2 & \text{(5-2a)} \\ b_2 = S_{21}a_1 + S_{22}a_2 & \text{(5-2b)} \end{cases}$$

根据 S 参数定义得到

$$\begin{cases} S_{11} = \dfrac{b_1}{a_1}\bigg|_{a_2=0} & S_{12} = \dfrac{b_1}{a_2}\bigg|_{a_1=0} \\ S_{21} = \dfrac{b_2}{a_1}\bigg|_{a_2=0} & S_{22} = \dfrac{b_2}{a_2}\bigg|_{a_1=0} \end{cases} \tag{5-3}$$

由式(5 - 3)可以按定义测量晶体管的 S 参数，式中 S_{11} 是晶体管输出端接匹配负载时的输入端电压反射系数；S_{22} 是晶体管输入端接匹配负载时的输出端电压反射系数；S_{21} 是晶体管输出端接匹配负载时的正向传输系数；S_{12} 是晶体管输入端接匹配负载时的反向传输系数。因 $S_{21} \neq S_{12}$，故有源器件二端口网络是非互易网络。一般可用微波网络分析仪测量管芯或封装后的器件 S 参数。从实测数据中可知，S 参数随频率而变化，因此，必须在使用频率和具体电压、电流工作点情况下，测量器件的 S 参数，作为设计放大器的依据。

5.2 微波晶体管放大器的功率增益

功率增益是微波晶体管放大器的重要指标之一，它与晶体管输入、输出端所接负载有关，研究它的目的在于选择合适的输入信号源阻抗 Z_S 和负载阻抗 Z_L 的数值，以得到所需的功率增益。常用的微波晶体管放大器的功率增益表示方法有三种：实际功率增益、资用功率增益、转换功率增益。不管是哪种增益，都表示放大器功率放大的能力，只是表示的方法和代表的意义不同而已。

5.2.1 晶体管端接任意负载时的输入、输出阻抗

图 5-2 为微波晶体管放大器的简化框图，图中负载端与信源端的反射系数分别为

$$\Gamma_L = \frac{Z_L - Z_0}{Z_L + Z_0} \qquad \Gamma_S = \frac{Z_S - Z_0}{Z_S + Z_0} \tag{5-4}$$

根据网络 S 参数与阻抗、反射系数之间的关系，可导出下面的表达式：

$$b_1 = S_{11}a_1 + S_{12}b_2\Gamma_L \tag{5-5a}$$

$$b_2 = S_{21}a_1 + S_{22}b_2\Gamma_L \tag{5-5b}$$

$$\Gamma_L = \frac{a_2}{b_2} \tag{5-5c}$$

输入端反射系数为

$$\Gamma_{in} = \frac{b_1}{a_1} = S_{11} + \frac{S_{12}S_{21}\Gamma_L}{1 - S_{22}\Gamma_L} \tag{5-6a}$$

输入阻抗为

$$Z_{in} = Z_0\frac{1 + \Gamma_{in}}{1 - \Gamma_{in}} \tag{5-6b}$$

将输入端信号源短路，接阻抗 Z_S，可求得输出端反射系数为

$$\Gamma_{out} = S_{22} + \frac{S_{12}S_{21}\Gamma_S}{1 - S_{11}\Gamma_S} \tag{5-7}$$

输出阻抗为

$$Z_{out} = Z_0\frac{1 + \Gamma_{out}}{1 - \Gamma_{out}} \tag{5-8}$$

如果放大器的输入端和输出端匹配，则 $\Gamma_S = 0$，$\Gamma_L = 0$，可得 $\Gamma_{in} = S_{11}$，$\Gamma_{out} = S_{22}$。若 S_{12} 很小，则说明晶体管输出端对输入端影响很小，即当 $S_{12} \approx 0$ 时，同样有 $\Gamma_{in} \approx S_{11}$，$\Gamma_{out} \approx S_{22}$，此时晶体管称为单向化器件。

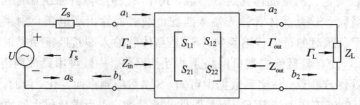

图 5-2 晶体管放大器作为二端口网络方框图

5.2.2　微波晶体管放大器的输入、输出功率

为了求功率增益，首先要求出放大器的输入功率和输出功率。首先分析输入端口，根据图 5 - 2 可得

入射功率：

$$P_{\text{inc}} = |a_1|^2 \tag{5 - 9a}$$

反射功率：

$$P_{\text{ref}} = |b_1|^2 \tag{5 - 9b}$$

放大器输入功率：

$$P_{\text{in}} = |a_1|^2 - |b_1|^2 = |a_1|^2(1 - |\Gamma_{\text{in}}|^2) \tag{5 - 9c}$$

信号源资用功率：

$$P_{\text{a}} = P_{\text{in}}|_{\Gamma_{\text{in}} = \Gamma_{\text{s}}^*} \tag{5 - 10}$$

信号源资用功率表示网络输入端共轭匹配时放大器的输入功率。实际放大器的输入功率与反射系数 Γ_{S} 和 Γ_{in} 有关。若设信号源接匹配负载时的归一化入射波为 a_{S}，则有

$$a_1 = a_{\text{S}} + b_1\Gamma_{\text{S}} = a_{\text{S}} + \Gamma_{\text{in}}\Gamma_{\text{S}}a_1$$

$$a_1 = \frac{1}{1 - \Gamma_{\text{in}}\Gamma_{\text{S}}}a_{\text{S}} \tag{5 - 11}$$

代入式(5 - 9c)得

$$P_{\text{in}} = |a_{\text{S}}|^2 \frac{1 - |\Gamma_{\text{in}}|^2}{|1 - \Gamma_{\text{in}}\Gamma_{\text{S}}|^2} \tag{5 - 12}$$

$$P_{\text{a}} = P_{\text{in}}|_{\Gamma_{\text{in}} = \Gamma_{\text{S}}^*} = |a_{\text{S}}|^2 \frac{1}{1 - |\Gamma_{\text{S}}|^2} \tag{5 - 13}$$

由此可见，资用功率 P_{a} 只与信号源有关，而与负载无关。

用以上方法分析图 5 - 2 中的输出端口，可得对负载 Z_{L} 的输入功率为

$$P_{\text{L}} = |b_2|^2 - |a_2|^2 = |b_2|^2(1 - |\Gamma_{\text{L}}|^2) \tag{5 - 14}$$

设 a_0 为放大器输出端的归一化入射波，则有

$$b_2 = a_0 + a_2\Gamma_{\text{out}} = a_0 + b_2\Gamma_{\text{L}}\Gamma_{\text{out}}$$

$$b_2 = \frac{a_0}{1 - \Gamma_{\text{L}}\Gamma_{\text{out}}} \tag{5 - 15}$$

由式(5 - 14)得到负载的输入功率为

$$P_{\text{L}} = |a_0|^2 \frac{1 - |\Gamma_{\text{L}}|^2}{|1 - \Gamma_{\text{L}}\Gamma_{\text{out}}|^2} \tag{5 - 16}$$

式中，a_0 是信号源的电压波 a_{S} 经过放大器放大后所产生的，它可用 a_{S} 表示。将式(5 - 2b)、(5 - 5c)和(5 - 11)代入式(5 - 15)，可求得 a_0 为

$$a_0 = \frac{S_{21}(1 - \Gamma_{\text{L}}\Gamma_{\text{out}})}{(1 - S_{22}\Gamma_{\text{L}})(1 - \Gamma_{\text{S}}\Gamma_{\text{in}})}a_{\text{S}} \tag{5 - 17}$$

因此，用 a_{S} 表示的负载上得到的功率 P_{L} 为

$$P_{\text{L}} = \frac{|S_{21}|^2|a_{\text{S}}|^2(1 - |\Gamma_{\text{L}}|^2)}{|1 - S_{22}\Gamma_{\text{L}}|^2|1 - \Gamma_{\text{S}}\Gamma_{\text{in}}|^2} \tag{5 - 18}$$

当 $\Gamma_{\text{L}} = \Gamma_{\text{out}}^*$ 时(即共轭匹配)，网络输出资用功率为

$$P_{La} = \frac{|S_{21}|^2 |a_S|^2 (1 - |\Gamma_{out}^*|^2)}{|1 - S_{22}\Gamma_{out}|^2 |1 - \Gamma_S\Gamma_{in}|^2} \tag{5-19}$$

由此可见，网络输出端资用功率仅决定于图 5 - 2 中的网络内部参数，与外电路负载无关（注意：这是在外电路负载与网络 Γ_{in}、Γ_{out} 处于共轭匹配情况下而获得的结论）。

5.2.3 三种功率增益

微波放大器的功率增益有三种不同的定义。

1. 实际功率增益 G_P

G_P 定义为负载所吸收的功率 P_L 与输入功率 P_{in} 之比，即

$$\begin{aligned}
G_P = \frac{P_L}{P_{in}} &= \frac{|S_{21}|^2(1 - |\Gamma_L|^2)}{|1 - S_{22}\Gamma_L|^2(1 - |\Gamma_{in}|^2)} \\
&= \frac{|S_{21}|^2(1 - |\Gamma_L|^2)}{|1 - S_{22}\Gamma_L|^2\left(1 - \left|S_{11} + \dfrac{S_{12}S_{21}\Gamma_L}{1 - S_{22}\Gamma_L}\right|^2\right)} \\
&= \frac{|S_{21}|^2(1 - |\Gamma_L|^2)}{1 - |S_{11}|^2 + |\Gamma_L|^2(|S_{22}|^2 - |\Delta|^2) - 2\text{Re}(\Gamma_L C_2)}
\end{aligned} \tag{5-20}$$

式中：$C_2 = S_{22} - S_{11}^*\Delta$，$\Delta = S_{11}S_{22} - S_{12}S_{21}$。

功率增益 G_P 与晶体管 S 参数及负载反射系数有关，因此利用此式便于研究负载的变化对放大器功率增益的影响。

2. 转换功率增益 G_T

G_T 定义为负载吸收的功率 P_L 与信号源输出的资用功率 P_a 之比，即

$$\begin{aligned}
G_T = \frac{P_L}{P_a} &= \frac{|S_{21}|^2(1 - |\Gamma_L|^2)(1 - |\Gamma_S|^2)}{|1 - S_{22}\Gamma_L|^2 |1 - \Gamma_{in}\Gamma_S|^2} \\
&= \frac{|S_{21}|^2(1 - |\Gamma_L|^2)(1 - |\Gamma_S|^2)}{|1 - S_{22}\Gamma_L|^2 \left|1 - \Gamma_S\left(S_{11} + \dfrac{S_{12}S_{21}\Gamma_L}{1 - S_{22}\Gamma_L}\right)\right|^2} \\
&= \frac{|S_{21}|^2(1 - |\Gamma_L|^2)(1 - |\Gamma_S|^2)}{|(1 - S_{11}\Gamma_S)(1 - S_{22}\Gamma_L) - S_{12}S_{21}\Gamma_S\Gamma_L|^2}
\end{aligned} \tag{5-21}$$

转换功率增益 G_T 表示插入放大器后负载上得到的功率比无放大器时得到的最大功率所增加的倍数。它的大小与输入端和输出端的匹配程度有关。当输入端、输出端都满足传输线匹配时，即 $\Gamma_S = \Gamma_L = 0$，则由上式可知

$$G_T = |S_{21}|^2 \tag{5-22}$$

此式说明了晶体管自身参数 $|S_{21}|^2$ 的物理意义，但这样并未充分发挥晶体管用作放大器的潜力。只有共轭匹配才能传输最大功率，即满足 $\Gamma_S = \Gamma_{in}^*$，$\Gamma_L = \Gamma_{out}^*$ 时，G_T 达 G_{Tmax} 称为双共轭匹配。

3. 资用功率增益 G_a

G_a 定义为负载吸收的资用功率 P_{La} 与信号源输出的资用功率 P_a 之比。它是在放大器的输入端和输出端分别实现共轭匹配的特殊情况下放大器产生的功率增益，也是在输出端

共轭匹配情况下的转换功率增益。

$$G_a = \frac{P_{La}}{P_a} = \frac{|S_{21}|^2(1-|\Gamma_S|^2)(1-|\Gamma_{out}^*|^2)}{|(1-S_{22}\Gamma_{out}^*)(1-S_{11}\Gamma_S)-S_{12}S_{21}\Gamma_S\Gamma_{out}^*|^2}$$

$$= \frac{|S_{21}|^2(1-|\Gamma_S|^2)}{1-|S_{22}|^2+|\Gamma_S|^2(|S_{11}|^2-|\Delta|^2)-2\mathrm{Re}(\Gamma_S C_1)} \quad (5-23)$$

式中：$C_1 = S_{11} - S_{22}^*\Delta$。

式(5-23)表明，资用功率增益 G_a 只与晶体管 S 参数及信源阻抗有关。此式便于研究信源阻抗变化对放大器功率增益的影响。实际上，放大器在输入端、输出端都满足共轭匹配的条件比较困难，G_a 只表示放大器功率增益的一种潜力。

4. 三种功率增益之间的联系

$$\begin{cases} G_T = \dfrac{P_L}{P_a} = \dfrac{P_L}{P_{in}} \cdot \dfrac{P_{in}}{P_a} = G_P \cdot M_1 \\[3mm] G_T = \dfrac{P_L}{P_{La}} \cdot \dfrac{P_{La}}{P_a} = M_2 \cdot G_a \end{cases} \quad (5-24)$$

式中：M_1 和 M_2 分别为输入端和输出端的失配系数。容易证明

$$M_1 = \frac{(1-|\Gamma_{in}|^2)(1-|\Gamma_S|^2)}{|1-\Gamma_{in}\Gamma_S|^2} \quad (5-25a)$$

$$M_2 = \frac{(1-|\Gamma_L|^2)(1-|\Gamma_{out}|^2)}{|1-\Gamma_L\Gamma_{out}|^2} \quad (5-25b)$$

一般情况下，$M_1 < 1$，$M_2 < 1$，所以 $G_T < G_P$，$G_T < G_a$，双共轭匹配时，$M_1 = M_2 = 1$，此时，

$$G_{Tmax} = G_{Pmax} = G_{amax} \quad (5-25c)$$

【例 5-1】　三种功率增益的计算。

已知：信号源阻抗 $Z_S = 20\ \Omega$，负载阻抗 $Z_L = 30\ \Omega$，场效应管在 10 GHz、50 Ω 系统中的 S 参数为

$$S_{11} = 0.45\angle 150°$$
$$S_{12} = 0.01\angle -10°$$
$$S_{21} = 2.05\angle 10°$$
$$S_{22} = 0.40\angle -150°$$

计算实际功率增益 G_P、转换功率增益 G_T、资用功率增益 G_a。

解　参见图 5-2，源和负载反射系数、输入和输出反射系数分别为

$$\Gamma_S = \frac{Z_S - Z_0}{Z_S + Z_0} = \frac{20-50}{20+50} = -0.429$$

$$\Gamma_L = \frac{Z_L - Z_0}{Z_L + Z_0} = \frac{30-50}{30+50} = -0.250$$

$$\Gamma_{in} = S_{11} + \frac{S_{12}S_{21}\Gamma_L}{1-S_{22}\Gamma_L}$$

$$= 0.45\angle 150° + \frac{(0.01\angle -10°)(2.05\angle 10°)(-0.250)}{1-(0.40\angle -150°)(-0.250)}$$

$$= 0.455\angle 150°$$

$$\Gamma_{out} = S_{22} + \frac{S_{12}S_{21}\Gamma_S}{1 - S_{11}\Gamma_S}$$

$$= 0.40\angle -150° + \frac{(0.01\angle -10°)(2.05\angle 10°)(-0.429)}{1 - (0.45\angle 150°)(-0.429)}$$

$$= 0.409\angle -151°$$

因此三个功率增益分别计算如下：

$$G_P = \frac{|S_{21}|^2(1 - |\Gamma_L|^2)}{(1 - |\Gamma_{in}|^2)|1 - S_{22}\Gamma_L|^2}$$

$$= \frac{(2.05)^2[1 - (0.250)^2]}{|1 - (0.40\angle -150°)(-0.250)|^2[1 - (0.455)^2]} = 5.94$$

$$G_T = \frac{|S_{21}|^2(1 - |\Gamma_S|^2)(1 - |\Gamma_L|^2)}{|1 - \Gamma_S\Gamma_{in}|^2|1 - S_{22}\Gamma_L|^2}$$

$$= \frac{(2.05)^2[1 - (0.429)^2][1 - (0.250)^2]}{|1 - (0.40\angle -150°)(-0.250)|^2|1 - (-0.429)(0.455\angle 150°)|^2} = 5.49$$

$$G_A = \frac{|S_{21}|^2(1 - |\Gamma_S|^2)}{|1 - S_{11}\Gamma_S|^2(1 - |\Gamma_{out}|^2)}$$

$$= \frac{(2.05)^2[1 - (0.429)^2]}{|1 - (0.45\angle -150°)(-0.429)|^2[1 - (0.408)^2]} = 5.85$$

5.3　微波晶体管放大器的稳定性

保证放大器稳定工作是设计微波放大器最根本的原则。由于微波晶体管 S_{12} 的作用会产生内部反馈，可能使放大器工作不稳定而导致自激，为此必须研究在什么条件下放大器才能稳定地工作，通常根据稳定性程度的不同可分为两类：

(1) 绝对稳定或称无条件稳定：在这种情况下，负载阻抗和源阻抗可以任意选择，放大器均能稳定地工作。

(2) 潜在不稳定或称有条件稳定：在这种情况下，负载阻抗和源阻抗只有在特定的范围内选择，放大器才不致产生自激。

理论上分析放大器能否产生自激可从放大器的输入端或输出端是否等效为负阻来进行判断。根据放大器输入阻抗与反射系数的模值关系，得到

$$|\Gamma_{in}| = \left|\frac{Z_{in} - Z_0}{Z_{in} + Z_0}\right| = \sqrt{\frac{(R_{in} - Z_0)^2 + X_{in}^2}{(R_{in} + Z_0)^2 + X_{in}^2}} \tag{5-26}$$

式中：$Z_{in} = R_{in} + jX_{in}$。当 $R_{in} < 0$ 时，$|\Gamma_{in}| > 1$，放大器产生自激；当 $R_{in} > 0$ 时，$|\Gamma_{in}| < 1$，放大器工作稳定。同样，对放大器输出端口，当 $|\Gamma_{out}| > 1$ 时，放大器工作不稳定；当 $|\Gamma_{out}| < 1$ 时，放大器工作稳定。因此，$|\Gamma_{in}|$ 和 Γ_{out} 与 1 的大小关系为放大器工作是否稳定的判据。

5.3.1　稳定性判别圆

当负载反射系数 Γ_L 改变时，放大器输入端口反射系数 Γ_{in} 的变化情况已由式(5-6a)

给出：

$$\Gamma_{in} = S_{11} + \frac{S_{12}S_{21}\Gamma_L}{1 - S_{22}\Gamma_L} = \frac{S_{11} - \Delta\Gamma_L}{1 - S_{22}\Gamma_L} \tag{5-27}$$

可见，Γ_{in} 和 Γ_L 是分式线性变换的关系。因此可以利用复变函数中保角映射的概念，如图 5-3 所示。

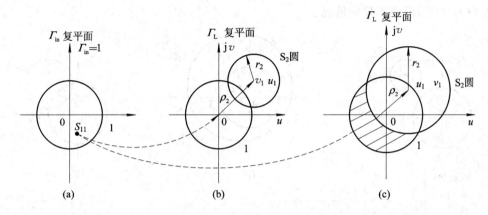

图 5-3　稳定性判别圆的概念

在 Γ_{in} 复平面上的单位圆（$|\Gamma_{in}|=1$）映射到 Γ_L 复平面上仍是圆，称之为 S_2 圆。S_2 圆将 Γ_L 平面分成圆内区及圆外区两部分：一部分对应 Γ_{in} 平面上的单位圆内（$|\Gamma_{in}|<1$），另一部分对应 Γ_{in} 平面上单位圆外（$|\Gamma_{in}|>1$）。

由式（5-27）可见，$\Gamma_L=0$ 时 $\Gamma_{in}=S_{11}$，因此 Γ_L 平面的原点（$\Gamma_L=0$）和 Γ_{in} 平面上的 S_{11} 点互为映射点。一般情况下，$|S_{11}|<1$，如图 5-3(a) 所示，S_{11} 点落在 Γ_{in} 单位圆内。这意味着在 Γ_L 平面上由 S_2 圆分界时，包含原点的那部分正好对应 Γ_{in} 单位圆内（$|\Gamma_{in}|<1$），输入端口不呈现负阻，放大器是稳定的。同时在 Γ_L 平面上由 S_2 圆分界的、不包含原点的那部分则对应 Γ_{in} 单位圆外（$|\Gamma_{in}|>1$），输入端口呈现负阻，放大器不稳定。如图 5-3(c) 所示，S_2 圆外区域是不稳定的，S_2 圆内区域是稳定的。在无源负载的情况下，$|\Gamma_L|<1$，因此在图中仅将 Γ_L 单位圆（$|\Gamma_L|=1$）内的不稳定区划作阴影，这些 Γ_L 值一般是不应选用的。

简言之，在 $|S_{11}|<1$ 的条件下，S_2 圆将 Γ_L 平面分成圆内、外两部分，其中包含原点（$|\Gamma_L|=0$）的部分是稳定区，另一部分是不稳定区。因此 S_2 圆为输入端口"稳定性判别圆"。下面我们来推导 S_2 圆方程，即确定 S_2 圆的圆心位置（ρ_2）和半径（r_2），实际上就是由式（5-27）解出满足 $|\Gamma_{in}|=1$ 的 Γ_L 值。由

$$|\Gamma_{in}| = \frac{S_{11} - \Delta\Gamma_L}{1 - S_{22}\Gamma_L} = 1$$

得　　　　　　　　　　　　$|S_{11} - \Delta\Gamma_L|^2 = |1 - S_{22}\Gamma_L|^2$

利用复数绝对值恒等式的关系，得

$$|\Gamma_L|^2(|S_{22}|^2 - |\Delta|^2) - 2\,\mathrm{Re}[\Gamma_L^*(S_{22} - S_{11}\Delta^*)] + 1 - |S_{11}|^2 = 0 \tag{5-28}$$

可见，式（5-28）是负载反射系数 Γ_L 的二次方程，可进一步改写成

$$|\Gamma_L - \rho_2|^2 = r^2 \tag{5-29}$$

显然，式（5-29）是 Γ_L 复平面上用极坐标表示的一个圆方程，即 S_2 圆。式中：

$$圆心\ \rho_2 = \frac{S_{22}^* - S_{11}\Delta^*}{|S_{22}|^2 - |\Delta|^2} \tag{5-30}$$

$$半径\ r_2 = \left| \frac{S_{12}S_{21}}{|S_{22}|^2 - |\Delta|^2} \right| \tag{5-31}$$

　　由于各晶体管的 S 参数不同，因而在 Γ_L 复平面上 S_2 圆的位置、大小及与单位圆的相对关系也就不同。但综合来看，无非是两种情况、六种可能性（见图 5-4）。在图 5-4 中，用阴影标明了 Γ_L 单位圆内的不稳定区。图 5-4(a)、(b)为绝对稳定的情况，图 5-4(c)、(d)、(e)、(f)为潜在不稳定情况。

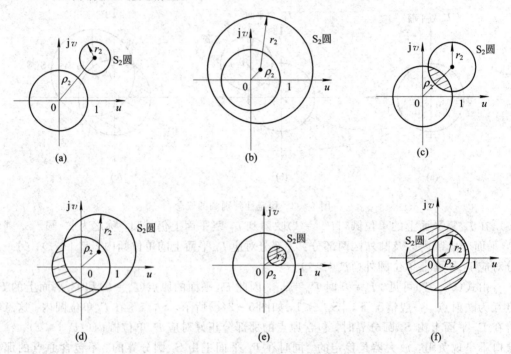

图 5-4　Γ_L 平面上的稳定性判别圆（$|S_{11}|<1$ 的情况）

5.3.2　绝对稳定的充要条件

　　既然在 $|S_{11}|<1$ 的情况下，有绝对稳定和潜在不稳定两种情况，因此就希望有一个绝对稳定的判别准则。根据此准则，可事先判定放大器是绝对稳定的，还是潜在不稳定的。

1. 必要条件

　　由式(5-30)可得到 ρ_2 与 r_2 之间的关系为

$$
\begin{aligned}
|\rho_2|^2 &= \left| \frac{S_{22}^* - S_{11}\Delta^*}{|S_{22}|^2 - |\Delta|^2} \right|^2 = \frac{(S_{22}^* - S_{11}\Delta^*)(S_{22} - S_{11}^*\Delta)}{(|S_{22}|^2 - |\Delta|^2)^2} \\
&= \frac{(1 - |S_{11}|^2)(|S_{22}|^2 - |\Delta|^2) + |S_{12}S_{21}|^2}{(|S_{22}|^2 - |\Delta|^2)^2} \\
&= \frac{1 - |S_{11}|^2}{(|S_{22}|^2 - |\Delta|^2)^2} + \frac{|S_{12}S_{21}|^2}{(|S_{22}|^2 - |\Delta|^2)^2} \\
&= \frac{1 - |S_{11}|^2}{|S_{22}|^2 - |\Delta|^2} + r_2^2
\end{aligned}
\tag{5-32}
$$

由图 5 - 4 可知，(a)、(b)为绝对稳定情况，由图(a)可见，

$$|\rho_2|-r_2>1$$

于是

$$|\rho_2|^2>(r_2+1)^2 \qquad (5-33)$$

将式(5 - 30)、(5 - 31)代入式(5 - 33)得

$$\frac{1-|S_{11}|^2}{|S_{22}|^2-|\Delta|^2}>1+\frac{2|S_{12}S_{21}|^2}{|S_{22}|^2-|\Delta|^2} \qquad (5-34)$$

由于图 5 - 4(a)中$|\rho_2|>r_2$，由式(5 - 32)可知

$$|S_{22}|^2-|\Delta|^2>0$$

因此可得

$$1-|S_{11}|^2>2|S_{12}S_{21}|+|S_{22}|^2-|\Delta|^2 \qquad (5-35)$$

$$K=\frac{1-|S_{11}|^2-|S_{22}|^2+|\Delta|^2}{2|S_{12}S_{21}|}>1 \qquad (5-36)$$

同理，对于图 5 - 4(b)，则有

$$r_2-|\rho_2|>1 \qquad (5-37)$$

于是

$$|\rho_2|^2<(r_2-1)^2 \qquad (5-38)$$

将式(5 - 30)、式(5 - 31)代入式(5 - 38)，得

$$\frac{1-|S_{11}|^2}{|S_{22}|^2-|\Delta|^2}<-2\frac{|S_{12}S_{21}|}{|\Delta|^2-|S_{22}|^2}+1$$

考虑到图 5 - 4(b)中$|\rho_2|<r_2$，即$|S_{22}|^2-|\Delta|^2<0$，故上式化为

$$\frac{1-|S_{11}|^2}{|S_{22}|^2-|\Delta|^2}<\frac{2|S_{12}S_{21}|+|S_{22}|^2-|\Delta|^2}{|S_{22}|^2-|\Delta|^2}$$

不等式换号：

$$1-|S_{11}|^2>2|S_{12}S_{21}|+|S_{22}|^2-|\Delta|^2 \qquad (5-39)$$

得

$$K=\frac{1-|S_{11}|^2-|S_{22}|^2+|\Delta|^2}{2|S_{12}S_{21}|}>1 \qquad (5-40)$$

因此，稳定系数 $K>1$ 是输入端口绝对稳定的必要条件。对某一晶体管，测得其 S 参数，根据式(5 - 36)即可判断其稳定与否。

2. 充分条件

若将式(5 - 40)中的 $K>1$ 倒推回去，则式(5 - 38)并不一定使式(5 - 37)成立。为此必须增加一个条件，即 $r_2>1$，才能保证充分性，从图 5 - 4(b)亦可看出这个条件。如果仅有 $K>1$，则可能出现图 5 - 4(f)的潜在不稳定情况。因此只检验 $K>1$ 是不充分的。由 $r_2>1$ 得

$$\left|\frac{|S_{12}S_{21}|}{|S_{22}|^2-|\Delta|^2}\right|>1$$

即

$$|S_{12}S_{21}|>||S_{22}|^2-|\Delta|^2|$$

代入 $|S_{22}|^2-|\Delta|^2<0$ 的条件(见图 5 - 4(b)),式(5 - 40)可改写为

$$|S_{12}S_{21}|>|\Delta|^2-|S_{22}|^2 \tag{5-41}$$

将式(5 - 39)代入式(5 - 41),得

$$|S_{12}S_{21}|>2|S_{12}S_{21}|-1+|S_{11}|^2$$

即

$$1-|S_{11}|^2>|S_{12}S_{21}| \tag{5-42}$$

因此,增加式(5 - 42)作为绝对稳定的充要条件之一。

再从图 5 - 4(a)可得出,当 $|S_{22}|^2-|\Delta|^2>0$ 和 $K>1$ 时,由式(5 - 35)得

$$1-|S_{11}|^2>2|S_{12}S_{21}|+|S_{22}|^2-|\Delta|^2>|S_{12}S_{21}| \tag{5-43}$$

至此,证明了图 5 - 4(a)、(b)输入端口绝对稳定的充要条件为

$$\begin{cases} K>1 \\ 1-|S_{11}|^2>|S_{12}S_{21}| \end{cases} \tag{5-44}$$

采用同样的方法考虑 Γ_S 平面上的稳定判别图(S_1 圆),亦可证明输出端口绝对稳定的充要条件为

$$\begin{cases} K>1 \\ 1-|S_{22}|^2>|S_{12}S_{21}| \end{cases} \tag{5-45}$$

因此,保证晶体管放大器两个端口都绝对稳定,两端口网络的输入端和输出端绝对稳定的充要条件为

$$\begin{cases} K=\dfrac{1-|S_{11}|^2-|S_{22}|^2+|\Delta|^2}{2|S_{12}S_{21}|}>1 \\ 1-|S_{11}|^2>|S_{12}S_{21}| \\ 1-|S_{22}|^2>|S_{12}S_{21}| \end{cases} \tag{5-46}$$

实际上可以证明,若 $K>1$ 成立,则 $1-|S_{11}|^2$ 和 $1-|S_{22}|^2$ 一定同时大于或同时小于 $|S_{12}S_{21}|$,因此只需检验其中两项,即式(5 - 44)或式(5 - 45)就能作为晶体管双口网络绝对稳定的充要条件。

应当指出,式(5 - 46)是一个比较严格的判据。当考虑到端口的负载时,则只需满足 $|\Gamma_{in}\Gamma_S|<1$,$|\Gamma_{out}\Gamma_L|<1$。而实际情况下,总是满足 $|\Gamma_S|<1$ 和 $|\Gamma_L|<1$ 的条件。

【例 5 - 2】 稳定圆的计算。

场效应管在 2 GHz 频率,50 Ω 系统中的 S 参数为

$$S_{11}=0.894\angle-60.6°$$

$$S_{21}=3.122\angle123.6°$$

$$S_{12}=0.020\angle62.4°$$

$$S_{22}=0.781\angle-27.6°$$

确定稳定性,在圆图上标明稳定区。

解 首先计算判断因子:

$$\Delta=S_{11}S_{22}-S_{12}S_{21}=0.696\angle-83°$$

$$K=\frac{1+|\Delta|^2-|S_{11}|^2-|S_{22}|^2}{2|S_{12}S_{21}|}=0.607$$

由于$|\Delta|=0.696<1$，$K<1$，因此该器件是潜在不稳定的。

其次计算两个稳定圆的圆心和半径：

$$\rho_1 = \frac{(S_{22}-\Delta S_{11}^*)^*}{|S_{22}|^2-|\Delta|^2} = 1.361\angle 47°$$

$$r_2 = \frac{|S_{12}S_{21}|}{|S_{22}|^2-|\Delta|^2} = 0.50$$

$$\rho_2 = \frac{(S_{11}-\Delta S_{22}^*)^*}{|S_{11}|^2-|\Delta|^2} = 1.132\angle 68°$$

$$r_1 = \frac{|S_{12}S_{21}|}{|S_{11}|^2-|\Delta|^2} = 0.199$$

在圆图上画出稳定圆，如图 5 - 5 所示。

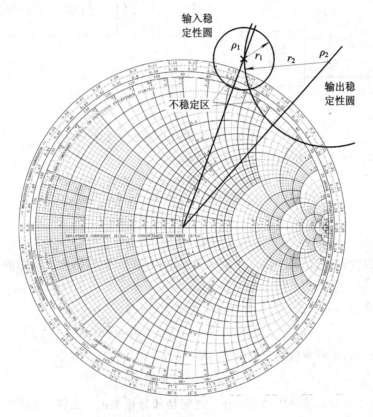

图 5 - 5　稳定圆的计算

5.4　微波晶体管放大器的噪声系数

　　噪声系数是小信号微波放大器的另一重要性能指标，前面分析器件的噪声特性时，仅从本征晶体管的等效电路出发，没有考虑寄生参量的影响。但考虑寄生参量后，再用等效电路来计算实际放大器的噪声系数就变得很复杂。因此仍用等效两端口网络来研究放大器的噪声系数，以及噪声系数和源阻抗的关系。

5.4.1　有源两端口网络噪声系数的一般表达式

微波放大器不管是共发射极(共源极)或共基极(共栅极)电路,都可以用一个有噪声的两端口网络表示,如图 5-6(a)所示。当研究这个网络的内部噪声时,将其内部噪声全部等效到输入端,表示为一个等效噪声电压源 $\overline{u_n^2}$ 和一个等效噪声电流源 $\overline{i_n^2}$,而放大器本身变成理想无噪声网络,如图 5-6(b)所示。计算噪声系数时,可去掉无噪声网络,电路如图5-6(c)所示。

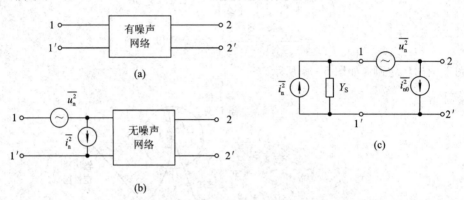

图 5-6　有源二端口等效噪声网络

根据噪声系数定义,用短路电流法求 F:

$$F = \frac{\overline{i_{n0}^2}}{\overline{i_{ns0}^2}} = \frac{网络总输出噪声的电流均方值}{信源噪声在网络输出端的电流均方值} \qquad (5-47)$$

式中:

$$\overline{i_{ns0}^2} = \overline{i_{ns}^2} = 4kTG_s B \qquad (5-48)$$

假定网络内部的噪声与信源内阻产生的噪声是不相关的,则网络输出端总的短路噪声均方值为

$$\overline{i_{n0}^2} = |\overline{i_{ns0}^2} + \overline{i_n + Y_S u_n}|^2$$
$$\overline{i_{n0}^2} = \overline{i_{ns0}^2} + \overline{i_n^2} + |Y_S|^2 \overline{u_n^2} + 2\mathrm{Re}(\overline{Y_S u_n i_n^*}) \qquad (5-49)$$

将等效噪声电压源 $\overline{u_n^2}$ 用等效噪声电阻 R_n 表示:

$$\overline{u_n^2} = 4kTR_n B \qquad (5-50)$$

由于网络输入端的等效噪声电流源 $\overline{i_n^2}$ 和 $\overline{u_n^2}$ 之间是部分相关的,故将 $\overline{i_n^2}$ 分成两部分: i_n 和 u_n 不相关,$(i_n - i_u)$ 与 u_n 相关,并分别表示为

$$\begin{cases} (i_n - i_u) = Y_r u_n \\ \overline{i_u^2} = 4kTG_u B \\ \overline{u_n\, i_n^*} = (i_n - \overline{i_u})^* u_n = Y_r^* \overline{u_n^2} \end{cases} \qquad (5-51)$$

式(5-51)中:G_u 称为等效噪声电导;Y_r 称为相关导纳,是相关噪声电流和等效噪声电压源之间的比例系数,可表示为

$$Y_r = G_r + jB_r \qquad (5-52)$$

故可得

$$\overline{i_n^2} = \overline{|\,i_n - i_u\,|^2} + \overline{i_u^2} = |\,Y_r\,|^2\,\overline{u_n^2} + 4kTG_u B$$

$$= 4kT(\,|\,Y_r\,|^2 R_n + G_u)B \qquad (5-53)$$

将所求各值代入式(5-47)得

$$F = 1 + \frac{\overline{|\,i_n + Y_S u_n\,|^2}}{\overline{i_{ns0}^2}}$$

$$= 1 + \frac{G_u}{G_s} + \frac{R_n}{G_s}[(G_s + G_r)^2 + (B_s + B_r)^2] \qquad (5-54)$$

由式(5-54)可见，放大器在信源导纳一定的情况下，其网络噪声系数由等效噪声电阻 R_n、等效噪声电导 G_u、相关导纳 G_r 和 B_r 四个参量决定。这些噪声参量完全取决于有源二端口网络自身的噪声特性，与网络工作状态和工作频率有关，而与外电路无关。

噪声系数的大小与信源导纳有关，对于固定的有源网络，如果改变源的导纳，则可获得最小噪声系数 F_{min} 为

$$F_{min} = 1 + 2R_n(G_r + G_{opt})$$

对于任意源，导纳噪声系数的表达式为

$$F = F_{min} + \frac{R_n}{G_s}[(G_s - G_{opt})^2 + (B_s - B_{opt})^2] \qquad (5-55)$$

式中的四个参量为等效噪声电阻 R_n、最小噪声系数 F_{min}、最佳源电导 G_{opt} 和电纳 B_{opt}，均可以通过测量来确定。

为便于应用，将式(5-55)变换为信源反射系数的函数，并直接在反射系数的复平面上用图解法确定噪声系数。

利用输入导纳与反射系数的关系式，即

$$\Gamma_S = \frac{Y_0 - Y_S}{Y_0 + Y_S}$$

$$Y_S = Y_0\,\frac{1 - \Gamma_S}{1 + \Gamma_S}$$

$$Y_{opt} = Y_0\,\frac{1 - \Gamma_{opt}}{1 + \Gamma_{opt}}$$

由式(5-55)得到

$$F = F_{min} + \frac{R_n}{G_S}\,|\,Y_S - Y_{opt}\,|^2$$

$$= F_{min} + \frac{R_n Y_0}{G_S Y_0}\,|\,Y_S - Y_{opt}\,|^2$$

令 $R_n Y_0 = N'$（这是一个确定的噪声参量），则上式可化简为

$$F = F_{min} + \frac{4N'}{|\,1 + \Gamma_{opt}\,|^2} \cdot \frac{|\,\Gamma_S - \Gamma_{opt}\,|^2}{1 - |\,\Gamma_S\,|^2}$$

$$= F_{min} + N'_0\,\frac{|\,\Gamma_S - \Gamma_{op}\,|^2}{1 - |\,\Gamma_S\,|^2} \qquad (5-56)$$

式中：

$$N'_0 = \frac{4N'}{|\,1 + \Gamma_{opt}\,|^2}$$

由式(5-56)可知，噪声系数与 Γ_S 存在一定的关系，它随信源反射系数 Γ_S 或信源导纳 Y_S 而变化。因此，可利用此关系在 Γ_S 复平面内确定噪声系数。

5.4.2　等噪声系数圆

由式(5-56)当 $F=$ 常数时，可得到 Γ_S 的二次方程：

$$\frac{F-F_{\min}}{N_0'}=N=\frac{|\Gamma_S-\Gamma_{\text{opt}}|^2}{1-|\Gamma_S|^2} \tag{5-57}$$

当 F 为常数时，N 亦为常数，且 $F\geqslant F_{\min}$，故 $N>0$。于是式(5-57)可写为

$$|\Gamma_S-\Gamma_{\text{opt}}|^2=N(1-|\Gamma_S|^2)$$

将方程式展开，并按圆方程配方，最后得

$$|\Gamma_S|^2-2\,\text{Re}\left(\Gamma_S^*\,\frac{\Gamma_{\text{opt}}}{1+N}\right)+\left|\frac{\Gamma_{\text{opt}}}{1+N}\right|^2=\frac{N}{1+N}-\frac{N\,|\Gamma_{\text{opt}}|^2}{|1+N|^2}$$

$$\left|\Gamma_S-\frac{\Gamma_{\text{opt}}}{1+N}\right|^2=\left[\frac{N}{1+N}\sqrt{1+\frac{1}{N}(1-|\Gamma_{\text{opt}}|^2)}\right]^2$$

即

$$|\Gamma_S-\rho_F|^2=r_F^2 \tag{5-58a}$$

圆心位置

$$\rho_F=\frac{\Gamma_{\text{opt}}}{1+N} \tag{5-58b}$$

圆半径

$$r_F=\frac{N}{1+N}\sqrt{1+\frac{1}{N}(1-|\Gamma_{\text{opt}}|^2)} \tag{5-58c}$$

式(5-58)为在 Γ_S 平面上的一个圆，称为等噪声系数圆，如图 5-7 所示。由式(5-58)和图 5-7 可看出，对应不同的 F 值，有一系列相应的等噪声系数圆，它们的圆心都在原点到 Γ_{opt} 的连线上。

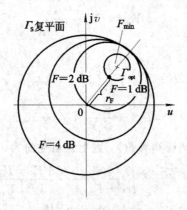

图 5-7　等噪声系数圆

最后指出，在圆图上，可以把等噪声系数圆、稳定性判别圆、等功率增益圆同时画出来，在选择 Γ_S 时，可以利用等 F 圆、等 G 圆兼顾噪声和增益的要求，又可避开放大器的不稳定区。

5.5 小信号微波晶体管放大器的设计

设计微波放大器的过程就是根据应用条件、技术指标要求完成以下步骤：首先选择合适的晶体管，然后确定 Γ_S 和 Γ_L，再设计能够给出 Γ_S 和 Γ_L 的输入、输出匹配网络，最后用合适的微波结构实现，目前主要是采用微带电路。

对于小信号微波放大器的设计，主要有低噪声设计、单向化设计、双共轭匹配设计、等增益设计、宽频带设计等方法。

5.5.1 微波晶体管放大器基本结构

图 5-8 是小信号微波晶体管放大器的框图。图 5-8(a)表示放大器由器件和输入、输出匹配网络组成，图 5-8(b)为放大器典型的模型。

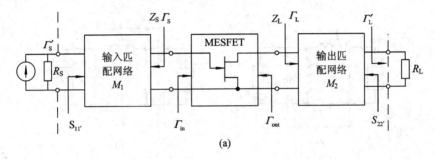

(a)

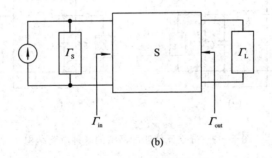

(b)

图 5-8 小信号微波晶体管放大器的框图

(a) 由器件和输入、输出匹配网络组成的放大器；(b) 放大器典型的模型

微波晶体管放大器的设计按最大增益和最小噪声的出发点不同，匹配网络的设计方法也不同。下面将分别进行讨论。

根据微波晶体管放大器应用频段和要处理的信号电平的不同，匹配网络可以是集中参数的或分布参数的。集中参数网络(分立元件)是电感和电容的组合，而分布参数网络可以是同轴型的、带线型的、微带型的和波导型的。

图 5-9 给出基本分立元件 L 型匹配电路的 8 种结构，对于宽带匹配网络可以使用 T 型或 Ⅱ 型结构。具体电路设计中要注意电路结构的匹配禁区。可以用圆图或解析的方法计算出每个元件的值。分立元件匹配网络主要用于微波低端和微波 MMIC 电路中。

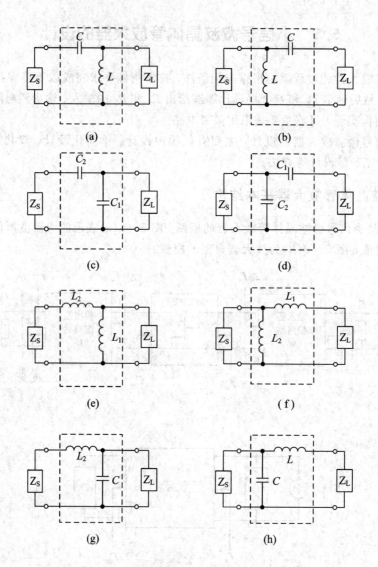

图 5 - 9　分立元件匹配网络的 8 种电路结构

　　由于微波晶体管尺寸小、阻抗低，因而用于波导的高阻抗场合时，匹配很难解决。若把晶体管和微带电路结合起来，则在结构和匹配方面都可以得到满意的结果。不论是输入匹配网络，还是输出匹配网络，按其电路结构形式可分为三种基本结构形式，即并联型网络、串联型网络和串 – 并联（或并 – 串联）型匹配网络。基本的并联型和串联型微带匹配网络的结构形式如图 5 – 10 所示。图中端口 1 和端口 2 分别为微带匹配网络的输入端口和输出端口。对于并联型匹配网络而言，并联支节的终端 3，根据电纳补偿（或谐振）的要求和结构上的方便，可以是开路端口，也可以是短路端口；并联支节微带线的长度按电纳补偿（或谐振）的要求来决定；主线 L、L_1 和 L_2 的长度由匹配网络两端要求匹配的两导纳的电导匹配条件来决定。对于串联型匹配网络，四分之一波长阻抗变换器及指数线阻抗变换器只能将两个纯电阻加以匹配，所以在串联型匹配网络中需用相移线段 L_1 和 L_2 将端口的复数阻抗变换为纯电阻。

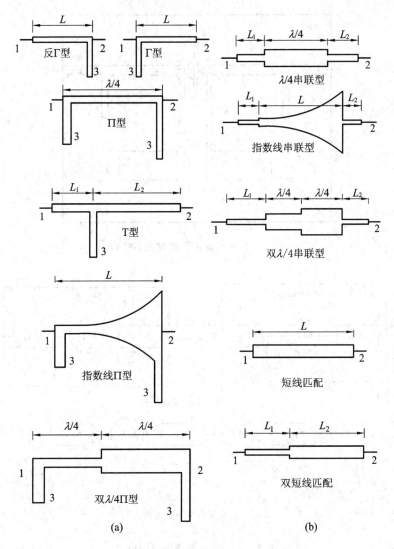

图 5 - 10　微带匹配网络的基本结构形式
(a) 并联型匹配网络；(b) 串联型匹配网络

　　图 5 - 11 为单级共射（源）极微带型微波晶体管放大器的典型结构形式，其输入匹配网络采用了 Γ 型并联匹配网络，输出匹配网络采用反 Γ 型并联匹配网络，基（栅）极和集电（漏）极采用并联馈电方法供给直流电压，直流偏置电路采用了典型的四分之一波长高、低阻抗线引入，在理想情况下，偏置电路对微波电路的匹配不产生影响。图中 C 是微带隔直流电容。

　　在实际应用中，一级晶体管放大器的增益常常不满足要求，因此要用多级放大器来达到要求的增益。多级放大器的首要问题是确定放大器级间的连接方式。级间的连接方式分为两大类，如图 5 - 12 所示。一类是每级设计成各自带有输入、输出匹配网络的单级放大器，级间用短线连接；另一类是级间用一个匹配网络直接匹配。前者便于根据增益要求任意增减级数，但结构较松散；后者结构紧凑，但不便任意增减级数。前者设计简单，每级设计相同；后者第一级输入匹配网络、级间匹配网络和末级输出匹配网络设计不同。

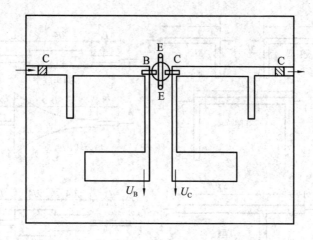

图 5 - 11　单级微带型放大器结构

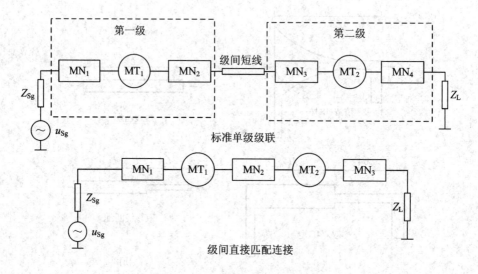

图 5 - 12　多级放大器结构形式

　　第一种类型的多级放大器的设计方法基本上与单级放大器的相同，只是须考虑若每级的功率电平量级不同，则每只晶体管的 S 参量就可能不同。第二种类型的多级放大器的级间匹配网络须完成前级输出阻抗到后级输入阻抗的变换，也就是说既达到前级要求的输出阻抗，又达到后级要求的输入阻抗。如果按最大功率增益设计，可以从前向后，也可以从后向前逐级设计；若按照最小噪声系数设计，则总是从前向后设计，以保证每级输入匹配网络都按低噪声设计。

5.5.2　设计指标和设计步骤

　　微波晶体管放大器性能的好坏，首先取决于晶体管本身的性能，第二取决于晶体管 S 参数测量的精度，第三取决于设计方法的优劣。所以设计微波晶体管放大器的任务是要在给定的工作频带内设计输入、输出匹配网络，除满足一定的增益、噪声系数要求外，还需满足输入、输出驻波比的要求。

1. 设计指标

·频率范围。

·增益。

·噪声。

·其他：动态范围、功率、电源、接口条件、体积、重量、温度范围、振动、冲击、盐雾、循环湿热等。

2. 设计步骤

(1) 选晶体管。一般要求晶体管的特征频率 f_T 不低于 3～5 倍的工作频率。

(2) 确定电路形式及工作状态。一般选用共射(共源)组态，根据噪声系数、增益和动态范围来确定偏压和电流大小。

(3) 判断稳定性。测量晶体管的 $[S]$、F_{min}、Γ_{opt} (或由厂商给出)，判断其稳定性。

(4) 设计输入和输出匹配电路。根据需要设计出 LNA 或高增益的匹配网络。

放大器设计过程可以总结为图 5 - 13 所示的流程图。

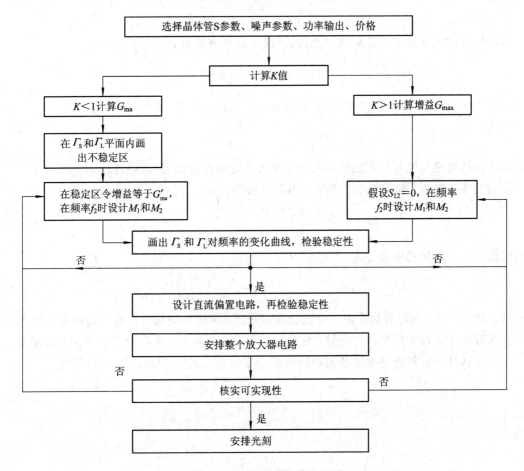

图 5 - 13　放大器设计流程图

5.5.3 高增益放大器的设计

对于高增益放大器，应根据对增益和平坦度的要求来设计输入和输出匹配网络。放大器设计流程已在图 5-13 示出。图中 G_{ma} 为 $K>1$ 时的资用功率增益，G'_{ma} 为 $K<1$ 时的资用功率增益。

1. 单向化设计

一般晶体管的 S_{12} 很小，尤其是 FET，S_{12} 更小。忽略 S_{12} 的设计方法称为单向化设计。将式(5-21)代入 $S_{12}=0$，可得单向化转换功率增益 G_{Tu} 为

$$G_{\mathrm{Tu}} = \frac{|S_{21}|^2(1-|\Gamma_{\mathrm{S}}|^2)(1-|\Gamma_{\mathrm{L}}|^2)}{|(1-S_{11}\Gamma_{\mathrm{S}})(1-S_{22}\Gamma_{\mathrm{L}})|^2}$$

$$= |S_{21}|^2 \cdot \frac{1-|\Gamma_{\mathrm{S}}|^2}{|1-S_{11}\Gamma_{\mathrm{S}}|^2} \cdot \frac{1-|\Gamma_{\mathrm{L}}|^2}{|1-S_{22}\Gamma_{\mathrm{L}}|^2}$$

$$= G_0 G_{\mathrm{S}} G_{\mathrm{L}} \tag{5-59}$$

式中：

$$G_0 = |S_{21}|^2$$

表示晶体管输入和输出均接阻抗 Z_0 时的正向转换功率增益；

$$G_{\mathrm{S}} = \frac{1-|\Gamma_{\mathrm{S}}|^2}{|1-S_{11}\Gamma_{\mathrm{S}}|^2}$$

表示由晶体管输入端与源之间的匹配情况所决定的附加增益(或损耗)；

$$G_{\mathrm{L}} = \frac{1-|\Gamma_{\mathrm{L}}|^2}{|1-S_{22}\Gamma_{\mathrm{L}}|^2}$$

表示由晶体管输出端与负载之间的匹配情况所决定的附加增益(或损耗)。

当晶体管输入、输出两端口都满足共轭匹配时，有

$$\begin{cases} \Gamma_{\mathrm{S}} = \Gamma_{\mathrm{in}}^* = S_{11}^* \\ \Gamma_{\mathrm{L}} = \Gamma_{\mathrm{out}}^* = S_{22}^* \end{cases} \tag{5-60}$$

获得最大单向转换功率增益为

$$G_{\mathrm{Tu_{max}}} = G_0 G_{\mathrm{S_{max}}} G_{\mathrm{L_{max}}} = \frac{|S_{21}|^2}{(1-|S_{11}|^2)(1-|S_{22}|^2)} \tag{5-61}$$

显然，单向化后，增益表达式由三个独立的部分组成，因而使分析和设计简单化。但 S_{12} 小到什么程度才可以采用单向化设计，它又会产生多大误差，下面将分析容许误差极限值。

为了估计实际转换功率增益与单向转换功率增益的差别，由式(5-31)得到

$$G_{\mathrm{T}} = G_{\mathrm{Tu}} \frac{1}{|1-x|^2} \tag{5-62}$$

式中：

$$x = \frac{S_{12}S_{21}\Gamma_{\mathrm{S}}\Gamma_{\mathrm{L}}}{(1-S_{11}\Gamma_{\mathrm{S}})(1-S_{22}\Gamma_{\mathrm{L}})}$$

定义单向化双共轭匹配条件下的 $|x|$ 为单向化优质因数，并用 u 表示，即

$$u = |x| \begin{array}{c} \Gamma_{\mathrm{S}}^* = S_{11} \\ \Gamma_{\mathrm{L}}^* = S_{22} \end{array} = \left| \frac{S_{12}S_{21}S_{11}^*S_{22}^*}{(1-|S_{11}|^2)(1-|S_{22}|^2)} \right| \tag{5-63}$$

G_{T} 与 G_{Tu} 之间的误差范围为

$$\frac{1}{(1+u)^2} < \frac{G_{\mathrm{T}}}{G_{\mathrm{Tu}}} < \frac{1}{(1-u)^2} \tag{5-64}$$

实际设计时，若 $u < 0.12$，则计算功率增益误差不超过 1 dB。

目前微波晶体管放大器已普遍采用计算机辅助设计，但仍可用上述单向化设计为 CAD 提供初值。

2. 非单向化设计

最大功率增益只有在放大器处于绝对稳定工作状态，其输入和输出端同时实现共轭匹配时才能获得。如图 5-8 中输入匹配网络 M_1，将 Γ' 变换到 Γ_{S}，输出匹配网络 M_2 将 Γ_{L}' 变换到 Γ_{L}，同时满足下面的联立方程：

$$\begin{cases} \Gamma_{\mathrm{S}} = \Gamma_{\mathrm{in}}^* = \left(S_{11} + \dfrac{S_{12}S_{21}\Gamma_{\mathrm{L}}}{1-S_{22}\Gamma_{\mathrm{L}}} \right)^* \\[4mm] \Gamma_{\mathrm{L}} = \Gamma_{\mathrm{out}}^* = \left(S_{22} + \dfrac{S_{12}S_{21}\Gamma_{\mathrm{S}}}{1-S_{11}\Gamma_{\mathrm{S}}} \right)^* \end{cases} \tag{5-65}$$

式中：Γ_{S}、Γ_{L} 是从晶体管端口向信源或负载看去的反射系数。式(5-65)求解后得到双共轭匹配的条件为

$$\Gamma_{\mathrm{Sm}} = \frac{B_1 \pm \sqrt{B_1^2 - 4|C_1|^2}}{2C_1} \tag{5-66}$$

$$\Gamma_{\mathrm{Lm}} = \frac{B_2 \pm \sqrt{B_2^2 - 4|C_2|^2}}{2C_2} \tag{5-67}$$

式中：

$$B_1 = 1 + |S_{11}|^2 - |S_{22}|^2 - |\Delta|^2$$
$$B_2 = 1 - |S_{11}|^2 + |S_{22}|^2 - |\Delta|^2$$
$$C_1 = S_{11} - S_{22}^*\Delta$$
$$C_2 = S_{22} - S_{11}^*\Delta$$

经过分析可知，在放大器绝对稳定的条件下进行双共轭匹配设计时，Γ_{Sm} 和 Γ_{Lm} 都取式(5-66)、式(5-67)带负号的解，这样将 S 参数代入后，即可求得一组 $|\Gamma_{\mathrm{Sm}}| < 1$、$|\Gamma_{\mathrm{Lm}}| < 1$ 的源和负载的反射系数，并以此作为设计输入、输出匹配网络的依据。

在双共轭匹配情况下，放大器的转换功率增益、实际功率增益和资用功率增益相等，常用 MAG(最大可用功率增益)表示：

$$\mathrm{MAG} = G_{\mathrm{amax}} = G_{\mathrm{Pmax}} = G_{\mathrm{Tmax}}$$

$$= \frac{|S_{21}|^2(1-|\Gamma_{\mathrm{Sm}}|^2)(1-|\Gamma_{\mathrm{Lm}}|^2)}{|(1-S_{11}\Gamma_{\mathrm{Sm}})(1-S_{22}\Gamma_{\mathrm{Lm}}) - S_{12}S_{21}\Gamma_{\mathrm{Sm}}\Gamma_{\mathrm{Lm}}|^2}$$

$$= \left| \frac{S_{21}}{S_{12}} \right| (K \pm \sqrt{K^2 - 1}) \tag{5-68}$$

式中：K 为稳定系数，同样取式(5-68)带负号的解。当 $K=1$(临界情况)时，式(5-68)变为

$$\text{MSG} = \left| \frac{S_{21}}{S_{12}} \right| \tag{5-69}$$

MSG 是最大稳定功率增益。实际上放大器的功率增益不可能有这样大，但可以利用式(5-68)、式(5-69)初步估算晶体管在绝对稳定条件下的最大功率增益。

由于 S 参数和匹配网络均具有频率特性，因此上述设计方法只能对一个频率满足共轭匹配。在设计窄带放大器时，由于器件的 S_{21} 随频率上升而下降，因而把频带的高端设计成共轭匹配，获得最大增益，而频带低端设计成失配，以降低增益，使它与高端增益相接近，从而保证频带内增益平坦。

有时候晶体管两端口网络的稳定系数 $K<1$，则网络是潜在不稳定的，在这种情况下不能用双共轭匹配的设计方法。设计放大器时可先做稳定圆，画出潜在不稳定区域，然后利用等增益圆和等噪声系数圆进行设计。

设计步骤如下：

(1) 画出临界圆和单位圆，确定稳定区。

(2) 画出等增益圆和等噪声系数圆。

(3) 在等噪声系数圆的稳定区取 Γ_S 可满足噪声要求。

(4) 在等增益圆的稳定区取 Γ_L 可满足增益要求。

(5) 用微波的方法实现，主要采用微带电路。

5.5.4 最小噪声系数放大器的设计

由上面分析可知，为获得最小噪声系数，应选择最佳信源反射系数 Γ_opt，而从功率传输来看，这时是失配的。这种以最小噪声系数出发来设计输入匹配网络的方法，称为"最佳噪声匹配"。输入匹配网络将 Γ_S 变换为 Γ_opt，即 $\Gamma_\text{S}=\Gamma_\text{opt}$，而输出匹配网络按共轭匹配设计，即

$$\Gamma_\text{L} = \Gamma_\text{out}^*$$

$$\Gamma_\text{L} = \Gamma_\text{out}^* = \left(S_{22} + \frac{S_{12} S_{21} \Gamma_\text{opt}}{1 - S_{11} \Gamma_\text{opt}} \right)^* \tag{5-70}$$

因此，放大器可以在实现最小噪声的前提下得到尽可能大的增益。

当低噪声放大器有一定频带要求时，由于不同频率的噪声性能不同，因而不可能在频带内满足最佳噪声要求，只能争取具有尽可能低且平坦的噪声特性。如果还要兼顾带内增益及输入、输出驻波比，则最好采用计算机辅助设计(CAD)方法，采用多参量优化来达到要求。

5.5.5 等增益圆设计简介

由增益表达式可以看出：Γ_L 和 G_P，Γ_S 和 G_a，Γ_L 和 G_L，Γ_S 和 G_S 之间都是分式线性变换，而分式线性映射具有保圆性。设 G 为一个定值，即可做出一个圆，在 Γ 平面上也对应一个圆，这就是等增益圆。等增益圆把反射系数平面分成两部分，在圆内取 Γ，使其所对应的 G 值大于圆周对应的 G 值，在圆外则相反。等增益圆在设计给定增益放大器时非常有用。下面给出几种等增益圆的表达式。

(1) 等 G_P 圆。

令 $g_P = \dfrac{G_P}{|S_{21}|^2}$，$\Gamma_L = u + jv$，可得到

$$(u - u_P)^2 + (v - v_P)^2 = \rho_P^2$$

故在 C_2^* 上，有

圆心：
$$\rho_P = u_P + jv_P = \frac{g_P C_2^*}{1 + g_P(|S_{22}|^2 - |\Delta|^2)} \tag{5-71}$$

半径：
$$r_P = \frac{(1 - 2K|S_{12}S_{21}|g_P + |S_{12}S_{21}|^2 g_P^2)^{\frac{1}{2}}}{1 + g_P(|S_{22}|^2 - |\Delta|^2)}$$

(2) 等 G_a 圆。

令 $g_A = \dfrac{G_a}{|S_{21}|^2}$，$\Gamma_S = u + jv$，可得到

$$(u - u_a)^2 + (v - v_a)^2 = \rho_a^2$$

故在 C_1^* 上，有

圆心：
$$\rho_a = u_a + jv_a = \frac{g_a C_1^*}{1 + g_a(|S_{11}|^2 - |\Delta|^2)} \tag{5-72}$$

半径：
$$r_a = \frac{(1 - 2K|S_{12}S_{21}|g_a + |S_{12}S_{21}|^2 g_a^2)^{\frac{1}{2}}}{1 + g_a(|S_{11}|^2 - |\Delta|^2)}$$

(3) 等 G_S、G_L 圆。

已知

$$G_{Sm} = \frac{1}{1 - |S_{11}|^2}, \quad G_{Lm} = \frac{1}{1 - |S_{22}|^2},$$

令 $g_S = \dfrac{G_S}{G_{Sm}}$，$g_L = \dfrac{G_L}{G_{Lm}}$，故在 S_{11}^* 上，有

圆心：
$$\rho_S = u_S + jv_S = \frac{g_S S_{11}^*}{1 - |S_{11}|^2(1 - g_S)} \tag{5-73}$$

半径：
$$r_S = \frac{\sqrt{1 - g_S}(1 - |S_{11}|^2)}{1 - |S_{11}|^2(1 - g_S)}$$

在 S_{22}^* 上，有

圆心：
$$\rho_L = u_L + jv_L = \frac{g_L S_{22}^*}{1 - |S_{22}|^2(1 - g_L)}$$

半径：
$$r_L = \frac{\sqrt{1 - g_L}(1 - |S_{22}|^2)}{1 - |S_{22}|^2(1 - g_L)}$$

图 5 - 14 是某器件输入平面上的等增益圆示意图。在等增益圆上，每一点的阻抗虽然不同，但能够得到相同的增益。因此，要使放大器在一定频带内获得等增益，可在不同的频率点(一般取频带的两端点)测出晶体管的 S 参数。对于不同的频率，在输入和输出平面上分别画出许多等增益圆，然后在输入和输出平面上分别选取不同频率的等增益圆中适当的阻抗点，使放大器在通频带内具有等增益特性。利用所求的阻抗值，设计输入和输出的匹配网络。

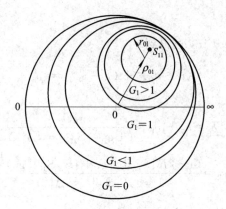

图 5－14　输入平面上的等增益圆

5.5.6　微波小信号放大器设计实例

本节给出几种微波放大器设计实例。

【例 5－3】　单级高增益放大器的设计。

设计一级中心频率为 1 GHz 的窄带放大器，要求最大转换功率增益在 10 dB 以上。

解　(1) 因放大器的工作频率不高，故选定微波双极晶体管及其工作点，测出 1 GHz 时的参数为

$$S_{11} = 0.32\angle{-120°}, \quad S_{22} = 0.72\angle{-10°}$$
$$S_{12} = 0.11\angle{38°}, \quad\quad S_{21} = 2.2\angle{70°}$$

(2) 计算稳定系数。

$$\Delta = S_{11}S_{22} - S_{12}S_{21} = 0.413\angle{-100.2°}$$
$$K = \frac{1 - |S_{11}|^2 - |S_{22}|^2 + |\Delta|^2}{2|S_{12}S_{21}|} = 1.134$$

由于 $K > 1$，且 $1 - |S_{22}|^2 > |S_{12}S_{21}|$，$1 - |S_{11}|^2 > |S_{12}S_{21}|$，因此该晶体管是绝对稳定的。

(3) 计算双共轭匹配时源和负载的反射系数。

$$C_1 = S_{11} - S_{22}^*\Delta = 0.16\angle{172.7°}$$
$$C_2 = S_{22} - S_{11}^*\Delta = 0.16\angle{-16.2°}$$
$$B_1 = 1 + |S_{11}|^2 - |S_{22}|^2 - |\Delta|^2 = 0.413$$
$$B_2 = 1 + |S_{22}|^2 - |S_{11}|^2 - |\Delta|^2 = 1.25$$
$$\Gamma_{Sm} = \frac{1}{2C_1}\left(B_1 - 2|S_{12}S_{21}|\sqrt{K^2-1}\right) = 0.475\angle{-172.7°}$$
$$\Gamma_{Lm} = \frac{1}{2C_2}\left(B_2 - 2|S_{12}S_{21}|\sqrt{K^2-1}\right) = 0.808\angle{16.2°}$$

(4) 计算最大转换功率增益。

$$G_{Tmax} = MAG = \left|\frac{S_{21}}{S_{12}}\right|\left(K - \sqrt{K^2-1}\right)$$
$$= 11.986 = 10.8\ dB$$

可见将放大器的输入、输出匹配网络都设计成共轭匹配时，就能实现 10 dB 增益指标。

本例采用微带结构，输入端信源阻抗和输出端负载阻抗均为 50 Ω，电路图如图 5 - 15 所示。图中 $\Gamma'_S = \Gamma'_L = 0$，输入、输出匹配网络都采用并联分支线，并假设所有微带线特性阻抗均为 50 Ω。

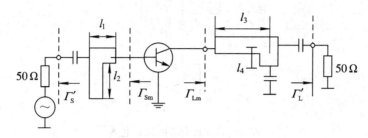

图 5 - 15　单级放大器示意图

（5）输入匹配网络的设计。设计输入匹配网络，使其一端和 Γ_{Sm} 相对应的阻抗匹配，另一端和 50 Ω 源阻抗匹配。设计过程如图 5 - 16(a) 所示。图中 A 点是 Γ_{Sm} 在导纳圆图上的对应点，注意此时的匹配以晶体管的输入端为源端，把 50 Ω 的匹配电阻变换到 Γ_{Sm}。首先在 50 Ω 线上并联长度为 $l_2 = 0.133\lambda_g$ 的开路线，这时导纳在圆图上的对应点从原来的原点变换到现在的 B 点（注意此时的 B 点和 A 点在同一个等 Γ 圆上），然后再经过长度为 $l_1 = 0.076\lambda_g$ 的等 Γ 圆旋转，到达 A 点，即 Γ_{Sm} 点。

（6）输出匹配网络的设计。设计输出匹配网络，使其一端和 Γ_{Lm} 相对应的阻抗匹配，另一端和 50 Ω 负载阻抗匹配。设计过程如图 5 - 16(b) 所示。图中 C 点是 Γ_{Lm} 在导纳圆图上的对应点，此时将晶体管的输出端作为源端，把 50 Ω 的匹配电阻变换到 Γ_{Lm}。首先在 50 Ω 匹配负载线处并联一长度为 $l_4 = 0.058\lambda_g$ 的短路线，则圆图上对应于将原点旋转到 D 点（此时 C、D 两点在等 Γ 圆上），再经过长度为 $l_3 = 0.176\lambda_g$ 的旋转，到达 C 点，即 Γ_{Lm} 点。这里取短路分支线的原因是为了使电长度小于 $\lambda_g/4$。

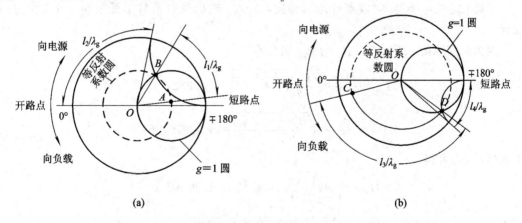

(a)　　　　　　　　　　　　　(b)

图 5 - 16　匹配网络的图解设计
(a) 设计输入匹配网络；(b) 设计输出匹配网络

最后需说明，以上设计未考虑偏置电路影响，可将上述设计结果连同偏置电路一起作为放大器的初始拓扑，借助计算机优化程序，优化各段微带线长度和特性阻抗，使放大器在中心频率为 1 GHz 的一定带宽内满足增益要求。

图 5 - 17 示出了放大器的偏置电路。

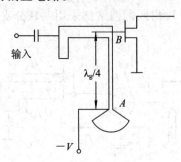

图 5 - 17　放大器的偏置电路

【例 5 - 4】　最大增益放大器的设计。

设计一个中心频率为 4 GHz 的共轭匹配放大器，计算输入回波损耗和 3～5 GHz 增益。场效应管在 50 Ω 系统中的 S 参数如下：

f/GHz	S_{11}	S_{21}	S_{12}	S_{22}
3.0	$0.80\angle-89°$	$2.86\angle99°$	$0.03\angle56°$	$0.76\angle-41°$
4.0	$0.72\angle-116°$	$2.60\angle76°$	$0.03\angle57°$	$0.73\angle-54°$
5.0	$0.66\angle-142°$	$2.39\angle54°$	$0.03\angle62°$	$0.72\angle-68°$

解　计算 4 GHz 频率上的稳定性参数。

$$\Delta = S_{11}S_{22} - S_{12}S_{21} = 0.488\angle-162°$$

$$K = \frac{1-\mid S_{11}\mid^2-\mid S_{22}\mid^2+\mid\Delta\mid^2}{2\mid S_{12}S_{21}\mid} = 1.195$$

可见 $|\Delta|<1$，$K>1$，该器件绝对稳定，输入、输出反射系数不受限制，可直接进行设计。

因为共轭匹配，$\Gamma_S=\Gamma_{\text{in}}^*$，$\Gamma_L=\Gamma_{\text{out}}^*$，所以有

$$\Gamma_S = \frac{B_1-\sqrt{B_1^2-4\mid C_1\mid^2}}{2C_1} = 0.872\angle123°$$

$$\Gamma_L = \frac{B_2-\sqrt{B_2^2-4\mid C_2\mid^2}}{2C_2} = 0.876\angle61°$$

由式(5 - 59)可得

$$G_S = \frac{1}{1-\mid\Gamma_S\mid^2} = 4.17 = 6.20\text{ dB}$$

$$G_0 = \mid S_{21}\mid^2 = 6.76 = 8.30\text{ dB}$$

$$G_L = \frac{1-\mid\Gamma_L\mid^2}{\mid 1-S_{22}\Gamma_L\mid^2} = 1.67 = 2.22\text{ dB}$$

故放大器的转换功率增益为

$$G_{T_{\max}} = 6.20+8.30+2.22 = 16.7\text{ dB}$$

采用串 - 并联微带线结构实现匹配电路，结果如图 5 - 18(a)所示。

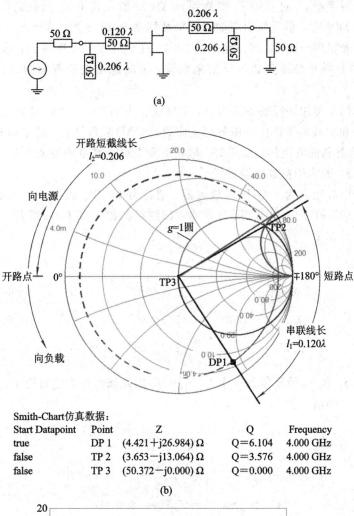

Smith-Chart仿真数据:

Start Datapoint	Point	Z	Q	Frequency
true	DP 1	$(4.421+j26.984)\ \Omega$	Q=6.104	4.000 GHz
false	TP 2	$(3.653-j13.064)\ \Omega$	Q=3.576	4.000 GHz
false	TP 3	$(50.372-j0.000)\ \Omega$	Q=0.000	4.000 GHz

(b)

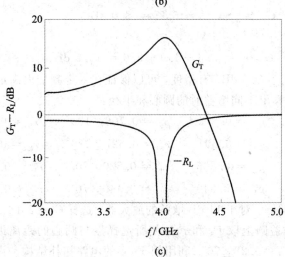

(c)

图 5 - 18　最大增益放大器设计

(a) 匹配电路；(b) Smith 圆图软件设计过程；(c) 电路性能

输入匹配网络把 Γ_S 对应的 Z_S 变换到 50 Ω。一般先找出 Γ_S 所在的位置，其在导纳圆图上的位置为 DP1 点，沿等反射系数圆向负载移动 0.120λ 到达 1＋j3.5 圆即 TP2 点，开路支节在节点处呈现＋j3.5，其长度为 0.206λ。这个过程可以理解为：给负载端的匹配点（圆心 TP3 点）并联开路线到达等反射系数源，再向源端走到源导纳处，如图 5－18(b)所示。

输出匹配网络可用同样的方法得到，串联线长为 0.206λ，并联开路线长为 0.206λ。

回波损耗和增益频带特性可用解析法或通过 CAD 软件计算，结果如图 5－18(c)所示。在 4 GHz 时增益和回波损耗指标最好，增益下降 1 dB，频带约为 2.5%。

【例 5－5】 固定增益放大器的设计。

设计一个中心频率为 4 GHz 的放大器，增益为 11 dB。画出 $G_S＝2$ dB、$G_S＝3$ dB 和 $G_L＝0$ dB、$G_L＝1$ dB 的等增益圆，计算输入回波损耗和 3～5 GHz 增益。场效应管在 50 Ω 系统中的 S 参数如下

f/GHz	S_{11}	S_{21}	S_{12}	S_{22}
3	0.80∠－90°	2.8∠100°	0	0.66∠－50°
4	0.75∠－120°	2.5∠80°	0	0.60∠－70°
5	0.71∠－140°	2.3∠60°	0	0.58∠－85°

解：由于 S_{11} 和 S_{22} 的模值都小于 1，$S_{12}＝0$，因此该器件为绝对稳定。

共轭匹配时的增益为

$$G_{S_{\max}} = \frac{1}{1-|S_{11}|^2} = 2.29 = 3.6 \text{ dB}$$

$$G_{L_{\max}} = \frac{1}{1-|S_{22}|^2} = 1.56 = 1.9 \text{ dB}$$

$$G_0 = |S_{21}|^2 = 6.25 = 8.0 \text{ dB}$$

因此，最大单向转换增益为

$$G_{TU_{\max}} = 3.6 + 1.9 + 8.0 = 13.5 \text{ dB}$$

该增益比指标要求高了 2.5 dB，有裕度，可以保证在一定频带内满足指标要求。

根据式(5－73)可计算出不同增益时的圆心和半径：

$$G_S = 3 \text{ dB} \quad g_S = 0.875 \quad \rho_S = 0.706\angle120° \quad r_S = 0.166$$
$$G_S = 2 \text{ dB} \quad g_S = 0.691 \quad \rho_S = 0.627\angle120° \quad r_S = 0.294$$
$$G_L = 1 \text{ dB} \quad g_L = 0.806 \quad \rho_L = 0.520\angle70° \quad r_L = 0.303$$
$$G_L = 0 \text{ dB} \quad g_L = 0.640 \quad \rho_L = 0.440\angle70° \quad r_L = 0.440$$

图 5－19(a)为等增益圆。对于 11 dB 增益的放大器，选择 $G_S＝2$ dB、$G_L＝1$ dB 的匹配网络，在对应的两个等增益圆上取 Γ_S 和 Γ_L，使所选择点与圆心的距离最小。从图中可以看出 $\Gamma_S＝0.33\angle120°$ 和 $\Gamma_L＝0.22\angle70°$。利用例 5－4 的电路拓扑结构和设计方法可以得到图 5－19(b)所示的微带电路。图 5－19(c)是频带内的回波损耗和增益特性。可以看出：回波指标不是很好，可采用失配的方法降低增益，增益下降 1 dB 时的带宽为 25%，即通过牺牲增益来展宽频带。

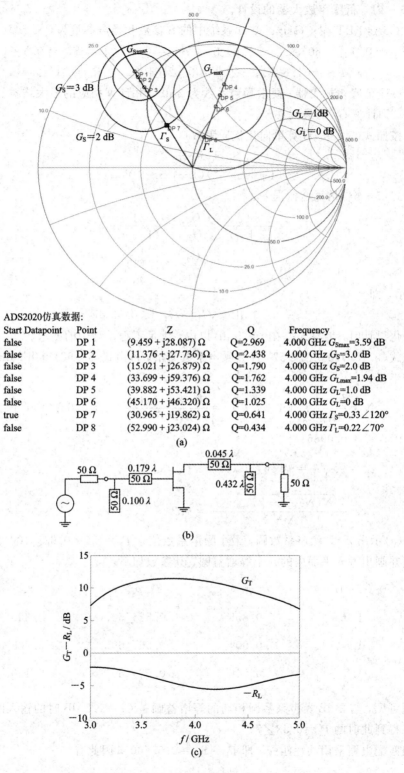

ADS2020仿真数据:

Start Datapoint	Point	Z	Q	Frequency	
false	DP 1	(9.459 + j28.087) Ω	Q=2.969	4.000 GHz	G_{Smax}=3.59 dB
false	DP 2	(11.376 + j27.736) Ω	Q=2.438	4.000 GHz	G_S=3.0 dB
false	DP 3	(15.021 + j26.879) Ω	Q=1.790	4.000 GHz	G_S=2.0 dB
false	DP 4	(33.699 + j59.376) Ω	Q=1.762	4.000 GHz	G_{Lmax}=1.94 dB
false	DP 5	(39.882 + j53.421) Ω	Q=1.339	4.000 GHz	G_L=1.0 dB
false	DP 6	(45.170 + j46.320) Ω	Q=1.025	4.000 GHz	G_L=0 dB
true	DP 7	(30.965 + j19.862) Ω	Q=0.641	4.000 GHz	Γ_S=0.33∠120°
false	DP 8	(52.990 + j23.024) Ω	Q=0.434	4.000 GHz	Γ_L=0.22∠70°

(a)

(b)

(c)

图 5 - 19　固定增益放大器设计

(a) 等增益圆；(b) 微带电路实现；(c) 频带内的回波损耗和增益特性

【例 5 - 6】 低噪声放大器的设计。

已知 GaAs FET 在 4 GHz、50 Ω 系统中的 S 参数和噪声参量为

$$S_{11} = 0.6\angle -60°, \ S_{21} = 1.9\angle 81°, \ S_{12} = 0.05\angle 26°, \ S_{22} = 0.5\angle -60°$$

$$F_{\min} = 1.6 \ dB \qquad \Gamma_{opt} = 0.62\angle 100° \qquad R_n = 20 \ \Omega$$

设计一个低噪声放大器，要求噪声系数为 2 dB，并计算相应的最大增益。若按单向化进行设计，则计算 G_T 的最大误差。

解 按照式(5 - 63)计算单向化优质因数：

$$u = \frac{|S_{12}S_{21}S_{11}S_{22}|}{(1-|S_{11}|^2)(1-|S_{22}|^2)} = 0.059$$

按照式(5 - 64)估算增益误差：

$$\frac{1}{(1+u)^2} < \frac{G_T}{G_{Tu}} < \frac{1}{(1-u)^2}$$

$$0.891 < \frac{G_T}{G_{Tu}} < 1.130$$

用 dB 表示，即

$$-0.50 \ dB < G_T - G_{Tu} < 0.53 \ dB$$

即按单向化设计时，增益误差在 ±0.5 dB 以内，满足工程设计中的要求。

按照式(5 - 56)和式(5 - 57)计算噪声系数参量，再由式(5 - 58)得出 2 dB 噪声系数圆的圆心和半径。

$$N = \frac{F - F_{\min}}{4R_n/Z_0} |1 + \Gamma_{opt}|^2 = \frac{1.58 - 1.445}{4(20/50)} |1 + 0.62\angle 100°|^2$$

$$= 0.0986$$

$$\rho_F = \frac{\Gamma_{opt}}{N+1} = 0.56\angle 100°$$

$$r_F = \frac{\sqrt{N(N+1-|\Gamma_{opt}|^2)}}{N+1} = 0.24$$

图 5 - 20(a)示出 2 dB 噪声系数圆，最小噪声系数位于 $\Gamma_S = \Gamma_{opt} = 0.62\angle 100°$。

计算并画出输入平面内的几个等增益圆，其参数如下：

G_S/dB	g_S	ρ_S	r_S
1.0	0.805	0.52∠60°	0.300
1.5	0.904	0.56∠60°	0.205
1.7	0.946	0.58∠60°	0.150

由图可见，与 2 dB 噪声系数圆相切的等增益圆是 $G_S = 1.7$ dB 时的输入匹配电路。从图中可以得到此时的 $\Gamma_S = 0.53\angle 75°$。

输出匹配电路采用共轭匹配，即 $\Gamma_L = S_{22}^* = 0.5\angle 60°$，因此有

$$G_L = \frac{1}{1-|S_{22}|^2} = 1.33 = 1.25 \ dB$$

晶体管固有增益为

$$G_0 = \mid S_{21} \mid^2 = 3.61 = 5.58 \text{ dB}$$

放大器的最大增益为

$$G_{Tu} = G_S + G_0 + G_L = 8.53 \text{ dB}$$

图 5 - 20(b)给出了微带电路的设计结果。

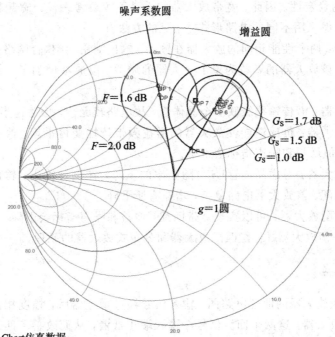

Smith-Chart仿真数据:

Start Datapoint	Point	Z	Q	Frequency
false	DP 1	$(19.241 + j38.168)\ \Omega$	Q=1.984	4.000 GHz F_{min}=1.6 dB
false	DP 2	$(22.757 + j36.569)\ \Omega$	Q=1.607	4.000 GHz F_{min}=2.0 dB
false	DP 3	$(42.105 + j68.370)\ \Omega$	Q=1.624	4.000 GHz G_{Smax}=1.9 dB
false	DP 4	$(43.866 + j66.406)\ \Omega$	Q=1.514	4.000 GHz G_S=1.7 dB
false	DP 5	$(45.541 + j64.354)\ \Omega$	Q=1.413	4.000 GHz G_S=1.5 dB
false	DP 6	$(48.614 + j60.012)\ \Omega$	Q=1.234	4.000 GHz G_S=1.0 dB
true	DP 7	$(35.721 + j50.861)\ \Omega$	Q=1.424	4.000 GHz Γ_S=0.53∠75°
false	DP 8	$(57.436 + j22.999)\ \Omega$	Q=0.400	4.000 GHz

N1: Constant 1.60 dB noise figure circle; NFmin = 1.60 dB; Γ_NFmin = 0.62 < 100.00; r'noise = 0.40;
N2: Constant 2.00 dB noise figure circle; NFmin = 1.60 dB; Γ_NFmin = 0.62 < 100.00; r'noise = 0.40;

(a)

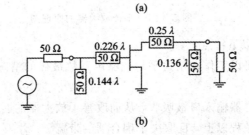

(b)

图 5 - 20　低噪声放大器的设计过程和微带电路
(a) 设计过程；(b) 微带电路

5.6 宽带放大器

随着光纤通信、卫星通信、测量仪器等向着宽带化方向发展，要求微波晶体管放大器的频带越来越宽。但放大器的功率增益在频率高端常以 6 dB/倍频程的速率下降，而且还要考虑整个频带内的稳定性。因此，宽带放大器的设计不仅要考虑设计宽频带阻抗匹配网络的问题，还需要考虑采用不同的电路形式，常见的方法有：

（1）平衡放大器：两个性能相同的放大器在输入、输出端用 90°耦合网络并联起来，可以实现倍频程工作。该放大器的增益为单个放大器的增益，但成本增加了一倍多，并且电路也较复杂。

（2）分布式放大器：沿传输线级联多个晶体管，故电路较庞杂，增益也不是线性叠加。

（3）负反馈式放大器：负反馈能使放大器的增益频带特性变得平坦，改善输入、输出匹配，提高稳定性，但增益和噪声指标会下降。

（4）补偿匹配放大器：考虑晶体管 $|S_{21}|$ 随频率的下降，在设计输入、输出匹配时，频带低端失配，高端匹配。该放大器电路复杂，增益有所下降。

（5）电阻电抗匹配放大器：可以实现宽带匹配，增益和噪声指标会下降。

下面简单介绍平衡放大器、补偿匹配放大器和分布式放大器的原理。

5.6.1 平衡放大器

图 5-21 是平衡放大器的原理电路图。输入信号经过耦合器后，幅度相同，相位相差 90°，然后送入两个放大器，这两个回波信号在输入端相抵消，从而改善了匹配性能。输出端的情况与此相同。

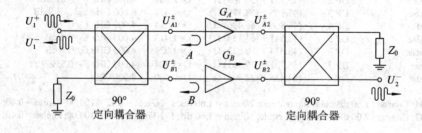

图 5-21 平衡放大器的原理图

平衡放大器具有以下特点：

（1）单级放大器可以工作在增益平坦或噪声系数最优的情况下，不用考虑输入与输出匹配。

（2）反射波在耦合器输入口被吸收，从而改善了放大器的匹配和稳定性。

（3）带宽可达倍频程以上，且取决于耦合器的带宽。

（4）一个放大器损坏，整机指标将下降 6 dB。

（5）体积增加，电路较复杂。

由图 5-21 可见，放大器的输入电压为

$$\begin{cases} U_{A1}^+ = \dfrac{1}{\sqrt{2}} U_1^+ \\[3mm] U_{B1}^+ = \dfrac{-\mathrm{j}}{\sqrt{2}} U_1^+ \end{cases} \tag{5-74}$$

输出电压为

$$\begin{aligned} U_2^- &= \frac{-\mathrm{j}}{\sqrt{2}} U_{A2}^+ + \frac{1}{\sqrt{2}} U_{B2}^+ \\[2mm] &= \frac{-\mathrm{j}}{\sqrt{2}} G_A U_{A1}^+ + \frac{1}{\sqrt{2}} G_B U_{B1}^+ \\[2mm] &= \frac{-\mathrm{j}}{2} U_1^+ (G_A + G_B) \end{aligned} \tag{5-75}$$

放大器的传输系数为

$$S_{21} = \frac{U_2^-}{U_1^+} = \frac{-\mathrm{j}}{2}(G_A + G_B) \tag{5-76}$$

可见，放大器的总增益是两个放大器增益的平均值。如果两个放大器的增益相同，则总增益等于单个放大器的增益。若一个放大器损坏，则总增益下降 6 dB，剩余功率将损耗在耦合器的终端负载上。可以推断，平衡放大器的噪声系数为

$$F = \frac{F_A + F_B}{2} \tag{5-77}$$

输入端的总发射电压为

$$\begin{aligned} U_1^- &= \frac{1}{\sqrt{2}} U_{A1}^- + \frac{-\mathrm{j}}{\sqrt{2}} U_{B1}^- \\[2mm] &= \frac{1}{\sqrt{2}} \Gamma_A U_{A1}^+ + \frac{-\mathrm{j}}{\sqrt{2}} \Gamma_B U_{B1}^+ \\[2mm] &= \frac{1}{2} U_1^+ (\Gamma_A - \Gamma_B) \end{aligned} \tag{5-78}$$

则

$$S_{11} = \frac{U_1^-}{U_1^+} = \frac{1}{2}(\Gamma_A - \Gamma_B) \tag{5-79}$$

可见，如果两个放大器的反射系数相同，则总的输入反射为零。

平衡放大器 S 参数的模值可以写为

$$\begin{cases} |S_{11}| = \dfrac{1}{2} |S_{11}^A - S_{11}^B| \\[3mm] |S_{21}| = \dfrac{1}{2} |S_{21}^A + S_{21}^B| \\[3mm] |S_{12}| = \dfrac{1}{2} |S_{12}^A + S_{12}^B| \\[3mm] |S_{22}| = \dfrac{1}{2} |S_{22}^A - S_{22}^B| \end{cases} \tag{5-80}$$

式中：1/2 表示 3 dB，负号表示 180°总相移。

目前，平衡放大器技术广泛应用于 MMIC 电路中，使用的耦合器结构是 Lange 耦合

器，使用 Wilkinson 功分器时要增加 90°移相器，可用 $\lambda/4$ 传输线段构成，如图 5 - 22 所示。

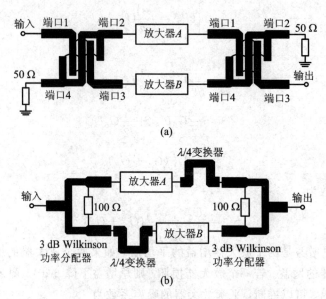

(a)

(b)

图 5 - 22　宽带平衡放大器的电路框图

(a) 3 dB 耦合器构成的平衡放大器；

(b) 3 dB Wilkinson 功率分配器和合成器构成的平衡放大器

5.6.2　补偿匹配放大器

频率补偿匹配放大器在器件的输入或输出端口引入失配，用于补偿由于 S 参量随频率变化产生的影响。这种匹配放大器的主要问题在于，它的设计相当困难，而且设计过程几乎是靠经验而不是依据能够保证成功的完善工程设计方法。频率补偿匹配放大器必须根据具体情况灵活处理。

【例 5 - 7】　补偿匹配放大器的设计。

放大器的工作频带为 2～4 GHz，增益为 7.5 ± 0.2 dB，采用 AT41410 双极型晶体管，$I_{\mathrm{C}}=10$ mA，$U_{\mathrm{CE}}=8$ V，测得 S 参数如下：

f/GHz	$|S_{21}|$	S_{11}	S_{22}
2	3.72	$0.61\angle165°$	$0.45\angle-48°$
3	2.56	$0.62\angle149°$	$0.44\angle-58°$
4	1.96	$0.62\angle130°$	$0.48\angle-78°$

解　由 S 参数计算不同频率下的 G_0、G_{S}、G_{L}：

f/GHz	G_0/dB	G_{S}/dB	G_{L}/dB
2	11.41	2.02	0.98
3	8.16	2.11	0.93
4	5.85	2.11	1.14

G_0 与增益指标 7.5 dB 相比，不同频率下设计匹配网络时应增加的增益为

2 GHz，-3.91 dB；3 GHz，-0.66 dB；4 GHz，$+1.65$ dB

可见，通过 G_S 的补偿就能实现频带内的标称增益指标，从而只需考虑输入匹配网络，无需考虑 G_L，即 $G_L = 0$ dB。输入匹配网络提供的增益为

2 GHz，-3.90 dB± 0.2dB；3 GHz，-0.7dB± 0.2dB；4 GHz，$+1.7$dB± 0.2dB

不同频率上的等增益圆见图 5-23(a)，设计输入匹配网络，把等增益圆上的点变到圆心。由于频率较低，故可采用双电容 L 型集中参数匹配电路。设计结果如图 5-23(b)所示。

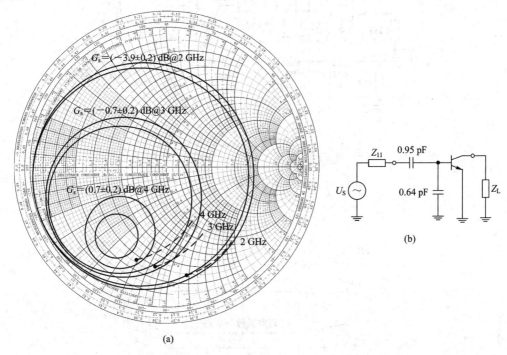

图 5-23 补偿匹配宽带放大器设计

(a) 等增益圆；(b) 微带电路

不同频率下各参数如下：

f/GHz	Γ_S	G_T/dB	VSWR$_1$	VSWR$_2$
2	$0.74\angle -83°$	7.65	13.1	2.6
3	$0.68\angle -101°$	7.57	5.3	2.6
4	$0.66\angle -112°$	7.43	2.0	2.8

由此可以看出：通过在低频端失配，高频端接近匹配，实现了频带内增益的平坦。

5.6.3 分布式放大器

在 20 世纪 50 年代，分布式放大器就应用于毫/微秒脉冲示波器作为 Y 轴输入放大器，也用于宽带电子管放大器，80 年代后微波集成电路和器件技术的发展使得分布式放大器广泛应用于微波集成电路中。FET 分布式放大器在微波频段具有良好的发展前景，如能设

计好匹配电路，分布式放大器将有望在 10 倍频程内工作。图 5－24(a)是分布式放大器的结构示意图，可见，输入传输线(称栅极线)将各级 FET 的栅极相连，输出传输线(称漏级线)将各管漏极相连。并且各级之间联线的相移和电阻值均不相同，器件的寄生电容和电感并入有耗传输线，其性能与低通传输线类似。传输线的负载电阻使得所希望放大的信号在输出终端负载上同相叠加，而其他不希望有的信号被电阻耗散。

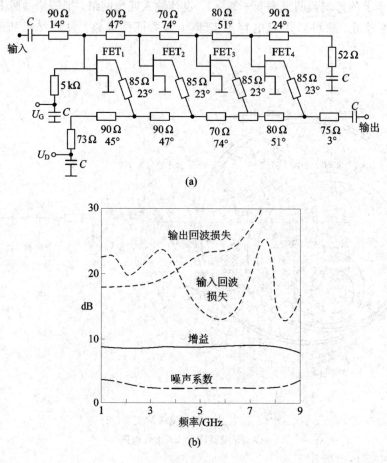

图 5－24 分布式放大器

(a) 结构示意图；(b) 计算特性曲线

经过分析，图 5－24(a)所示的分布式放大器的计算特性曲线如图 5－24(b)所示。图中可见，在 2～9 GHz 范围内，增益特性比较平坦，噪声系数较小，但输入、输出的回波损耗波动较大。

值得注意的是：① 理想情况下，分布式放大器的增益随阶数 N^2 提高，这与级联放大器的增益按 G_0^N 提高不同；② 实际中传输线存在损耗，当 $N \to \infty$ 时，放大器增益趋近于零。可以理解为，栅极传输线上的输入信号按指数规律衰减，末端 FET 收不到输入信号。同理，始端 FET 的输出信号沿漏极传输线也按指数衰减。因此，若 N 值增加，则增加的增益值不足于补充传输线的衰减。图 5－25 给出了某种 FET 构成的阶数为 2、4、6、8、16 的分布式放大器的实际增益频带特性。

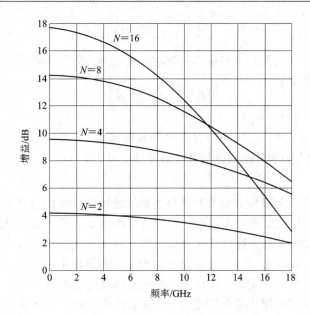

图 5 - 25　FET 分布式放大器的阶数与增益频带的关系

5.7　微波晶体管功率放大器

微波晶体管功率放大器是当今微波领域的一个热门话题。它要求在一定频率范围内输出足够大的微波功率，因此微波晶体管功率放大器总是在大信号状态下工作。对于微波晶体管功率放大器，在所用的放大器件、指标体系、电路结构和电路分析设计方法上，都与小信号微波晶体管放大器不同，具有许多突出的特点。

功率晶体管和小信号低噪声晶体管的结构及材料不同。功率晶体管应能承受大功率，且要求散热性能好，因此其交指型结构的指条数目从低噪声管的 3~5 条增加到 10~20 条。功率双极晶体管总是采用散热性能良好的硅材料制造，而功率场效应管趋向于采用金属 - 半导体场效应管。

微波晶体管的 S 参量随着所放大的信号电平而变化，因此，针对小信号微波晶体管功率放大器的小信号 S 参量的方法不能再用来描述微波功率晶体管的放大特性，必须在规定的工作频率、信号电平和直流工作状态下测量其大信号参量。目前应用最广泛的大信号参量是微波功率晶体管的动态输入阻抗和动态输出阻抗，这两个阻抗可以在规定条件下直接用实验方法测量得到。此外，还可以采用负载牵引法和大信号 S 参量法分析和设计功放。

5.7.1　微波晶体管功率放大器的指标体系

微波晶体管功率放大器的指标除满足一定的增益、驻波比、频带外，重点是要提高输出功率、效率及减小失真。

1. 效率 η

一般功率管的效率 η（也称为集电极效率或漏极效率）定义为晶体管的射频输出功率 P_{out} 与电源消耗功率 P_{dc} 之比，即

$$\eta = \frac{P_{\text{out}}}{P_{\text{dc}}}$$

它表示了功率放大器把直流功率转换成射频功率的能力，但它不能反映晶体管的功率放大能力。定义功率附加效率 η_{add} 为

$$\eta_{\text{add}} = \frac{P_{\text{out}} - P_{\text{in}}}{P_{\text{dc}}}$$

式中：P_{in} 为射频输入功率。上式能同时反映功放的增益，η 相同时，增益高的晶体管有较高的 η_{add}，所以用功率附加效率来描述功放效率更为合理。

2. 非线性失真

信号失真可以概括为线性失真及非线性失真，晶体管功放的特点在于非线性失真，表现为输出、输入信号幅值关系的非线性，多频信号产生交调失真以及调幅－调相转换等。由于功放工作在大信号状态，特别是在中功率和大功率放大器中，放大器件常常工作于 B 类（乙类）和 C 类（丙类）工作状态，这使得在功放的分析方法上，必须采用非线性方法来分析处理。由于功放工作于非线性工作状态，在放大信号过程中将产生大量的谐波分量，因此功放的匹配网络除完成阻抗匹配作用外，对其滤波作用的要求比 A 类（甲类）放大器的要求更为突出。

近年来，一方面由于大容量数字微波通信技术和卫星通信技术的发展对功放线性的要求越来越高；另一方面，器件研制的发展有可能提供在甲类或准甲类工作状态下输出较大功率的晶体管，因此下面主要讨论线性功放的问题。

3. 功放线性度指标

1）1 dB 压缩点输出功率 $P_{1\text{dB}}$

图 5 - 26(a)为功放的输出、输入特性，相应的增益特性如图 5 - 26(b)所示。当输入功率较小时，增益为常数，称为小信号线性增益 G_0；输入功率继续增大，由于非线性使得输出功率与输入功率的比值即增益减小。当增益比小信号线性增益下降 1 dB 时，称为 1 dB 压缩点增益 $G_{1\text{dB}}$，对应的输出、输入功率分别称为 1 dB 压缩点输出功率 $P_{1\text{dB}}$ 及 1 dB 压缩点输入功率 $P_{\text{in}(1\text{dB})}$，因此，有

$$P_{1\text{dB}} = P_{\text{in}(1\text{dB})} + G_0 - 1$$

式中的各参量都以 dBm 或 dB 为单位。

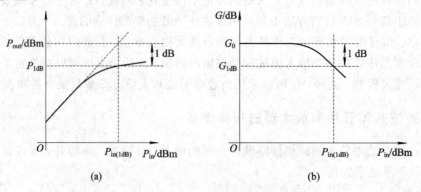

(a)　　　　　　　　　　　　　　(b)

图 5 - 26　功放的增益压缩特性
(a) 输入、输出特性；(b) 增益特性

衡量功放性能时固然希望 G_0 大，使得在相同输出功率下要求较小的输入电平，但更主要的是 $P_{in(1\,dB)}$（决定动态范围上限）大或 $P_{1\,dB}$（决定失真较小的输出功率）大。

2）三阶交调系数 M_3

假设有双频信号 ω_1 和 ω_2 输入放大器，如图 5 - 27 所示，由于非线性作用，输出频率中含有 $m\omega_1 \pm n\omega_2$ 成分，其中最靠近 ω_1、ω_2 的成分是 $2\omega_1 - \omega_2$ 和 $2\omega_2 - \omega_1$ 两个频率，一般落在放大器频带内而未能被滤除。这两个频率的幅值称为三阶交调幅值。

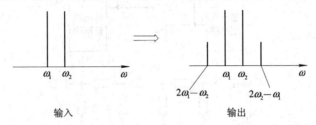

图 5 - 27　功放的交调失真特性

定义三阶交调系数 M_3 为

$$M_3 = 20 \lg \frac{\text{三阶交调幅值}}{\text{基波幅值}} (\text{dB})$$

交调失真产物对模拟微波通信来说，会产生邻近话路之间的串扰；对数字微波通信来说，会降低系统的频谱利用率，并使误码率增大。因此通信容量越大的系统，要求三阶交调系数值越低，例如要求 -30 dB 甚至 -40 dB。

交调失真是大功率微波电路的一个很重要的指标。通常在有源电路中比较关心交调失真，但是现代微波系统中无源元件的交调失真指标也越来越受到重视，如天线、滤波器等。出现交调失真的机理是由于金属材料的氧化、表面涂覆等形成不同材料的界面，产生类似于半导体效应，于是在大功率激励下，会产生非线性频率变换。

3）调幅 - 调相转换系数 β

一般认为功放是无惯性的非线性网络，未考虑其相位非线性。当对通信系统的相位特性要求很高时，应把功放作为有惯性（有时延）的非线性网络来研究。当输入信号为调幅信号时，输出信号不仅幅度会有非线性变化，而且相位也会有非线性变化，这两种变化，前者称为调幅 - 调幅效应（AM/AM 效应），后一种称为调幅 - 调相效应（AM/PM 效应）。AM/PM 效应不仅使交调失真、群时延失真变大，而且调相信号将导致频谱展宽。高质量、高效率的通信体制要求尽可能减小 AM/PM 效应。

定义调幅 - 调相转换系数 β 为：输入单频等幅信号时，输出信号相位变化与输入信号功率变化（用 dB 表示）的比值，即

$$\beta = \frac{180}{\pi} \cdot \frac{d\theta}{dP_{in}}$$

式中：θ 的单位为弧度；P_{in} 的单位为 dB。

5.7.2　微波晶体管功率放大器的结构

微波晶体管功率放大器的电路形式是多种多样的。图 5 - 28 给出了几种常用的晶体管功率放大器的电路结构形式。

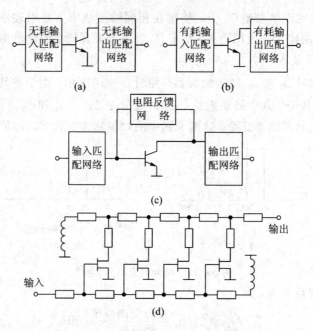

图 5 - 28　晶体管功放的基本结构形式
（a）采用无耗或反射匹配网络的单端或平衡带通型功率放大器；
（b）采用有耗匹配网络的功率放大器；
（c）电阻反馈式功率放大器；（d）分布或行波型功率放大器

表 5 - 1 是这四种电路形式特点的比较。

表 5 - 1　晶体管功放四种电路形式的特点

功放类型	优　　　点	缺　　　点
反射无耗匹配放大器	每级有较大增益和功率，效率最高	难于控制输入和输出驻波比，级联和增益平坦度受限制
有耗匹配放大器	驻波比和增益平坦度比无耗匹配型有改善，容易级联	每级的增益和功率降低
反馈型放大器	比有耗匹配型进一步改善了驻波比	比有耗匹配型更大地降低了增益和功率
分布式放大器	在 10 倍频带内有最好的增益平坦度，低输入和输出驻波比，容易级联	限制了功率，效率低

用实验方法测量得到微波功率晶体管的动态输入阻抗和动态输出阻抗后，即可进行功率放大器输入匹配网络和输出匹配网络的设计。匹配网络的基本结构形式与图 5 - 10 所示的低噪声放大器匹配网络基本形式是一样的。只是在功放中，考虑到大功率传输的需要，这些匹配网络常常用同轴线或集总元件构成，在中功率和小功率放大器中才采用微带线匹配网络。

【例 5 - 8】 A 类功率放大器设计。

已知 NPN 硅 BJT 在工作频率为 900 MHz，当 $V_{CE} = 28$ V，$I_{CE} = 0.5$ A 时，小信号 S 参数为 $S_{11} = 0.940\angle 164°$，$S_{12} = 0.031\angle 59°$，$S_{21} = 1.222\angle 43°$，$S_{22} = 0.570\angle -165°$；大信号输入输出阻抗为 $Z_{in} = 1.2 + j3.5$ Ω，$Z_{out} = 9 + j14.5$ Ω；1 dB 压缩点输出功率为

3.6 W，功率增益为 12 dB。要求设计工作频率为 900 MHz，输出功率为 3 W 的放大器。

解　首先判断稳定性

$$|\Delta| = |S_{11}S_{22} - S_{12}S_{21}|$$
$$= |(0.940\angle164°)(0.570\angle-165°) - (0.031\angle59°)(1.222\angle43°)| = 0.546$$

$$K = \frac{1 - |S_{11}|^2 - |S_{22}|^2 + |\Delta|^2}{2|S_{12}S_{21}|} = \frac{1 - (0.940)^2 - (0.0570)^2 + (0.546)^2}{2(0.031)(1.222)} = 1.177$$

显然该器件是绝对稳定的。

利用小信号 S 参数按照双共轭匹配的理论可以计算出源和负载端的反射系数：

$$\Gamma_S = \frac{B_1 \pm \sqrt{B_1^2 - 4|C_1|^2}}{2C_1} = 0.963\angle-166°$$

$$\Gamma_L = \frac{B_2 \pm \sqrt{B_2^2 - 4|C_2|^2}}{2C_2} = 0.712\angle134°$$

但是在大功率下，这种取值是不合理的。必须依赖大功率阻抗来计算。

把大信号输入和输出阻抗变换成反射系数给出

$$\Gamma_{in} = 0.953\angle172°$$
$$\Gamma_{out} = 0.716\angle147°$$

取双共轭得

$$\Gamma_S = \Gamma_{in}^* = 0.953\angle-172°$$
$$\Gamma_L = \Gamma_{out}^* = 0.716\angle-147°$$

利用单枝节匹配电路实现阻抗变换，设计结果如图 5-29 所示。

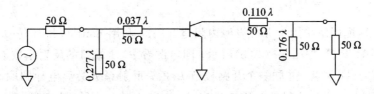

图 5-29　功率放大器

对于 3 W 输出功率，所需的输入驱动功率是

$$P_{in}(dBm) = P_{out}(dBm) - G_p(dB) = 10\lg(3000) - 12 = 22.8 \text{ dBm} = 189 \text{ mW}$$

放大器的效率为

$$\eta_{PAE} = \frac{P_{out} - P_{in}}{P_{DC}} = \frac{3.0 - 0.189}{(24)(0.5)} = 23.4\%$$

【例 5-9】　已知中功率 GaAs FETs 管，在 2.0 GHz，$U_{DS} = 10$ V，$I_{DS} = 720$ mA，50 Ω 系统时 S 参数为

$S_{11} = 0.901\angle168.3°$，$S_{12} = 0.040\angle25.3°$，$S_{21} = 1.652\angle42.8°$，$S_{22} = 0.554\angle170.7°$

试判断晶体管在上述条件下工作时的稳定性，计算转换功率增益，并设计单级功率放大器的输入输出共轭匹配网络。

解　根据上面给出的 S 参数值，由于 S_{12} 很小，计算单向化优质因数 $u < 0.12$，因此可近似认为 $S_{12} \approx 0$ 来进行单向化设计。

（1）稳定性判断。

$$\Delta = S_{11}S_{22} - S_{12}S_{21} = 0.441353 - j0.240191 = 0.5025 \angle -28.6°$$

$$K = \frac{1 - |S_{11}|^2 - |S_{22}|^2 + |\Delta|^2}{2|S_{12}S_{21}|} = 1.0122$$

由稳定性判断条件可知，$K>1$，$1-|S_{22}|^2>|S_{12}S_{21}|$，$1-|S_{11}|^2>|S_{12}S_{21}|$，晶体管此时在 2.0 GHz 时是绝对稳定的。

（2）计算输入输出端口的反射系数。

单向化设计时输入端口反射系数：$\Gamma_{in}=S_{11}=0.901\angle168.3°$。

单向化设计时输出端口反射系数：$\Gamma_{out}=S_{22}=0.554\angle170.7°$。

（3）双共轭匹配时 GaAs FETs 管的增益。

$$G_0 = |S_{21}|^2 = 2.7291 = 4.36 \text{ dB}$$

$$G_{Smax} = \frac{1}{1-|S_{11}|^2} = 5.3135 = 7.254 \text{ dB}$$

$$G_{Lmax} = \frac{1}{1-|S_{22}|^2} = 1.4428 = 1.592 \text{ dB}$$

转换功率增益 $G_T=G_0+G_{Smax}+G_{Lmax}=4.36 \text{ dB}+7.25 \text{ dB}+1.59 \text{ dB}=13.2 \text{ dB}$。

（4）Smith-Chart 软件设计输入匹配网络。

输入输出匹配网络采用如图 5-30(a) 所示结构，输入匹配网络是将源端口反射系数 Γ_{S0} 匹配成 2 端口反射系数 $\Gamma_S=\Gamma_{in}^*=0.901\angle-168.3°$，对应驻波比 $\rho_S=\frac{1+|\Gamma_S|}{1-|\Gamma_S|}=19.2$；输出匹配网络是将负载端口反射系数 Γ_{L0} 匹配成 3 端口反射系数 $\Gamma_L=\Gamma_{out}^*=0.554\angle-170.7°$，对应驻波比 $\rho_L=\frac{1+|\Gamma_L|}{1-|\Gamma_L|}=3.48$。

这里输入匹配网络采用 Γ 形，设源内阻是 50 Ω，利用 Smith-Chart 仿真软件，在导纳圆图上进行匹配设计，如图 5-30(b) 所示。向电源看去，1 端口的反射系数 Γ_{S0} 位于图中的 TP3 点，Γ_S 位于 DP1 点。并联一个开路枝节 L_1 后，反射系数沿等电导圆顺时针移动电长度 $\overline{l_1}$，使向电源看过去的反射系数位于 TP2 点，TP2 和 DP1 位于等反射系数圆上。串联枝节 L_2 后便可使 2 端口向电源看过去的反射系数是 Γ_S，这样便完成了输入端的共轭匹配。采用相对介电常数为 6.15 的介质基板，两个枝节的长度分别为

$$L_1 = \lambda_g \cdot \overline{l_1} = \frac{150}{\sqrt{6.15}} \times 0.21 = 12.7 \text{ mm}$$

$$L_2 = \lambda_g \cdot \overline{l_2} = \frac{150}{\sqrt{6.15}} \times 0.02 = 1.2 \text{ mm}$$

需要注意的是，源和输入匹配网络之间有隔直电容，匹配时应将隔直电容的容抗值也算进去，同时还要考虑管子封装参数，这时源端反射系数将有变化。这里仅介绍匹配流程，因此并未将其计算在内。若知道电容值的大小，则匹配方法相同。

Smith-Chart 软件仿真的输入匹配网络电路如图 5-30(c) 所示。注意，Smith-Chart 软件在使用微带线设计输入输出匹配网络时，会出现设置微带线介质基板参数界面。

（5）Smith-Chart 软件设计输出匹配网络。

输出匹配网络是将负载端口反射系数 Γ_{L0} 匹配成 3 端口反射系数 $\Gamma_L=\Gamma_{out}^*=0.554\angle-170.7°$。输出匹配网络的设计大致与输入端口匹配相同，参见图 5-30(a)，采用反 Γ 形匹配。不妨

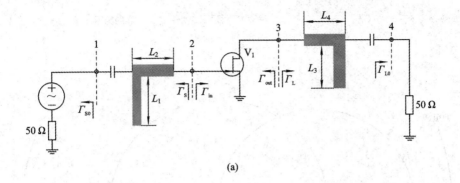

(a)

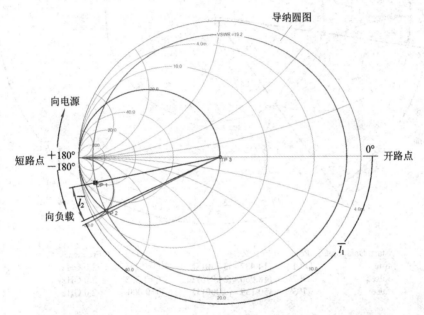

导纳圆图

Start Datapoint	Point	Z	Q	Frequency
true	DP 1	$(2.631 - j5.109)\,\Omega$	Q=1.942	2.0 GHz
false	TP 2	$(2.739 - j11.364)\,\Omega$	Q=4.149	2.0 GHz
false	TP 3	$(49.895 + j0.000)\,\Omega$	Q=0.000	2.0 GHz

(b)

$(2.63-j5.11)\Omega$　　@2.0GHz

Z_L

$\overline{l_2}$　　50.0Ω　|0dB/m|λ=0.0200
　　　　1.2mm(phys)　|3.0mm(electr)

$\overline{l_1}$　　50.0Ω|0dB/m|λ=0.2100
　　　　12.7mm(phys)|31.5mm(electr)

Zin

(c)

图 5 - 30

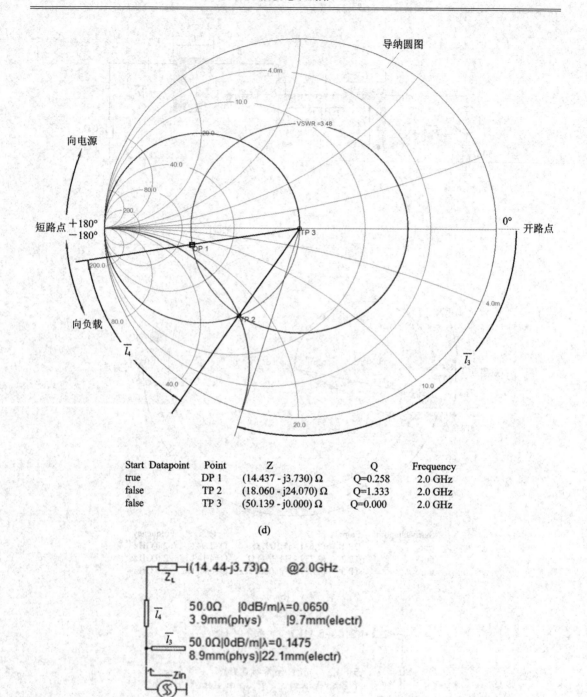

Start Datapoint	Point	Z	Q	Frequency
true	DP 1	(14.437 - j3.730) Ω	Q=0.258	2.0 GHz
false	TP 2	(18.060 - j24.070) Ω	Q=1.333	2.0 GHz
false	TP 3	(50.139 - j0.000) Ω	Q=0.000	2.0 GHz

(d)

(e)

图 5 - 30

（a）单级放大器输入输出匹配网络；（b）输入匹配网络的设计；
（c）Smith-Chart 软件仿真输入匹配网络电路；（d）输出匹配网络的设计；
（e）Smith-Chart 软件仿真输出匹配网络电路

设负载阻抗是 50 Ω，在 Smith-Chart 导纳圆图上进行匹配设计，如图 5-30(d)所示。向负载看去，4 端口的反射系数 Γ_{L0}，位于图 5-30(d)中的 TP3 点，Γ_L 位于 DP1 点。并联一个开路枝节 L_3 后，反射系数沿等电导圆顺时针移动电长度 $\overline{l_3}$，使向电源看过去的反射系数位于 TP2 点，TP2 和 DP1 位于等反射系数圆上。串联枝节 L_4 后便可使 3 端口向负载看过去的反射系数是 Γ_L，这样便完成了输出端的共轭匹配。同样采用相对介电常数为 6.15 的介质基板，两个枝节的长度分别为

$$L_3 = \lambda_g\, \overline{l_3} = \frac{150}{\sqrt{6.15}} \times 0.147 = 8.9 \text{ mm}$$

$$L_4 = \lambda_g\, \overline{l_4} = \frac{150}{\sqrt{6.15}} \times 0.065 = 3.9 \text{ mm}$$

这里同样未将隔直电容及封装参数考虑在内，若知道隔直电容的容抗值及封装的等效电路，可借助 CAD 计算出端口反射系数进行匹配。

Smith-Chart 软件仿真的输出匹配网络电路如图 5-30(e)所示。

至此，输入输出匹配网络设计即告完成。实际上 GaAs FETs 管要工作在 $U_{DS}=10$ V，$I_{DS}=720$ mA，必须先设计好直流偏置电路后，才能进行输入输出匹配设计，图 5-30(a)是未加偏置的结构。同时在 2.0 GHz 时晶体管稳定并不代表着在工作频带内稳定，可能还需要采取稳定性措施。

5.7.3　功率合成的基本概念

目前微波频段的功率晶体管单管已经能输出几十瓦的微波功率，但在实际应用中，要求输出的微波功率远大于这个功率，往往单管输出的微波功率不满足某些应用的需要。为了得到足够的微波输出功率，除了在器件材料、结构工艺上着手设计出更大功率的微波功率晶体管外，在电路设计上可采用功率合成技术，将许多单管输出的功率经过一定的电路处理后叠加起来，从而得到总的输出比单管输出大得多的功率。

图 5-31 所示的是一个在 3~3.5 GHz 频率上将输入 0.1 W 合成输出 120 W 的微波

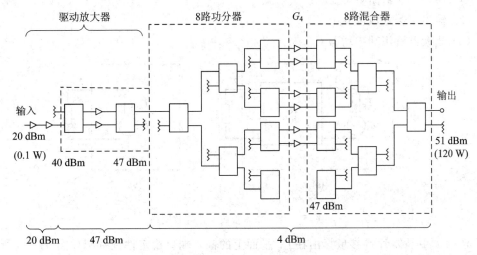

图 5-31　功率合成器方框图

集成功率合成器的原理方框图。图中每一个三角形符号代表一级功率放大器；每一个方块符号代表一个功率分配/合成器，在并联放大器 G_4 之前完成功率分配作用的称为功率分配器，在并联放大器 G_4 之后完成功率混合作用的称为功率合成器。在完全理想的情况下，功率合成器输出总功率等于并联各支路末级功率放大器输出功率的总和。这个总功率的大小，仅受末级功率放大器和功率混合器的功率容量的限制。在实际应用中，由于功率合成的不理想（如合成器各路输入相位不一致）、功率分配器和功率合成器的插入损耗等因素的影响，输出总功率比并联末级放大器输出功率的总和小许多。

由图 5-31 的结构不难证明，功率合成中并联通路数目的增多，仅仅增大输出功率，而其功率增益并不增大。功率合成器的总功率增益始终等于其中任何一条通路的总功率增益。因此，为了提高功率合成的有效性和可靠性，在功率管的功率容量许可的条件下，尽量采用单路功率增益高及并联通路少的方案。

习　题

5-1　已知两个微波晶体管在频率为 2 GHz 时测得的 S 参量为

(a) $S_{11}=0.277\angle-59°$，$S_{12}=0.078\angle93°$，$S_{21}=1.92\angle64°$，$S_{22}=0.848\angle-31°$

(b) $S_{11}=0.43\angle-55°$，$S_{12}=0.091\angle76°$，$S_{21}=2.4\angle62°$，$S_{22}=0.91\angle-43°$

(1) 判断两管的稳定性，并说明可用什么方法进行放大器设计；

(2) 计算第二个晶体管在 Γ_S 平面上稳定圆的圆心位置 ρ 及半径 r，画出示意图并标出不稳定区，说明可以选用的 Γ_S 范围。

5-2　已知某微波晶体管的 S 参量为 $S_{11}=0.8-j0.7$，$S_{12}\approx0$，$S_{21}=10+j0.4$，$S_{22}=0.6-j0.9$。负载阻抗为何值时输入端口可能发生不稳定？源阻抗为何值时要产生振荡？

5-3　图 5-32(a) 与 (b) 等效。已知晶体管归一化 S 参量、信源等效波源 a_S、源反射系数 Γ_S 和负载反射系数 Γ_L。试推导出上述参数表示的下列各量的表达式：

(1) 输出端反射系数 Γ_{out}；

(2) 输出端等效波源 a_0；

(3) 放大器资用功率增益 G_a。

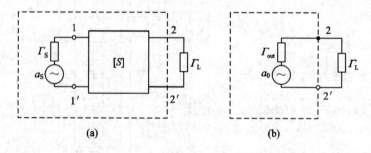

(a)　　　　　　　　　(b)

图 5-32　晶体管放大器等效网络

5-4　由晶体管 S 参量算出在 Γ_L 平面上的输入端口稳定性判别圆如图 5-33 所示。

(1) 指出点 A、B、C、D、E 中，哪些点是稳定工作点，哪些点是不稳定工作点；

（2）此晶体管是否绝对稳定？为什么？

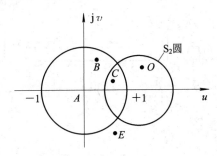

图 5 - 33　Γ_L 平面上的输入端口稳定性判别圆

5 - 5　假设有一晶体管是潜在不稳定的，其 $|S_{11}|>1$，$|S_{22}|>1$。试在 Γ_L 平面上画出其稳定性判别圆与 Γ_L 单位圆的各种可能的关系，在 $|\Gamma_L|<1$ 的范围内用阴影标出不稳定区并简要说明其理由。

5 - 6　有一个中心频率为 2 GHz 的窄带放大器，如图 5 - 34 所示。信源与负载阻抗为 50 Ω，已知绝对稳定的晶体管在 2 GHz 时的 S 参量及噪声参量为

$$S_{11} = 0.32\angle 240°,\ S_{12} = 0.11\angle 38°,\ S_{21} = 2.2\angle 70°,\ S_{22} = 0.72\angle -10°$$

$$F_{min} = 3.25$$

$$\Gamma_{opt} = 0.51\angle -164°$$

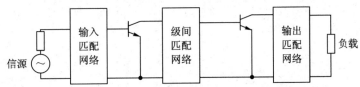

图 5 - 34　2 GHz 两级晶体管放大器

若要求第一级按最小噪声系数设计，第二级按最大转换功率增益设计，求：

（1）晶体管作为双向器件或单向器件两种情况时，分别写出三个匹配网络具体应该实现的阻抗变换关系；

（2）若按单向化设计，根据所给晶体管的参数，试给出一种微带的输入、输出匹配网络形式，标明各段线的特性阻抗和电长度（用圆图示意即可，不必求准确值）。

5 - 7　在 10 GHz 时测得一微波晶体管的 S 参量为

$$S_{11} = 0.25\angle -100°;\ S_{12} = 0.08\angle 150°,\ S_{21} = 1.11\angle 120°,\ S_{22} = 0.86\angle -40°$$

若允许单向化设计造成转换功率增益 G_T 的误差不超过 1 dB，问该管能否作为单向器件处理？

5 - 8　某 K 波段砷化镓超低噪声 HEMT 管，在 $U_{DS}=2$ V，$U_{GS}=-0.2$ V，$I_{DS}=190$ mA，频率为 5.4 GHz，50 Ω 系统时 S 参数为

$$S_{11} = 0.856\ \angle -114.641°,\qquad S_{12} = 0.114\ \angle 14.284°$$

$$S_{21} = 4.121\ \angle 81.031°,\qquad S_{22} = 0.270\ \angle -83.131°$$

（1）设计如图 5 - 35 所示的两级高增益放大器，电路采用相对介电常数为 6.15、厚度为 0.635 mm 的介质基板，要求获得最大转换功率增益大于 20 dB。

（2）设计输入、级间、输出匹配网络，给出相应微带实际长度。

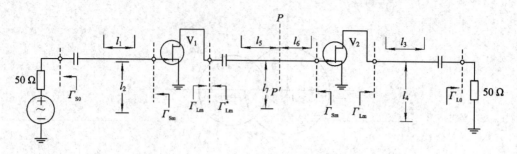

图 5-35　两级高增益放大器匹配网络示意图

第 6 章　微波振荡器

```
━━━━ 本 章 内 容 ━━━━
微波二极管负阻振荡器电路
微波晶体管振荡器
微波频率合成器
```

　　微波振荡器是各种微波系统的微波源，它通过微波有源器件与电路的相互作用，把直流功率转换成微波功率。目前，微波很多领域已完全由半导体器件与电路所占据，但在功率源方面，尤其在毫米波段，电真空器件和半导体器件还将在一个相当长的时期内并存及互相补充。不过自 20 世纪 60 年代出现雪崩管振荡器和体效应管振荡器以来，微波固态功率源已经获得重大的进展和广泛应用。虽然双极晶体管振荡器正在奋起直追，但在 20 GHz 以上，目前主要还是靠二极管负阻器件，或者采用厘米波段场效应管介质振荡器四倍频方案。

　　雪崩管振荡器和体效应管振荡器的振荡频率已达毫米波高端，振荡功率不断提高。到 1986 年，雪崩管振荡器在 3～230 GHz 频率内已有商品，体效应管振荡器也已达到 100 GHz。体效应管振荡器具有频谱纯、噪声小的特点，适于作接收机本振源和实验室的信号源。为了得到更大的功率，可采用功率合成技术。例如利用雪崩管功率合成已在 60 GHz 实现大于瓦级的功率（连续波）；在 94 GHz 上单管脉冲功率达 13 W（效率为 6％），四管合成的输出功率已达 40 W（合成效率为 75％）。雪崩管还可以作功率放大器，用于系统的发射单元。

　　由于雪崩管和体效应管的负阻呈现非线性，且又都是二端器件，器件与电路的结合方式和相互作用不同于晶体管三端器件，因此微波二极管负阻振荡器的分析方法也不同于微波晶体三极管振荡器。库洛瓦（Kurokawa）在 1969 年建立了微波负阻振荡器的模型，揭示了负阻振荡器的很多重要特性。

　　本章主要介绍雪崩管、体效应管和晶体管振荡电路及频率合成器的概念。

6.1　微波二极管负阻振荡器电路

　　将雪崩二极管、体效应二极管与同轴腔、波导腔、微带线、鳍线等各种形式的谐振电路适当连接，通过它们的相互作用，把直流功率变换成射频功率，从而构成雪崩二极管和体效应二极管负阻振荡器。

6.1.1　负阻振荡器的振荡条件

二极管负阻振荡器的等效电路如图 6-1(a)所示，图中短路(或开路)双线 l 等效微波谐振腔，变压器表示微波阻抗变换器。可将图 6-1(a)进一步简化为图 6-1(b)所示的一般等效电路，从器件向外看去为负载输入导纳 $Y_L = G_L + jB_L$，负阻器件的输入导纳表示为 $Y_D = -G_D + jB_D$。

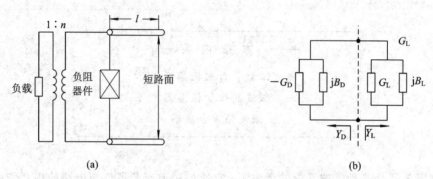

图 6-1　二极管负阻振荡器

(a) 二极管负阻振荡器等效电路；(b) 负阻振荡器原理图

微波二极管振荡器是单端口负阻振荡器，在稳定状态下应满足 $Y_D + Y_L = 0$。

振幅平衡条件

$$-G_D + G_L = 0 \qquad\qquad (6-1)$$

相位平衡条件

$$B_D + B_L = 0 \qquad\qquad (6-2)$$

常用一个微波传输线阻抗变换器将 G_L 变换到所需的 G_D 值。B_L 为短路线在工作频率下所呈现的电纳值，振荡时，$B_L = -B_D$。所以短路线的长度 l 可由下式求得：

$$B_L = -B_D = -Y_0 \cot\left(\frac{2\pi}{\lambda_g} l\right)$$

即

$$l = \frac{\lambda_g}{2\pi} \operatorname{arccot}\left(\frac{B_D}{Y_0}\right) \qquad\qquad (6-3)$$

式中：Y_0 为传输线特性导纳，λ_g 为传输线工作波长。

由于振荡器通常工作在大信号状态，负电导 G_D 在起振后有所降低，为使振荡器易于起振，因此设计时往往使负载电导 G_L 略小于 G_D(一般取 $G_D \approx 1.2\,G_L$)。因此负阻振荡器的振荡条件也可写为

$$G_D \geqslant G_L \qquad\qquad (6-4)$$

$$B_D = -B_L \qquad\qquad (6-5)$$

6.1.2　负阻振荡器电路

下面我们介绍一些实用的负阻振荡器电路，并运用前面学过的一般理论对它们作必要的分析。同时，介绍一些电子调谐电路振荡器等相关知识。

1. 微带振荡器

图 6 - 2(a)和图 6 - 2(b)为两种体效应管微带振荡器电路图。体效应管与微带线并接，偏置通过微带低通滤波器加入。图 6 - 2(a)中器件的右边是一段长度为 l 的终端开路微带线，它等效于一个电抗网络，选择线段长度在 $\lambda_g/4 < l < \lambda_g/2$ 范围内，以满足振荡的相位平衡条件。器件左边的渐变微带线起阻抗变换作用，使 50 Ω 负载电阻变换成器件的负阻值。

图 6 - 2(b)中器件放置在一端，由一段长为 l_1 的传输线和一段长为 l_2 的开路分支线来实现谐振和与负载的匹配。

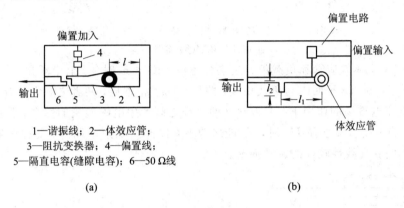

1—谐振线；2—体效应管；
3—阻抗变换器；4—偏置线；
5—隔直电容(缝隙电容)；6—50 Ω 线

　　　　　　(a)　　　　　　　　　　　　　　　　　(b)

图 6 - 2 体效应管微带振荡器的两种形式

（a）半波长谐振器调谐的体效应管微带振荡器；（b）体效应管微带振荡器

图 6 - 3 为一种单片雪崩二极管振荡器的电路图。这里的雪崩二极管没有封装，管芯直接置于微带腔内。一段低阻抗微带线作为谐振腔，它的一端通过交指型电容与负载相连，器件的另一边是由一段 $\lambda_g/4$ 终端开路微带线构成的直流偏置电路和射频稳定电路。

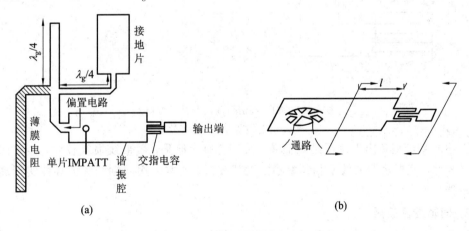

　　　　　　(a)　　　　　　　　　　　　　　　　　(b)

图 6 - 3 单片 IMPATT 振荡器

（a）电路图；（b）腔的示意图

上面介绍的三种微带型负阻振荡器，都是属于固定频率的负阻振荡器。图 6 - 4 和图 6 - 5 给出了变容管调谐和 YIG 调谐的负阻振荡器。

图 6 - 4(a)中，将变容管串接在体效应管和谐振线之间，称为串接调谐。调节变容管上的电压改变其反偏结电容，从而控制振荡频率，图 6 - 4(b)是其等效电路。

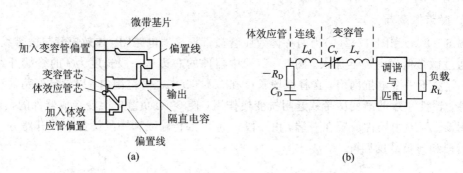

图 6 - 4　变容管串联调谐的体效应管微带振荡器

（a）电路结构；（b）等效电路

图 6 - 5 中，体效应管和负载都通过耦合环与 YIG 小球耦合，上半环在 yz 平面上与器件相连，下半环在 xz 平面内与负载相接，两环平面互相垂直，两者之间无耦合。小球在外界交变和直流电磁场的作用下，共振时使两个环之间产生电磁能量的耦合，将振荡能量传送给负载。当改变直流场强 H_0 时，f_0 随之改变，以此实现频率调制。此振荡器能在较宽的频率范围内获得线性较好的调频振荡。

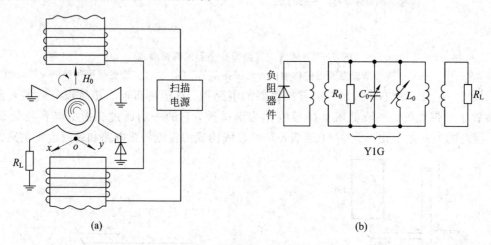

图 6 - 5　YIG 调谐振荡器及其等效电路

（a）YIG 调谐振荡器；（b）等效电路

上述的微带型负阻振荡器结构简单、加工方便，但是，微带线损耗较大，振荡回路的 Q 值又较低，使振荡器的效率和频率稳定度都较低。通常采用同轴腔和波导腔实现高质量的振荡器。

2. 同轴腔振荡器

图 6 - 6(a) 是一种常见的同轴腔振荡器的结构示意图，其等效电路图如图 6 - 6(b) 所示。负阻器件接在同轴腔底部的散热块上，散热块和墙体其他部分用高频旁路电容隔断，以便直流偏压从这里引入。负阻器件的电纳利用终端短路的同轴线进行调谐，因此调节短路活塞可以改变振荡频率，振荡功率通过耦合环耦合输出。其振荡条件如下：

$$\begin{cases} G_D = G'_L \\ B_D = -B = Y_0 \cot \dfrac{2\pi}{\lambda} l \end{cases}$$

(6 - 6)

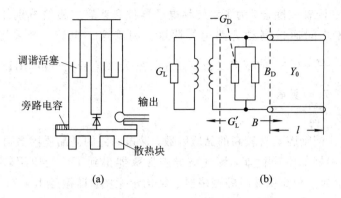

图 6 - 6　同轴腔振荡器

（a）结构示意图；（b）等效电路

若已知器件导纳 $Y_D = -G_D + jB_D$，G_L' 可通过改变耦合环的插入深度及方向来调节。选择同轴线特性阻抗 $Z_0 = 1/Y_0$，则同轴线长度可由式（6 - 6）求得。

同轴腔振荡器调谐范围较宽，可达一个倍频程以上；但电路损耗较大，频率较高时结构难以设计，一般只适用于厘米波段。同轴腔振荡器频率的调节也可以采用其他形式，如调谐螺钉。功率的耦合输出有时也可以采用耦合探针。

图 6 - 7(a)表示变容二极管调谐同轴腔转移电子振荡器的结构示意图。它在利用活塞进行机械调谐的同轴腔振荡器中增加了一个分支，在这个分支的内导体上串接一个变容二

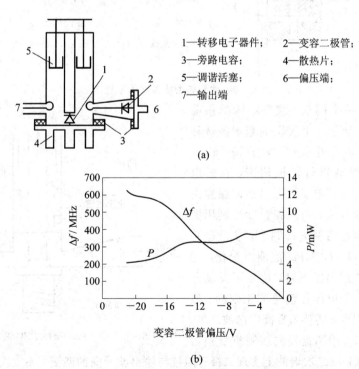

图 6 - 7　变容二极管调谐同轴腔转移电子振荡器的结构及调谐特性

（a）变容二极管调谐同轴腔转移电子振荡器结构示意图；

（b）变容二极管调谐同轴腔转移电子振荡器的调谐特性

极管，并通过环和同轴腔耦合。为了对转移电子器件和变容二极管分别加直流偏压，在它们的管座和腔体之间通过高频旁路电容隔断。利用这一电路，若采用截止频率 $f_c = 75$ GHz，$-\dfrac{C_0 - C_{\min}}{C_{\min}} = 0.37$ 的变容二极管，可以在 X 波段获得 600 MHz 的调谐范围。其调谐特性如图 6-7(b)所示。

3. 波导腔振荡器

波导腔通常比同轴腔具有较高的品质因数，谐振回路的高品质因数可以使振荡器具有高的频率稳定度和好的噪声性能，因此波导腔振荡器得到了广泛应用，并发展了多种形式。图 6-8 所示为一种简单波导腔振荡器的结构示意图。谐振腔由 $\lambda_g/2$ 长的矩形波导段构成，工作在 H_{101} 模式。负阻器件安装在腔体上，管芯部分伸进腔内，和电场平行，并处于电场的最大点。直流偏压通过穿心电容引入，振荡频率利用金属调谐棒进行调节。为了防止高频能量通过调谐棒泄露出去，采用了有 $\lambda/4$ 径向短路线和同轴线组成的抗流结构。振荡功率通过耦合窗输出。图中所示的谐振腔也可以采用圆柱腔形式，调谐棒也可以采用介质棒来实现。

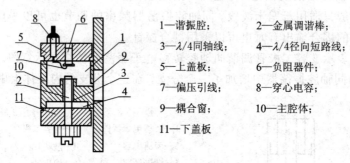

1—谐振腔；	2—金属调谐棒；
3—$\lambda/4$同轴线；	4—$\lambda/4$径向短路线；
5—上盖板；	6—负阻器件；
7—偏压引线；	8—穿心电容；
9—耦合窗；	10—主腔体；
11—下盖板	

图 6-8　波导腔振荡器结构示意图

图 6-9 是一个同轴、波导结构的振荡器结构示意图。这是一个实用的毫米波转移电子器件振荡器，可以在 W 波段（65～115 GHz）上连续地进行机械调谐，在射电天文中用做本地振荡器。该振荡器谐振腔由一段短路同轴线构成，谐振腔长度可利用上下滑动的射频扼流活塞进行调节，使谐振腔的谐振频率在 30～60 GHz 范围内变化，它是转移电子器件的谐振电路，决定了振荡器的基波频率。由于电流振荡是非正弦的，除了有正弦基波以外，还伴随有高次谐波产生。为提供二次谐波，用圆盘径向线阻抗变换器

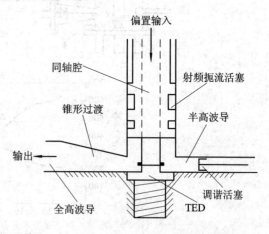

图 6-9　65～115 GHz TED 振荡器示意图

（或称谐振帽电路）在二次谐波上实现二极管阻抗与输出波导间的匹配，使二次谐波由输出波导输出。输出波导采用截止频率为 59 GHz 的半高波导（2.54 mm×0.63 mm）和同轴腔相连接，然后通过锥形过渡到全高波导，在半高波导的一端还装有调节输出匹配的调谐活塞。振荡器在工作频带内（65～115 GHz），其连续波的最大输出功率为 13 dBm（20 mW）。

6.1.3　固态微波功率合成技术

前面讨论的雪崩二极管振荡器和体效应二极管振荡器都是单器件的微波固态源，它们的效率很低，雪崩二极管一般只有 5%（40 GHz 时），体效应管为 3%（40 GHz 时），输出功率也不大。一般固态功率发射机的输出功率要求几十瓦，由于毫米波在大气中传播的衰减很大，而现有器件的水平离要求甚远，因此毫米波功率合成技术成为当前迫切需要解决的实际问题。目前在 Ka 波段，应用功率合成技术，可获得 10 W 的连续波输出功率；在 W 波段，峰值功率可达 67 W。可见功率合成是一种很有效的方法，所以国内外都在大力研究毫米波功率合成技术。

功率合成器属于多器件振荡器，采用不同的结构将单管振荡器组合，使各器件的功率叠加起来，而彼此之间又互相隔离，以此获得较大的合成功率。近二十多年来，在微波特别是毫米波段，有很多功率合成的方法，综合起来可分为四大类：芯片功率合成器、电路合成器、空间组合合成器以及这三者组合的合成器。其中以谐振腔式合成器应用较普遍，它适合于窄带工作，上限频率可达 220 GHz。而非谐振腔式的合成器适合在宽带系统中工作，频率可达 40 GHz。

功率合成器的主要指标是输出功率 P_C 和效率 η_C。它们与器件在腔内的阻抗、场的耦合、腔的有载品质因数、损耗等均有关系。

下面简单介绍各种形式的功率合成器。

1. 谐振腔式的功率合成器

1971 年 KuroKawa 和 Magalhaes 提出了谐振腔合成器的设想，并由 Hamilton 成功地制作了毫米波功率合成器，它的结构示意图如图 6 - 10 所示。在矩形谐振腔内放置 3 M 或 2 M 个雪崩二极管，器件装入同轴线内。同轴线内有匹配装置和吸收负载，将它们垂直插入波导宽边，矩形腔一端短路，另一端有电感膜片作为输出窗口，同轴线应处于电场或磁场最强的位置，每个同轴线之间相距 $\lambda_g/2$，距离腔的终端约为 $\lambda_g/4$，谐振腔内振荡模式为 TE_{10M}。另一种形式的谐振腔为圆柱型功率合成器。1973 年 Harp 和 Stover 提出了用圆柱形腔

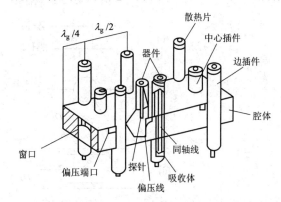

图 6 - 10　矩形腔功率合成器结构示意图

和器件组合构成功率合成器，如图 6 - 11 所示。雪崩二极管装入同轴线内，将其垂直插入圆柱腔内，并均匀分布于圆腔周围。腔内振荡模式为 TM_{010}，腔内场与同轴线内导体的磁耦合最强，器件正处于电场最强的地方，能产生最大的功率，合成后通过圆腔中心的圆棒耦合输出。

近年来圆柱谐振腔功率合成器有较大发展，它可应用于 C、X、Ku 和 Ka 波段，在 Ka 波段需用 8 只雪崩二极管，最大连续波的输出功率可达 10 W，效率为 9%～10%。

由上可见，谐振腔式合成器的优点是合成效率较高，路程传输损耗小；尺寸较小，结构紧凑；在二极管之间可加隔离装置，避免了由于腔内场的耦合而引起互阻抗的变化。其

缺点是工作频带窄(只有百分之几),二极管的数目受腔尺寸限制(频率越高,腔尺寸越小),且合成器的电调或机械调谐十分困难。

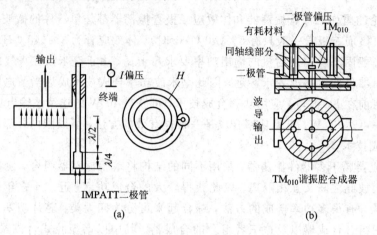

图 6 - 11　圆柱形谐振腔功率合成器

(a) 单个同轴线组件及其与 TM_{010} 腔的磁耦合;(b) TM_{010} 腔的剖面图

2. 宽带混合型功率合成器

图 6 - 12 示出了多种形式的 3 dB 混合型合成器。其中图 6 - 12(f)利用定向耦合器的特性,1、4 端口是隔离的,信号从端口 1 输入,传输至 2、3 端口,经源 1 和源 2 将信号放

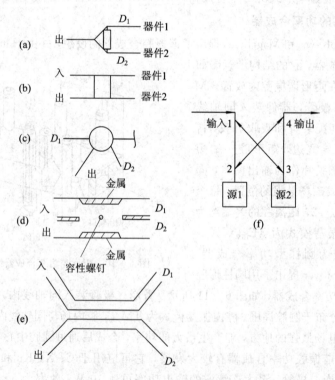

图 6 - 12　不同形式的 3 dB 耦合器组成的合成器

(a) 两路 Wildinson 合成器;(b) 3 dB 分支线耦合器;(c) 环型耦合器;

(d) 波导短缝混合耦合器;(e) 介质波导耦合器;(f) 3 dB 混合型功率合成器

大，反射波在端口 4 叠加后合成输出。而反射至端口 1 的信号，因相位关系互相抵消，所以在端口 4 能获得大的输出功率。但合成功率对功率源之间的相位关系十分敏感，多个振荡器之间的功率合成技术并不是简单的功率叠加，电路设计和调整比较复杂。这种微带型耦合器的损耗比波导腔大，故效率很低。

3. 芯片合成器

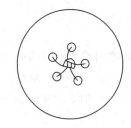

芯片合成器是由 J. G. Josenhans 于 1968 年提出的，他将微波器件的芯片并联放在金刚石散热片上，使热阻很低，但电路上的器件芯片是串联的，如图 6-13 所示。根据这一原理制造了二极管阵，因而提高了可靠性。但是随着频率增高，当二极管阵的横向尺寸能与波长相比拟时，由于每个二极管所处的电磁场强度不同，因而导致电路和阵之间的阻抗不匹配，应引起注意。最近 Suzuki 已经研制出频率为 70 GHz、输出功率为 380 mW 的二极管阵。

图 6-13　二极管阵的功率合成器

4. 空间合成技术

空间功率合成的原理类似相控阵雷达，用于控制很多辐射元件之间的相位关系，使之在空间合成的功率最大。图 6-14 是将脉冲 IMPATT 振荡器集成在一块由印刷电路板构成的天线上，以此来组成空间合成器。天线阵有 32 个辐射元，其直径为 14 cm。注入锁定脉冲，雪崩二极管振荡器将功率反馈至每一个正交的天线阵元。

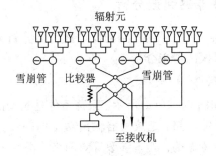

图 6-14　35 GHz 空间合成器示意图

5. 准光腔功率合成器

若在短毫米波段采用谐振腔式的合成器，结构上将遇到很大的困难。1986 年 James W. Mink 提出了用准光腔和单片振荡源组成阵源，实现了固态毫米波功率合成器。其结构示意图如图 6-15 所示。

谐振腔由两个面板组成，面的大小依据工作波长而定。其中一个面是平面反射板，如图 6-15 所示，在坐标 Z=0 处；另一个面是部分透射的曲面，在 Z=D 处。两个反射面之间有一个阵源平面，它离反射平面的距离较近。每一阵源为雪崩二极管，也可用体效应管，它们与一对短的偶极子相连，并且嵌在一个平面上。这种结构需采用集成电路制造工艺。

理论上研究这种电磁振荡较为复杂，每一个源之间有反馈耦合，并且它们由很多注入锁定的信号分别激励。合成功率的计算和分析是一个需要深入研究的课题。

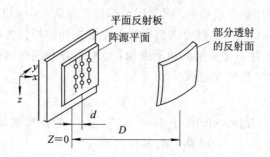

图 6 - 15　谐振腔及源的结构图

准光腔功率合成器的效率比较高。据文献报道，目前工作频率为 100 GHz，准光腔内的源为 25(5×5) 个时，输出功率约 300 mW；源为 49(7×7) 个时，输出功率约 630 mW；源为 81(9×9) 个时，功率可达 800 mW。

6.2　微波晶体管振荡器

微波晶体管振荡器是主要在微波、毫米波频率较低端使用的振荡器，其分析和设计同样可用 S 参数来论述，同时它也涉及器件的不稳定性、微波有源网络的阻抗匹配问题。在运用分析晶体管放大器时的某些概念和方法时，需注意振荡器在起振时是小信号条件，而后稳定于大信号状态。

6.2.1　微波晶体管振荡器的起振分析

对于微波晶体管振荡器，可以采用惯用的反馈振荡器分析方法，也可以利用微波网络参数的特点，将其视为负阻振荡器来分析。

1. 反馈振荡器的振荡条件

反馈振荡器电路框图如图 6 - 16(a) 所示。振荡条件是先按晶体管功率放大器进行开环设计和调整，然后利用正反馈电路，把放大器输出功率的一部分耦合到输入端，只要大小和相位合适，就能产生和维持振荡。其 S 参数等效网络见图 6 - 16(b)。

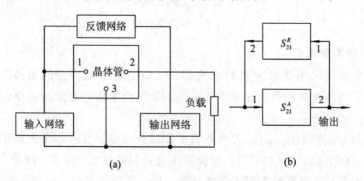

图 6 - 16　反馈振荡器示意图
(a) 反馈振荡器电路框图；(b) S 参数等效网络

振荡平衡条件为

$$S_{21}^A \cdot S_{21}^R = 1 \tag{6-7}$$

或分别表示为幅值平衡与相位平衡条件，即

$$\begin{cases} |S_{21}^A| \cdot |S_{21}^R| = 1 \\ \angle S_{21}^A + \angle S_{21}^R = 2n\pi \quad (n = 0, 1, 2, \cdots) \end{cases} \tag{6-8}$$

式中：$|S_{21}^A|^2 = G_t$ 代表放大器的开环增益；$|S_{21}^R|^2 = 1/L$，L 代表反馈网络衰减。式(6-8) 是在假设两个端口都是匹配的条件下得出的。

2. 负阻振荡器的振荡条件

根据第 5 章关于晶体管稳定性的分析可知，当潜在不稳定晶体管的一个端口具备一定的端接条件时，另一端口的输入阻抗呈现负阻，等效为一个单端口的负阻器件。只要在该端口所接负载的正阻成分大于输入阻抗中的负阻成分，放大器就不会自激。若要构成晶体管振荡器，则是相反的情况，起振条件如下：

当晶体管参数为 $|S_{11}| < 1$，$|S_{22}| < 1$ 的情况，起振条件为

$$\begin{cases} K_s < 1 \\ |\Gamma_1 \Gamma_S| > 1 \text{ 或 } |\Gamma_2 \Gamma_L| > 1 \end{cases} \tag{6-9}$$

当晶体管参数为 $|S_{11}| > 1$，$|S_{22}| > 1$ 的情况，起振条件可直接表示为

$$\begin{cases} |S_{11}| > 1 \text{ 或 } |S_{22}| > 1 \\ |\Gamma_1 \Gamma_S| > 1 \text{ 或 } |\Gamma_2 \Gamma_L| > 1 \end{cases} \tag{6-10}$$

式中：Γ_1、Γ_2 由晶体管的小信号 S 参数决定。

振荡平衡条件为

$$\Gamma_1 \Gamma_S = 1 \quad \text{或} \quad \Gamma_2 \Gamma_L = 1 \tag{6-11}$$

或表示为幅值平衡与相位平衡条件：

$$\begin{cases} |\Gamma_1 \Gamma_S| = 1 \\ \angle \Gamma_1 + \angle \Gamma_S = 2n\pi \quad (n = 0, 1, 2, \cdots) \end{cases} \tag{6-12}$$

或

$$\begin{cases} |\Gamma_2 \Gamma_L| = 1 \\ \angle \Gamma_2 + \angle \Gamma_L = 2n\pi \quad (n = 0, 1, 2, \cdots) \end{cases} \tag{6-13}$$

式(6-11)、式(6-12)和式(6-13)中的 Γ_1、Γ_2 由晶体管的大信号 S 参数所决定。

以上输入端口或输出端口的振荡条件可任取其一。可以证明，假定一个端口满足振荡条件，则另一个端口必同时满足振荡条件。振荡器本无所谓输入端、输出端之分，两个端口皆可输出功率。一般将接负载获取功率的端口称为输出端口，而另一端口接无耗电纳，称为输入端口。负阻振荡器电路的框图可用图 6-17 来表示，图中端口 1-1 接的无耗电纳使得端口 2-2 呈现负阻，即某些 Γ_S 导致 $|\Gamma_2| > 1$，然后由输出端口进行调谐和匹配，即实现 $|\Gamma_2 \Gamma_L| > 1$。随着振荡幅度的增长，晶体管在大信号条件下的 S 参数变化，端口 2-2 的负阻呈减小趋势，振荡将稳定于 $\Gamma_2 \Gamma_L = 1$ 的状态。

实际中，端接电纳是一个谐振回路，其 Q 值一定，故 Γ_S 对应的源阻抗为 $Z_S = R_S + jX_S$。随着振荡幅度的增加，端口 1 对应的 R_1 也增加，使得振荡难以维持。因此，设计时应选择 $R_S = R_1/3$。

图 6-17　负阻振荡器电路框图

【例 6-1】 晶体管振荡器设计实例。

场效应管的 S 参数为

$$S_{11} = 0.72\angle-116°, \ S_{12} = 2.60\angle76°, \ S_{12} = 0.03\angle57°, \ S_{22} = 0.73\angle54°$$

设计一个输出频率为 4 GHz 的晶体管振荡器。

解　选用共栅极电路结构，如图 6-18 所示，源极输出信号，端接负载，对应 Γ_L；漏极反馈，接终端网络，对应 Γ_S。为了便于起振，需要增加晶体管的不稳定性，在栅极串联一个 5 nH 的电感。组合后的 S 参数为

$$S'_{11} = 2.18\angle-35°, \ S'_{21} = 2.75\angle96°, \ S'_{12} = 1.26\angle18°, \ S'_{22} = 0.52\angle155°$$

由式(5-30)和式(5-31)计算 Γ_S 平面内的稳定圆。

$$\rho_S = \frac{(S'_{22} - \Delta'S'^*_{11})^*}{|S'_{22}|^2 - |\Delta'|^2} = 1.08\angle33°$$

$$r_S = \left|\frac{S'_{12}S'_{21}}{|S'_{22}|^2 - |\Delta'|^2}\right| = 0.665$$

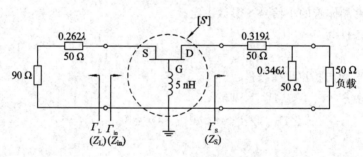

图 6-18　共栅极振荡器电路

如图 6-19 所示。由于 $|S'_{11}| = 2.18 > 1$，所以稳定区域在圆内，不稳定区域在圆外。在不稳定区域选择 Γ_S 有很大的自由度。现在的选取原则是便于 $|\Gamma_1|$ 取大值，采用试探法在远离稳定区域选取 $\Gamma_T = 0.59\angle-104°$，如图 6-19 所示，采用单枝节匹配网络将 50 Ω 负载转换成 $Z_S = 20-j35\Omega$。此时，对应的 $\Gamma_1 = S'_{11} + \dfrac{S'_{12}S'_{21}\Gamma_S}{1 - S'_{22}\Gamma_S} = 3.96\angle-2.4°$ 或者 $Z_1 = -84-j1.9\ \Omega$。

为了起振和稳定，通常取 $R_L = R_1/3$，所以

$$Z_L = \frac{-R_1}{3} - jX_1 = 28 + j1.9\ \Omega$$

考虑工程实际，选用一段传输线串接 90 Ω 负载构成这个阻抗，如图 6-18 所示。可以看出振荡器的设计是原理概念结合工程经验对元器件取值、计算、估值、调整。实际中，FET 晶体管的非线性、离散性等因素导致很难准确设计，这就需要实验调整，才能得到所需的工作频率。

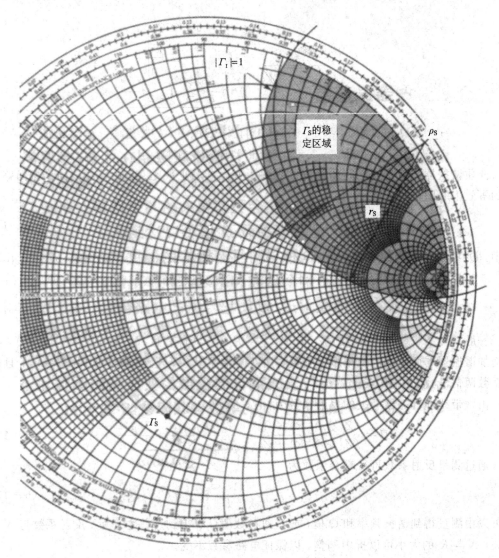

图 6 - 19 不稳定区域选取 Γ_{S}

6.2.2 微波晶体管介质谐振器振荡器

在微波晶体管振荡器电路中，常采用低损耗、高 Q 值、温度特性好的介质谐振器，它可简便地构成多种形式的电路，又能起稳频作用。这种振荡器称为介质谐振器稳频的晶体管振荡器，简称为介质稳频的晶体管振荡器(Dielectric Resonant Oscillator，DRO)。

介质稳频的晶体管振荡器大体上可分为两种类型：一种是耦合式，将介质谐振器作为一无源稳频元件以适当方式与晶体管振荡器耦合，因其高 Q 值而起稳频作用；另一种是反馈式，介质谐振器作为振荡器的反馈网络而产生振荡。耦合式易于调整，但会出现跳模现象；反馈式的电路调整较复杂，但可克服跳模现象。

介质谐振器工作于 $TE_{10\delta}$ 模式，放置在微带线的附近，依靠磁力线与微带线耦合，可以等效为传输线上串联了一个并联谐振回路，如图 6 - 20 所示。

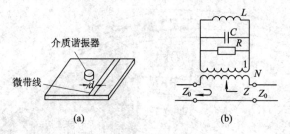

图 6-20　介质谐振器与微带线的耦合

介质谐振器与微带线之间的距离 d 等效为变压器的匝数比 N。由传输线向谐振回路看去的等效串联阻抗为

$$Z = \frac{N^2 R}{1 + j2Q\Delta\omega/\omega_0} \tag{6-14}$$

式中：$Q = R/(\omega_0 L)$ 是谐振器的无载 Q 值，$\omega_0 = 1/\sqrt{LC}$ 是谐振频率，$\Delta\omega = \omega - \omega_0$ 为工作频带。定义谐振器与微带线之间的耦合因子 g 是无载 Q 值和有载 Q_e 值的比值，即

$$g = \frac{Q}{Q_e} = \frac{R/\omega_0 L}{R_L/N^2\omega_0 L} = \frac{N^2 R}{2Z_0} \tag{6-15}$$

一般情况下，微带线传输行波，$R_L = 2Z_0$，是有源器件和负载的阻抗。某些情况下，为了增加谐振器与微带线的磁场耦合强度，把谐振器置于 $\lambda/4$ 开路线处，此时 $R_L = Z_0$，且耦合系数两倍于式(6-15)给出的值。

由微带线向谐振器看去的反射系数为

$$\Gamma = \frac{(Z_0 + N^2 R) - Z_0}{(Z_0 + N^2 R) + Z_0} = \frac{N^2 R}{2Z_0 + N^2 R} = \frac{g}{1+g} \tag{6-16}$$

通过测量反射系数可得耦合系数为

$$g = \frac{\Gamma}{1-\Gamma} \tag{6-17}$$

也可以由测量得到谐振频率和 Q 值，或者通过数值计算得到这些物理量。反射系数与 $N^2 R$ 有关，N 与 R 的大小可以折中调整，以保证电路参数不变。

图 6-21 是两种基本的介质谐振器振荡器电路拓扑结构。图 6-21(a)中的并联电路通过谐振器的滤波作用把晶体管的一部分输出功率反馈到输入端，调整微带线的长度可以控制反馈信号的相位。图 6-21(b)是串联结构，结构简单，调谐带宽较小。

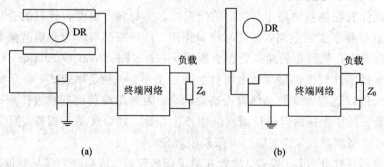

图 6-21　介质谐振器振荡器
(a) 并联反馈；(b) 串联反馈

【例 6 - 2】 介质谐振器振荡器设计实例。

双极结晶体管的 S 参数为

$$S_{11} = 1.8\angle 130°, \ S_{12} = 0.4\angle 45°, \ S_{21} = 3.8\angle 36°, \ S_{22} = 0.7\angle -63°$$

设计串联反馈型振荡器，确定介质谐振器和微带线之间的耦合系数，并确定输出匹配电路。假定谐振器的无载 Q 值为 1000，给出 Γ_2 与 $\Delta f/f_0$ 的关系曲线。

解 按照图 6 - 21(b) 画出振荡器的电路拓扑结构如图 6 - 22 所示。介质谐振器置于 $\lambda/4$ 终端开路线处，l_r 线段用来调整与 Γ_S 的匹配。按照设计原理，应该画出源端和负载端的稳定圆，这里采用工程设计中常用的一种简便设计方法：给出尽可能大的 $|\Gamma_2|$ 的 Γ_S 值。

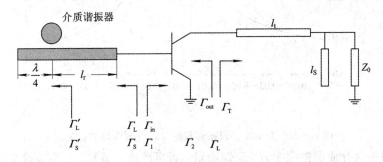

图 6 - 22 介质谐振器振荡器设计实例

具体过程如下：

第一步，设计输出回路。

由图 6 - 22 可得

$$\Gamma_2 = S_{22} + \frac{S_{12}S_{21}\Gamma_S}{1 - S_{11}\Gamma_S}$$

因此在 $1 - S_{11}\Gamma_S = 0$ 的情况下，可以使 $|\Gamma_2|$ 最大。故取 $\Gamma_S = 0.6\angle -130°$，可求得 $\Gamma_2 = 10.7\angle 132°$，换算成阻抗 $Z_2 = (-43.7 + \text{j}6.1)\Omega$。

按照前述，为了维持振荡，取负载电阻为 $R_L = -R_2/3$，考虑共轭匹配，即

$$Z_L = -\frac{R_2}{3} - \text{j}X_2 = (5.5 - \text{j}6.1)\Omega$$

采用并联枝节把这个阻抗变为 50 Ω。用圆图求得 $l_t = 0.481\lambda$，$l_S = 0.307\lambda$。

第二步，设计输入回路。

在谐振频率时，谐振器处的等效阻抗为实数，对应的 Γ_S 的相角为 0 或 π，谐振器与微带线欠耦合，取 Γ_S' 的相角为 π，故传输线的变换关系为

$$\Gamma_S' = \Gamma_S e^{\text{j}2\beta l_r} = 0.6\angle -130° e^{\text{j}2\beta l_r} = 0.6\angle 180°$$

可求得 $l_r = 0.431\lambda$，并且计算谐振器处的等效阻抗 $Z_S' = 12.5 \ \Omega$。

由式 (6 - 15) 可以计算出耦合系数为

$$g = 2\frac{N^2 R}{2Z_0} = \frac{12.5}{50} = 0.25$$

为了较直观地分析振荡器的稳定性，可作出 $|\Gamma_2|$ 随频率偏移的变化曲线，如图 6 - 23 所示。可以看出：介质谐振器能提供很好的频率稳定性。

图 6 - 24 给出了反馈式介质稳频 FET 振荡器的微带电路图，晶体管输出功率进入 3 dB 分支线定向耦合器，有一半功率由端口 3 进入反馈网络。介质谐振器与两根微带线耦

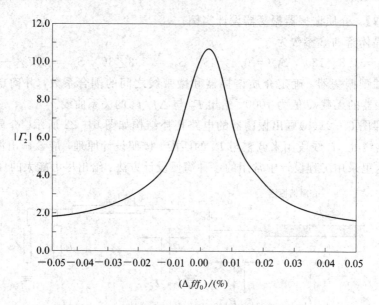

图 6 - 23　介质谐振器振荡器的$|\Gamma_2|$与频率偏移的关系

合,当振荡频率为介质谐振频率时,反馈能量,而当严重失谐时,反馈能量最小,等效于开路,所以,这里的介质谐振器等效为串联谐振电路。调节微带线与介质谐振器之间的耦合可以改变反馈量。附加一段传输线用于移相,改变其长度即可调节反馈相位。当满足式(6 - 8)时,电路进行振荡。

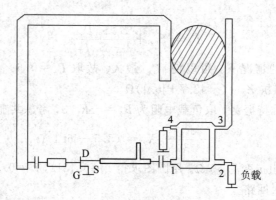

图 6 - 24　反馈式介质稳频 FET 振荡器

　　与负阻二极管振荡器类似,可以在谐振回路中引入变容管实现微波 VCO,也可用 YIG 调谐来获得宽带的电调谐晶体管振荡器。

6.3　微波频率合成器

　　频率合成器是近代射频/微波系统的主要信号源。跳频电台、捷变频雷达、移动通信等核心无线系统都采用频率合成器。即使点频信号源用锁相环实现,其频率稳定度和相位噪声指标也比自由振荡的信号指标好。现代电子测量仪器的信号源都是频率合成器。

　　广阔的市场需求推动了频率合成器技术的快速发展,各种新型频率合成器和频率合成方案不断涌现，大量产品迅速达到成熟的阶段。集成化、小型化是频率合成器发展的主题。

将一个高稳定度和高精度的标准频率信号经过加、减、乘、除的四则算术运算，产生有相同稳定度和精确度的大量离散频率，这就是频率合成技术。根据这个原理组成的电路单元或仪器称为频率合成器。虽然只要求对频率进行算术运算，但是，由于需要大量有源和无源器件，使频率合成系统相当复杂，因此这项技术一直发展缓慢。直到电子技术高度发达的今天，微处理器和大规模集成电路的大量使用，频率合成技术才得以迅速发展，并得到广泛的应用。

6.3.1　频率合成器的重要指标

除了振荡器基本指标，频率合成器还有其他指标。

1. 与频率有关的指标

频率稳定度：与振荡器的频率稳定度相同，包括时间频率稳定度和温度频率稳定度。

频率范围：频率合成器的工作频率范围，由整机工作频率确定，输出频率与控制码一一对应。

频率间隔：输出信号的频率步进长度，可等步进或不等步进。

频率转换时间：频率变换的时间，通常关心最高和最低频率的变换时间，这是最长时间。

2. 与功率有关的指标

输出功率：振荡器的输出功率，通常用 dBm 表示。

功率波动：频率范围内各个频点的输出功率最大偏差。

3. 相位噪声

相位噪声是频率合成器的一个极为重要的指标，与频率合成器内的每个元件都有关。降低相位噪声是频率合成器的主要设计任务。

4. 其他

控制码对应关系：指定控制码与输出频率的对应关系。

电源：通常需要有两组以上电源。

6.3.2　频率合成器的基本原理

频率合成器的实现方式有四种：直接式频率合成器、锁相环频率合成器、直接数字式频率合成器（DDS）、锁相环（PLL）＋DDS 混合结构。其中，第一种已很少使用，第二、三、四种都有广泛的使用，要根据频率合成器的使用场合、指标要求来确定使用哪种方案。下面分别简单加以介绍。

1. 直接式频率合成器

直接式频率合成器是早期的频率合成器，基准信号通过脉冲形成电路产生谐波丰富的窄脉冲。经过混频、分频、倍频、滤波等进行频率的变换和组合，产生大量离散频率，最后取出所要频率。

例如，为了从 10 MHz 的晶体振荡器获得 1.6 kHz 的标准信号，先将 10 MHz 信号经

5 次分频后得到 2 MHz 的标准信号，然后经 2 次倍频、5 次分频得到 800 kHz 标准信号，再经 5 次分频和 100 次分频就可得到 1.6 kHz 标准信号。同理，如果想获得标准的 59.5 MHz 信号，除经倍频外，还将经两次混频、滤波。

　　直接式频率合成器的优点是频率转换时间短，并能产生任意小数值的频率步进。但是它也存在缺点，用这种方法合成的频率范围将受到限制。更重要的是，由于采用了大量的倍频、混频、分频、滤波等电路，给频率合成器带来了庞大的体积和重量，而且输出的谐波、噪声和寄生频率均难以抑制。

2. 锁相环频率合成器

　　锁相环频率合成器是利用锁相环路(PLL)实现频率合成的方法，压控振荡器输出的信号与基准信号比较、调整，最后输出所要求的频率，这是一种间接频率合成器。

　　1) 基本原理

　　锁相环频率合成器的基本原理如图 6 - 25 所示。压控振荡器的输出信号与基准信号的谐波在鉴相器里进行相位比较，当振荡频率调整到接近于基准信号的某次谐波频率时，环路就能自动地把振荡频率锁到这个谐波频率上。这种频率合成器的最大优点是电路简单，指标也可以做得较高。由于它利用基准信号的谐波频率 f_R 作为参考频率，故要求压控振荡器的精度必须在 $\pm 0.5 f_R$ 内，如超出这个范围，就会错误地锁定在邻近的谐波上，因此，选择频道较为困难。此外，对调谐机构的性能要求也较高，倍频次数越多，分辨力就越差，所以这种方法提供的频道数是有限的。

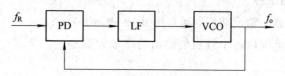

图 6 - 25　锁相环频率合成器

　　2) 数字式频率合成器

　　数字式频率合成器是锁相环频率合成器的一种改进形式，它在锁相环路中插入了一个可变分频器，如图 6 - 26 所示。这种频率合成器采用了数字控制的部件，压控振荡器的输出信号进行 N 次分频后再与基准信号相位进行比较，压控振荡器的输出频率由分频比 N 决定。当环路锁定时，压控振荡器的输出频率与基准频率的关系是 $f = N f_R$，从这个关系式可以看出，数字式频率合成器是一种数字控制的锁相压控振荡器，其输出频率是基准频率的整数倍。通过控制逻辑来改变分频比 N，压控振荡器的输出频率将被控制在不同的频率上。

　　例如，基准频率 $f_R = 1$ kHz，控制可变分频比 N 取 50 000~40 001，则压控振荡器的输出频率将为 500.00~400.01 kHz(频率间隔为 10 Hz)。因此，数字式频率合成器可以通过可变分频器分频比 N 的设计，提供频率间隔小的大量离散频率。这种频率合成法的主要优点是锁相环路相当于一个窄带跟踪滤波器，具有良好的窄带跟踪滤波特性和抑制输入信号的寄生干扰的能力，节省了大量滤波器，有利于集成化、小型化；有很好的长期稳定性，从而使数字式频率合成器有高质量的信号输出。因此，数字锁相合成法已获得越来越广泛的应用。

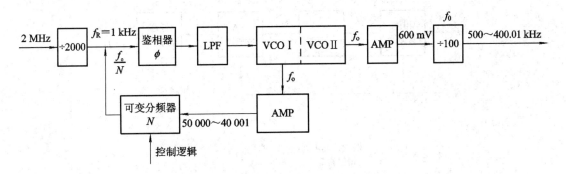

图 6 - 26　数字式频率合成器

3. 直接数字式频率合成器

直接数字式频率合成技术(DDS)是从相位概念出发，直接合成所需要波形的一种新的频率合成技术。近年来，随着技术和器件水平的不断发展，DDS 技术得到了飞速的发展，它在相对带宽、频率转换时间、相位连续性、正交输出、高分辨率以及集成化等一系列性能指标方面已远远超过了传统的频率合成技术，是目前运用最广泛的频率合成方法之一。

DDS 以有别于其他频率合成方法的优越性能和特点成为现代频率合成技术中的佼佼者。具体体现在相对带宽宽、频率转换时间短、频率分辨率高、输出相位连续、可产生宽带正交信号及其他多种调制信号、可编程和全数字化、控制灵活方便等方面，并具有极高的性价比。

1) DDS 的工作原理

实现直接数字式频率合成(DDS)的办法是用一通用计算机或微计算机求解一个数字递推关系式，也可以在查问的表格上存储正弦波值。现代微电子技术的进展，已使 DDS 能够工作在高约 10 MHz 的频率上。这种频率合成器的体积小、功耗低，并可以实现几乎是实时的、相位连续的频率变换，能给出非常高的频率分辨力，产生频率和相位可控的正弦波。电路一般包括基准时钟、频率累加器、相位累加器、幅度/相位转换电路、D/A 转换器和低通滤波器。

DDS 的结构有很多种，其基本的电路原理可用图 6 - 27 来表示，其中图6 - 27(a)是图6 - 27(b)的简化形式。

图 6 - 27(a)中，相位累加器由 N 位加法器与 N 位累加寄存器级联构成。每来一个时钟脉冲 f_s，加法器将控制字 k 与累加寄存器输出的累加相位数据相加，把相加后的结果送到累加寄存器的数据输入端，以使加法器在下一个时钟脉冲的作用下继续与频率控制字相加。这样，相位累加器在时钟作用下，不断对频率控制字进行线性相位加累加。可以看出，相位累加器在每一个时钟输入时，把频率控制字累加一次，相位累加器输出的数据就是合成信号的相位，相位累加器的输出频率就是 DDS 输出的信号频率。用相位累加器输出的数据作为波形存储器(ROM)的相位取样地址。可把存储在波形存储器内的波形抽样值(二进制编码)经查找表查出，完成相位到幅值的转换。波形存储器的输出送到 D/A 转换器，D/A 转换器将数字形式的波形幅值转换成所要求合成频率的模拟量形式信号。低通滤波器用于滤除不需要的取样分量，以便输出频谱纯净的正弦波信号。改变 DDS 的输出频率，实际上改变的是每一个时钟周期的相位增量，相位函数的曲线是连续的，只是在改变频率的瞬间

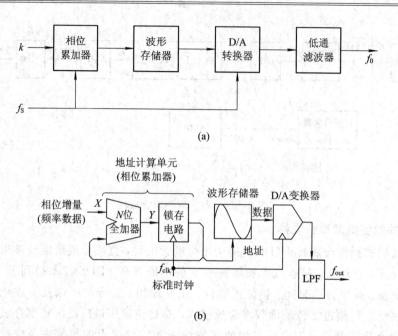

(a)

(b)

图 6 - 27 DDS 基本结构

其频率发生了突变,因而保持了信号相位的连续性。这个过程可以简化为三步:

(1) 频率累加器对输入信号进行累加运算,产生频率控制数据或相位步进量。

(2) 相位累加器由 N 位全加器和 N 位累加寄存器级联而成,对代表频率的二进制编码进行累加运算,产生累加结果 Y。

(3) 幅度/相位转换电路实质是一个波形存储器,以供查表使用。读出的数据送入 D/A 转换器和低通滤波器。

2) DDS 的优点

(1) 输出频率相对带宽较宽。输出频率带宽为 f_S(理论值)的 50%。考虑到低通滤波器的特性和设计难度以及对输出信号杂散的抑制,实际的输出频率带宽仍能达到 f_S 的 40%。

(2) 频率转换时间短。DDS 是一个开环系统,无任何反馈环节,这种结构使得 DDS 的频率转换时间极短。事实上,在 DDS 的频率控制字改变之后,需经过一个时钟周期之后按照新的相位增量累加,才能实现频率的转换。因此,频率转换时间等于频率控制字的传输时间,也就是一个时钟周期的时间。时钟频率越高,转换时间越短。DDS 的频率转换时间可达纳秒数量级,比使用其他的频率合成方法都要短几个数量级。

(3) 频率分辨率极高。若时钟 f_S 的频率不变,DDS 的频率分辨率则由相位累加器的位数 N 决定。只要增加相位累加器的位数 N 即可获得任意小的频率分辨率。目前,大多数 DDS 的分辨率在 1 Hz 数量级,许多分辨率小于 1 mHz 甚至更小。

(4) 相位变化连续。改变 DDS 输出频率,实际上改变的是每一个时钟周期的相位增量,相位函数的曲线是连续的,只是在改变频率的瞬间其频率发生了突变,因而保持了信号相位的连续性。

(5) 输出波形的灵活性。只要在 DDS 内部加上相应控制,如调频控制 FM、调相控制 PM 和调幅控制 AM,即可以方便灵活地实现调频、调相和调幅功能,产生 FSK、PSK、

ASK 和 MSK 等信号。另外，只要在 DDS 的波形存储器存放不同的波形数据，就可以实现各种波形输出，如三角波、锯齿波和矩形波，甚至是任意波形。当 DDS 的波形存储器分别存放正弦和余弦函数表时，即可得到正交的两路输出。

（6）其他优点。由于 DDS 中几乎所有部件都属于数字电路，易于集成，功耗低，体积小，重量轻，可靠性高，且易于程控，使用相当灵活，因此性价比极高。

3）DDS 的局限性

（1）最高输出频率受限。由于 DDS 内部 DAC 和波形存储器（ROM）工作速度的限制，使得 DDS 输出的最高频率有限。目前市场上采用 CMOS、TTL、ECL 工艺制作的 DDS 芯片，其工作频率一般在几十 MHz 至 400 MHz 左右。采用 GaAs 工艺制作的 DDS 芯片的工作频率可达 2 GHz 左右。

（2）输出杂散大。由于 DDS 采用全数字结构，因此不可避免地引入了杂散。其来源主要有三个：相位累加器相位舍位误差造成的杂散，幅度量化误差（由存储器有限字长引起）造成的杂散和 DAC 非理想特性造成的杂散。

4. PLL＋DDS 频率合成器

DDS 的输出频率低，杂散丰富，这些因素限制了它们的使用。间接 PLL 频率合成虽然体积小、成本低，但各项指标之间的矛盾也限制了其使用范围。可变参考源驱动的锁相频率合成器对于解决这一矛盾是一种较好的方案。而可变参考源的特性对这一方案是至关重要的。作为一个频率合成器的参考源，首先应具有良好的频谱特性，即具有较低的相位噪声和较小的杂散输出。虽然 DDS 的输出频率低，杂散输出丰富，但是它具有频率转换速度快、频率分辨率高、相位噪声低等优良性能，通过采取一些措施可以减少杂散输出。所以用 DDS 作为 PLL 的可变参考源是一种理想方案。

习　　题

6 - 1　图 6 - 28 为某微带型二极管振荡器的理想电路。已知二极管的等效导纳 $Y_D = G_D + jB_D$，引线电感为 L_S，封装电容为 C_P，调谐器微带线的特性阻抗 $Z_C = \dfrac{1}{|B_D|}$，微带线波长为 λ_g。

（1）试补画出输出端耦合电路和偏置电路；

（2）画出其等效电路；

（3）写出振荡条件；

（4）求 l 的长度。

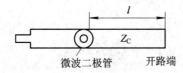

图 6 - 28　微带型二极管振荡器

6 - 2　若雪崩管的导纳为 $(-0.7 + j10.8)\text{mS}$，振荡频率为 9.6 GHz，电路采用直接耦

合微带结构，如图 6 - 29 所示，负载阻抗为 50 Ω。试确定调谐电感和阻抗变换器特性阻抗的数值。

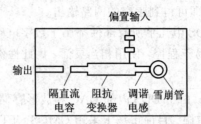

图 6 - 29　直接耦合 IMPATT 管振荡器电路

6 - 3　图 6 - 30 是测试雪崩二极管阻抗的微带振荡器电路，已知微带线的特性阻抗 Z_C(50 Ω)及线长 l_1 和 l_2，在角频率为 ω 时产生谐振，试求雪崩二极管的阻抗。

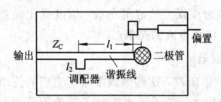

图 6 - 30　测试二极管阻抗用的微带电路

第 7 章　PIN 管微波控制电路

```
——— 本 章 内 容 ———
PIN 管微波开关
PIN 管电调衰减器和限幅器
PIN 管数字移相器(调相器)
```

　　微波控制电路的功能包括控制微波信号传输路径的通断或转换(微波开关、脉冲调制器)、控制微波信号的大小(幅度调制、电调衰减器、限幅器)及相位(数字移相器、调相器)等。这些电路广泛应用于雷达、微波通信、卫星通信及微波测量技术等系统中。

　　微波控制电路分它控和自控两种。它控由外加控制功率来改变微波控制器件的工作状态,从而改变电路的参量,如电控衰减器、数字移相器等。自控由微波功率本身的大小来改变微波控制器件的工作状态,从而实现对电路的控制,如微波限幅器。

　　利用 PIN 管作为控制器件,优点是体积小,重量轻,控制快,正反短路、开路特性好,微波损耗小,而且可由小的直流功率控制大的微波功率,因此用得较多,在高功率微波控制电路中宜采用 PIN 管。近年来,也将场效应管用于微波控制电路,它适于单片集成。

　　本章介绍 PIN 管微波开关、衰减器、限幅器和移相器电路的工作原理、性能指标及其对设计的基本要求。

7.1　PIN 管微波开关

　　PIN 管在正反向偏置下的不同阻抗特性,可用来控制电路的通断,组成开关电路。PIN 管开关电路按功能分为两种:一种是通断开关,如单刀单掷开关,作用只是简单地控制传输系统中微波信号的通断;另一种是转换开关,如单刀双掷、单刀多掷开关,作用是使信号在两个或多个传输系统中转换。若按 PIN 管与传输线的连接方式,可分为串联型、并联型以及串/并联型三种;从开关结构形式出发,可分为反射式开关、谐振式开关、滤波器型开关、阵列式开关等。

7.1.1　单刀单掷开关

1. 开关的正反衰减比

图 7-1 为单管串联型和并联型开关的原理图及其微波等效电路。图中 Z_D、Y_D 分别为

PIN 管的等效阻抗和等效导纳，Z_0、Y_0 分别为传输线的特性阻抗和特性导纳，a、b 分别为网络的归一化入射波和反射波。

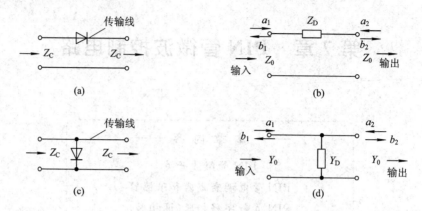

图 7 - 1　单刀单掷开关

（a）串联型原理图；（b）串联型等效电路；（c）并联型原理图；（d）并联型等效电路

设开关输入端信号源的资用功率为 P_a，输出端负载吸收功率为 P_L，则定义开关的衰减 L 为

$$L = \frac{P_a}{P_L} \tag{7 - 1}$$

若开关网络用散射 S 参量来表征，且假设开关插入在匹配信号源和匹配负载之间，则式（7 - 1）化为

$$L = \frac{|a_1|^2}{|b_2|^2} = \frac{1}{|S_{21}|^2} \tag{7 - 2}$$

2. 基本原理

如果 PIN 管正、反偏时分别等效为理想短路和开路，则对图 7 - 1(a) 的串联型开关来说，PIN 管理想短路时，开关电路理想导通；PIN 管理想开路时，该开关电路理想断开。对图 7 - 1(c) 的并联开关来说，情况相反，PIN 管短路，对应开关电路断开；PIN 管开路，对应开关电路导通。

由于 PIN 管实际上存在有限的电抗及损耗电阻（即封装参数），因此开关电路在导通时衰减不为零，称之为插入衰减；在断开时衰减也并非无穷大，称之为隔离度。

因为寄生参数的影响，封装 PIN 管的等效阻抗是频率的函数，所以当工作频率改变时，开关的工作状态要发生变化。对于并联型开关，反偏时，若微波频率恰好等于引线电感 L_S 与结电容 C_j 的串联谐振频率，这时管子不再呈现高阻抗，使微波信号的传输产生很大的衰减，开关呈断开状态。同样，正向偏置时，若微波信号频率恰好等于引线电感 L_S 与管壳电容 C_P 的并联谐振频率，则管子不再呈低阻抗，对微波信号的传输影响很小，开关呈导通状态。图 7 - 2(a) 为考虑封装参数后的并联型开关的衰减特性。可见，并联型开关有两个能实现开关作用的区域（图中阴影区），它们对应有较大的衰减比。图中模区 Ⅰ 称为"正向模"区，相当于理想的 PIN 管，反偏时为开关的导通状态，正偏时为断开状态；而模区 Ⅱ 相反，称为"反向模"。图 7 - 2(b) 为串联型开关的衰减特性，显然它具有三个开关工作区。

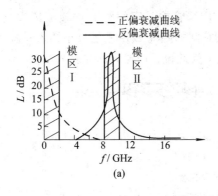 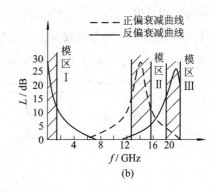

图 7 - 2　考虑封装参数后开关的衰减特性

(a) 并联型开关；(b) 串联型开关

由图 7 - 2 可见，由于封装参数的影响，单管开关无论是串联型还是并联型，都只能在固定的某几个较窄的频率区间有开关作用，而实际的工作频率常常不在这些区域。为了扩展开关的工作模区，改善开关性能，有的直接把管芯做在微波集成电路上；也有的采用改进的开关电路，其中常用的有谐振式开关、阵列式开关和滤波器型开关。

3. 改善开关性能的电路

除了选用合适的管子外，还可以采取一些措施来改善开关的正反衰减比，下面介绍三种改进的开关电路。

1) 谐振式开关

对给定的 PIN 管及指定的工作频率，外加电抗元件与寄生元件调谐，使开关在 PIN 管正偏、反偏两种状态下分别于指定频率点，产生串联谐振和并联谐振(或反之)。这种开关电路称为谐振式开关。图 7 - 3 为并联型谐振式开关的等效电路，虚线框内表示 PIN 管，R_D 和 X_D 分别为二极管的电阻和电抗，X_S 和 X_P 为外接的调谐电抗。在 PIN 管反偏时调整串联电抗 X_S，使它与管子反偏时的电抗量值相等，符号相反，形成串联谐振。这时 PIN 管支路的阻抗很低，使开关的衰减很大，形成断开状态。而在 PIN 管正偏时调整并联电抗 X_P，使它与管子支路的总电抗量值相等，符号相反，形成并联谐振，这时开关的阻抗很高，呈导通状态。这种反偏时呈断开状态，正偏时呈导通状态的谐振式开关，又称为"反向模"开关；反之，则称为"正向模"开关。

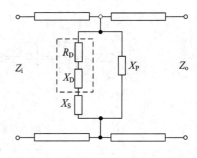

图 7 - 3　并联型谐振式开关

以上这种谐振式开关，只有在窄频带内才能实现良好的补偿，工作频带不宽，多用于窄波段范围。

2) 阵列式开关

一般来说，单管开关的隔离度和带宽都是比较小的，若要取得更高的隔离度和更宽的频带，就需采用几个 PIN 管级联，组成阵列式开关。

图 7 - 4 为阵列式开关的示意图。图 7 - 4(a)为并联型，由多个 PIN 管按一定间距 L 并

接于传输线构成；图7-4(b)为串联型，由多个PIN管按一定间距 L 串接于传输线构成。阵列式开关的分析可归结为级联网络的分析，其管间的距离 L 由满足最小插入衰减和最大隔度的条件求得。一般情况下两者不能同时满足，为此设计时必须折中选择。

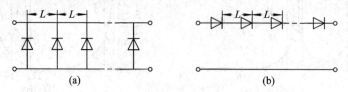

图7-4 阵列式开关
(a) 并联型；(b) 串联型

多管阵列式开关与单管开关相比，具有隔离度高和频带宽的优点，缺点是所用管子数较多，插入衰减较大，调试也较麻烦。

3) 滤波器型开关

图7-5为PIN管与低通滤波器构成的宽频带型开关电路结构示意图。在低通滤波器的电容块中心，打孔嵌入PIN管，使PIN管反偏时总电容 C 和滤波器电容块的电容 C_1、C_2 一起与串联电感 L_1、L_2、L_3 组成频带很宽、截止频率很高的低通滤波器，如图7-5(b)所示。这时只要信号频率低于滤波器的截止频率，信号功率就可以顺利通过，插入衰减很小，形成开关的接通状态。当正向偏置时，PIN管近似短路，输入信号几乎全部被反射，形成开关的断开状态。为了增大开关的频率范围，常采用未加封装的PIN管芯，利用管芯反偏时的结电容和连接管芯的引线电感组成低通滤波器，这样可使滤波器的截止频率升高，从而大大扩展了开关的频率范围。

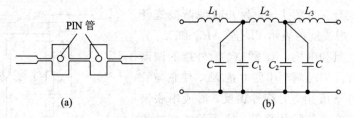

图7-5 低通滤波器型PIN管开关
(a) 电路结构；(b) 等效电路

7.1.2 单刀多掷开关

1. 单刀双掷开关

最普通但又最常用的单刀多掷开关是单刀双掷开关，它把信号来回换接到两个不同的设备上，形成交替工作的两条微波通路。其典型例子是雷达天线收发开关，发射机和接收机共用一个天线，由一个单刀双掷开关来控制。

图7-6表示一并联型单刀双掷开关的原理图。VD_1 和上 VD_2 管分别偏置，当 VD_1 管导通时 VD_2 管截止，或反之。并借助1/4波长线的阻抗变换作用，使输入信号全部从 B 或 A 中一个端口输出，此端口为导通通道，同时另一端口为断开通道。

图7-6的单刀双掷开关需要有两个偏压源，为节省偏压源，实际中常采用一个偏压

源控制的并联型单刀双掷开关电路(见图 7 - 7)。在此电路中，VD$_1$ 接在一并联的 $\lambda_g/4$ 支节线上。当 VD$_1$、VD$_2$ 都处于反偏时，B 路接通；当 VD$_1$、VD$_2$ 都处于正偏时，A 路接通。因此可共用一个偏压源。

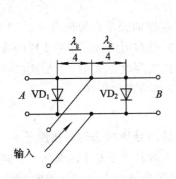

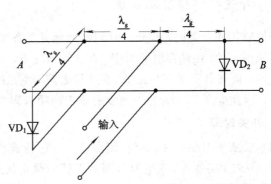

图 7 - 6　并联型单刀双掷开关　　　　图 7 - 7　用一个偏压源控制的并联型单刀双掷开关

图 7 - 8 给出了共用一个偏压源的谐振式并联型单刀双掷开关的微带电路结构图。

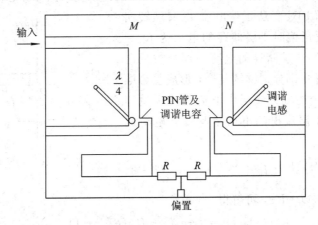

图 7 - 8　谐振式并联型单刀双掷开关微带电路结构图

2. 单刀 N 掷开关($N>2$)

在一些微波系统中，有时需要把一个微波信号换接到多个不同设备上，形成交替工作的多条微波通道，这个功能可由一个单刀多掷开关来完成。单刀多掷开关由若干个单刀单掷开关组成，如图 7 - 9 所示。图中各单掷开关均为并联型，它们互相并接于开关接头 P 处，如果每只开关中的 PIN 管安置在离接头参考面 $\lambda_g/4$ 处，则对理想接通的通道(其 PIN 管阻抗为无限大)，从接头参考面 P 处向终端的输入阻抗为传输线的特性阻抗(设各通道终端均接匹配负载)；对理想断开的通道(其 PIN 管的阻抗接近为零)，从接头参考面 P 处向终端的输入阻抗为无限大。如果在每一瞬间控制各通道的 PIN 管，使只有一个通道处于接通状态，而

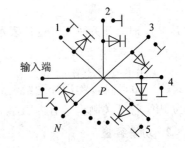

图 7 - 9　单刀 N 掷开关原理图

其余 $N-1$ 个通道处于断开状态，那么输入端的微波信号在每一瞬间只在主接通通道的输

出端输出，而其余 $N-1$ 端无输出。这样，依次控制各单刀单掷开关的接通、断开状态，就能把输入端的微波信号换接到各条通道中去。

7.1.3　开关时间和功率容量

PIN 管用作开关时，其开关时间必须满足系统对开关速度的要求，为提高开关速度，应尽量减薄 I 层，使储存电荷减少。在这种情况下，开关时间基本上由载流子在 I 层的渡越时间决定，而与载流子寿命无关。但 I 层太薄，使二极管反向击穿电压减小，承受微波功率也减小，因此提高 PIN 管开关速度受限于两项极限参数，下面分别加以讨论。

1. 开关时间

PIN 管实质上是一种电荷存储器件，当它从截止状态转向导通状态时，载流子从 P$^+$ 层和 N$^+$ 层向 I 层注入。当它从导通状态转向截止状态时，大量载流子从 I 区逸出，存储电荷的变化都需要一定的时间才能达到稳定状态，这个时间就是开关时间。开关时间既和 PIN 管的性能有关，又和开关的控制电流有关。由于 PIN 管从截止到导通的正向恢复时间比导通到截止的反向恢复时间小，因此开关时间以反向恢复时间为标志。

图 7-10 表示 PIN 管从正偏电流 I_0 突然转向反偏时的情况。设正偏时 I 层储存的电荷为 $Q_0 = I_0\tau$，当换成反偏时，I 层储存的电荷一部分被反向电流 I_R 吸出，另外一部分则继续复合，形成复合电流 Q/τ。显然，单位时间内 I 层中电荷的减少量等于单位时间内从 I 层流出的电荷量与复合电荷之和，即

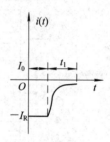

图 7-10　PIN 管的开关时间

$$-\frac{\mathrm{d}Q(t)}{\mathrm{d}t} = I_R + \frac{Q(t)}{t} \qquad (7-3)$$

考虑到 $t=0$ 时，$Q(t)=I_0\tau$，可解得

$$Q(t) = I_0\tau\mathrm{e}^{-t/\tau} + I_R\tau(\mathrm{e}^{-t/\tau} - 1) \qquad (7-4)$$

假设 $t=t_s$ 时，电荷全部清除，即 $Q(t_s)=0$，于是得到

$$I_0\tau\mathrm{e}^{-t_s/\tau} + I_R\tau(\mathrm{e}^{-t_s/\tau} - 1) = 0$$

所以

$$t_s = \tau\ln\left(1 + \frac{I_0}{I_R}\right) \qquad (7-5)$$

当 $I_R \gg I_0$ 时，开关时间可近似表示为

$$t_s \approx \tau \cdot \frac{I_0}{I_R} \qquad (7-6)$$

由式(7-6)可见，当 PIN 管给定后(τ 已定)，加大反向电流 I_R 可使开关时间减少。所以应该为 PIN 管开关制作具有内阻小而又能输出大的反向偏压的专门驱动器。

2. 功率容量

当 PIN 管导通时，功率容量的限制因素是最大允许的功耗 P_{dm}，当 PIN 管截止时，功率容量的限制因素是反向击穿电压 U_B。开关的功率容量是指开关所能承受的最大微波功率，它不仅与管子的功率容量有关，还与开关电路的类型(串联或并联)、工作状态(连续波

工作或脉冲工作)及具体结构(散热性能)有关。

　　例如,在连续波工作状态下,单管并联型及串联型电路示意图如图 7 - 11 所示。

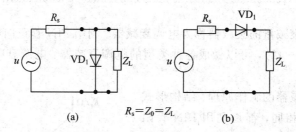

图 7 - 11　并联型和串联型开关电路

(a) 并联型;(b) 串联型

　　图中,R_s 为信源内阻,Z_L 为负载,Z_0 为传输线特性阻抗,当输入微波信号幅度为 U_m 时,信源资用功率为

$$P_a = \frac{U_m^2}{8Z_0} \tag{7 - 7}$$

PIN 管导通时等效为电阻 R_f,则图 7 - 11(a)中的管子吸收功率为

$$P_d = \frac{U_m^2 R_f}{2(Z_0 + 2R_f)^2} \tag{7 - 8}$$

由式(7 - 8)及式(7 - 7),可求得 P_a 与 P_d 的关系;而 P_d 受限于 P_{dm},因此并联型开关在 PIN 管导通时的功率容量为

$$P_{dm1} = \frac{(Z_0 + 2R_f)^2}{4Z_0 R_f} P_{dm} \tag{7 - 9}$$

同理,可求出串联型开关在 PIN 管导通时的功率容量为

$$P_{dm2} = \frac{(2Z_0 + R_f)^2}{4Z_0 R_f} P_{dm} \tag{7 - 10}$$

　　PIN 管截止时呈现高阻抗(远大于 Z_0),则图 7 - 11(a)中管子的端电压为 $U_m/2$,受限于 U_B。令

$$\frac{U_m}{2} = U_B \tag{7 - 11}$$

因此并联型开关在 PIN 管截止时的功率容量为

$$P_{dm3} = \frac{U_B^2}{2Z_0} \tag{7 - 12}$$

同理,可求出串联型开关在 PIN 管截止时的功率容量为

$$P_{dm4} = \frac{U_B^2}{8Z_0} \tag{7 - 13}$$

比较式(7 - 9)、式(7 - 12)和式(7 - 10)、式(7 - 13),PIN 管在正、反向偏压状态下,开关功率容量不等,而且开关电路形式不同,功率容量也会不同。对某一种电路形式,通常取其 P_{dm} 较小者。

　　以上是在连续波工作条件下进行的分析。若在脉冲信号工作状态下,则 PIN 管导通时能承受的脉冲功率比连续波状态下要大,但开关的脉冲阻抗比较复杂,在此不予讨论。

7.2　PIN 管电调衰减器和限幅器

用电信号控制衰减量的衰减器称为电调衰减器。利用 PIN 管正向电阻随偏置电流连续变化的特性(见图 7－12)，可以做成各种类型的电调衰减器。电调衰减器可用于振幅调制和稳幅系统。

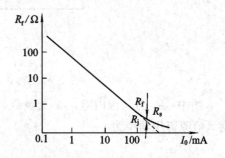

图 7－12　PIN 管正向电阻随偏流变化特性

PIN 管电调衰减器的工作原理、结构形式基本上与开关电路相同，都是利用 PIN 管阻抗随偏置变化的特性，所不同的是：① 偏置情况不同，在开关电路中偏置是从一个极值跳变到另一个极值(即从正偏的某一个值跳变到负偏的某一值)，以实现开关的"通"、"断"，而在电调衰减器中，偏置则是连续可变的，即正偏电流连续变比，以实现衰减量的连续可变；② 采用的 PIN 管不同，在开关中为了缩短开关时间，选用 I 层较薄(几个微米)的管子，而在电调衰减器中，为了获得较大的衰减量动态范围，采用 I 层较厚(几十微米)的管子。图 7－1 所示的开关电路实质上就是一种反射型衰减器。因此正向偏置的 PIN 管在工作频率低于截止频率时，可以等效为一个电阻 R_f，它的量值随正偏电流而改变，所以当连续改变 PIN 管的正偏电流时，可连续控制其反射特性，从而使电路的插入衰减连续变化，起到一个可变衰减器的作用。下面分别讨论几种常用的衰减器。

7.2.1　环行器单管电调衰减器

图 7－13 为环行器单管电调衰减器的示意图。当微波功率由输入端口①输入时，经环行器到达端口②后，一部分功率为 PIN 管吸收，另一部分功率反射回环行器，由端口③输出。此电调衰减器的衰减由偏置电流来控制。偏置电流经过直流偏置电路加到二极管上。环行器的作用是使得输入电路能得到较好的匹配。这种单管电调衰减器的衰减量为

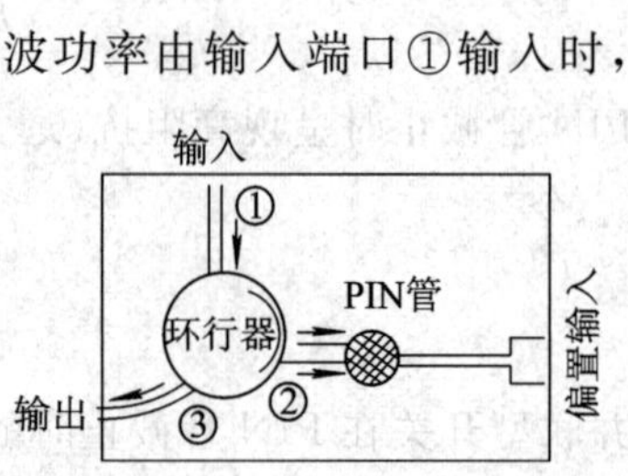

图 7－13　环行器单管电调衰减器示意图

$$L_A = 10 \lg \frac{P_{in}}{P_{out}} = 20 \lg \frac{1}{|\Gamma|} \quad (7-14)$$

式中：

$$|\Gamma| = \frac{R_f - Z_0}{R_f + Z_0}$$

7.2.2　3 dB 定向耦合器型电调衰减器

图 7－14(a)为微带型 3 dB 定向耦合器型电调衰减器的结构示意图，图 7－14(b)是它的等效电路。在定向耦合器的②、③端分别接上受正向偏流控制的 PIN 管和阻值为 Z_0 的

电阻，当管子的电阻随偏流改变时，④端的输出功率便随之改变，偏流越大，R_f 越小，②、③端越接近匹配，④端输出的功率也越小，系统的衰减便越大。当 $R_f=0$ 时，④端输出的功率为零，由此便构成电调衰减器。这种衰减器由于有 1/4 波长线段，因而只能工作于窄频带。设两只 PIN 管的特性相同。②、③端的反射系数为

$$\Gamma = \frac{R_f}{R_f + 2Z_0} = \frac{r_f}{r_f + 2}$$

则衰减器的衰减量为

$$L = 20 \lg \frac{2 + r_f}{r_f} \tag{7-15}$$

式中：

$$r_f = \frac{R_f}{Z_0}$$

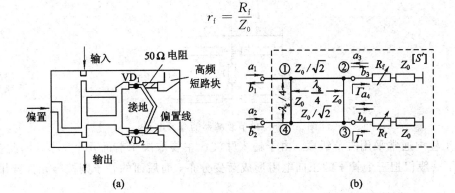

图 7 - 14　3 dB 定向耦合器型电调衰减器

(a) 微带电路图；(b) 等效电路

7.2.3　吸收型阵列式衰减器

为了使系统的频带展宽、衰减量的动态范围增大及能够承受较大的功率，可采用多个并接在传输线上的 PIN 管，管间相互间隔为 1/4 波长的阵列式衰减器，如图 7 - 15(a) 所示。加正向偏置的 PIN 管等效为正向电阻 R_f，随着管子正向偏流的改变，各电阻的阻值发生变化，故为一个电调衰减器。实际应用中，常采用相同的 PIN 管、但各管偏置不同的渐变元件阵列式衰减器，如图 7 - 15(b) 所示。

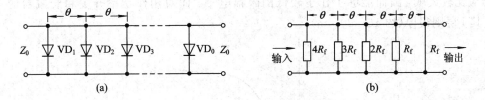

图 7 - 15　渐变元件阵列式衰减器

(a) PIN 管阵；(b) 衰减器等效电路

阵列式衰减器的分析采用影像法比较方便。这时可把衰减器电路分成许多相同的 T 型节，先分析其单节特性，然后级联起来，就得到整个阵的特性。

图 7 - 16 为一个单节衰减器的等效电路，PIN 管用等效导纳 Y_D 表示，管子两边是 $\theta/2$ 长的传输线，其特性阻抗为 Z_0，在中心频率上（$\theta = \pi/2$），单节衰减器的影像反射系数和插入衰减分别为

$$\Gamma_i = -j\frac{2}{Z_0 Y_D} + j\sqrt{1 + \frac{4}{(Z_0 Y_D)^2}} \qquad (7-16)$$

$$L_i = 20\lg\left|j\frac{Z_0 Y_D}{2} + \sqrt{1 + \frac{(Z_0 Y_D)^2}{4}}\right| \qquad (7-17)$$

于是输入驻波比为

$$\rho = \frac{1 + |\Gamma_i|}{1 - |\Gamma_i|} \qquad (7-18)$$

图 7 - 16   单节衰减器的等效电路

在工程中通常采用多节级联。由于输入驻波比主要取决于前面几个单节，因此在实际应用中，一般仅把三个管子的正向电阻形成渐变分布，而后面的管子则按等元件阵排列。

7.2.4   PIN 管限幅器

电调衰减器是利用外加偏置电流来控制其衰减量的，所以有时称为它控衰减器。在某些情况下，要求微波信号通过控制电路时能自动控制电路的衰减。利用 PIN 管在零偏加微波信号时的阻抗特性，可实现此目的。因此零偏 PIN 管常作为雷达接收机高放、混频前的限幅器。当微波信号超过某一电平后，由于 PIN 管阻抗显著变小而使通过 PIN 管的衰减量显著增大，从而限制输出功率在一定电平以下（见图 7 - 17）。这种限幅器是一种由信号自身幅度来控制的"自控衰减器"，无需外加偏流。所以限幅器的电路形式与电调衰减器的形式基本相同，只是不需要偏置电路。另外，在限幅器中所用的为薄基 PIN 管（I 层厚度约为 1 μm 左右），它只需在其中积累不太多的载流子，I 层阻抗就会显著变化，使 PIN 管对功率反应比较灵敏，因而能够工作于较低的限幅电平。而对用作功率开关和衰减器的 PIN 管，其 I 层则很厚（约 16～20 μm）。

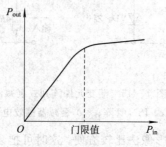

图 7 - 17   限幅器特性

7.3　PIN 管数字移相器(调相器)

用 PIN 管作为控制元件的移相器称为 PIN 管移相器(即微波移相器)。按相移量的方式不同,PIN 管移相器可分成模拟式和数字式两种,前者的相移量在一定范围内(0°~180°或 0°~360°)连续可变;后者的相移量只能按一定量值作步进改变,例如 0°、22.5°、45°、…、337.5°、360°。在微波控制电路中,常用的移相器主要是数字式移相器。它大量应用在相控阵天线中,用来控制每个辐射单元的相位,实现波束的快速扫描。目前相控阵雷达中,用得较多的是由四个单元组成的四位数字移相器,如图 7 - 18 所示。数字式移相器的主要技术指标是:移相精度、功率容量、插入衰减、输入驻波比、工作频带等。

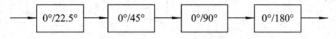

图 7 - 18　四位数字移相器

目前,作为单元移相器的主要有开关线型移相器、加载线型移相器和定向耦合器型移相器。

7.3.1　开关线型移相器

利用 PIN 管的单刀双掷开关,使微波信号从两条电长度不同的传输线通过后,可以得到两种不同的相移量,根据这个原理做成的移相器称为开关线型移相器。实际上它是一段可开关的传输线,图 7 - 19 是它的电原理图。图中 l 为"参考相位通道",另一条较长的传输线称为"延迟相位通道"。若把参考通道输出端的微波信号相位定为 0°,则延迟通道输出端的微波信号滞后为

$$\Delta\phi = \frac{2\pi}{\lambda_{\mathrm{g}}}\Delta l \tag{7 - 19}$$

式中:Δl 为两条传输线的长度差,显然相移量 $\Delta\phi$ 是频率的函数,因此这种开关线型移相器是窄频带的。在这种移相器中,每一相移单元使用 4 个 PIN 二极管开关,2 个接通,2 个断开。无论在哪种状态,输出信号总是通过同样数量的"接通"开关,因而插入衰减不变,但是由于所用的管子多,因此插入损耗比较大。

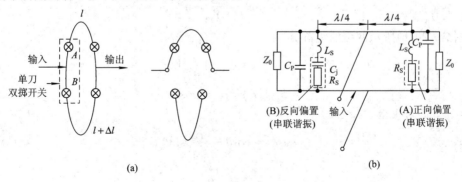

图 7 - 19　开关线型移相器示意图

(a) 开关线相移单元;(b) 等效电路

7.3.2　加载线型移相器

图 7-20(a)为一微带加载线型移相器,在主传输线(特性导纳为 Y_0)上接了一段"加有负载"的传输线(特性导纳为 Y_{01},电角度为 θ),所加负载由并联分支(特性导纳为 Y_{02},电角度为 θ)接 PIN 管构成。如果忽略 PIN 管的损耗电阻,认为 PIN 管处在正、反向偏置两种状态时都等效为纯电抗,则在主传输线上将引入不同的并联电纳 jB_+ 和 jB_-,见图 7-20(b)。这两种情况下移相器等效为不同电长度的传输线(特性导纳为 Y),从而实现改变相移量(φ_+ 及 φ_-)的目的,见图 7-20(c)。

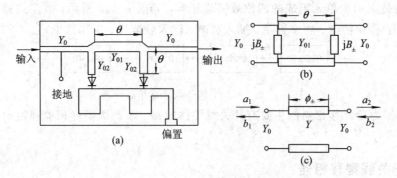

图 7-20　加载线型移相器
(a) 移相器电路;(b)、(c) 等效电路

为了求得加载线型移相器的相移量,先要求出两种情况(图 7-20(b)和图 7-20(c))下的矩阵,然后令两个矩阵相等,就可得到相应的关系式。

为简化分析,把 PIN 管看作是一个纯电抗元件。图 7-20(b)所示的移相器是一个三级级联的两端口网络。令移相器输入、输出端传输线的特性导纳为 Y_0,则其矩阵 $\boldsymbol{A}$ 为

$$\boldsymbol{A} = \begin{bmatrix} 1 & 0 \\ jB & 1 \end{bmatrix} \begin{bmatrix} \cos\theta & j\dfrac{1}{Y_{01}}\sin\theta \\ jY_{01}\sin\theta & \cos\theta \end{bmatrix} \begin{bmatrix} 1 & 0 \\ jB & 1 \end{bmatrix}$$

$$= \begin{bmatrix} \cos\theta - \dfrac{B}{Y_{01}}\sin\theta & j\dfrac{1}{Y_{01}}\sin\theta \\ 2jB\cos\theta + jY_{01}\sin\theta - j\dfrac{B^2}{Y_{01}}\sin\theta & \cos\theta - \dfrac{B}{Y_{01}}\sin\theta \end{bmatrix} \qquad (7-20)$$

图 7-20(c)所示网络的矩阵 $\boldsymbol{A}'$ 为

$$\boldsymbol{A}' = \begin{bmatrix} \cos\varphi & j\dfrac{1}{Y}\sin\varphi \\ jY\sin\varphi & \cos\varphi \end{bmatrix} \qquad (7-21)$$

令 $\boldsymbol{A} = \boldsymbol{A}'$,即可求得

$$\cos\varphi = \cos\theta - \dfrac{B}{Y_{01}}\sin\theta$$

$$(7-22)$$

$$Y = Y_{01}\dfrac{\sin\varphi}{\sin\theta}$$

$$(7-23)$$

由此解得

$$\varphi = \arccos\left(\cos\theta - \frac{B}{Y_{01}}\sin\theta\right) \tag{7-24}$$

$$Y = Y_{01}\sqrt{1 - \frac{B^2}{Y_{01}^2} + 2\frac{B}{Y_{01}}\cot\theta} \tag{7-25}$$

式(7-22)和式(7-23)表示移相器和其等效传输线参量间的关系，其中 φ 就是信号通过该移相器的相移。当 PIN 管在正、反两种偏置状态下工作时，并联电纳分别为 B_+ 和 B_-，因而移相器在两种状态下的相移变化量为

$$\Delta\varphi = \varphi_+ - \varphi_- = \arccos\left(\cos\theta - \frac{B_+}{Y_{01}}\sin\theta\right) - \arccos\left(\cos\theta - \frac{B_-}{Y_{01}}\sin\theta\right) \tag{7-26}$$

实际上一般选择 $\theta = \pi/2$，同时为使移相器的输入端和输出端都能匹配，通常选择等效传输线的特性导纳与外接传输线特性导纳相等，即 $Y = Y_0$。因此对式(7-23)、式(7-24)和式(7-25)联合求解，得

$$Y_{01} = Y_0 \sec\frac{\Delta\varphi}{2}$$

$$B_+ = Y_0 \tan\frac{\Delta\varphi}{2} \tag{7-27}$$

$$B_- = -Y_0 \tan\frac{\Delta\varphi}{2} \tag{7-28}$$

$$\Delta\varphi = \arccos\left(-\frac{B_+}{Y_{01}}\right) - \arccos\left(-\frac{B_-}{Y_{01}}\right) \tag{7-29}$$

由此可见，当加载线的电长度 $\theta = \pi/2$ 时，两种相位状态所要求的并联电纳量值相等，符号相反。对于相移量较小的移相器，例如 $\varphi \leqslant \pi/4$，则可近似为

$$B_+ \approx Y_0 \frac{\Delta\varphi}{2} \tag{7-30}$$

$$B_- \approx -Y_0 \frac{\Delta\varphi}{2} \tag{7-31}$$

因此，由 B_+ 和 B_- 就可确定 Y_{02}。

加载线型移相器通常作为数字式移相器的小移相位，例如作为 22.5°、45° 移相位。若要用于较大的移相位时，例如作 90° 移相器，则可用两个 45° 移相器级联起来。为缩小体积，常把两个中间的并联传输线合并为一，成为三个分支的加载线型移相器，如图 7-21 所示。对于 180° 移相位，一般不采用加载线型移相器，而采用定向耦合器型移相器。

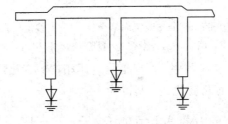

图 7-21　90° 移相器示意图

最后讨论这种移相器的工作频带问题。因为 θ 和 $jB_\pm$ 都是频率的函数，相移量和输入驻波比均随频率而变化，所以加载线型移相器的带宽有一定限制。

7.3.3　定向耦合器型移相器

定向耦合器型移相器有时又称反射型移相器。其原始形式为一环行器，如图 7 - 22 所示。信号自环行器的①端输入，至②端经 PIN 管反射后到③端输出。控制 PIN 管的电抗，就能改变输出信号对输入信号之间的相移，但由于环行器价格昂贵，体积、重量大，且环行器的隔离度不良将造成相位误差，因而目前常用图 7 - 23 所示的 3 dB 定向耦合器型移相器。

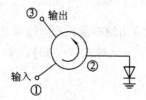

图 7 - 22　环行器型移相器　　　　　图 7 - 23　3 dB 定向耦合器型移相器原理图

图 7 - 23 中，3 dB 定向耦合器型移相器从①端口输入的功率，平分至端口②、③，然后经 VD_1、VD_2 反射，将②、③端口的反射功率在④端口合成输出。输入信号与输出信号之间的相位差 φ 与 VD_1、VD_2 的工作状态有关。在数字式移相器中，每只单元移相器只有两个相位改变。因此只要使两个 PIN 管同时在正偏和反偏下工作，便能使④端口输出信号的相位改变，这就是 3 dB 定向耦合器型移相器的基本原理。图 7 - 24 为这类移相器的一种微带型电路。由于这种电路结构复杂，一般只用来作大移相位。

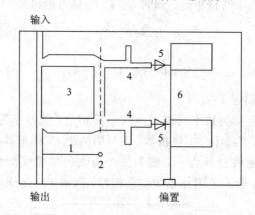

1—$\lambda/4$ 高阻抗线；2—接地孔；3—分支线定向耦合器；4—变换网络；5—PIN 管；6—偏置电路

图 7 - 24　微带定向耦合器型移相器

在 3 dB 定向耦合器型移相器中，输出信号电压相位的变化量等于参考面 T_2、T_3(见图 7 - 23)电压反射系数 Γ 的相角变化量，其值为

$$\Delta\phi = 2\arctan\left(\frac{B_+ - B_-}{1 + B_+ \cdot B_-}\right) \tag{7 - 32}$$

对于 180° 移相器，PIN 管正、反向偏置时的等效电纳必须满足

$$B_+ \cdot B_- = -1 \tag{7 - 33}$$

即 PIN 管正、反向偏置时的等效电纳值相等，性质相反。一般情况下，B_+ 呈感性，B_- 呈容

性。若 $B_+ = \dfrac{1}{\mathrm{j}\omega L}$，$B_- = \mathrm{j}\omega C$，则所需传输线的特性电纳为

$$Y_0 = \dfrac{L}{C}$$

但实际中的 PIN 管参数不一定恰好满足这个要求，故需要在中间接阻抗变换网络。

7.3.4　四位数字移相器

　　数字移相器是由若干个单元移相器级联组成的，每个单元移相器构成数字移相器的一个位。目前应用最多的是由四个单元移相器组成的四位数字移相器。从原理上讲，上述三种类型移相器都可以构成数字式移相器中的任意位。但从相移和驻波比特性、衰减、功率容量、电路结构的复杂程度，以及应用 PIN 管数量的多少等方面衡量，我们发现：开关线型移相器虽然结构最简单，但要求管子数量也最多，插入损耗较大；加载线型移相器结构比较简单，但只适宜作小移相位，在大移相位时插入损耗较大；定向耦合器型移相器具有管子数量少、插入损耗小的优点，但电路结构比较复杂。目前一种以定向耦合器型移相器作 $180°$ 位，加载线型移相器作 $22.5°$、$45°$ 和 $90°$ 位（为了改善 $90°$ 位加载线型移相器的性能，常把两只 $45°$ 位级联成 3 dB 加载线型移相器）的四位数字移相器已被广泛应用于各种相控阵雷达中。

　　图 7-25 是一个四位数字移相器的微带电路结构图。其中除 $180°$ 位用定向耦合器型移相器外，其余各位均采用加载线型移相器。因为每位移相器需要分别给以控制，故四位移相器要有四个互相隔离的偏置电路，它们分别由四个偏置电源激励。图中终端打孔接地的 $\lambda_g/4$ 高阻抗线作为所有 PIN 管的公共接地线。

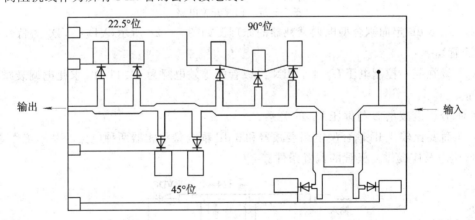

图 7-25　四位数字移相器的微带电路图

　　这种四位数字移相器由四位移相位的不同组合，可得到 $0°$、$22.5°$、$45°$、$67.5°$、$90°$ …、$337.5°$、$360°$ 等 16 个不同的相移，每个相移量间隔 $22.5°$。

习　　题

　　7-1　图 7-26 所示的反射式开关电路中，$Z_0 = 50\ \Omega$，$R_{\mathrm{f}} \approx R_{\mathrm{r}} = R_{\mathrm{D}} = 1\ \Omega$，$f_{\mathrm{C}} = 1000\ \mathrm{GHz}$，求工作频率为 2 GHz 时的插入衰减和隔离度。

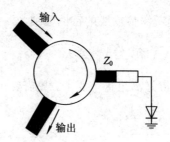

图 7 - 26　反射式开关电路

7 - 2　一理想的 PIN 二极管开关系统如图 7 - 27 所示。若输入信号为 $u_S = U_{Sm} \sin\omega_S t$，$f_S = 3000$ MHz，试画出 1、2 两端输出的信号波形。

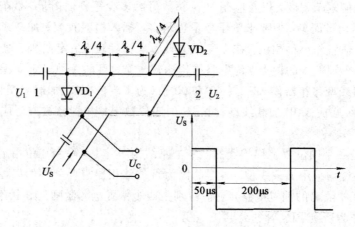

图 7 - 27　PIN 开关电路

7 - 3　3 dB 定向耦合型电调衰减器的原理图如图 7 - 28 所示（VD_1、VD_2 为特性相同的 PIN 管）。

（1）设在某一控制电压 U_C 下，PIN 二极管的等效电阻为 11.11 Ω，求此电调衰减器的衰减量；

（2）分析衰减量 L 与偏压 U_C 的关系。

（3）简要比较 3 dB 耦合型电调衰减器和 3 dB 耦合型移相器两种电路的基本工作原理、各元件作用及应提供二极管的偏置条件。

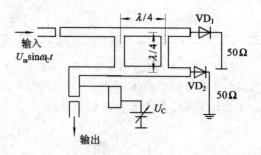

图 7 - 28　3 dB 定向耦合型电调衰减器

7 - 4　某开关用来将连续波变为高频脉冲波（脉冲调制），若脉宽为 1 μs，重复周期为 10 μs，PIN 管工作于 50 Ω 传输线中，其 $R_f = 0.5$ Ω，$U_B = 1000$ V，$P_{dmax} = 0.5$ W，若要使输出的脉冲功率最大，应选用串联型开关还是并联型开关(不考虑 PIN 管的封装参量，并只讨论正向模工作状态)？并画出输出信号的波形。

7 - 5　已知某 PIN 管 $R_f \approx R_r = 1\ \Omega$，结电容 $C_j = 0.1$ pF，$L_S = 0.5$ nH，$C_P = 0.5$ pF。若要构成工作于 5 GHz 频率的并联型正向模谐振式开关，求外加串、并联电抗的值。

7 - 6　某 PIN 管调相器的示意图如图 7 - 29 所示，已知工作波长 $\lambda = 3$ cm，波导波长 $\lambda_g = 4$ cm。

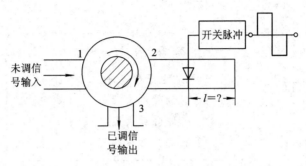

图 7 - 29　PIN 管调相器

(1) 简述 0、π 调相器的工作原理；

(2) 构成 0、π 调相器时，l 值为多少？

第 8 章　微波电真空器件

```
───── 本 章 内 容 ─────
微波电子管基础
速调管放大器
行波管放大器
多腔磁控管振荡器
```

随着无线电技术的发展，半导体逐步取代了电子管设备。因为从体积、重量、电能的消耗和可靠性等方面来看，半导体均优于电子管，但是，在高功率、高增益方面仍然是电子管处于遥遥领先的地位。因此作为大功率的超高频电视发送设备、宇宙通信设备和雷达设备等，不得不采用微波电真空器件。

按电子运动和换能的特点，微波电真空器件分为两大类：一类是电子运动的轨迹是直线型的，称为"线性注微波管（O 型管）"，速调管和行波管属此类。另一类电子运动轨迹不是直线，且必须有直流磁场，直流磁场和直流电场方向相互垂直，故称为"正交场微波管（M 型管）"，如磁控管、正交场放大管等。

本章主要介绍速调管、行波管和磁控管的基本结构、工作原理和特性等。

8.1　微波电子管基础

电子在电场和磁场中的运动规律是研究任何电子管的基本出发点。电子与电场的相互作用和能量转换又是研究微波电子管工作原理的重要基础。我们以考察电子的个体运动为基础来研究电子的运动状态和电子与场的相互作用。根据电子动力学理论，得到电子在电场和磁场中的基本运动方程为

$$m\frac{\mathrm{d}\boldsymbol{v}}{\mathrm{d}t}=-e\boldsymbol{E} \tag{8-1}$$

$$m\frac{\mathrm{d}\boldsymbol{v}}{\mathrm{d}t}=-e\boldsymbol{v}\times\boldsymbol{B} \tag{8-2}$$

当空间同时存在电场和磁场时，可得

$$m\frac{\mathrm{d}\boldsymbol{v}}{\mathrm{d}t}=-e(\boldsymbol{E}+\boldsymbol{v}\times\boldsymbol{B}) \tag{8-3}$$

真空二极管是最简单的电子管，但其中的电子运动规律和现象是我们研究各种电子管的基础。对直流而言，微波电子管也是一个二极管。因此，本节将以二极管为主，讨论电子

和电场的相互作用原理。

8.1.1　静态控制真空管的工作原理

1. 真空二极管

真空管是用金属、玻璃、陶瓷等材料密封在真空管壳中的电子器件。抽真空的目的是为保护管子的灯丝和阴极，并防止发生电击穿。

一般真空管至少有两个电极——阴极和阳极。阴极是用来产生电子的，大多数情况下采用把阴极加热的方法来使其发射电子；阳极是用来接受电子的，通常加一定的正压。如果管内仅有一个阴极和一个阳极，这就是二极管，如图 8 - 1(a)所示，在线路图中常采用图 8 - 1(b)所示的符号来表示。

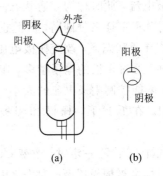

图 8 - 1　二极管的结构和符号
(a) 结构；(b) 符号

在二极管中，阴极经过灯丝加热后，向空间发射电子。当阳极加正电压时，电子在电场力的作用下向阳极运动，并打上阳极，这样就产生阳极电流 i_a，若改变阳极电压 U_a，则阳极电流也随之变化。当阳极对阴极加负电压时，空间电场将阻止电子向阳极运动，没有电子流向阳极，外电路的电流为零，二极管截止。这说明真空二极管与半导体 PN 结一样，具有单向导电的特性。其特性曲线如图 8 - 2 所示，它大致分为三段：起始部分、上升部分和平坦部分。从理论上可以证明，在空间电荷的限制下(特性曲线的上升部分)，二极管的阳极电流和电压之间服从 3/2 次方的关系，即

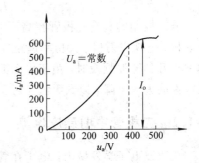

图 8 - 2　二极管特性曲线

$$I_a = P U_a^{3/2} \tag{8 - 4}$$

这就是二极管的 3/2 次方定律。式中 P 称为导流系数，与阴极的材料和几何形状有关，它的单位为朴($A/V^{3/2}$)，常用的范围为 $0.5 \sim 2\ \mu P$。

2. 真空三极管的特性

如果在二极管的两个电极之间加入第三个电极，便构成了三极管。第三个电极通常制成栅栏状，因此叫栅极或控制栅极，它可以通过电子。图 8 - 3(a)为三极管的结构，图 8 - 3(b)是它的符号。通常栅极用字母 g 表示。

由上面的讨论可知，二极管工作在空间电荷限制的情况下，可以实现阳极电压对阳极电流的灵敏控制作用。在三极管中，由于在靠近阳极处设置了

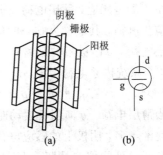

图 8 - 3　三极管的结构及符号
(a) 结构；(b) 符号

一个栅极，于是阳极表面的电场由阳极电压 U_a 和栅极电压 U_g 共同决定。如果栅极和阳极之间的电场是加速电场，就会使电子向栅极运动，并穿过栅极打到阳极，形成三极管的阳极电流。

一般作放大用的三极管，其栅极上加一负压 U_g，阳极加正电压 U_a，且使 $U_a > |U_g|$。阳极电压透过栅极在栅极和阴极之间形成加速电场，而栅极电压在栅极和阴极之间产生减速电场。如果两个电场在栅极和阴极之间的合成电场为加速场，就会使电子穿过栅极，形成阳极电流，此时称为导通状态。如果栅压很小，使栅极和阴极之间的合成电场为减速电场，则电子不会飞过栅网，因此也就没有阳极电流，这种情况称为截止状态。

在导通状态下，改变栅极电压的大小，就改变了栅极和阴极之间合成电场的大小。电场越强，通过栅极的电子越多，阳极电流就越大；反之，电流变小。因此，利用栅极的控制电压，就能控制阳极电流的大小。它与场效应管的控制栅的作用一样，只是控制的机理不同而已。在低频下，栅极和阴极之间的电场可看成是静电场，故称为静态控制的真空管。

同样，当 U_g 一定时，改变 U_a 也可以控制阳极电流的大小，但由于阳极离阴极较远，阳极电场又被栅极屏蔽一部分，因此阳极对阳极电流的控制作用远没有栅极灵敏。

阳极电压在栅极与阴极之间产生的电场，可以用一个加到栅极上的正电压 DU_a 等效（$D \ll 1$）。D 称为三极管的阳极渗透系数。根据 3/2 次方定律，阳极电流为

$$I_a = P(U_g + DU_a)^{3/2} \tag{8-5}$$

静态控制的真空三极管在高频大功率方面有明显优势，如目前的长、中、短波广播发射机、电视发射机、大功率远距离通信、导航发射设备，都应用大功率真空电子管。但当频率上升到微波频段时，由于电子渡越效应和由极间电容、引线电感引起的电抗效应，使其电性能大大下降，以致无法正常工作。

8.1.2 二极管中的感应电流

在微波电子学领域内，电子在管内的运动与在管外线路中流通的电流之间的关系，在一定程度上来说是现代微波电子管理论的重要基础。下面我们以平行板二极管为例，分析电子从阴极向阳极运动过程中外电路电流的变化情况。

把平板二极管的外电路短接。设有一厚度为 d_x 的薄层电荷 $-q$ 自阴极向阳极运动，如图 8-4 所示。

由于静电感应，薄层电荷 $-q$ 分别在阴极和阳极上感应正电荷，其电量为 q_K 和 q_A。感应电荷的多少与薄层电荷 $-q$ 距极板的距离有关，根据电荷守恒原理，整个系统内总电荷为零，即

$$q_K + q_A - q = 0 \tag{8-6}$$

当薄层电荷 $-q$ 向阳极运动时，阳极上的感应电荷就逐渐增多，阴极上的感应电荷则减少。它相当于正电荷通过外导线自阴极向阳极运动，正电荷运动的方向就是电流运动的方向。这种由于感应电荷的

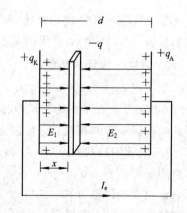

图 8-4 薄层电荷运动引起感应电流

重新分配而引起的电流称为感应电流，感应电流的大小等于电极上感应电荷的变化率。

当薄层电荷 $-q$ 到达阳极时，感应的正电荷全部集中在阳极上，并与负电荷中和，极板上再也没有电荷的变化。因此，外电路中的电流也就终止。

以上分析说明，只有电子在极间飞行时，外电路才有电流。电子打上阳极并不是电流的开始，而恰恰是电流的终止。外电路中电流的大小，不仅决定电子数的多少，而且还与电子的飞行速度有关。

下面我们来定量研究当薄层电荷在管内运动时，外电路所产生的感应电流的大小。

为简单起见，仍认为二极管的阳极和阴极之间是短接的，电极间只有一薄层电荷 $-q$ 以 v 的速度在向阳极运动(见图 8 - 4)。设电荷层距离阴极为 x，其厚度为 d_x，面积为 S，且 $d_x \ll d$(d 为电极间距离)，利用高斯定律可以求得薄层电荷两边的电场强度 E_1 和 E_2 为

$$E_1 = \frac{q_K}{\varepsilon_0 S}, \quad E_2 = \frac{q_A}{\varepsilon_0 S} \tag{8-7}$$

式中：ε_0 为真空介电常数，S 为极板面积。

考虑到两极间的电压为零，由基尔霍夫定律得

$$E_1 x + E_2 (d - x) = 0 \tag{8-8}$$

联立求解式(8 - 6)、式(8 - 7)和式(8 - 8)就可以求得某一瞬时阴极上的感应电荷为

$$q_K = q \frac{d - x}{d} \tag{8-9}$$

阳极上的感应电荷为

$$q_A = q \frac{x}{d} \tag{8-10}$$

由于外电路中的感应电流等于电极上电荷的变化率。因此

$$I_e = \frac{dq_A}{dt} = -\frac{dq_K}{dt} = \frac{qv}{d} \tag{8-11}$$

当速度 v 为常数时，外电路感应电流的波形如图 8 - 5 所示。

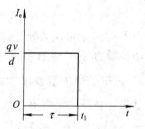

图 8 - 5　感应电流波形

在阴极连续发射状态下，二极管中总的感应电流是许多三角波的叠加。总电流等于电子感应电流的平均值之和。

8.1.3　电子流与电场的能量交换原理

从能量关系来看，任何电子放大器或振荡器都是通过运动的电子为媒介，把直流电源的能量转换为高频振荡的能量。下面我们讨论这种能量转换的基本原理。

1. 电子在加速电场中运动时从电源获得能量

图 8 - 6(a)、(b)表示平板电极构成的间隙。两个电极是网状结构，可以让电子穿过，但不会截获电子。

外加直流电压 U_0 在间隙内建立电场 E(见图 8 - 6(a))。电子以 v_0 的速度进入间隙，在间隙内受电场力而加速。因此，电子飞出间隙时，速度增加到 v_1，根据能量关系，电子增加

的动能为

$$\Delta W = \frac{1}{2}mv_1^2 - \frac{1}{2}mv_0^2 \qquad (8-12)$$

电子动能的增加是电场对它做功的结果。电场做功消耗自身的电能。这部分电能来自外部直流电源 U_0。因为电子在间隙内运动时，外电路产生感应电流，电流方向与外加电源电压方向一致，构成外部直流电源的放电电流。这部分能量转换为电子的动能。

2. 电子在减速场中运动时把动能转换为电能

若在电极上加直流负压（见图 8-6(b)），电子以 v_0 的速度进入间隙，在负电压所建立的减速场作用下，电子飞出间隙时的速度为 v_1，且 $v_1 < v_0$，电子失去的动能为

$$\Delta W = \frac{1}{2}mv_0^2 - \frac{1}{2}mv_1^2 \qquad (8-13)$$

这时外电路中的感应电流的方向与外加直流电源电压的方向相反，形成对电源的充电电流，于是电源能量增加，所增加的能量等于电子失去的动能。

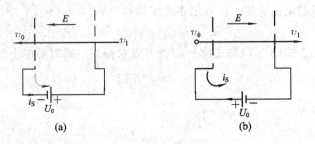

图 8-6　运动电子通过直流电场
(a) 在电极上加直流电压；(b) 在电极上加直流负压

由上述讨论可见，处于加速场中的运动电子从电场获得能量，电子动能增加；处于减速场中的运动电子把动能转换给电场。这种能量转换的机理是微波电子管工作的基础。

3. 电子管中能量交换的必要条件

如果在图 8-6 所示平板电极的间隙上加正弦交流电压，则间隙内的电场也是交变的。当电子不同时刻穿过间隙时，就会遇到大小和方向不同的电场作用。电子在交变电压正半周通过时，受到电场力而加速，电子动能增加，电场能量减少；在负半周通过时，电子被减速，动能减少，电场能量增加。只要控制电子流，使大部分电子在减速场的期间通过，则在交变电场一周内，电子将交出能量。经过对三极管内电子流与电场进行能量交换放大信号的物理过程的分析，对于所有利用电子交换能量而放大交变信号的电子器件，都必须具有以下三个最基本的工作过程：

(1) 电子被直流电场加速，获得必需的动能。

(2) 运动的电子必须被所要求放大的信号控制，最后形成随信号频率变化的不均匀的电子流。

(3) 大多数的电子（密度大的电子）在高频减速场内运动，将能量交给高频场。

这三个过程缺一不可，因此也是各种电子管中交换能量的必要条件。在不同的电子管中，这几个过程可以分别或同时进行。控制电子运动的不同方式，可以形成静态控制的电子管（低频管）和动态控制的电子管（微波电子管）。

8.2　速调管放大器

速调管是一种应用很广泛的、采用动态控制的微波电子管。它可用作功率放大器，也可用作倍频器和振荡器。因为它的工作原理是基于电子束"速度调制"的，所以称之为速调管。速调管可分为二腔、三腔、四腔、……直至七腔等多种形式。由于它们的工作原理基本相同，因此，下面以双腔速调管为例进行分析。

8.2.1　双腔速调管放大器

1. 双腔速调管的结构

图 8－7 是双腔速调管放大器的原理图，它由以下五部分组成：

（1）电子枪：用来产生具有一定速度和密度均匀的电子注。

（2）输入谐振腔：输入微波信号通过耦合装置进入输入谐振腔，在高频隙缝上激励起高频电场，对电子进行速度调制。

（3）漂移空间：此空间不存在任何外加电场，是个等位空间，速度不均匀的电子流在此空间作惯性运动，形成群聚电子流。

（4）输出谐振腔：密度不均匀的电子流与高频场在间隙内进行能量交换，放大后的微波信号经耦合装置输出。

（5）收集极：它的作用是收集交换能量后的电子，构成直流通路。

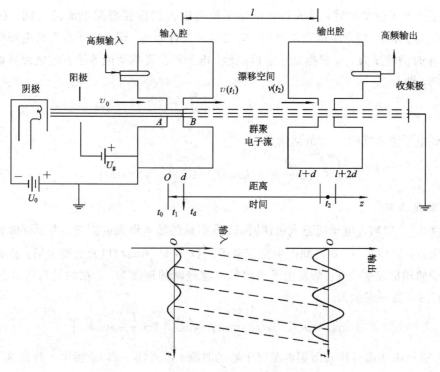

图 8－7　双腔速调管放大器的原理图

2. 双腔速调管的放大原理

从阴极发射出来的电子受到直流电场的加速，在电子枪出口处形成均匀的直射电子束（电子流密度是均匀的，且所有的电子速度相同）。当它进入输入腔后，受到输入腔隙缝处高频电场的作用。在高频信号正半周时，穿过的电子加速；在负半周时，穿过的电子减速，因而在输入腔隙缝出口处电子的速度就不再是均匀的了。电子的这种速度变化称为"速度调制"。但是这时电子流密度仍是均匀的。

从输入腔隙缝出来的电子束，进入无电场的漂移空间后，由于电子的速度不等，于是在漂移过程中逐渐产生群聚，电子束就变得有疏有密。这就是说，电子流由受到的速度调制变成了"密度调制"。这样，电子流中便含有丰富的各种谐波成分了。所以这种变化有时又称为"电流调制"。

群聚的电子流通过输出腔时，就会在输出腔中激励起高频感应电流。如果谐振腔与电子流中的某次谐波调谐，谐振腔的隙缝处就会建立起该频率的高频电场。它反过来又将作用于电子束。由于电子流的密集部分是在感应场的负半周穿过隙缝，因而减速。其余稀疏的电子虽在正半周穿过隙缝而加速，但总的来说，电子流失去的能量将大于获得的能量。两者之差就是转换为高频场的能量，大部分能量将通过输出耦合装置而被传输出去。这样就完成了微波信号的放大。

最后，电子到达收集极，将剩余能量转化为热能。

下面我们来定量分析双腔速调管的放大原理。

1）电子从直流电场获得能量

电子从电子枪发出后，首先进入由电子枪和输入谐振腔缝隙组成的空间。在这空间中，有直流电压 U_0 所产生的直流电场，它对电子进行加速。假设电子在直流电场作用下到达栅网 A 时的速度为 v_0，根据能量守恒原理，电子所获得的动能等于直流电源对加速电子所做的功，即

$$\frac{1}{2}mv_0^2 = eU_0$$

由此得到电子进入栅网 A 时的速度为

$$v_0 = \sqrt{\frac{2eU_0}{m}} = 0.583 \times 10^6 \sqrt{U_0} \quad \text{(m/s)} \qquad (8-14)$$

2）速度调制

速度为 v_0 的均匀电子流进入由栅网 A、B 组成的输入谐振腔隙缝。由于有微波信号输入到谐振腔，因而在 A、B 之间产生交变电压 $u_1(u_1 = U_1 \sin\omega t)$ 以及交变电场，从而使电子流内电子的动能发生变化。假定电子飞出第一隙缝时的速度为 v，在渡越角可以忽略的情况下，它的动能可表示为

$$\frac{1}{2}mv^2 = eU_0 + eU_1 \sin\omega t_1 = eU_0\left(1 + \frac{U_1}{U_0}\sin\omega t_1\right) \qquad (8-15)$$

式中：t_1 表示电子离开输入谐振腔隙缝中心的时刻，由式(8-15)求得电子速度为

$$v(t_1) = \sqrt{\frac{2eU_0}{m}}\left(1 + \frac{U_1}{U_0}\sin\omega t_1\right)^{1/2}$$

通常，交变电压幅度 $U_1 \ll U_0$，令 $\zeta_1 = \dfrac{U_1}{U_2}$，$v_0 = \sqrt{\dfrac{2eU_0}{m}}$，将上式展开为级数，并取前两项，则电子离开第一隙缝时的速度近似为

$$v(t_1) \approx \left(1 + \frac{1}{2}\zeta_1 \sin\omega t_1\right) \tag{8-16}$$

式(8-16)表明，由于受到隙缝内高频电场的作用，使得不同时刻以 v_0 速度进入第一隙缝的电子飞出隙缝时的速度不同。有的被加速，使得 $v > v_0$；有的被减速，使得 $v < v_0$，这种情况称为速度调制。

由于在交变电场正、负半周通过的电子数相等，因此，电子流从交变电场获得的能量等于它交出的能量，总的结果是均匀电子流和交变电场之间没有能量交换。

3）密度调制

电子一旦离开输入腔，即以式(8-16)所表示的速度在两个腔体间的无场空间(漂移空间)漂移。速度调制效应使电子注产生群聚或电流调制。在 $u_1 = 0$ 时通过输入腔的电子以不变的速度 v_0 行进，并成为群聚中心。在输入微波电压的正半周通过输入腔的电子行进得比在 $u_1 = 0$ 时通过隙缝的快些，而在微波电压 u_1 的负半周通过输入腔的电子则慢些。在沿着电子注路径离开输入腔为 l 的距离上，漂移后密集起来的电子注便形成一群一群的，如图 8-8 所示。这表明电子流不再是均匀的，形成了周期性分布的电子群。由图可见，在交变电压的每个周期内出现一个电子群，它们分别以 $\dfrac{T}{2}$、$\dfrac{3T}{2}$、$\dfrac{5T}{2}$、…时刻离开输入谐振腔隙缝的电子为中心聚集在一起。这说明电子流已由速度调制产生了密度调制。

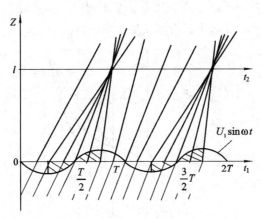

图 8-8 电子在漂移空间运动的空间时间图

为了达到最大程度的群聚，输入腔和输出腔间的距离 l 应取多大呢？设电子到达输出腔隙缝中心的时刻为 t_2。由于漂移区无电场，由图 8-8 可见，一个电子行进 l 距离的渡越时间为

$$\tau = t_2 - t_1 = \frac{l}{v(t_1)} = \frac{l}{v_0\left(1 + \dfrac{1}{2}\zeta_1 \sin\omega t_1\right)}$$

因为 $\zeta_1 \ll 1$，上式可展为级数，并取前两项，得

$$\tau \approx \frac{l}{v_0}\left(1 - \frac{1}{2}\zeta_1\ \sin\omega t_1\right) = \frac{l}{v_0} - \frac{l\zeta_1}{2v_0}\sin\omega t_1 \tag{8-17}$$

以弧度表示，上式可写成

$$\omega\tau = \omega t_2 - \omega t_1 = \theta_0 - X\ \sin\omega t_1 \tag{8-18}$$

或写成

$$\omega t_2 - \theta_0 = \omega t_1 - X\ \sin\omega t_1 \tag{8-19}$$

式中：$\theta_0 = \dfrac{\omega l}{v_0} = 2\pi N$，是腔体间的直流渡越角，而 N 为电子在漂移空间的渡越周数。

定义速调管群聚参量为

$$X = \frac{1}{2}\theta_0\zeta_1 \tag{8-20}$$

群聚参量反映了漂移空间的长度、输入腔隙缝的直流渡越角和输入信号的幅值等因素对群聚的影响。

式(8-19)称为双腔速调管的相位方程。它表示在 ωt_1 这个时刻相位上离开输入腔间隙中心的电子，经过漂移空间后，到达输出腔间隙中心的时间相位为 ωt_2。

图 8-9 所示的曲线表示输出腔的相位与输入腔的相位在不同群聚参量 x 下的关系。从图中可以清楚地看出群聚参量 x 对电子流群聚的影响。当 $x=0$ 时，电子流不发生群聚；当 $x<1$ 时，是一条通过原点的曲线，这时已有电子群聚现象发生，在 $\omega t_1=0$ 附近，曲线比较平坦，此处是群聚中心的相位；当 $x=1$ 时，曲线在原点与横轴相切，说明不同时刻离开输入腔隙缝的电子，在同一瞬时到达输出腔隙缝的同一地点；当 $x>1$ 时，曲线有三点与横轴相交，同一个 ωt_2 对应三个 ωt_1，这表明有三个不同时刻离开输入腔隙缝的电子在同一时刻到达输出腔隙缝，这意味着电子流内部发生了电子"超越现象"。

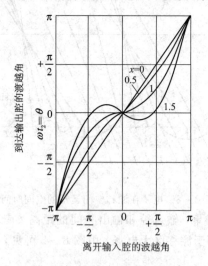

图 8-9　群聚参量 x 对电子群聚的影响

在输入腔隙缝处，于时间间隔 Δt_1 内通过的电荷为

$$\mathrm{d}Q_1 = I_0\mathrm{d}t_1 \tag{8-21}$$

式中：I_0 为直流电流(即通过输入腔隙缝的均匀电子流)。根据电荷守恒原理，将有相同数量的电荷在稍后些的时间间隔 Δt_2 内通过输出腔，因此有

$$I_0 \mid \mathrm{d}t_1 \mid = i_2 \mid \mathrm{d}t_2 \mid \tag{8-22}$$

因时间比为负时表示负电流，故在式中必须取绝对值。i_2 是输出腔间隙处的电流。

将式(8-19)对 t_1 求微分，结果为

$$\mathrm{d}t_2 = \mathrm{d}t_1(1 - X\cos\omega t_1) \tag{8-23}$$

到达输出腔的电流则可表示为

$$i_2 = I_0 \frac{\mathrm{d}t_1}{\mathrm{d}t_2} = \frac{I_0}{\mid 1 - X\cos\omega t_1 \mid} \tag{8-24}$$

式(8-24)将 i_2 表示成 t_1 的函数，但我们要求的是输出腔隙缝电流和电子到达输出腔隙缝中心的时间 t_2 的关系，即 $i_2 = f(t_2)$，因而应在上式中将 t_1 用 t_2 的函数代入，才能表达 i_2-t_2 的变化规律。然而这是一个超越函数关系，不能用简单的解析式表示。但上式仍表明，i_2 是一个非正弦的周期性函数，以 x 为参数画成的曲线如图 8-10 所示。由图可知，受到速度调制的电子流经过一段漂移空间后，变为群聚的电子流。其波形取决于群聚参量 X，且均为周期性的偶函数，因此可将 i_2 展开为傅里叶级数：

$$i_2(t_2) = I_0 + \sum_{n=1}^{\infty} 2I_0 J_n(nX)\cos[n(\omega t_2 - \theta_0)] \tag{8-25}$$

由式(8-25)可见，到达输出腔隙缝的群聚电子流由直流 I_0 和交流分量两部分组成，第 n 次谐波的幅值为

$$2I_0 J_n(nX) \qquad n = 1,2,3,\cdots$$

式中：$J_n(nX)$ 是第一类 n 阶贝塞尔函数。

输出腔处电子注电流的基波分量幅值为

$$I_1 = 2I_0 J_1(x) \tag{8-26}$$

当 $X=1.841$ 时基波分量具有最大幅值，此 X 值称为最佳群聚参量。这时基波分量的值为

$$I_1 = 2I_0 J_1(1.841) = 1.16I_0 \tag{8-27}$$

由式(8-27)即可求得最大基波分量下的最佳距离 l_{op}。

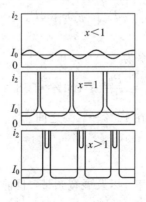

图 8-10　通过输出谐振腔隙缝的电子流

4) 能量交换

群聚的电子流 $i_2(t)$ 通过输出腔隙缝时，在输出腔内壁上产生的感应电流为

$$i_H = \sum_{n=1}^{\infty} M_2 2I_0 J_n(nX)\cos[n(\omega t_2 - \theta_0)] \tag{8-28}$$

感应电流的波形和群聚电子流的波形相同，其基波分量的幅值等于群聚电子流的基波

幅值。感应电压 U_2 的正半周在隙缝上所建立的电场(见图 8-11(a))对群聚电子流来说是减速场,当群聚电子流在减速场中通过时,其动能便转变成输出腔的高频场能量,通过输出装置就将高频能量传送到负载上。当输出腔调谐在输入频率时,则回路阻抗对感应电流基波呈现纯电阻 R,感应电流流经 R 时,在电阻 R 上建立的电压 U_2 和 i_{H1} 具有相同的相位,如图 8-11(e)所示。

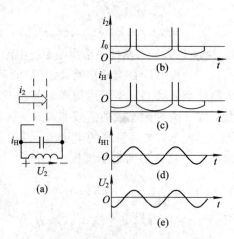

图 8-11　群聚电子流在输出腔内产生的感应电流和电压
(a) 感应电流;(b) 群聚电子流;(c) 输出腔内壁产生的感应电流;
(d) 感应电流的基波分量;(e) 感应电压

群聚电子流交给输出腔的输出功率为

$$P_{\text{out}} = \frac{1}{2} I_{H1} U_2 \approx \frac{1}{2} I_1 U_2 \tag{8-29}$$

为保证放大器正常工作,U_2 最大不能超过 U_0,否则电子将返回漂移空间。设 $U_{2\max} = U_0$,而 $I_1 = 1.16 I_0$,所以输出的最大功率为

$$P_{\max} = 0.582 P_0 \tag{8-30}$$

式中:P_0 为电源供给功率。

因此,速调管的最大电子效率为

$$\eta_e = \frac{P_{\text{out}}}{P_0} \times 100\% = 58.2\% \tag{8-31}$$

实际上速调管放大器的电子效率在 15%~30% 之间。

8.2.2　多腔速调管放大器

为了提高速调管的增益和效率,以及展宽频带,目前广泛使用的是在双腔速调管基础上发展起来的多腔速调管。

所谓多腔速调管,就是在输入和输出谐振腔之间加入一个或几个辅助谐振腔,利用它们对电子流多次的速度调制,使电子流群聚得更好。这样就增加了基波分量电流,从而提高了输出功率和效率。目前已有六腔和七腔的速调管,增益可达 60~70 dB。下面以三腔速调管为例来说明利用辅助腔改善群聚的原理。

图 8-12 表示三腔速调管的结构图。其工作原理可以简述如下:均匀电子流通过输入

腔隙缝时，受到输入腔高频电压的速度调制，经过第一个漂移空间后，形成初步群聚的电子流。这个电子流进入中间腔的隙缝，便在腔中激励起感应电流 i_H，并且在隙缝上建立起高频电压 U_2。这个电压远大于输入腔的信号电压，只要相位关系恰当，这个电压对电子流进行进一步的速度调制，就能使电子流在通过第二漂移空间后群聚得更加完善。

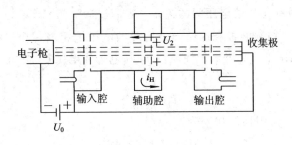

图 8 - 12　三腔速调管结构示意图

　　电子流群聚得更好的事实，可用图 8 - 13 来说明。均匀的电子流通过输入腔隙缝后，在交变电压由负最大值上升到正最大值的半周内到达的电子，即电子 1 和 3 之间的电子，将以电子 2 为中心群聚起来，另一个半周内电子不参加群聚。当这个电子流通过中间腔隙缝时，则在中间腔内产生的感应电流的基波 i_{H1} 和群聚电子流基波具有相同的相位。如果中间腔调谐于输入信号频率，则中间腔的等效阻抗为纯阻，感应电流与所建立的减速场电压正好同相；如果中间腔调谐到高于输入信号频率一边，即中间腔呈感性失谐，隙缝上建立的电压 u_2 将超前 i_{H1} 一定的相位，如图 8 - 13 所示。由图可见，这时候，不仅电子 1 和 3 之间的电子仍旧处在被群聚的有利相位，而且原来没有被群聚的不利电子，如图中所示的电子 4 和 5，也落到了被群聚的范围内，转化成为有利的电子，使电子流的群聚进一步得到加强。

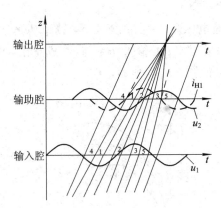

图 8 - 13　三腔速调管电子群聚的原理图

　　实际上，中间腔的偏谐一方面可以使电子流群聚形成较为有利的相位；另一方面又会使感应电流所建立的感应电压幅值降低，不利于对电子流进行速度调制。因此，只有在某一偏谐值时，才能获得最佳群聚。在实际应用中，中间腔的偏谐并不是靠计算结果来决定，而是在调试中获得最大输出功率来调整决定的。

　　多腔速调管放大器的主要特点是增益高、功率大，在微波管中首屈一指，效率也很高。

它主要用于大功率雷达、宇宙通信及超高频电视发射机中作为末级功率放大器。目前多腔速调管放大器的脉冲功率可高达 100 兆瓦，平均功率也可高达数千瓦。

8.2.3　速调管放大器的工作特性

1. 输出功率、效率与加速电压间的关系

由阴极、聚焦极、控制栅极和加速阳极构成的电子枪相当一个二极管，并且总是工作在空间电荷限制的情况下，所以电子注电流 I_0 和电子注电压 U_0 之间的关系服从 3/2 次方定律，即

$$I_0 = PU^{3/2} \tag{8-32}$$

若速调管的总效率为 η，则输出功率为

$$P_{out} = \eta I_0 U_0 = \eta P U_0^{5/2} \tag{8-33}$$

因为 η 也和电子注的加速电压有关，所以输出功率与 U_0 的关系一般如图 8-14 所示。速调管适宜的工作区域应选择在图中打斜线的区域。

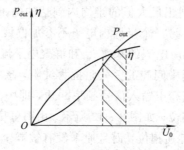

图 8-14　输出功率和效率与电子枪加速电压的关系

2. 功率放大特性(转移特性)

功率放大特性是在加速电压 U_0 一定的情况下，输出功率 P_{out} 与输入功率 P_{in} 之间的关系。由于输出功率与 $J_1^2(x)$ 成正比，而输入功率与 x^2 成正比，因此 $J_1^2(x) - x^2$ 就代表了输出功率与输入功率的关系，如图 8-15 所示。

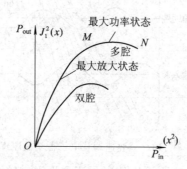

图 8-15　多腔速调管的功率放大特性

在小信号状态下，多腔速调管放大器比双腔速调管放大器具有较高的放大倍数。当 P_{in} 增加到最佳群聚时，即进入最大功率状态。此后由于过度群聚，输出功率开始下降，出现饱和区域。因此，速调管放大器具有如下两种工作状态：

(1) 小信号最大增益的线性工作状态(图中 *OM* 段)。

(2) 大信号最大功率输出的非线性工作状态(图中 *MN* 段)。

如果要放大的是调频波、调相波或矩形脉冲调制信号,那么选择在接近饱和区工作是比较合适的。这里不仅效率高,输出功率大,而且可减小输入信号寄生调制的影响。如果放大的是调幅波,则应选择在线性区域工作,以求得最小的非线性失真。

3. 频率特性和工作频带

(1) 幅频特性。它表示在输入功率一定的条件下,输出功率与频率之间的关系。由于采用高品质因素的谐振腔,速调管放大器的通频带总是很窄的,大约只有 1%~3%。图 8-16 示出了速调管放大器的幅频特性曲线,在工作频带内除存在一定的增益斜率外,还存在增益起伏,1 dB 时的工作频带大约为 60 MHz。

(2) 相频特性。假若电子束由输入腔飞到输出腔的时间为 r,则滞后的相角为 ωr。显然,信号频率不同,滞后的相角也不相同。同时,当输出腔失谐时,不同频率引起的相移也是不同的,这就使得相位和频率之间不成直线关系。图 8-17 示出了速调管放大器的相频特性曲线。从图中可见,在中心频率附近相位随频率的变化较小,而在通频带边缘处相位随频率的变化则是非常大的。

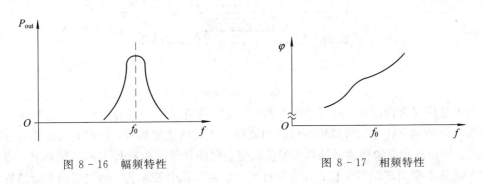

图 8-16 幅频特性   图 8-17 相频特性

4. 应用

用于 10 cm 波段的外腔式反射速调管,其谐振腔装在玻壳的外部,可以拆卸,所以叫做外腔式反射速调管。谐振腔的栅网在玻壳内,分别引出两个螺母拧在环形引线上,和栅网一起构成完整的谐振腔。谐振腔内有调谐螺钉,用于调节谐振频率;同时设有耦合环,用于输出功率。反射极在玻壳的顶部引出。阴极、灯丝和加速极引线从管座底部引出。

用于 3 cm 波段的金属反射速调管,其谐振腔很小,装在金属壳内部,所以叫做内腔式反射速调管。在谐振腔内有一耦合环,通过一段同轴线伸出到管壳的外部,可以插到波导或同轴线中,输出微波功率。由于这种反射速调管的工作频率高,谐振腔尺寸很小,只需微小地改变其尺寸就可以使振荡频率有较大的变化,因此采用了一种特殊的微调机构进行调谐。它用两个弯成弧形的弹簧片合在一起,簧片的下部固定在管壳上,上端与谐振腔的弹性薄膜壁相连,簧片中部加有螺丝,可以调节两个簧片之间的距离,因而使簧片伸长和缩短,其上端带动谐振腔的薄膜壁,使谐振腔变形,改变谐振频率。

必须注意的是,在改变谐振腔谐振频率的同时,应相应地改变反射极电压,以保证满足振荡的相位条件。

8.3 行波管放大器

速调管放大器的主要缺点是频带窄，噪声大。这是因为速调管采用高 Q 谐振腔，其原理是利用电子流通过谐振腔和驻波场交换能量。而行波管取消了谐振腔，利用电子流和行波电场同时行进，在较长距离上保持一定的相位关系，完成能量交换，因而可以得到很宽的频带。

8.3.1 行波管放大器的结构

行波管结构示意图如图 8-18 所示。其主要组成部分有电子枪（包括阴极、加速极）、高频结构（包括慢波系统和高频输入、输出装置）、收集极和聚焦磁场。

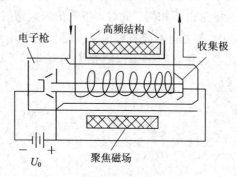

图 8-18 行波管结构示意图

慢波系统又称慢波线，是高频传输系统，是行波管的核心部分。为了使高频场和电子流能够有效地相互作用，高频场的行进相速和电子流的速度相近，故高频场的相速应远比光速小，所以这种高频传输系统称为慢波系统。它的具体结构有许多种不同形式，通常小功率行波管中常用螺旋线结构；大功率行波管中常用耦合腔结构；而中等功率行波管中则经常用螺旋变态结构。下面以螺旋线慢波系统为例，说明螺旋线为什么能减慢电磁波传播的相速。

众所周知，电磁波沿导线是以光速传播的。现在将导线绕成螺旋形，使电磁波走了许多弯路，沿着导线一圈又一圈地前进。结果，从轴向来看，电磁波传播的速度就减慢了。螺旋线中相速与光速的关系取决于螺旋线一圈的长度和其螺距之比。如令 D 表示螺旋线的平均直径，d 表示螺距，则由图 8-19 得到

$$\frac{v_p}{c} = \frac{d}{\sqrt{(\pi D)^2 + d^2}} \qquad (8-34)$$

通常，$d \ll D$，所以式（8-34）可近似为

$$v_p \approx c \frac{d}{\pi D} \qquad (8-35)$$

式中：v_p 是行波相速，c 是光速。因为 $d \ll \pi D$，所以 $v_p \ll c$。我们将 c/v_p 定义为慢波比，其值取决于慢波结构的尺寸与工作频率。式（8-35）表示了电

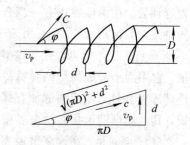

图 8-19 螺旋线中相速和光速的关系

磁波传输减慢的程度。严格的理论分析表明，螺旋线中波的相速和频率的关系如图 8 - 20
所示。

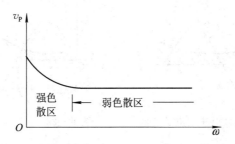

图 8 - 20　螺旋线中波的相速与频率的关系

8.3.2　行波管放大器的工作原理

　　向行波管输入的高频信号经过慢波系统而得到放大的过程，实际上就是高频电磁场从
电子注获得能量的转换过程。

　　我们知道，在慢波系统中建立的高频电磁
场是一个行波场，在电子流行进方向建立起的
轴向电场分布如图 8 - 21 所示。如果电子流内
各电子的行进速度与行波场的相速相同，即
$v_0 = v_p$，则在某一瞬时观察一下不同相位上的电
子受力情况，可以用图"1"、"2"、"3"点的电子
为例来进行说明。1 号电子处在高频场为零的相
位上，由于 $v_0 = v_p$，因而它就始终处于这个相对
位置上；2 号电子则处于高频场为加速场的相位
上，在运动中，它将受到高频电场作用而加速；
相反，3 号电子在运动过程中将受到高频场作用
而减速。这样，在电子运动过程中，将发生以 1

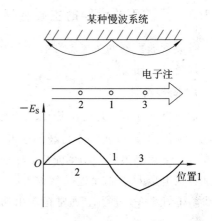

图 8 - 21　轴向电场分布图

号电子为群聚中心的群聚现象。2 号和 3 号电子将向 1 号电子靠拢，均匀电子流将变为不
均匀的电子流，即变为密度受到调制的电子流。

　　如果建立一个运动坐标系 z'，它的运动速度等于 v_p，则在此坐标系内观察到场分布是
一个恒定的分布。电子速度和行波场相位的不同关系可分为如下三种情况：

　　(1) $v_0 = v_p$ 时，1 号电子始终处于轴向电场由加速向减速过渡为零的相位上。2 号和 3
号电子均向 1 号电子靠拢，以 1 号电子为中心群聚，如图 8 - 22 所示。这时由于加速区和
减速区的电子数目相等，已调制的电子流与行波场之间没有净能量交换。

　　(2) $v_0 > v_p$，这里指 v_0 略大于 v_p，这时在运动坐标里观察，除上述以 1 号电子为中心
群聚外，还增加了一个相对运动，即全部电子均以 $v_0 - v_p$ 的相对速度在 $+z'$ 方向上运动，
使群聚中心移到高频减速场区域，如图 8 - 23 所示。这样就有较多的电子集中于高频减速
场，而较少的电子处于高频加速场。这时存在电子流与行波场的净能量交换，电子流把从
直流电源里获得的能量转换给高频场。

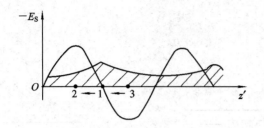

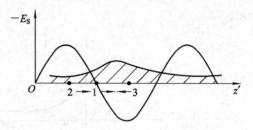

图 8-22 $v_0 = v_p$ 时行波管中的电子群聚   图 8-23 $v_0 > v_p$ 时行波管中的电子群聚

随着电子流和行波场的不断前进，行波场振幅不断增大，增长的行波场又进一步使电子流群聚，从而有利于能量的交换，因此高频场振幅将沿慢波线按指数规律增大。这就是行波管的放大原理。

（3） $v_0 < v_p$ 时，电子流将从高频场取得能量，使得电子的行进速度愈来愈快，这与上述情况恰好相反，但这正是行波型直线加速器的基础。

8.3.3 行波管放大器的主要特性

行波管放大器的主要特性有同步特性、功率增益、效率、工作频带和稳定性等，现分别予以简单介绍。

1. 同步特性

加速极电压 U_0 决定着飞入螺旋线的电子的运动速度。通过调整加速极电压 U_0，可以使电子注的速度 v_0 稍快于行波的速度 v_p，以使电子注能向高额电场进行充分的能量转换，使高频信号得到最大的功率输出。在一定的条件下，就有一个能够获得最大输出功率 P_{out} 的加速极电压 U_0，这个电压就称为同步电压。如果偏离了同步电压，则输出功率便会迅速减少，如图 8-24 所示。通常把输出功率或增益与加速极电压之间的关系称为同步特性。

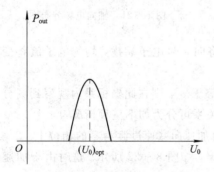

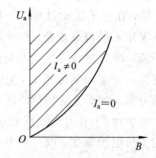

图 8-24 行波管的同步特性   图 8-25 行波管输出-输入特性曲线

2. 功率增益

行波管放大器的功率增益定义为输出功率与输入功率之比，增益曲线如图 8-25 所示，图中还画出了输出-输入特性曲线。

当输入信号较小时，输出功率与输入信号呈线性关系，行波管放大器的功率增益为常数，这种状态称为线性工作状态，或叫小信号工作状态；当输入功率增大到某一数值后，输出功率不再随输入信号的增大而增大，功率增益将下降出现饱和现象，此时对应最大输出功率的增益 G_{sat} 叫饱和增益。上述现象，可以从行波管的实际工作得到解释。当 U_0、I_0 给定后，行波管电子流所能给出的功率就确定了。当输入功率从较小逐渐增加时，输入信号电压对电子流的速度调制逐渐增加，使电子群聚作用愈来愈快，因而输出功率随输入信号的增大而增大。这是小信号时工作的情形。但随输出功率的增加，电子流交给高频场的能量增加，电子流速度愈来愈慢，因而密集电子群在减速场内的位置愈来愈滞后，能量交换逐渐地不能随输入信号增大而增大；电子流随输入信号的增大，已使电子流在较短的距离内群聚很强，在慢波线某位置上，电子流的速度已慢到和相速相等，电子群聚中心已退到高频场为零的位置，因而在此位置之后，能量交换停止；此外，由于空间电荷的互相排斥作用，电子群发生分裂，一部分电子落到加速区，一部分电子落到减速区，这样的电子流在行进过程中不再交出能量，这时再继续增大输入功率，只能缩短电子交出能量的过程，而不能增大输出功率，即达到饱和状态。

3. 效率

如前所述，电子流能够交出的能量只是 $v_0 - v_p$ 速度差相应的这一部分动能，即 $\frac{1}{2}m(v_0^2 - v_p^2)$。为了使电子注与行波场同步，电子注的速度只能略大于波的相速。而当电子注交出一定的能量，速度降低到和行波的相速相等（$v_0 = v_p$）时，能量交换就终止了。如图 8-26 所示。由于这个速度差的限制，电子流所能交出的能量是很有限的，它在离开慢波线时仍具有相当高的速度，最后打在收集极上，使收集极发热。所以电子效率可近似认为

$$\eta_e = \frac{\frac{1}{2}m(v_0^2 - v_p^2)}{\frac{1}{2}mv_0^2} = 1 - \left(\frac{v_0}{v_p}\right)^2 \tag{8-36}$$

因此，行波管的效率一般很低，大功率行波管的效率很少超过 30%。为了提高行波管的效率，可以采用两种方法：速度再同步法与收集极降压法，前者是为了提高转换效率，后者是为了降低消耗的直流功率。

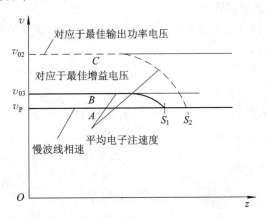

图 8-26　行波管中电子平均速度的变化

4. 工作频带

行波管增益随频率的变化是比较小的。因为螺旋线作慢波电路时，行波的相速取决于

慢波电路，而螺旋线又具有弱色散特性，因而行波的相速基本上与频率无关，所以行波管是个宽带器件。不过，频率范围仍是有限的，因为在频率很低或很高时，增益都要下降。图 8 - 27 所示的是某一行波管的增益频率特性。

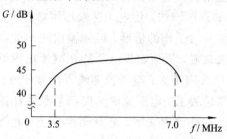

图 8 - 27　行波管的增益频率特性

5. 稳定性

有多种因素会使行波管产生自激，其中最常见的是由于输入端、输出端不匹配造成的。假如已放大的波在输出端被部分地反射，则反射波将沿着慢波系统向输入端传播。如果输入端匹配不好，就在输入端产生二次反射。如果二次反射波的功率大于输入信号功率，且相位合适，放大器就产生自激。为了消除这种现象，在制造行波管时，一般在慢波系统中引入衰减器，即在螺旋线的介质支撑杆上喷涂石墨层，为了使衰减器的两端匹配，石墨层的厚度是渐变的。另一种方式是将螺旋线在适当的位置切断，并在切断点附近喷涂石墨衰减层。这样做，高频电场虽然被很大衰减，但电子流并不受衰减的影响，因此不会使行波管的增益下降很多。

6. 噪声系数

当行波管作为低噪声放大器时，噪声系数是一项重要指标。行波管的噪声源包括两方面：一是由于电子发射不均匀产生的散弹噪声；二是由于电子打在其他电极（如加速极）或螺旋线上产生的电流分配噪声。

为了降低行波管的噪声，一方面应尽量设法改善电子流的聚焦；另一方面可以设计特殊的低噪声电子枪，降低散弹噪声。

为了较具体地了解行波管放大器的工作性能，下面列出了某卫星地面站发射机末前级行波管放大器的技术指标：

频率范围	$5.925 \sim 6.425$ GHz
饱和输出功率	20 W
增益（输入功率 1 mW 时）	45.8 dB
噪声系数	23 dB
螺旋线电压	3.28 kV
螺旋线电流	0.3 mA
第一阳极电压	2.87 kV
第一阳极电流	8 mA
收集极电压	1.9 kV
收集极电流	50 mA
聚焦极电压	-50 V

8.4　多腔磁控管振荡器

在前面介绍的速调管和行波管中，直流磁场与直流电场平行，它们仅用来聚焦电子注，电子是通过损失动能来使高频电场得到放大或产生振荡的。但在正交场器件中，直流磁场是与直流电场彼此垂直的，并在与高频场相互作用过程中起着直接的作用，电子通过损失位能使高频电场放大或产生振荡。因正交场器件中不存在能量交换和保持同步条件之间的矛盾，故可获得高功率和高效率。

正交场器件类型很多，本节只介绍应用最广的多腔磁控管振荡器。

8.4.1　多腔磁控管的结构

磁控管的基本结构如图 8 - 28 所示。它由三个基本部分组成，即阴极、阳极和输出装置。阴极与阳极保持严格的同轴关系。阴极的作用是发射电子流。为了输出足够大的功率，阴极表面都很大，其直径通常是阳极直径的一半。阳极由偶数个（通常 6～40 个）圆孔和槽缝组成，每个槽孔相当于一个谐振腔，这种周期性结构与行波管螺旋线的作用相同，形成一个慢波系统。谐振腔除孔槽形外，还可以是槽形、扇形，如图 8 - 29 所示。输出耦合装置的作用是输出振荡功率。频率较低时，采用耦合环，通过同轴线输出；频率较高时，通过隙缝或输出天线耦合到波导管输出。磁控管阳极通常接地，阴极加负高压，

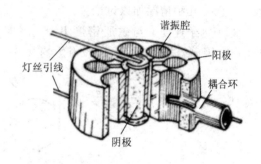

图 8 - 28　磁控管的基本结构

在阴、阳极间形成径向直流电场。磁控管通常夹在磁铁两极之间，形成与直流电场正交的轴向磁场。磁铁可以是单独外加的永久磁铁，也可以把磁铁一部分和管子做在一起，磁极伸入管子内部，使得磁极间的距离减少，体积和重量都减小。在分米波波段，磁控管的磁通密度在 $10^{-2} \sim 10^{-1}$ T 量级之间，10 cm 波段为 0.2～0.3 T，3 cm 波段则为 0.5～0.6 T。

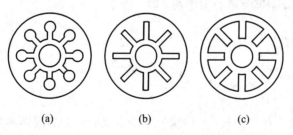

$$(a) \qquad\qquad (b) \qquad\qquad (c)$$

图 8 - 29　磁控管阳极谐振腔典型形式

（a）孔槽形；（b）槽形；（c）扇形

按工作状态，磁控管通常可分为两类：一类是以脉冲状态工作的，主要用于雷达发射机；另一类是以连续波状态工作的，输出连续波功率，主要用于干扰发射机和工业、农业上的微波加热，以及微波理疗设备及民用微波炉等。

磁控管与速调管及行波管比较，具有结构简单、输出功率大、频率高、工作电压低、体积小等优点，目前脉冲磁控管功率可达几兆瓦，连续波磁控管功率可达几十千瓦，总效率可达到80%。

8.4.2 电子在直流电磁场中的运动

为便于了解正交场器件的工作原理，首先必须弄清楚电子在正交电磁场中的运动规律。

1. 电子在恒定磁场中的运动

如果电子以速度 v 在磁通密度为 B 的磁场中运动，则作用于电子的力可用下式表示：

$$F_M = -e(v \times B) \tag{8-37}$$

式中：$v \times B$ 表示速度 v 和磁通密度 B 的矢量积。根据矢量运算法则，作用力的大小 $F_M = evB \sin\alpha$，其中 α 是矢量 v 与 B 之间的夹角，作用力 F_M 垂直于 v 和 B。矢量 $v \times B$ 的方向可根据右手法则来决定。由于电荷 e 带一负号，故实际作用力的方向和 $v \times B$ 的方向相反。下面分几种情况加以讨论。

（1）电子速度 v 与磁通密度 B 平行（即 $\alpha = 0°$ 或 $180°$），如图 8-30(a) 所示。这时 $F_M = 0$，因而磁场对电子运动没有影响。

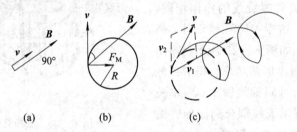

图 8-30 电子在恒定磁场中的运动轨迹

（2）电子速度 v 与磁通密度 B 垂直（即 $\alpha = 90°$），如图 8-30(b) 所示。这时作用于电子上的力 $F_M = evB$，其方向与 v 和 B 垂直。因为这个力在任何时刻都和速度 v 垂直，所以只改变速度的方向而不影响其大小。电子运动的轨迹是一个圆，圆半径由下列关系式确定：即在每瞬时，作用力 F_M 都与离心力平衡，即

$$evB = \frac{mv^2}{R}$$

因此

$$R = \frac{mv}{eB} \tag{8-38}$$

根据已知的运动速度 v 和半径 R，就可求出电子沿圆周回旋的周期和角频率：

$$T = \frac{2\pi R}{v} = \frac{2\pi m}{eB} \tag{8-39}$$

$$\omega = \frac{2\pi}{T} = \frac{eB}{m} \tag{8-40}$$

式中：m 是电子的质量。式(8-40)说明电子旋转的角频率与磁通密度成正比。

（3）电子速度 v 与磁通密度 B 成任意角度，如图 8-30(c) 所示。这时可将速度 v 分解

为与磁通密度平行及垂直的两个分量 v_1 和 v_2，然后按照上述两种情况分别考虑。这时电子既作圆周运动又沿轴向运动，其轨迹是一螺旋线。螺旋线的半径取决于 v_2 和 **B** 的数值，而螺距则取决于 v_1。

由以上讨论可知，无论在哪一种情况下，磁场都不会影响电子运动速度的大小，而只改变其方向。因此，可以得出结论：磁场对运动电子的作用并不使它的动能发生任何变化。

2. 电子在平面电极直流电磁场中的运动

图 8 - 31 为一无限大平面电极构成的二极管，可以认为在阳极和阴极之间的电场是均匀的，并设阴极附近没有空间电荷。电子由阴极出发时，初速度为零。同时在二极管空间还存在一个与图面垂直的磁场，其方向指向图内，构成正交电磁场。在此二极管内，作用于电子上的力有两种：一种是电场力 F_e；另一种是磁场力 F_M。电子在运动过程中，电场力 F_e 始终保持不变，但磁场力 F_M 则因电子运动速度不同，其大小与方向均发生变化。

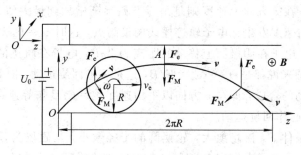

图 8 - 31　电子在平面电极直流电磁场中的运动

设电子从原点 O 以初速度为零开始运动。最初瞬间因速度为零，磁场力 F_M 也为零，电子仅受到电场力的作用，沿 Oy 轴方向运动。电子一旦运动，具有 Oy 方向的运动速度，就会在磁场中受到洛仑兹力而使运动方向发生偏转，速度矢量就会有 Oz 方向的分量，运动轨迹发生弯曲。

图 8 - 31 中给出了电子在某几个瞬时所受外力及其速度的方向。在从 O 到 A 点的运动中，因为在这段轨迹上有与速度方向一致的电场分量，所以电子在电场力的作用下，速度就会不断增加。同时，在此过程中，磁场力 F_M 方向总是和速度方向垂直，而且也是逐渐增加的，但它并不影响速度的大小，仅仅决定轨迹的曲率。

通过 A 点以后，电子就从阳极返回阴极，这时电场力已成为排斥力，电子在其作用下，速度减小，最终到达阴极时，电子动能应该与它从 O 点出发时一样，即速度为零。

在上述特定初始条件下，电子运动的轨迹在 yOz 平面内是一个摆线，其摆线参数方程为

$$\begin{cases} y = R(1-\cos\omega_c t) \\ z = R(\omega_c t - \sin\omega_c t) \end{cases} \qquad (8-41)$$

式中：

$$\omega_c = \frac{eB}{m} \qquad (8-42)$$

$$R = \frac{m}{e}\cdot\frac{E}{B^2} = \frac{E}{\omega_c B} \qquad (8-43)$$

式(8-41)表示的轨迹是以 R 为半径的圆周上一点在 yOz 平面内沿 Oz 轴方向，以角速度 ω_c 作无滑动滚动时形成的轨迹，该轨迹称为轮摆线。

电子在 z 方向运动的平均速度 v_e 与形成摆线的轮摆圆的圆心运动速度相等。由式(8-42)和式(8-43)可知

$$v_e = R\omega_c = \frac{E}{B} \tag{8-44}$$

电子运动速度可由式(8-41)对时间微分得到

$$\begin{cases} v_y = \dfrac{dy}{dt} = R\omega_c \sin\omega_c t = v_e \sin\omega_c t \\[2mm] v_z = \dfrac{dz}{dt} = R\omega_c(1 - \cos\omega_c) = v_e(1 - \cos\omega_c t) \end{cases} \tag{8-45}$$

由此式可见，电子在 y 方向上的速度是由零开始慢慢增加的，直到最大值时为 v_e，然后又逐渐减小到零；在 z 方向上速度则是由零开始逐渐增加到最大值 $2v_e$，然后又逐渐减小到零。最大的纵向速度发生在电子轨迹摆线的最高点，这时 $v_y=0$，$v_z=2v_e$。

摆线完成一周，电子在阴极面上移动的距离为 $2\pi R$，电子在轨迹的任一位置上，其切向速度相对于滚动圆来说都是 $v_e=R\omega_e=E/B$，这是一种回旋运动。因此，电子作摆线运动可以看成是两种运动的合成，即在 z 方向以平均速度 $v_e=E/B$ 作等速直线运动；同时以角速度 ω_c 围绕轮摆圆心作回旋运动。

在电场一定的条件下，磁场愈大，轮摆圆的半径愈小，当磁场为零时，电子的回旋半径趋于无穷大，这就是电子在恒定电场中作直线运动的情况。当磁场由零逐渐加大时，回旋半径就由无穷大逐渐变小，直到某一磁场时，电子的回旋直径 $2R$ 正好等于极间距离 d，电子刚好擦阳极表面而过，这是一种临界状态。由于电子未打上阳极，因此，阳极与阴极的外接直流回路中是没有电流的，也就是说，如果

$$B = B_c$$
$$y = y_{max} = 2R = d \tag{8-46}$$

则

$$I_a = 0$$

将式(8-43)代入式(8-46)，可得

$$B = B_c = \sqrt{\frac{2m}{e} \cdot \frac{E}{d}} = \frac{1}{d}\sqrt{\frac{2m}{e}U_a} \tag{8-47}$$

我们将此 B_c 称为"临界磁场"，如果将式(8-47)画成曲线，则它是关于 B 和 U_a（阳极电压）的一条抛物线，如图8-32所示，习惯上称它为磁控管的"临界抛物线"或"截止抛物线"。

当继续增大磁场使 $B > B_c$ 时，则 $2R < d$，此时电子尚未到达阳极就已经返回阴极。由于没有电子到达阳极，因此阳极电流 $I_a = 0$，相当于图8-32中在临界抛物线以下的区域；而曲线以上则为有阳极电流的区域。

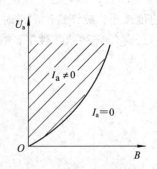

图8-32 临界抛物线

当电场 E 一定时，改变磁通密度 B 的大小，电子运动轨迹可以出现图 8-33 所示的四种情况。

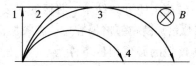

图 8-33　平面电极中，E 值一定而 B 值不同时电子运动的轨迹

(1) 图中"1"对应于 $B=0$，由式(8-43)可知，$R=\infty$，电子在电场力的作用下沿直线飞向阳极。

(2) 图中"2"对应于外加与电场正交的磁场，且 $B<B_c$，电子受到磁场的偏转力较小，运动轨迹的半径较大，$2R>d$，电子来不及完成整个摆线的运动便打到阳极。

(3) 图中"3"对应于 $B=B_c$，电子刚擦过阳极表面就返回阴极。

(4) 图中"4"对应于 $B>B_c$，电子尚未到达阳极便已返回阴极。

3. 电子在圆筒形电极直流电磁场中的运动

在实际的磁控管中，阳极和阴极都是同轴的圆筒形结构，如图 8-34 所示。R_a 和 R_k 分别为阳极和阴极半径。阳极对阴极而言带正高压，形成径向电场。磁通密度与纸面垂直而指向纸内，与轴平行，而且是均匀分布的。电子从阴极发射后，在正交直流电磁场的作用下在垂直于轴的平面内运动，其轨迹和在平面电极直流电磁场中的类似。图 8-34 画出了圆筒形磁控管中电子的运动路径。在不同的 B 值下，电子运动轨迹也有四种情况，如图 8-35 所示。在圆筒形电极中临界磁通密度可表示为

$$B_c = \frac{2R_a}{R_a^2 - R_k^2}\sqrt{\frac{2m}{e}U_a} \qquad (8-48)$$

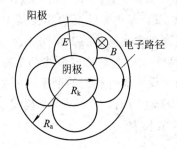

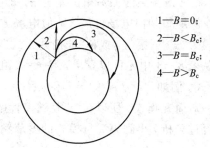

1—$B=0$;
2—$B<B_c$;
3—$B=B_c$;
4—$B>B_c$

图 8-34　圆筒形电极中的电子路径　　　图 8-35　圆筒形电极中，E 值一定而 B 值
　　　　　　　　　　　　　　　　　　　　　　　不同的电子运动轨迹

以上讨论的临界磁通密度值都是在阳极电压 U_a 为某一固定值下得到的，因此在式(8-47)和式(8-48)中相应的阳极电压称为"临界电压"或"截止电压"，并有

平面电极：　　　　　　　$U_a = (U_a)_c = \frac{e}{2m}d^2 B^2$ 　　　　　　　(8-49)

圆筒形电极：　　　　$U_a = (U_a)_c = \frac{e}{8m}R_a^2\left(1-\frac{R_k^2}{R_a^2}\right)B^2$ 　　　(8-50)

由上述表达式可以看出，临界抛物线的形状完全取决于电极系统的几何尺寸。

8.4.3 多腔磁控管振荡器的谐振频率和振荡模式

根据谐振的基本概念，在磁控管闭合系统中，谐振的必要条件是沿整个阳极圆周上发生的高频相位变化为 2π 的整数倍。设相邻谐振腔中，高频振荡信号相位差为 φ，由于谐振腔分布均匀及结构相同，可得谐振的必要相位条件为

$$\phi = 2\pi \frac{n}{N} \tag{8-51}$$

式中：N 为磁控管谐振腔的数目；$n = 0,1,2,\cdots$，且为正整数。

由此式可见，当谐振腔数目 N 一定时，相应于不同的 n 值，可得到多个不同的相位差 φ，故对应多个振荡模式。一般说来，不同的振荡模式具有不同的谐振频率和不同的场结构。

表 8-1 表示当谐振腔数 $N=8$ 时各振荡模式的相位差 φ 值。

表 8-1 谐振腔数 $N=8$ 时的振荡模式

模式号数 n	0	1	2	3	4	5	6	7	8
相位差 $\varphi = 2\pi \dfrac{n}{N}$	0	$\dfrac{\pi}{4}$	$\dfrac{\pi}{2}$	$\dfrac{3\pi}{4}$	π	$\dfrac{5\pi}{4}$	$\dfrac{3\pi}{2}$	$\dfrac{7\pi}{4}$	2π

由表 8-1 可见，在 $N=8$ 的谐振系统中，$n=0$ 和 $n=8$ 时，相位差 φ 分别为 0 和 2π，在这种情况下，所有谐振腔内高频振荡都是同相的，电磁振荡状态相同，实际上就是一种模式；同理，当 $n=1$ 和 $n=9$ 时，也是一种模式。以此类推，可以得出结论：在 N 个谐振腔的系统中，只有 n 取 $0 \sim N-1$，共 N 个谐振模式。我们将 $n=0$ 的模式称为"零模"，其场结构是相互作用的空间中各谐振腔隙缝口处的高频电场在任何瞬时都同相。在 $n=N/2$ 的模式中，相邻谐振腔的振荡相位差为 π，即当一个隙缝口切向电场为最大时，与其相邻的左右两个隙缝口切向电场也最大，但电场方向却与其相反，即相邻腔高频相位差为 π，我们称此模为"π 模"振荡，或称"非简并模式"，它是磁控管正常运用时的工作模式。

从表 8-1 中还可以看出，除 $n=0$ 和 $n=N/2$ 两个模式外，其他模式都是所谓的"简并"模式。例如，$n=(N/2)-1$ 和 $n=(N/2)+1$ 这两个模式具有相同的谐振频率和场结构，即为一对简并模式。所以在 N 腔磁控管振荡器中，实际上只有 $(N/2)+1$ 个模式。

经过分析，得到第 n 号模式的振荡频率及相应的波长为

$$\omega_n = \frac{\omega_p}{\sqrt{1 + \dfrac{1}{4\dfrac{C_p}{C_0}\sin^2\left(\dfrac{\pi n}{N}\right)}}} \tag{8-52}$$

$$\lambda_n = \lambda_p \sqrt{1 + \frac{1}{4\dfrac{C_p}{C_0}\sin^2\left(\dfrac{\pi n}{N}\right)}} \tag{8-53}$$

式中：C_p 表示隙缝电容，C_0 表示阴极和阳极之间的分布电容，$\omega_p = \dfrac{1}{\sqrt{L_p C_p}}$、$\lambda_p = \dfrac{2\pi C}{\omega_p}$ 分别是单个小谐振腔的谐振频率和波长，L_p 表示腔孔的等效电感。

图 8 - 36 给出了谐振腔为扇形的 8 腔磁控管中的 π 模式的高频电场结构。很明显，腔中 π 模的激励是很强烈的，相邻腔中电力线的相位相反。相邻阳极－阴极的相互作用空间之间电场的连续上升和下降可认为是沿慢波结构表面传播的行波。为使能量从运动的电子中转移到行波场去，电子通过每一阳极腔时必须受到减速场的减速。

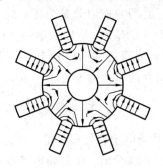

图 8 - 36　8 腔磁控管中的 π 模式电场结构

8.4.4　多腔磁控管振荡器的工作原理

1. 工作原理

上面讨论电子运动时没有考虑高频电场对电子的作用，是一种"静态"正交场中的电子运动状态。但是在磁控管的相互作用空间里，除了所加的正交直流电磁场外，还存在着上述的高频电场。高频电场与运动的电子要产生互作用。

为了说明电子与高频电场的能量交换作用，我们把圆筒形的相互作用空间切断，并展开成为平面结构的相互作用空间。假定在阳极和阴极之间有直流电场 E、均匀的轴向磁场 B，且磁通密度大于临界值。同时，还假定在腔内已激励起 π 模振荡。在某一瞬时相互作用空间的高频电场分布如图 8 - 37 所示，它可分解为一个纵向分量 E_z 和一个横向分量 E_y。下面我们用运动坐标系统进行讨论。假定运动坐标系统的移动速度是电子注的纵向平均移动速度 $v_e = E/B$，且认为 v_e 和行波的相速 v_p 相同。

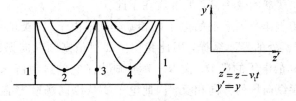

图 8 - 37　电子注在高频场中作等速直线运动的情况（运动坐标系统）

电子从阴极发射出后作摆线运动。通常所加的磁场已足够强，摆线轨迹的最高点 y_{max} 比相互作用空间的间隔 d 要小得多。因此，可把摆线运动分解为等速直线运动和圆周运动。

（1）高频行波场与作等速直线运动的电子注的相互作用。在假设的运动坐标系统中，电子注和行波场都可看成是静止的。现以图 8 - 37 中四个典型相位上的电子为例来进行讨论。

"1"类电子处于高频电场横向分量最强的相位上，而且它的方向和直流电场方向一致，所以它在 z 方向的速度为

$$v_{z(1)} = \frac{E + E_y}{B} > \frac{E}{B} \qquad (8-54)$$

显然，"1"类电子的纵向漂移速度比电子的纵向平均速度要大。因此，在上述运动坐标系中，"1"类电子将作向前推移的运动。

"2"类电子和"4"类电子处行波场的横向分量为零，故 y 方向的电场仍只是直流电场，于是它们的纵向漂移速度仍等于 $v_e = E/B$，所以在运动坐标中静止不动。

"3"类电子处于高频电场横向分量最强的位置上，但是这里高频电场的横向分量正好与直流电场 E 的方向相反，所以它的纵向速度要小于 v_e，有

$$v_{z(3)} = \frac{E - E_y}{B} < \frac{E}{B} \qquad (8-55)$$

因此在上述运动坐标系中，"3"类电子将作向后推移的运动。

从上述各点电子的速度变化可以看出，在高频电场横向分量的作用下，处于"2"类电子前后的电子都要向"2"类电子所在界面靠拢，也就是说，电子注会以"2"类电子所在的界面为中心发生群聚现象。需要特别注意的是，在磁控管中，决定电子群聚的是高频场的横向分量（径向分量），而不是像 O 形管中那样，决定电子群聚的是高频场的纵向分量。此外，在磁控管中，电子群聚中心一定是在高频纵向减速场最大的地方，这也是与 O 形管的不同之处，并且电子在群聚中心的位置是很稳定的，因为如果电子稍向前或向后偏了一些，由于电场力和磁场力的作用，会使电子仍回到群聚中心处。

群聚在"2"类电子所在界面上的电子要受到高频纵向场（切向场）的减速作用，使其速度减小。这样使它受到的电场力大于磁场力，所以电子就得到一个向上（y 正方向）的加速度。当电子向上运动时，磁场作用力的方向刚好使电子在 z 方向加速，保持它在 z 方向的平均移动速度不变，重新落在行波纵向减速场中。可见，在这里高频纵向场的作用是使电子逐渐向高电位移动，电子位能相应减小，这部分减小的位能就转换为高频行波场的能量。只要慢波系统足够长，电子的位能就可能全部转换给高频场。在磁控管中，高频纵向场使电子把位能转换为高频电能，这和 O 形管中把电子动能转换为高频电能相比，是原则上的不同。磁控管振荡器的效率高，原因就在于此。

（2）高频行波场与作圆周运动的电子的相互作用。由于"2"类电子所在界面两边的电子都要向"2"类电子所处的界面靠拢，因此我们主要讨论高频纵向场对处于高频纵向最大减速场处作圆周运动的电子的影响。图 8-38 中画出了它的运动情况。当电子作圆周运动到下半周时，和高频纵向场的方向相反，因此电子要从纵向场取得能量；当运动到上半周时，则和高频纵向场的方向一致，受到减速，所以电子把能量交给高频场。因为高频纵向场越靠近慢波系统表面就越强，所以电子每旋转一周，总的结果是交出一部分能量。因此

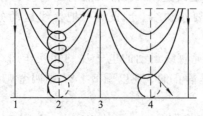

图 8-38　电子注在高频场中作圆周运动（运动坐标系）

它就不能再回到圆周运动的起始位置，而只能到达较高的电位位置上，然后从这点开始再作圆周运动，进行第二次能量转换。这样，群聚于高频减速场中的电子就会在和高频行波场相互作用的过程中，不断把自己的位能转换给高频场。

至于处在高频纵向最大加速场处由阴极发射出来的电子，它在旋转一周的运动中，恰好是下半周被高频纵向场减速，而上半周被高频纵向场加速，所以总的来说是得到能量。于是，电子要回到比阴极电位还低的位置上去，实际上就是返回撞击阴极，而被排除出相互作用空间。当然，电子撞击阴极，使阴极发热，使用时应予以注意。

综上所述，在磁控管振荡器中，不论是电子注作等速直线运动或是作圆周运动，作用空间内的高频电场横向分量均对电子起群聚作用，而高频电场的纵向分量均使电子向电位高(即慢波系统表面)处移动，将电子位能转换为高频能量。

上述讨论是在运动坐标系统中进行的，如果在静坐标中，则处于群聚中心的"2"类电子的运动轨迹将如图 8 - 39(a)所示，"4"类电子的运动轨迹如图 8 - 39(b)所示。

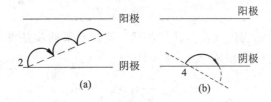

图 8 - 39　电子注在高频场中的运动轨迹(静坐标系统)
(a) "2"类电子的运动轨迹；(b) "4"类电子的运动轨迹

根据上述可知，磁控管工作在 π 模振荡状态下，其相互作用空间存在 $N/2$ 个高频电场减速区和 $N/2$ 个高频电场加速区。从阴极发射出的无数电子在径向高频电场的作用下也就有 $N/2$ 个群聚中心。它们在高频切向减速区域中以回旋运动的方式逐步向阳极移动，在磁控管内每两个阳极瓣形成一条"轮辐状"的电子云，如图8 - 40 所示。这些电子云与高频电场同步地旋转，在 π 模振荡时，电子云的旋转角速度相当于在高频振荡每周中通过两个阳极瓣；至于切向加速电场区域中的电子，则很快地被推回阴极。

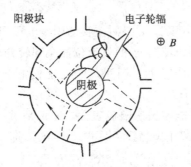

图 8 - 40　磁控管内电子轮辐的形式和运动情况
($N=8$, $n=4$)

多腔磁控管中高频振荡激发过程，起源于电子发射的不均匀性。由于这种不均匀性在谐振腔系统内感应噪声电流，从而将会在作用空间激起微弱的各种模式的高频振荡。如果恰当选择阳极电压和磁通密度，使电子与 π 模式的高频电场同步，它们之间就会产生能量交换，则 π 模式的振荡就有可能建立起来。

2. 同步条件

所谓"同步"，是指高频电场与电子以同一角速度环绕阳、阴极空间旋转。

对于任何一次模式，任一瞬间相邻腔孔的相位差为 ϕ_n，随着时间的推移，相位将沿着谐振腔孔依次递变。对 π 模来说，相位差 $\phi=\pi$，所以电场的等相位面由一个腔孔转移到下一个相邻的腔孔的时间为高频振荡的半个周期。设两腔孔之间的距离为 d_L，则 π 模的相速表达式为

$$(v_p)_\pi = \frac{d_L}{\frac{T}{2}} = 2f_\pi \cdot d_L = \frac{\omega_\pi}{\pi} d_L \tag{8-56}$$

式中：T 为高频振荡周期，f_π、ω_π 是 π 模振荡的频率和角频率；$d_L = \frac{2\pi R_a}{N}$，R_a 是阳极半径，于是有

$$(v_p)_\pi = 2\left(\frac{\omega_\pi}{N}\right) R_a \tag{8-57}$$

若电子在阳极表面附近的切向速度与此值相等，就达到了同步条件。应用同样的概念，我们不难求得其他模式的行波相速 $(v_p)_n$ 为

$$(v_p)_n = \frac{\omega_n}{\phi} d_L = \frac{\omega_n}{n} \cdot R_a \tag{8-58}$$

3. 磁控管的同步电压、门槛电压和工作电压

为了保证在阳极内表面 R_a 处的电子与行波同步，电子的切向速度 V_t 和行波的相速应该相等，即

$$v_t = (v_p)_n = \left(\frac{\omega_n}{n}\right) \cdot R_a$$

电子达到这一速度时的动能是 $\frac{1}{2} m v_t^2$，相应的直流电位为

$$U_0 = \frac{1}{2} \frac{m}{e} v_t^2 = \frac{1}{2} \frac{m}{e} \left(\frac{\omega_n}{n} R_a\right)^2 \tag{8-59}$$

我们称这个电压 U_0 为"同步电压"。如果磁控管的阳极电压 U_a 小于这个电压，即 $U_a < U_0$，磁控管就不能工作。因为这时即使电子的直流位能全部转变成为电子的动能，也不足以使电子达到同步条件所要求的切向速度。因此，U_0 是能使电子与行波同步的最低阳极电压。有时也称这个电压为"特征电压"。

当 $U_a = U_0$ 时，电子恰好能够到达阳极表面，这正是磁控管的临界状态。这时的工作磁场 B_0 与电压 U_0 应该符合截止抛物线关系式(8-48)，即

$$B_0 = \frac{2R_a}{R_a^2 - R_k^2} \sqrt{\frac{2m}{e} U_0} \tag{8-60}$$

这个磁场 B_0 称为"特征磁场"。将式(8-59)代入式(8-60)中，可得

$$B_0 = 2 \frac{m}{e} \left(\frac{R_a^2}{R_a^2 - R_k^2}\right) \frac{\omega_n}{n} \tag{8-61}$$

如果磁控管在特征电压 U_0 和特征磁场 B_0 下工作，电子效率将为零。因此，磁控管的实际工作磁场 B 要比特征磁场 B_0 大得多。

　　磁控管在工作时，如果固定磁场不变，逐步提高阳极电压，一旦电子的切向速度达到某一模式的行波相速时，电子与微弱的初始激励场就会发生换能作用，将发生相位挑选与群聚，就有一部分电子碰上阳极，出现阳极电流，并在某一模式上产生自激振荡。如果继续提高阳极电压，阳极电流和振荡功率随之急剧上升。在这一过程中，开始出现自激振荡的阳极电压称之为"门槛电压"或"门限电压"。分析表明，对于任何一个模式，任何一次空间谐波的普遍情况，"门槛电压"的计算公式如下：

$$U_t = \frac{R_a^2 - R_k^2}{2} \cdot \frac{\omega_n}{n + PN} B - \frac{m}{2e} R_a^2 \left(\frac{\omega_n}{n + PN}\right)^2 \qquad (8-62)$$

式中：P 是空间谐波次数。

　　由式(8-62)可见，U_t 与 B 呈线性关系。在 U_a-B 坐标系中表现为一条与临界抛物线相切的直线，如图 8-41 所示。

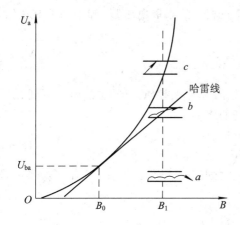

图 8-41　门槛电压与临界抛物线的关系

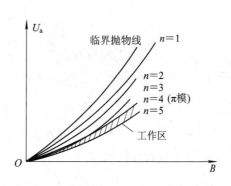

图 8-42　8 腔磁控管的门槛电压

　　图 8-42 为 8 腔磁控管在四个振荡模式下的门槛电压线。就基波模式而言，模式号数越高，门槛电压越低，因此 π 模式具有最低的门槛电压。这意味着当磁通密度一定时，随着阳极电压的升高，π 模式首先被激发，这一点对于保证磁控管工作在 π 模式极为有利。由于在相同的工作磁场下，π 模式要求的工作电压最低，即非简并模式，工作稳定，电子效率最高，因此通常都选择 π 模式作为磁控管的工作模式。原则上，自门槛电压至截止抛物线之间的区域都是磁控管可以工作的区域，与之相应的阳极电压即为工作电压。但是为防止磁控管工作在其他模式上，对 π 模而言，阳极电压应高于 π 模的门槛电压而低于 $\frac{N}{2} - 1$ 模的门槛电压。即使这样，如果阳极电压选择得过高，当由于某种原因使阳极电压发生变化时，仍可能从一种模式跳到另一种模式。为了防止此现象发生，磁控管的正常工作电压总是选择在略高于门槛电压 15% ~ 20% 的范围内。

8.4.5　磁控管的工作特性和负载特性

　　磁控管最基本的特性是工作特性和负载特性。工作特性是指在高频负载匹配的情况下，磁控管的阳极电压、输出功率、效率、振荡频率等基本参量与阳极电流和磁场的关系。负载特性是指在磁场和阳极电流一定时，磁控管的输出功率、振荡频率与外接负载的关系。研究工作特性的目的在于选取最佳工作点；研究负载特性的目的在于了解负载变化对磁控管工作的影响。

1. 磁控管的工作特性

磁控管的工作特性就是在负载匹配时，以 B、P、η、f 为参变量画出的伏安特性曲线，即工作特性是 $U_a - I_a$ 坐标系中的等磁场线、等功率线、等效率线和等频率线四组特性曲线。下面分别讨论这些曲线的意义。

等磁场线如图 8-43 所示。由图可见，在一定磁场下，阳极电压和阳极电流在很大范围内近似呈线性关系。在一定模式下，为保证同步条件，当 B 一定时，U_a 的数值只能在很小的范围内变动，因此，等磁场线表现为接近水平的直线。当阳极电压减小到一定值时，同步条件被破坏，阳极电流急剧下降，管子停振，这时对应的电压就是门限电压。实际工作中，磁控管总是在固定的磁场下工作的，因此，可以从等磁场线确定它对调制器呈现的负载电阻。管子的静态电阻为等磁场线上与工作点相应的阳极电压 U_0 和阳极电流 I_0 的比值，即

$$R_0 = \frac{U_0}{I_0} = \tan\alpha \qquad (8-63)$$

式中：R_0 随工作点的不同而不同。对于不同类型的脉冲磁控管，R_0 通常为几百到几千欧姆。磁控管的动态电阻则为等磁场线上工作点处的斜率，即

$$r_0 = \frac{\Delta U_0}{\Delta I_0} \qquad (8-64)$$

由图 8-43 可见，当 I_0 和 B 在很大范围内变化时，r_0 基本上不变。对不同类型的磁控管，r_0 在几十到几百欧姆之间。

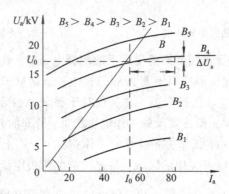

图 8-43 磁控管的等磁场线

等功率线如图 8-44 所示。磁控管的功率可表示为

$$P = \eta U_a I_a \qquad (8-65)$$

如果效率不变，且与阳极电流无关，那么当 P 为常数时，则 $U_a I_a$ 也为常数。显然，在 $U_a - I_a$ 坐标系中，等功率线是等角双曲线。但实际上，除了很小的范围之外，磁控管的效率都随电流增加而减小，所以实际的等功率线将偏离双曲线，如图 8-44 中虚线所示。显然，随着 U_a 和 I_a 的增大，振荡功率都是增加的，故有 $P_3 > P_2 > P_1$，如图 8-44 所示。

等效率线如图 8-45 所示。由图可见，磁控管的效率随磁通密度的增加而增加。沿着一条等磁通线，I_a 较小时，效率较低；随着 I_a 的增加，效率也提高，但在 I_a 较高的区域，

效率却随着 I_a 的增加反而减小。这一现象可用电子群聚状况来说明：I_a 较小时，磁控管的高频振荡较弱，电子群聚不完善，故效率低；I_a 增加，振荡逐渐加强，电子群聚得到加强，故效率也提高；I_a 进一步增加，高频电场群聚作用很强，但由于空间电荷相互排斥产生反群聚效应，使电子散开，故效率下降。

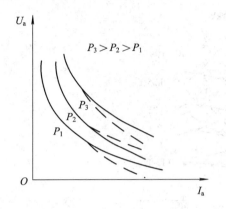 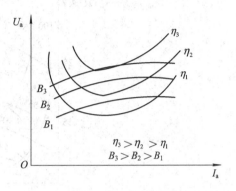

图 8-44　磁控管的等功率曲线　　　　　　图 8-45　磁控管的等效率曲线

　　等频率线如图 8-46 所示。由图可见，在小电流区域内曲线变化很陡；在正常工作状态范围内，曲线几乎和等磁通线平行，并且沿等磁通线向右移动，振荡频率起初增加很快，然后逐渐减慢；当电流很大时，频率又略有下降。开始时，频率的升高可以解释为由于 E/B 增加，电子旋转角速度也增加，因而振荡频率增加。当电流很大时，频率降低是由于阳极发热膨胀的缘故。在磁通密度不变的情况下，阳极电流变化引起的频率变化虽然不大，但会造成不利后果，即对磁控管调幅的同时会产生调频。如磁控管调制脉冲顶部波动会引起振荡频率变化，使脉冲频谱能量可能落在接收机通频带外。这对雷达来说，作用距离将降低。振荡频率随阳极电流变化的程度可以用"电子频率偏移"或简称为"电子频移"来表示。"电子频移"用电子频移系数来度量。电子频移系数是指磁控管中阳极电流变化 1 A 时振荡频率改变的兆赫数。不同管子的电子频移系数各不相同，而且与阴极状态有关，一般大致在数百千赫每安到几兆赫每安之间。如 X 波段的管子，其电子频移平均约为 0.5 MHz/A。在使用上，希望电子频移愈小愈好。电子频移愈大，对调制脉冲顶部的要求愈严格。一般要求脉冲顶部的波动不超过 5%。

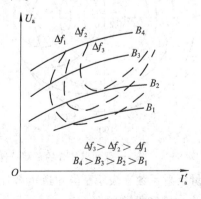

图 8-46　磁控管的等频率曲线

图 8 - 47 是一个 10 cm 波段磁控管的工作特性曲线，即在 U_a - I_a 坐标系中的等磁场线、等功率线、等效率线和等频率线，从图上可选择合适的工作点。通常，工作点多选在工作特性曲线中部偏右上角的区域，因为在这个区域内，等频率线和等磁场线近于平行，频率较稳定，且可以得到较大的输出功率和效率。

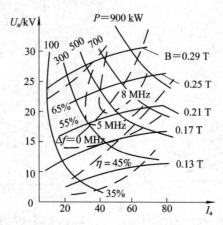

图 8 - 47　10 cm 波段磁控管的工作特性图（f_0＝2800 MHz）

2. 磁控管的负载特性

前面已指出，负载特性是指磁场和阳极电流一定时，磁控管的输出功率及振荡频率与外接负载的关系。通常将这种变化关系反映在传输线的复数导纳圆图上。通过改变负载（保持磁控管磁场和阳极电流一定）而直接测量磁控管的输出功率和振荡频率线，这就构成了磁控管的负载特性曲线。图 8 - 48 是实验测得的 3 cm 波段脉冲磁控管的负载特性。因为负载电导的变化主要影响振荡功率，负载电纳的变化主要影响振荡频率，所以等功率线和等电导圆接近，等频率线和等电纳圆接近。

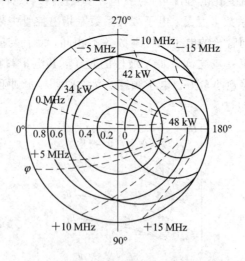

图 8 - 48　3 cm 脉冲磁控管的负载特性

通常，负载导纳通过测量反射系数来表示。当知道负载反射系数时，就可以从负载特性图上直接查得磁控管的输出功率和振荡频率。

由图可见，在反射系数相角 φ＝180°附近，输出功率大，但这里等频率线密集，负载稍有变动，振荡频率变化就可能很大，因此，此处工作是不稳定的；在 $\varphi = 0°$ 附近，情况恰好相反，振荡频率随负载变化很小，但输出功率也小。上述情况表明，输出功率和频率稳定性存在一定矛盾。为了使管子工作稳定，就要有一定的输出功率，工作点应选在原点附近，即磁控管应力求在负载匹配的情况下工作。

8.4.6　磁控管的调谐

　　早期的磁控管主要工作在固定振荡频率上，后因抗干扰需要等原因，促进了振荡频率可调磁控管的发展，磁控管频率调谐的方法有两种：一种是机械调谐；另一种是电调谐。

　　机械调谐是通过调谐机构改变谐振系统的结构参量来实现的。通常有两种方式：一种是外加谐振腔和磁控管的谐振腔耦合，通过调节耦合腔的谐振频率来改变磁控管的振荡频率，这种调谐法称为耦合腔调谐；另一种是在磁控管的谐振腔内加入调谐元件，改变谐振系统的电感或电容，从而达到频率调谐的目的。为了增大调谐范围，还采用以上两种形式的综合调谐。脉冲磁控管基本上都用机械调谐的方法来改变频率。

　　对于连续波工作的磁控管，除机械调谐外，还可以通过改变阳极电压来实现调谐，这就是电调谐磁控管。电调谐磁控管是一种电子调谐的自激振荡器，在整个波段内，不需要任何机械调谐，其振荡频率正比于阳极电压，而输出功率与阳极电压关系甚微。电调谐磁控管具有调谐范围宽、体积小、重量轻、输出功率平稳等优点。

　　以上我们对普通磁控管的工作原理和基本特性作了简要的叙述，磁控管的实际应用还有许多实际问题，如磁控管的馈电、启动和对环境的要求等，由于篇幅所限，就不一一叙述了。

习　题

　　8-1　什么叫做感应电流？如果在一平面二极管中有一个点电荷 q 在作圆周运动（见图 8-49），角频率为 ω，试画出外电路中的电流波形。

　　8-2　如图 8-50 所示，一负电荷以 v_0 的初速度从 A 板开始运动。

（1）画出不加交流电压时外电路的电流波形；

（2）若高频周期是渡越时间的 4 倍，求电子打到 B 板上的动能（设 $U_0 \gg U_1$）。

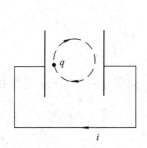　　　　　　　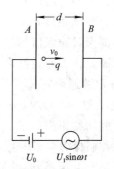

图 8-49　点电荷 q 在平面二极管中作圆周运动　　　图 8-50　负电荷在电压作用下的运动

8-3 一电荷以 v_0 的初速度连续穿过图 8-51 所示的三个加载间隙。试定性地画出三个电阻上的电压波形。电子穿出间隙的能量有何变化？为什么？

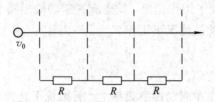

图 8-51 电荷穿过三个加载间隙

8-4 一周期性不连续的电子注以速度 v_0 通过外接谐振电路的间隙，如图 8-52 所示，电子流的周期 $T = 2\pi\sqrt{LC}$，电子的直流渡越时间为 τ。

(1) 画出振荡回路两端的电压和电流波形；

(2) 电子注是否一定能飞出间隙？（假定电子在间隙内的渡越时间不受谐振电路的影响，$\tau \ll T$）。

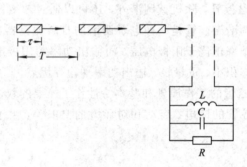

图 8-52 电子注通过外接谐振电路的间隙

8-5 一电子在 $t = t_0$ 时以零初速度由平面二极管的阴极发射，阳极电压为 15 V；当 $t = t_1$ 时，电子到达二极管的中心界面，此时阳极电压突跳至 -30 V。试问：

(1) 电子将打到哪个电极？

(2) 电子打到此电极时具有多大动能？

8-6 有一双腔速调管放大器，工作频率为 3 GHz，加速电压 $U_0 = 1500$ V，$I_0 = 10$ mA，输入腔隙缝耦合系数 $M = 0.95$，漂移空间长 $L = 3$ cm。试求：

(1) 漂移空间的渡越角 θ_0；

(2) 输入腔隙缝距离 d_1；

(3) 最佳群聚时输入信号的大小；

(4) 输出腔隙缝中心处群聚电流基波分量的大小。

8-7 某双腔速调管具有下列参数：

电子束电压 $U_0 = 900$ V，电子束电流 $I_0 = 30$ mA，频率 $f = 8$ GHz，每腔的隙缝距离 $d = 1$ mm，两腔间的距离 $L = 4$ cm。求：

(1) 进入控制栅时电子的速度；

(2) 产生最大电压 U_2 时的输入隙缝电压。

8-8 某大功率多腔速调管放大器，电子注电压 $U_0 = 10$ kV，电子枪导流系数 $P = 1$ μP，效率 $\eta = 30\%$，功率增益 $G = 40$ dB。求：

(1) 放大器的高频输出功率 P_{out}＝?

(2) 要求激励的高频输入功率 P_{in}＝?

8-9　某螺旋线慢波结构的螺距 d＝1 mm，直径 D＝4 mm。

(1) 计算螺旋线的轴向波速；

(2) 说明慢波线对行波管工作原理的重要作用。

8-10　某栅控小功率行波管的示意图和电参数如图 8-53 所示。

(1) 画出它在栅极脉冲调制时的供电线路；

(2) 当输入高频率功率为 20 mW 时，测得其增益为 32 dB，电子注电流为 200 mA，求高频输出功率和效率。

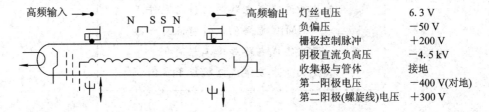

图 8-53　栅控小功率行波管的示意图及电参数

8-11　某 CKM-123A 脉冲磁控管振荡器的阴极调制脉冲为：U_a＝2 kV，τ＝1 μs，T＝1000 μs，测得磁控管振荡器工作时的电流 I_{a0}＝2 mA，输出功率 P_{cp}＝2 mW。已知测试功率时所用定向耦合器的耦合度为 30 dB，磁控管的门限电压 U_t＝1.8 kV。求：

(1) 磁控管振荡器工作时的脉冲电流 I_a；

(2) 磁控管振荡器输出的脉冲功率 P_a 和电子效率 η_e；

(3) 磁控管振荡器的静态电阻和动态电阻。

第 9 章 单片微波集成电路简介

```
┌─────────── 本 章 内 容 ───────────┐
│                                          │
│      单片微波集成电路的材料与元件              │
│         MMIC 电路的设计特点                  │
│       微波集成电路加工工艺简介                 │
│      微波及毫米波集成电路应用实例               │
│                                          │
└──────────────────────────────────┘
```

近年来，单片微波集成电路(Monolithic Microwave Integrated Circuit，MMIC)成为微波技术领域一个十分活跃的方向。随着半导体理论及其工艺的发展，陆续研制成许多微波半导体有源器件。它们体积小，寿命长，可靠性高，噪声低，功耗小，工作频率和功率不断提高，使微波集成电路得到了进一步的发展，为移动通信、机载雷达、导弹系统、相控阵雷达、航天探测和卫星通信等工业技术的普及和提高奠定了基础。

微波电路的演变及发展历程如下：

• 第一代微波电路始于 20 世纪 40 年代应用的立体微波电路，它由波导传输线、波导元件、谐振腔和微波电子管组成。

• 第二代微波电路是 20 世纪 60 年代初期出现的平面微波电路，是由微带线、微带元件或集总元件、微波固态器件组成的微波混合集成电路，即微波集成电路（Microwave Integrated Circuit，MIC）。这种电路的设计原则分为集总参数 MIC 和分布参数 MIC 两种；按其制作工艺而言，混合 MIC 又包括厚膜 MIC 和薄膜 MIC。

• 20 世纪 70 年代后期出现的单片微波集成电路(MMIC)，属于第三代微波电路。由半导体材料(如 GaAs 等)制作的有源元件、无源元件、传输线和互连线等，构成了具有完整功能的电路，集成度高，尺寸小，质量轻；基本省去了人工焊接，故可靠性高，生产重复性好；避免了有源器件封装参数的影响，将分布效应控制在很小的范围内，在 18 GHz 以上甚至毫米波段均可采用。1975 年国外已制成单片 GaAs FET 低噪声放大器，1980 年后 MMIC 发展很快。目前 MMIC 的成本仍很高，制作工艺较复杂，有些频段尚代替不了混合 MIC。但从今后的发展趋势来看，通过工艺技术的改进，MMIC 的成本必将急剧降低，MMIC 也将成为微波电路的主要形式。

本章介绍单片微波集成电路的元件与材料、微波集成电路的制造工艺和 MMIC 的设计要素等基本知识。

9.1　单片微波集成电路的材料与元件

9.1.1　单片微波集成电路的基片材料

MMIC 的基片同时兼有两种功能：一是作为半导体有源器件的原材料，二是作为微波电路的支撑体。砷化镓(GaAs)是最常用的材料，在低频率情况下，也可以用硅(Si)材料。MMIC 的制作是在半绝缘的 GaAs 基片表面局部区域掺杂构成有源器件(FET 或二极管)，把其余表面作为微带匹配电路和无源元件载体。GaAs 和 Si 的主要特性列于表 9 - 1 中，同时也给出了 MIC 常用的氧化铝陶瓷(Al_2O_3)作为对比。

表 9 - 1　MMIC 基片半导体材料的特性

材料	相对介电常数 ε_r	电阻率/$\Omega \cdot cm$	电子迁移率/$cm^2 \cdot V^{-1}$	密度/$g \cdot cm^{-3}$
半绝缘 GaAs	12.9	$10^7 \sim 10^9$		5.32
半绝缘 Si	11.9	$10^3 \sim 10^5$		2.33
掺杂有源 GaAs	12.9	0.01	4300	5.32
掺杂有源 Si	11.9	0.09	700	2.33
Al_2O_3 陶瓷	9.6	$10^{11} \sim 10^{13}$		3.98

由表 9 - 1 可见，GaAs 有源层的电子迁移率比 Si 高 6 倍，作为基片时的电阻率则高几个数量级，用 GaAs 制作的 MMIC 性能远优于用 Si 制作的。但 GaAs 的电阻率比 Al_2O_3 要低许多，微波在 GaAs 基片中的介质损耗不能忽略，尽管 MMIC 尺寸小，介质损耗不太严重，但在电路设计中必须予以考虑。

GaAs 基片厚度常选为 0.1～0.3 mm，面积在 0.5 mm×0.5 mm～5 mm×5 mm 之间。薄基片散热好，接地通孔性能好，但高阻抗微带线的线条太细不易制作，微带电路设计有一定局限性。做微波功率放大器或振荡器时宜采用较薄基片，以利于散热和增加功率容量。

9.1.2　单片微波集成电路的无源元件

在 MMIC 中使用的传输线和无源元件与 MIC 中应用的基本相同，但也有自己的特点。MMIC 中常用的无源元件有两类：一类是集总元件(尺寸通常小于 0.1 波长)，另一类是分布元件。X 波段到 20 GHz 适用于集总元件，高于 20 GHz 宜采用分布元件。

1. 电容

MMIC 中经常采用的电容有微带缝隙电容、交指电容、叠层电容和肖特基结电容。

· 微带缝隙电容的电容量很小，很难超过 0.05 pF。

· 交指电容的电容量稍大，但耦合指长度不能太大，电容量只能做到 1 pF 以下，Q 值能达到 100 左右。

· 为获得 1～100 pF 量级的电容量需采用叠层电容，又称 MIM 电容，其结构如图

9 - 1 所示。绝缘层介质用 Si_3N_4、SiO_2 或聚酰亚胺。MIM 电容的主要问题是难于保证电容值制造的准确性和重复性。

· 肖特基结或 PN 结也可制作电容器，如图 9 - 2 所示。这种电容可以在制作有源器件时一起完成，适于 $0.5 \sim 10$ pF 左右的容量。

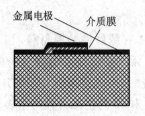
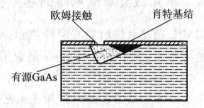

图 9 - 1　叠层(MIM)电容　　　　　　图 9 - 2　肖特基结电容

2. 电感

与 MIC 类似，MMIC 中应用的电感包括图 9 - 3 所示的几种：

· 直线电感和单环电感的尺寸小、结构简单，电感量大约几纳亨以下。

· 多圈螺旋方形或圆形电感具有较大电感量和较高 Q 值，电感量约可达数十纳亨，Q 值大约为 10，最高可接近 $40 \sim 50$。

为减小电感线圈所占基片的面积，线条尽量要细，电阻损耗不容忽视，匝间电容以及薄基片对地板的临近效应都将使有效电感量降低。多圈电感的内圈端点引出线要用 Si_3N_4 或 SiO_2 做绝缘层或用空气桥跨接，制作工艺比较复杂。

不论哪种结构的电感，导线总长度都应该远小于波长，才能具有集总参数电感的特性。

直线电感　　　　　　折线电感　　　　　单环电感　　　　　多圈电感

图 9 - 3　MMIC 电感

3. 电阻

用于 MMIC 的电阻主要有薄膜电阻和体电阻两大类。要求电阻材料具有较好的稳定性，低的温度系数，还要考虑允许电流密度、功率和可靠性等问题。实际应用中的电阻包括以下几类：

· 镍铬系电阻：具有良好的粘附性，阻值稳定性高，成本低。制作技术多用蒸发工艺，但较难控制合金成分的比例。

· 钽系电阻：目前可用充氮反应溅射制备氮化钽电阻，用钽硅共溅射可获得耐高温的电阻。钽系电阻薄膜也可用于混合 MIC 中。

· 金属陶瓷系电阻：制作高阻最有效的方法是在金属中掺入绝缘体以形成电阻率高、稳定性好的电阻，如 Cr - Si 电阻、NiCr - Si 电阻和 CrNi - SiO_2 电阻等。调整材料的配方比例使电阻率在很大范围内改变，以适应不同电阻值的要求。

· 体电阻：利用 GaAs N 型层的本征电阻，它是 MMIC 中特有的类型。在 GaAs 基片上局部掺杂，做上欧姆接触就构成了电阻，其电阻率比较适中。体电阻的主要缺点是电阻温度系数为正，而且在电流强度过大时，电子速度饱和，呈现非线性特性，此种特性不利于一般线性模拟电路，但可用于某些数字逻辑电路。

9.1.3　单片微波集成电路的有源器件

MMIC 中的有源器件和 MIC 中常用晶体管的类型基本一样。三极管几乎都采用 FET，也使用双栅 FET。二极管有肖特基势垒管、变容管、体效应管、PIN 管等。在 MMIC 中由于各种晶体管都没有管壳封装，缩短了元件之间的互连线，减少了焊点，因此可用的极限频率提高，工作频带加宽，尺寸减小，可靠性改善。

FET 是高频模拟电路和高速数字电路的主要元件，肖特基势垒二极管是二极管中的主要元件。不论是哪种晶体管，在 MMIC 中都是平面结构，即各电极引线需从同一平面引出。为减小晶体管寄生参量，GaAs 导电区要尽量小，只要能保证器件工作即可。

肖特基势垒二极管和 FET 的平面结构示意图如图 9 - 4 所示。图中，电极引线是金（Au），有源层是 N 型 GaAs，电导率 $\sigma = 0.05\ \Omega \cdot cm$，载流子浓度为 $n_n = 10^7\ cm^{-3}$，欧姆接触用金锗（AuGe）。为了保证欧姆接触良好，有源层上还有一层低电阻率的 N^+ GaAs 层，电导率 $\sigma = 0.0015\ \Omega \cdot cm$，载流子浓度为 $n_n = 10^{18}\ cm^{-3}$。在晶体管区的表面还有一层 Si_3N_4 或 SiO_2 作为保护层。对 FET 而言是在有源层上制作 Ti/Pt/Au 混合体形成肖特基势垒，再真空蒸发栅极金属，栅金属的质量和位置对 FET 的性能至关重要。要考虑金属对 GaAs 有良好的附着力，导电性好，热稳定性强，金属可用 Cr - Ni - Au、Cr - Au、Cr - Rn 或 A1 - Ge，也可用 A1。栅成型后表面再覆盖一层保护层，源极和漏极的金属亦是真空蒸发形成的。目前 In - Ge - Au 和 Au - Ge - Ni 用得较多，使 FET 有良好的欧姆接触并能承受短时升温。

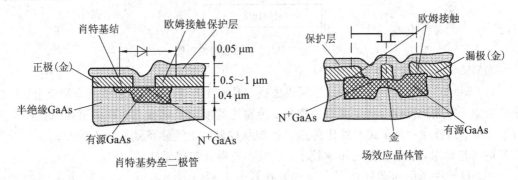

肖特基势垒二极管　　　　　　　　场效应晶体管

图 9 - 4　平面晶体管结构

9.2　MMIC 电路的设计特点

尽管 MMIC 电路的设计方法和 MIC 有一定相似之处，但是其结构特点决定了要有一些不同的考虑。典型的 MMIC 设计程序如图 9 - 5 所示。设计的依据是由用户提出的技术指标，设计者必须要考虑实际的设备和条件；根据系统要求决定电路的拓扑结构，采用什么类型的器件，例如单栅或双栅 FET、低噪声或高功率 FET、集成度的规模和价格等。由于 MMIC 的各种元件都集成在一块基片上，分布参数的影响不能忽略；有时还必须考虑传输线间电磁场的耦合效应；此外，集成电路制作后无法调整，需精确地、全面地设计电路模块和元件模块，计入加工中引入的误差。因此，MMIC 设计必须采用计算机辅助设计方法，选用合适的 CAD 软件对电路参数进行优化，以获得元件最佳值，并由计算机进行设计后的容差分析、稳定性的检验等。目前使用最多的是 Agilent 公司的 ADS 软件。设计的成功与否，决定了产品的成品率，也影响电路的成本和价格。

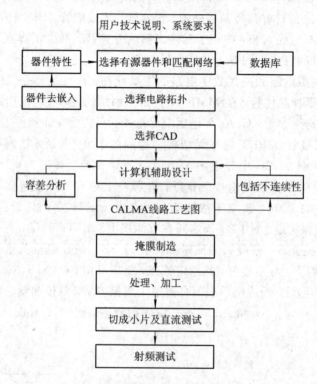

图 9 - 5　MMIC 设计程序流程图

MMIC 设计中应主要考虑如下几点：

(1) MMIC 的元件不能筛选、修复或更换。例如微带线，宽的微带线具有阻抗低、损耗小的特点，一般阻抗在 $30 \sim 100\ \Omega$ 范围内。传输线宽度的任何变化，都将引起阻抗的不连续性。制造过程中，分布式元件比集总元件较易控制，虽然分布式元件占的空间大，因为制作的工艺简单，制造偏差的影响较小，所以多选用分布式元件。

(2) 设计中所用的器件数据必须选取在宽带范围内的参数值，以便扩大电路的适应性。同时，MMIC 集成度越高，元件越多，加工过程中越不可避免出现偏差。这会导致器件参数变化是制造公差的函数，设计时对元件需要允许有较大的公差。选用低灵敏度电路，着眼点不是电阻、电感、电容或其他参数的绝对值，而是它们之间的比例，可在 CAD 设计时再作调整。

(3) 尽量减小电路尺寸。在 C 波段以下的较低频段，不宜采用分布参数传输线，尽量用集总参数元件。有时 FET 寄生参数影响不大，可以不加匹配元件，宁可多用一两只 FET，以获得足够增益，而尺寸可能更小。

（4）由于元件、部件尺寸小，因而容易在电路结构上实现负反馈电路，以扩展频带和改善性能。设计更复杂的行波式或平衡式放大器时，虽然使用了更多的 FET，但是这些 FET 一次制成，又处于同一基片上，成本增加并不多，而性能上却有很大改善，这是 MMIC 的特点。

（5）分布参数电路虽比集总参数元件电路制作工艺简单，但尺寸较大，需将微带线折弯或盘绕，这将产生线间耦合。设计时除了考虑将线间距离控制在 2～3 倍的基片厚度之外，还需用更精确的电磁场数值分析方法进行分析和计算，以提高设计精度。

（6）电路高温工作的可靠性。小信号 MMIC 的散热问题较容易解决，但对功率放大电路，需要考虑封装的热阻抗和工作环境条件。GaAs MMIC 的短暂工作温度在 300℃ 以下，一般最高温度应低于 150℃。

（7）关于抗辐射的问题。现代电子系统有抗辐射的要求，故在集成电路生产中提出了辐照硬度（Radiation Hardness）的指标，即在生产过程中为确保质量，需挑选出那些较能承受辐射的产品。

上述几个方面，有些是一般的原则，有些随 MMIC 应用的不同，相对的重要性也随之而变。总之，设计的 MMIC 必须满足电气性能技术指标要求，工作可靠，具有高成品率和低成本。

9.3　微波集成电路加工工艺简介

9.3.1　微波集成电路工艺流程简介

微波集成电路（MIC）的加工主要有以下几个步骤：

（1）制备红膜。任何一个 MIC 的加工，首先需要有设计完成的电路布线图或结构图，根据这个图来刻制红膜。红膜是聚酯薄膜，上面覆盖一层透明的软塑料（红色或橙色），红膜厚约 50～100 μm，软塑料厚约 25～50 μm，利用坐标刻图机在光台上刻绘所需的图形，使所需的图形部位红色塑料膜脱离基体，即根据刻出的线条，有选择地揭剥红膜。一般将原图尺寸放大约 5～10 倍，主要是提高制图精确度。刻制的红膜尺寸要求精密准确。常规制版工艺全由人工绘制、刻膜和揭剥红膜；现在采用新工艺，即用计算机控制，编制软件程序，或用 X - Y 绘图仪绘制。

（2）制造掩膜。掩膜的作用是将设计的图形从红膜上精确地转移至基片上。常用的是光掩膜，它是在玻璃基片上表面镀一层铬或氧化铝等材料，然后，再在上面涂一层光乳胶（银卤化物），这种材料光灵敏度高，图像分辨率好。利用已刻制的红膜图形初缩照相制版后，置于玻璃基片上曝光，然后经过光刻制成掩膜。也可以不由红膜制造掩膜，而由图形发生器直接制作掩膜。

（3）光刻基片电路。将 MIC 的基片毛坯抛光后，在基片上镀金属膜。一般有三种方法：真空蒸发、电子束蒸发或溅射，视不同的金属材料而定。主要要求金属与基片之间有良好的附着力，性能稳定且损耗低。例如在氧化铝基片上镀金属膜，材料为 Cr/Cu/Au 或 NiCr/Ni/Au，可先在基片上镀一层催化层，然后再先后分层镀上不同的金属。随后，在已镀金属膜的基片上涂一层感光胶，感光胶有正性胶和负性胶两种，将掩膜置于其上方，通过曝光、成型、腐蚀去掉不希望有的金属涂层，如图 9 - 6 所示。前两个图中表示涂感光胶的地方刻蚀后无金属层；后两个图中表示涂感光胶的地方保留了金属层。前者所涂感光胶的厚度应与最后所需金属膜的厚度相近，它适于制作 25～50 μm 宽或金属带相距 25～50 μm 的线条。后者比较节省金属，而且价格便宜。

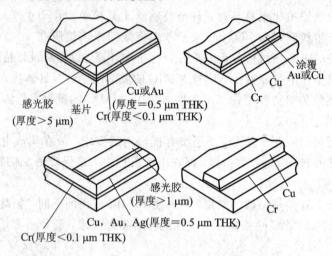

图 9 - 6   MIC 中基片上制作图形的示意图

（4）有源器件的安装调试。

如图 9 - 7 所示，这是常规工艺流程。微波集成电路的制作必须在超净环境中进行以保证质量。如果制作 MIC 的基板材料已经制备了双面敷铜（或其他金属），则可省去在基片材料上镀金属膜的步骤，直接根据掩膜光刻基片电路即可。

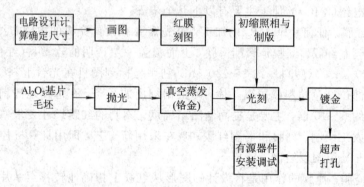

图 9 - 7   微波集成工艺流程图

9.3.2 单片微波集成电路工艺流程简介

MMIC 制作的复杂性在于要在 GaAs 基片上同时制作有源器件和无源元件，工序很多；它是多层结构，所用掩膜不止一个而是成套的，对掩膜的图形精度也有更高的要求，电路的制作工艺比 MIC 更复杂。

1. 图形转移新技术

图 9 - 8 示出了制作掩膜的过程，输入的图形数据是由制作掩膜的专用计算机输入的，

已考虑了制作掩膜过程中出现的尺寸误差并进行了预先修正。通过计算机由图形信息控制图形发生器。

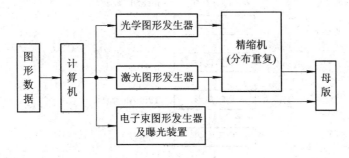

图 9 - 8　图形转移新技术

图 9 - 8 中给出了图形产生的几种方式：

• 光学图形发生器：本质上为一台特殊的照相机，也是一种光学投影照相系统。将原图分解成许多单元图形或单元复合图形，计算机控制光孔变化，计算曝光位置，进行多次曝光完成初缩版的照相。

• 电子束图形发生器及曝光装置：它是在计算机的控制下，利用光刻蚀的原理制备出所要求的掩膜图案。由于电子束的散射和衍射很小，又便于聚焦成 $0.02\sim0.2~\mu m$ 的细斑，因而具有极高的分辨率，所以在计算机的控制下能直接制成精缩版。这是发展微米与亚微米技术的重要工具。

• 激光图形发生器：它是在计算机控制下，通过调制激光束对光致抗蚀剂进行选择性加工。因制版的薄膜上涂有一层低温 CVD 淀积的氧化铁，底版放在微动台上，当激光束作栅状扫描时，可以有选择地把需要形成窗口处的氧化铁熔化并蒸发。此法的主要优点是能在短时间内制成初缩板，甚至直接制成精缩掩膜，缩短研制周期，但分辨率较低。

一般掩膜底版曝光后，经显影、漂洗、后烘、腐蚀、去胶等一系列过程（即光刻蚀过程），就完成了主掩膜的制作。

2. MMIC 工艺流程

在 GaAs 基片上制作微波电路，须同时制作有源器件和无源元件。现以小信号集成电路为例，图 9 - 9 给出了 MMIC 的全部制作过程。

（1）有源层。如图 9 - 10(a) 所示，首先在半绝缘 GaAs 基片上制作有源层，如果要形成 N 型有源区，即将所需的杂质原子掺杂到半导体基片规定区域的晶格中去，达到预期的位置和数量要求，这就是掺杂技术。目前所采用的方法有离子注入和外延掺杂两种。离子注入是一种新掺杂技术，它把杂质原子电离并使带电性的离子在高电场中逐级加速，直接注入到半导体中去。这种技术能在较大的面积上形成薄而均匀的掺杂层。图 9 - 9 中退火的作用是消除离子注入所造成的晶格损伤。另一种是外延技术，即在 GaAs 基片表面生长另外的 GaAs 层，保护晶体结构，这种生长的新单晶层，其导电类型、电阻率、厚度和晶格结构的完整性都可以控制，达到预期要求，这个过程称为外延，新生长的单晶层为外延生长层。外延方法有液相外延（LPE）、气相外延（VPE）和分子束外延（MBE）三种，其中LPE 是老技术，MBE 是新技术，应用 MBE 能做高电子迁移率的场效应集成电路和异质结双极型集成电路，但一般 VPE 的应用较为广泛。

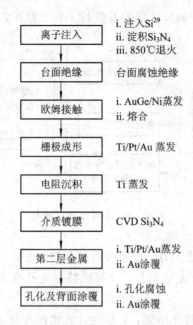

图 9-9 MMIC 工艺流程图

（2）绝缘。在有源面上电流流过该区，但在特定的区域若要限制电流流过，则需绝缘。对有源器件，只允许电流在所规定的部位流过，而其他部位需绝缘。对无源电路，要减小传输线的寄生电容和导体损耗，也要注意绝缘。绝缘层的制作方法可采用台面蚀刻和离子注入两种方法，用蚀刻的方法将不需要有源层的区域全部去掉，此方法简单，故广为采用（如图 9-10(b)所示）。

（3）欧姆接触。在半导体表面和焊接点之间需要良好的电接触，因此需制作欧姆接触点。MMIC 的这类触点十分重要，触点接触不好，接触电阻将导致噪声增大和增益下降。制作欧姆接触的方法是在 GaAs 上，将熔合的金、锗（$\omega(Au)=88\%$，$\omega(Ge)=12\%$，熔点为 360℃）掺入 GaAs 层和有源层，然后在其上蒸发镀一层镍，整个厚度约为 2000 Å，随后制成焊点，见图 9-10(c)。

（4）肖特基或栅极结构。在有源层上放置金属可形成肖特基势垒（如图 9-10(d)所示）。栅极金属的选择要考虑对 GaAs 的附着力、导电性能和热稳定性，对 GaAs 基片多用 Ti/Pt/Au 合金材料。

（5）第一层金属。第一层金属是指覆盖的喷涂金属，以增加导电性。对电容、电感和传输线，此层金属即为底部的导电板。它和肖特基栅金属是同时制作的。

（6）电阻沉积。在 MMIC 中，电阻作为 FET 偏置网络、终端负载、反馈、绝缘或衰减器等元件，见图 9-10(e)。对 GaAs 材料和电阻膜，要注意电流饱和、耿氏区的形成和温度系数等问题。制作电阻膜多用溅射法。溅射法是用受电场加速的正离子轰击固体靶表面，从固体表面飞溅出原子到达基片形成薄膜，这种方法比蒸发镀膜先进。

（7）介质镀膜。介质镀膜的作用是对 FET 有源层、二极管和电阻器加以钝化；在金属与金属之间绝缘以制造电容（如叠层电容），如图 9-10(f)所示。介质膜的厚度一般在 1000～3000 Å，单位面积的电容量由膜的厚度来决定。

（8）第二层金属。制作第二层金属主要是作为元件之间的互连线、空气桥、MIM 电容的上极板等。材料仍用 Ti/Pt/Au，为了减小阻值，再镀以金，层厚约 $3\sim5\ \mu m$，如图 9-10 (g) 所示。

（9）底面抛光和小孔金属化，如图 9-10(h) 所示。GaAs 基片底面要抛光磨平，并要精确控制基片厚度，因其厚度与微带传输线的特性阻抗有关。小孔是提供 MMIC 接地的重要元件。小孔金属化技术在不断改进，早期采用银浆接地，在孔中直接蒸发金属，近几年常用溅射和离子镀膜，使小孔中的金属膜在绕射作用下形成膜，有时也用化学淀铜。由于采用了敏化和活化反应，因而能以铜代金，获得较小的接触电阻。此外还出现了用导电胶接地等办法。小孔直径一般为 $50\sim100\ \mu m$，多用激光打孔。

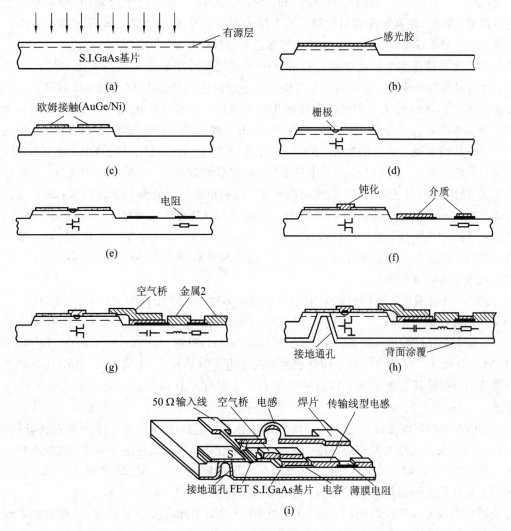

图 9 - 10　MMIC 加工的工艺过程示意图

图 9-10(i) 示出了完整的单片微波集成电路。各工序加工完毕后，需对 MMIC 芯片进行测试。芯片测试技术是提高 MMIC 集成度、降低成本、缩短研究周期必不可少的关键技术之一。检测装置采用特殊的探针，探针间距达到 $10\ \mu m$ 量级。目前采用接触式探针，今后可用不接触式光电探头，自动取样测量，取其合格者切割成小片。最后经过性能测试，检验 MMIC 的技术指标。

上述即为微波单片集成电路制作的全部过程。

9.3.3　微波集成电路新技术简介

1. 多芯片组件技术(MCM)

多芯片组件(Multi-Chip-Modules，MCM)技术是微波集成电路技术与微组装技术相结合的一种新技术。

在微波、毫米波领域，当单芯片一时还达不到多种芯片的集成度时，人们设想能否将高集成度、高性能、高可靠性的 CSP(Chip Size Package，芯片尺寸封装)芯片和专用集成电路芯片(ASIC)在高密度多层互联基板上用表面安装技术(SMT)组装成为多种多样的电子组件、子系统或系统，这种想法导致了多芯片组件(MCM)的诞生。

多芯片组件将多个集成电路芯片和其他片式元器件组装在一块高密度多层互连基板上，然后封装在外壳内，是电路组件功能达到系统级的基础。MCM 采用 DCA(裸芯片直接安装技术)或 CSP，使电路图形线宽达到几微米到几十微米的等级。在 MCM 的基础上设计了与外部电路连接的扁平引线，间距为 $0.5~\mu m$，将多块 MCM 借助 SMT 组装在普通的 PCB 上，从而实现了系统的功能。MCM 的主要特点有：封装延迟时间缩小，易于实现组件高速化；缩小整机/组件封装的尺寸和质量，一般体积减小 1/4，质量减轻 1/3；可靠性大大提高。MCM 与目前的 SMT 组装电路相比，体积和质量可减少 70%～90%；单位面积内的焊点减少 95% 以上，单位面积内的 I/O 数减少 84% 以上，从而使可靠性提高 5 倍以上；信号互连线大大缩短，使信号传输速度提高 4～6 倍，并且大大地增加了功能。在一些射频应用领域，如功率放大器(PA)电路，早先采用的 MMIC 独立元件已被整合多种应用、附加匹配功能的 MCM 所取代。

MCM 已发展成以不同材料和工艺为基础的多种 MCM 结构和类型，如 MCM - L(多层金属和介质)、MCM - C(陶瓷)、MCM - D(淀积工艺)、MCM - L/D 和 MCM - C/D 等。当前 MCM 已发展到叠装的三维电子封装(3D)，即在二维 X、Y 平面电子封装(2D) MCM 的基础上，向 Z 方向即空间发展的高密度电子封装技术，实现 3D，不但使电子产品密度更高，也使其功能更多，传输速度更快，性能与可靠性更好，而电子系统相对成本更低。

MCM 在组装密度(封装效率)、信号传输速度、电性能以及可靠性等方面独具优势，是目前能最大限度地发挥高集成度、高速单片 IC 性能，制作高速电子系统，实现整机小型化、多功能化、高可靠、高性能的最有效途径。因为发展很快，MCM 已成为 20 世纪 90 年代最有发展前途的高级微组装技术，在计算机、通信、雷达、数据处理、宇航、军事、汽车等领域得到越来越广泛的应用。据 20 世纪 90 年代初国际有关专家认定，5 年之内，谁在 MCM 技术方面领先，谁就能在电子装备制造方面处于先驱地位。近年来，各大公司对 MCM 给予了高度的重视，纷纷加入 MCM 这一技术竞争的行列。国际上，美国将 MCM 列为 20 世纪 90 年代优先发展的 6 大关键军事电子技术以及美国 2000 年前发展的 10 项军民两用高新技术之一。1993 年美国政府拨款 7000 万美元，在电子工业协会内建立一个新的分部，实施一个由政府资助、耗资 5 亿美元的 MCM 技术三年发展计划，使美国于 1996 年在多芯片集成技术方面居世界领先地位。1994 年底，由欧洲 5 国(英、法、瑞典、奥地利、芬兰)的 10 余家公司、大学、研究机构组成联盟，完成了一项发展 MCM 技术的三年合作计划，其工作频率可高达 40 GHz(用于通信)、功率密度达 40 W/cm²(用于汽车和工业)。日本各著名公司也采取了有效措施强化 MCM 产业，已开始了半定制 MCM 的研究。目前，MCM 已被公认为是 20 世纪 90 年代的代表技术，近十年又是 MCM 发展的最辉煌的时代。

2. 低温共烧陶瓷多层集成电路技术(LTCC)

低温共烧陶瓷(Low Temperature Co-fired Ceramics，LTCC)是现代微电子封装中重要的研究分支，主要用于高速、高频系统。低温共烧陶瓷是一种很薄的陶瓷多层基片，这种陶瓷材料厚度仅为 10 mm，由三层组成，里外两层均为涂覆陶瓷层，中间夹有一层银。它与其他多层基板技术相比较，具有以下特点：

· 易于实现更多布线层数，提高组装密度。

· 易于内埋置各种无源元器件，提高组装密度，实现多功能。

· 便于基板烧成前对每一层布线和互连通孔进行质量检查，有利于提高多层基板的成品率和质量，缩短生产周期，降低成本。

· 具有良好的高频特性和高速传输特性。

· 易于形成多种结构的空腔，从而可实现性能优良的多功能微波 MCM。

· 与薄膜多层布线技术具有良好的兼容性，二者结合可实现更高组装密度和更好性能的混合多层基板和混合型多芯片组件(MCM - C/D)。

· 易于实现多层布线与封装一体化结构，进一步减小体积和质量，提高可靠性。

· LTCC 具有很好的抗冲击性能，其成本远低于常规材料，而且易于大批量生产。

LTCC 系统最早被用于多层基板和多芯片组装，最近几年，LTCC 技术开始进入无源集成领域，成为实现无源集成的一项关键性技术。目前，通过 LTCC 技术实现无源集成主要有两种途径：一种是将无源元件埋在低烧低介陶瓷中；另一种是通过多层多成分陶瓷的共烧和图形化实现。无疑，后者是利用 LTCC 来实现无源集成的方向。与此同时，LTCC 技术由于自身具有的独特优点，在用于制作新一代移动通信中的表面组装型元器件时显现出巨大的优越性。目前，移动通信中采用 LTCC 技术制作的 SMD 型 VCO、LC 滤波器、频率合成组件、GSM/DCS 开关共用器、DC/DC 变换器、功率放大器、蓝牙组件等均已获得越来越广泛的应用。目前，LTCC 已经成为电子元器件、微电子封装领域的一项关键性技术和炙手可热的明日技术之一，日益受到重视。

9.4　微波及毫米波集成电路应用实例

在过去的 50 年里，微波和毫米波集成电路有了巨大的发展。如今，集成电路已经具有更小的尺寸、更高的集成度和更低的成本，在雷达、电子战和商业领域中有更广泛的应用。本节将简要介绍微波及毫米波集成电路在雷达、电子对抗和通信领域的应用。

9.4.1　微波及毫米波集成电路在雷达领域的应用

雷达在许多军事和商业领域中都有广泛的应用。军事应用包括目标位置跟踪、绘图和侦测，商业应用包括气象探测、运动测量、速度测量、避免撞击汽车的自动雷达和航空雷达。早期雷达使用磁控管的发射机,在第二次世界大战得到了发展。后来,电子管型、放大器型的发射机相继应用,如速调管(KPA)和行波管(TWT)。到1970年,固态发射机通过高效的高功率硅使双极型晶体管第一次在雷达中应用。

空管雷达在航空交通中起控制作用。1990年由Northrop Grumman公司开发的ASR-12固态雷达发射模块电路是空气冷却式微带功率模块,它使用4个联结硅锗(SiGe)功率晶体管,频带覆盖为2.7~2.9 GHz,雷达带宽峰值功率为700 W。SiGe与硅BJT相比可以有更高的工作频率和效率。

在1980~1990年,高电子迁移率晶体管(HEMT)的发展为接收机前端提供了很好的低噪声放大器。GaAs pHEMT可工作于100 GHz的频带范围,硅BJT的工作频带也从3 GHz扩展到20 GHz左右。

1990年M/A-COM推出了汽车防撞雷达收发模块,其工作频率为77 GHz,使用玻璃硅(GMIC)基板,并在基板上制作低损耗微带传输线、偏置电路(螺旋电感、电容和电阻)、环形桥、散热和接地装置。微波电路包括微带线介质谐振器振荡器(DRO)、放大器、倍频器、混频器和PIN开关等。

考虑到体积限制和分辨特性的要求,导弹上的微波系统使用毫米波频段较多,对MMIC的要求是低成本和精密封装。由Northrop Grumman公司在1990年生产的W波段弹载收发模块内径为25.4 mm,厚度为6.35 mm,外接4个圆极化天线。模块包括一个单脉冲比较器和两个全MMIC接收机,每个MMIC接收机信道都有一个平衡低噪声放大器、一个图像增强/抑制谐波混频器和一个中频放大器。基板采用石英、明矾和LTCC混合材料,选用InP MMIC低噪放大器来改善噪声特性;放大器和混频器选用GaAs pHEMT。

由Northrop Grumman公司在1990年为导弹应用制造的W波段1 W微型发射机的重量仅为68 g,最大尺寸是33.02 mm。发射机输入端输入Ku波段信号后,经两次倍频、功率放大和功分后进入两个8路输出通道。每个8路输出通道经功率放大后,送入放射状的功率合成器中,每两个放射状的合成器的输出信号在一个T型波导中耦合。石英型LTCC介质基板为集成电路提供直流通路且作为有源MMIC电路的控制信号。所有的MMIC均应用了GaAs pHEMT。

在固态相控阵雷达中,每一个单元都带有自己的收发模块(T/R组件)。固态相控阵雷达有许多实际应用,如AN/SPY-1(神盾系统)、爱国者系统、EAR系统、机载预警系统(AWACS)、多功能电子扫描自适应雷达系统(MESAR)、AN/TPS-70、AN/TPQ-37、PAVE PAWS、眼镜蛇DANE、眼镜蛇JUDY、F22和高空防卫雷达等。

9.4.2　微波及毫米波集成电路在电子对抗领域的应用

微波及毫米波集成电路在电子对抗(ECM)领域也有广泛的应用。无源ECM主要采用金属碎箔、假目标或其他反射体来改变雷达回波模型。有源ECM使用人为干扰技术和欺诈技术,欺诈性ECM是有意图地发射或重发具有一定幅度、频率、相位的间歇或连续波信号来迷惑电子系统对信息的获取和使用。20世纪80年代开发的宽带ECM多功能模块使用微带线、槽线和共面波导,完整的功能包括耦合、限幅、上变频、下变频、宽带放大、幅度调制、整流、选通和稳频源等,可工作在不同频段,包括S、C、X和Ku波段。

9.4.3 微波及毫米波集成电路在通信领域的应用

MIC 和 MMIC 在通信等商业领域中的应用非常广泛。双向无线电通信、寻呼、蜂窝电话、视距通信链路、卫星通信、无线局域网(WLAN)、蓝牙、本地多点分布式系统(LMDS)和全球定位系统(GPS)等系统的快速普及改变了人们的生活方式。

双向无线电通信是一种便捷的通信方式。1941 年,Motorola 首先生产出商业的 FM 双向无线电通信系统线路和设备。FM 技术较 AM 技术在解决幅度恒定问题上有了重大的改进。1955 年,Motorola 推出了 Handie - Talkie 袖珍无线寻呼机,选择性地发送无线电信息给特定的用户。寻呼机很快取代了医院和工厂的公共通告系统。1962 年,Motorola 推出了全晶体管化的 Handie - Talkie HT200 便携式双向无线电通信系统。1983 年,Motorola 推出了第一代 DynaTAC 模拟蜂窝系统,在 1985 年开始商业运作。在 20 世纪 90 年代,数字技术引入了蜂窝无线通信(第二代),为改善话音质量的同样带宽提供了更多的无线信道,工作频段为 800~1000 MHz 和 1750~1900 MHz,模拟和数字并存。数字模式包括全球移动通信系统(GSM)、时分多址(TDMA)和码分多址(CDMA)。第三代蜂窝电话为 Internet 的接入提供了更高的数据率和嵌入式蓝牙模块,可以无线连接到计算机上。这些系统中使用了大量的 MMIC 电路。

视距高塔通信链路从 20 世纪 40 年代起用于进行电话、图像和数据在微波频段的通信。C. Clarke 在 1945 年首先提出了卫星通信。由于语音、图像和数据传输方面的全球需求飞速增长,卫星通信在过去的 30 年中得到了迅猛的发展。固定卫星服务(FSS),如 INTELSAT,为卫星和很多较大的地球站之间提供通信。这些地球站通过陆地电缆连接起来,主要使用了 S、C 和 Ku 波段,也用到了 20/30 GHz。1965 年发射的 INTELSAT Ⅰ 提供 240 路话音信道。1989 年之前发射了 INTELSAT Ⅵ 系列卫星,提供了 33 000 条电话线路。随着数字压缩技术和多路复用技术的发展,现已有 120 000 条双向电话信道和三条电视信道。

DBS 服务用具有较高功率的卫星把电视节目发送到用户家中或公用电视天线后,再用电缆把信号传送到户。早期的系统使用 C 波段,需要一个大的抛物面天线,而现在普遍使用 Ku 波段系统,只需要一个很小的抛物面天线。最新的 Ku 波段接收天线是平板喇叭阵配合 MMIC 电路,体积更小,安装调试极为方便。

移动卫星服务(MSS)为大的固定地球站和许多装在车、舰船和飞机上的一些地面终端之间传送信号。动中通、动动通是目前军事通信的热门话题。IMMARSAT 2 系列卫星从 1989 年开始发射,它可以支持 150 路同时传输。IMMARSAT 3 比 IMMARSAT 2 系统提供的信道数多 10 倍,这些卫星系统运行在高同步静止轨道,其他的一些卫星系统运行于低轨道,即在 600~800 km 之间(Iridium、Ellipso 和 Globalstar 等)或在中等高度(10 000 km)的圆形轨道中(ICO)。

发展于 20 世纪 90 年代的 WLAN 已经应用于家庭、学校和办公楼的高数据速率的链接。IEEE 802.11 标准最初的频率大约在 2400 MHz,具有 20 dBm 的射频功率和 50 m 的范围。蓝牙技术作为一种计算机与外围设备和其他应用硬件之间互连的低花费无线方式发展于 21 世纪初期。蓝牙也在 2400 MHz 的频带上进行,它具有 0 dBm 的功率和 1~10 m 的范围。如果再放大到 20 dBm,它的范围可以达到 50 m。

　　无线局域网 WLAN 802.11b/g 射频 T/R 组件芯片包括接收机、发射机和频率综合器。实测的频率发生器的相位噪声为－129 dBc/Hz（在 3 MHz 下），谐波抑制小于－30 dBc，杂散抑制小于－69 dBc。所有流片均采用 SMIC 0.18 μm RF CMOS 工艺。

　　LMDS 技术应用于陆地多媒体传送系统，用来与蜂窝之间在大约 4800～9600 m 的范围内进行双向宽带传输。1998 年，美国联邦通信委员会（FCC）为这项应用在 28～31 GHz 频段分配了 1300 MHz 的带宽。LMDS 提供了高速 Internet 接入、电视广播、可视会议、图像、声音和电话服务。混合 pHEMT 和 MMIC pHEMT 的功率放大在这个频段内已经达到 2 W 的功率。

　　GPS 系统的广泛普及使得各类交通定位十分方便，并且已经研制出成功可靠的终端系统。集成硅 BJT MMIC 芯片已经大量用于处理 1.575 GHz 的 GPS 信号。

　　总之，在过去的 50 年中，微波领域在不断地发展和壮大。发展的最初动力虽来源于新军事系统发展的需要，但现在这个领域却被包括以高速和大带宽需要为重点的、信息时代的新需求的多种商业应用所推动。集成射频、微波和毫米波电路已经成为非常大众化的产品。混合电路将会变得更像单块集成电路。为了用一块芯片解决问题，MMIC 将会集成更多的电路功能，低成本射频应用的硅 CMOS 集成电路和毫米波电路的 InP 集成电路将会变得更加成熟和普及。可以预见，在不久的将来，随着信息时代的不断发展，微波、毫米波集成电路将会是信息网络和终端设备的核心，处于越来越重要的地位，越来越深刻地影响和改善人们的生活。

附录1　噪声理论

要接收微弱的微波信号，微波电子系统的噪声性能需要引起特别的重视。由于在微波波段，要得到大的信号功率比较困难，而电路的损耗又相当严重，因此接收到的信号十分微弱。例如，当天线增益为 16 dB 时，在西安地区接收到的荧光屏卫星的信号功率约为 0.81 pW。噪声的存在妨碍了对信号的检测，造成测量的误差，不可避免地对各种系统（例如雷达、通信等）造成危害。

F1.1　噪声的来源

微波电子系统的噪声来自两方面：一是从天线接收进来的外部噪声，二是微波电子系统内部产生的起伏噪声。

F1.1.1　外部噪声

外部噪声是指天线接收进来的除有用信号以外的电磁波，它包括天电宇宙噪声，大地热骚动产生的噪声以及电台信号和人为噪声等。

天电噪声是由大气层中各种电磁现象引起的，其中主要是由雷电以及带电的雪、雨和灰尘的运动产生的。此外，大气层电离度的变化也会产生电磁波辐射。这类噪声呈不规则的脉冲状态，因此它的强度随频率急剧地衰减，对于微波电子系统的干扰是很小的，一般可以忽略。

宇宙噪声是由地球大气层外（例如太阳、银河系等其他星体）的电磁辐射源引起的。这类噪声是不规则的起伏，故又称为起伏噪声。它在空间的分布是不均匀的，最强的方向来自银河系的中心，其强度与频率和季节等因素有关。只要微波电子系统的天线主瓣不对准银河系，那么这种噪声也可忽略。

由于天线周围介质的热运动产生的电磁波形成了天线的热噪声，它也呈起伏状。这种噪声电磁波经天线接收送至微波接收机输入端。微波电子系统的外部噪声主要是天线热噪声。

人为噪声包括微波电子系统附近的工业设备产生的电火花引起的电磁波、邻近微波设备发射信号的干扰以及敌人施放的有源干扰等。工业干扰呈脉冲状，对微波电子系统的影响甚微，而邻近设备发射的微波信号，只有当频率与本设备工作频率相近时才产生显著的影响，并且采用特殊措施能够加以消除。

F1.1.2　内部噪声

接收机的内部噪声是由电路元件和器件产生的。它包括导电体中电子的热运动所产生的热噪声、电子器件中的带电粒子（电子或空穴）发射不均匀所产生的散粒噪声、各电极对带电粒子的分配不均匀所形成的分配噪声，以及元件制作工艺不完善和材料本身所引起的"闪烁噪声"。这类噪声均呈起伏状态，也就是起伏噪声。

常用的微波接收机的输出噪声主要是内部噪声及天线热噪声。

F1.2 各种噪声源的功率谱密度

微波电子系统的内部噪声直接影响系统的质量，因此必须知道噪声的强度。由于噪声是随机的，无法用一个确定的函数来描述，因此不能用常用的信号强度计算方法来确定噪声的强度，而必须采用功率谱密度来描述。

F1.2.1 电阻热噪声

热噪声是在电阻一类的导体(例如天线)中，由于电子布朗运动而引起的噪声。导体中的电子始终在作随机运动，并与分子一起处于热平衡状态。由于电子以一定速度在运动(电子速度的均方值正比于绝对温度)，每一电子与分子撞击就会产生一个短促的电流小脉冲。这种随机运动的电子数目和撞击的次数很多，于是在导体两端就有电性能的表现。因电流小脉冲的方向是随机的，故其平均值为零(即平均电流为零)，但存在交流成分，这就是热噪声。此外，还由于短促的电流小脉冲的频谱的第一个零点频率约为 10^6 MHz，因此，虽然在整个频率范围内，它的频谱是不均匀的。但在微波波段内，可以认为是均匀的，所以电阻热噪声可近似看成为白噪声。

电阻噪声的功率谱密度可以对很多脉冲电流的频谱进行统计而得到。根据理论分析和实践证明，其功率谱密度可用单位电阻上电压的均方值谱来表示，即

$$\overline{U}_n^2 = 4kTRB \qquad (F1-1)$$

式中：k 为玻尔兹曼常数，它等于 1.38×10^{-23} J/K；T 为绝对温度；R 为电阻的阻值；B 为测试设备的通频带。

这个电压均方值谱是在电阻之中，为方便，常把有噪声的电阻画成一个理想无噪声电阻与一个噪声电压源相串联的等效电路，如附图 1.1(a)所示。它也可以画成一个理想无噪声电导与一噪声电源相关联的等效电阻电路，如附图 1.1(b)所示。电流均方值谱为

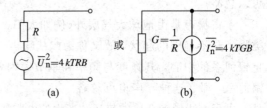

附图 1.1 电阻的噪声等效电路

$$\overline{I}_n^2 = 4kTGB \qquad (F1-2)$$

式中：G 为电阻的电导值，$G=I/R$。

注意：噪声等效电路中所表示的电流或电压不是瞬时值，也不是振幅值，而是功率谱密度(即电压或电流的均方值谱)，它没有相位问题。

如何计算多个电阻串联或并联时的总噪功率谱密度呢？对于两个电阻$(R_1、R_2)$串联的电路，设其各自噪声电压的均方值谱为 $\overline{U}_{n1}^2 = 4kT_1R_1B$，$\overline{U}_{n2}^2 = 4kT_2R_2B$。因两个电阻的噪声是相互独立的，故噪声相加就是功率谱密度相加，即

$$\overline{U}_{\mathrm{n}}^{2} = \overline{U}_{\mathrm{n1}}^{2} + \overline{U}_{\mathrm{n2}}^{2} = 4k(T_{1}R_{1} + T_{2}R_{2})B \qquad (\mathrm{F1-3})$$

若两电阻的温度相同，即 $T_{1} = T_{2} = T$，则

$$\overline{U}_{\mathrm{n}}^{2} = 4kT(R_{1} + R_{2})B = 4kTRB$$

可见，当电阻的温度相同时，总噪声功率谱密度等于串联电阻值所产生的噪声功率谱密度，其等效电路如附图 1.2 所示。

对于电阻并联电路，用噪声电流源比较方便，这时总的噪声电流均方值谱为

$$\overline{I}_{\mathrm{n}}^{2} = \overline{I}_{\mathrm{n1}}^{2} + \overline{I}_{\mathrm{n2}}^{2} = 4k(T_{1}G_{1} + T_{2}G_{2})B \qquad (\mathrm{F1-4})$$

若电阻温度相同，则

$$\overline{I}_{\mathrm{n}}^{2} = 4kT(G_{1} + G_{2})B = 4kTGB$$

其等效电路如附图 1.3 所示。

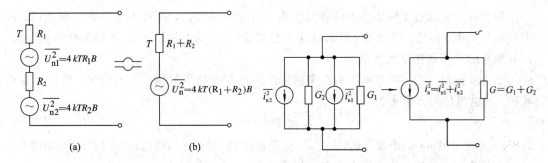

(a)　　　　(b)

附图 1.2　电阻串联时的噪声等效电路　　　附图 1.3　并联电导的噪声等效电路

对复杂的同温纯电阻的串、并联电路，用同样方法得到总噪声电压(或电流)的均方值谱为

$$\overline{U}_{\mathrm{n}}^{2} = 4kTRB, \quad \overline{I}_{\mathrm{n}}^{2} = 4kTGB \qquad (\mathrm{F1-5})$$

式中：R 和 G 为串、并联电路的总电阻和总电导。可见，对于同温纯阻的单口网络，其噪声功率谱密度为该网络总电阻所产生的噪声功率谱密度。

在研究噪声问题时，还常常运用额定功率的概念。由附图 1.4 可知，对于任一电阻所输出的噪声额定功率为

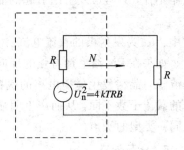

$$N = \left(\frac{U_{\mathrm{n}}}{R + R}\right)^{2} \cdot R = \frac{\overline{U}_{\mathrm{n}}^{2}}{4R}$$

$$= \frac{4kTRB}{4R} = kTB \qquad (\mathrm{F1-6})$$

附图 1.4　噪声额定功率的示意图

上式表明：任何一个无源单端口网络输出的噪声额定功率只与其温度 T 及通频带 B 有关，而与负载阻抗和网络本身的阻抗无关。

F1.2.2　天线输入噪声

天线的输入噪声主要是大地热辐射和宇宙产生的噪声，通过天线进入微波接收机。因此，微波接收机的输入噪声与天线的方向性及天线指向有关。为计算方便，常将它等效为信号源内阻在等效温度下所产生的热噪声，即

$$\overline{U_{nA}^2} = 4kT_A R_A B \qquad\qquad (F1-7)$$

式中：R_A 为天线馈线的特性阻抗；T_A 为天线等效噪声温度，与天线的工作频率、方向图和指向有关，常用测量方法得到。

F1.2.3　双极晶体管的噪声

双极晶体管产生的噪声包括热噪声、散弹噪声、分配噪声以及闪烁噪声。

1. 热噪声

由于各电极都存在体电阻和引线的接触电阻，因此存在热噪声。热噪声的计算方法和普通电阻的相同。

2. 散弹噪声

散弹噪声是通过 PN 结注入的载流子数不均匀而引起的，这种不均匀性是随机的，故形成起伏噪声。显然，通过 PN 结的载流子数越多(即平均电流越大)，不均匀性也就越大，因而噪声的功率谱密度也就越大。

实验和分析表明，散弹噪声的功率谱密度在很宽的频率范围内是均匀的，所以也是白噪声，其电流的均方值谱为

$$\overline{I_n^2} = 2qI_= B \qquad\qquad (F1-8)$$

式中：q 是电子电量，其值为 1.6×10^{-19} C；$I_=$ 是通过 PN 结的平均电流；B 是测量设备的带宽。

在晶体二极管中，散弹噪声的电流均值谱为

$$\overline{I_n^2} = 2qI_0 B \qquad\qquad (F1-9)$$

式中：I_0 为通过二极管的直流电流。

在晶体三极管中，发射结和集电结都将产生散弹噪声，通常集电结产生的散弹噪声可忽略不计，只考虑发射结引起的散弹噪声，其值为

$$\overline{I_{en}^2} = 2qI_{e=} B \qquad\qquad (F1-10)$$

式中：$I_{e=}$ 为发射极的直流电流。

如果在 PN 结上加有强的反向电场，可能导致 PN 结雪崩击穿。由于雪崩过程中，每对载流子与晶格发生碰撞电离的次数是随机的，碰撞的时间间隔也不均匀，因此各个时刻产生的载流子数不同，从而产生明显的起伏噪声。这种噪声称为雪崩噪声，它与散弹噪声属于同一类型的噪声。

3. 分配噪声

对三极管而言，除热噪声和散弹噪声外，还由于基区载流子复合的不均匀而引起电流分配的不均匀，致使集电极电流有起伏而形成噪声，这种噪声称为"分配噪声"。常用集电极噪声电流的均方值 $\overline{I_{cn}^2}$ 表示

$$\overline{I_{cn}^2} = 2qBI_{c=}\left[1 - \frac{\alpha_0}{1 + (f/f_\alpha)^2}\right] \qquad\qquad (F1-11)$$

式中：$I_{c=}$ 为集电极的平均电流，α_0 为低频时共基极电流放大倍数，f_α 为共基极电路时的晶体管截止频率，f 为晶体管的工作频率。

显然，分配噪声与频率有关。因为当工作频率较高时，受到少数载流子在基区渡越时间的影响，于是基区载流子的复合将随工作频率的增加而增加，分配噪声也随之增大，所

以分配噪声是一种色噪声。在微波电路中，分配噪声的影响将很严重，故应选择 f_α 高的管子。

4. 闪烁噪声

闪烁噪声是一种典型的色噪声，其噪声功率谱密度随频率的增加而下降，所以常称为

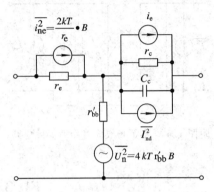

$1/f$ 噪声。它与半导体材料及表面状态和漏电流有关。这种噪声主要集中在几十至几百 kHz 以下的低频端。微波频段可以不考虑。但当微波电路具有非线性效应时，闪烁噪声会通过非线性变频变换到工作频率附近，产生"上变频噪声"。

由上述分析画出的晶体三极管噪声等效电路如附图 1.5 所示。图中忽略了发射极、集电极电阻的热噪声和集电极反向饱和电流产生的散弹噪声、基极产生的电阻热噪声以及集电极产生的分配噪声。

附图 1.5　晶体三极管的噪声等效电路

F1.2.4　场效应管的噪声

场效应管是依靠多数载流子在沟道中的漂移而工作的。噪声来源主要是沟道热噪声和栅极感应噪声。

1. 沟道热噪声

载流子通过沟道时的不规则热运动而产生的热噪声，称为沟道热噪声。噪声电流的均方值谱为

$$\overline{I_{nd}^2} = 4kTBg_{m0}P \qquad (F1-12)$$

式中：P 是与器件结构尺寸和直流偏压有关的因子。

2. 栅极感应噪声

由沟道热噪声电压通过沟道和栅极之间的电容耦合，而在栅极上感应的噪声，可用栅源之间的噪声电流源表示。其值为

$$\overline{I_{ng}^2} = 4kTB\frac{\omega^2 C_{gs}^2}{g_{m0}}R_1 \qquad (F1-13)$$

式中：R_1 是与直流偏压有关的因子。由式(F1-13)可见，与频率有关，故为色噪声。

实际上，在微波场效应管中，由于电子速度饱和效应，将产生高场扩散噪声，还由于砷化镓是多能谷材料，因此还将产生谷际散射噪声。所以对前面只考虑热噪声时所给出的噪式公式还必须加以修正。

当只考虑沟道热噪声和栅极感应噪声时的微波场效应管本征部分的噪声等效电路如附图 1.6 所示。

应该指出的是，在场效应管中，因为栅源之间是负偏置，只有很小的饱和电流，可以不计其散粒噪声影响，所以场效应管比双极型晶体管的噪声要低。

根据以上的分析，并假设各噪声源之间互不相关，则总的输出噪声谱密度可由电路计

算得到,如附图 1.7 所示。图中 $f_1 \approx 1 \sim 50$ kHz,小于 f_1 时主要是闪烁噪声;$f_2 \approx \sqrt{1-\alpha_0 f_\alpha}$,高于 f_2 时主要是分配噪声和感应噪声,并以每倍频程 6 dB 的规律上升。

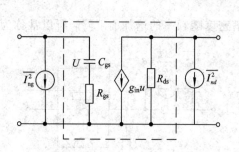

附图 1.6   本征场效应管噪声等效电路

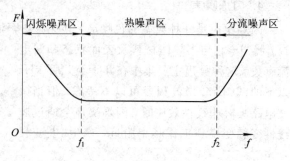

附图 1.7   总噪声的功率谱

F1.3   噪 声 带 宽

当功率谱均匀的白噪声通过具有频率选择性的线性系统后,就变成功率谱不均匀的色噪声,如附图 1.8 的实曲线所示。为分析和计算方便,通常把这个不均匀的功率谱等效为一定频带 B_n 内是均匀的功率谱。带宽 B_n 称为噪声等效频带宽度,简称噪声带宽。它可由下式求得

$$B_n = \frac{\int_0^\infty |H(f)|^2 \, df}{|H(f_0)|^2} \qquad \text{(F1 - 14)}$$

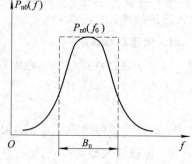

式中:$|H(f_0)|^2$ 为线性电路在谐振频率 f_0 处的功率传输系数。由此可见,噪声带宽与信号带宽 B 一样,只取决于电路本身的参数。当电路形式和级数确定后,B_n 与 B 之间具有一定的关系。级数越多,B_n 越接近于 B。所以通常在级数较多的谐振电路中,可用信号带宽 B 直接代替噪声带宽 B_n。

附图 1.8   噪声等效频谱宽度的示意图

F1.4   噪声系数和噪声温度

要衡量微波电子系统内部噪声对微波电子系统有多大的影响,仅算出它的输出噪声功率还不能说明它对信号的影响速度。如附图 1.9 所示,对于微波线性网络来说,可以用输入端的信噪比 S_i/N_i 通过线性网络后的相对变化来衡量。假如线性网络是没有内部噪声的理想线性网络,那么输出端的信噪比(S_o/N_o)就等于输入端的信噪比,实际上总存在内部噪声,故 $S_o/N_o <$

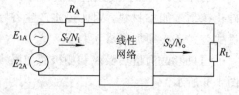

附图 1.9   噪声系数说明图

S_i/N_i。如果内部噪声愈大,则 S_o/N_o 愈小。通常用噪声系数来表示线性网络的噪声性能。

F1.4.1 噪声系数的定义

噪声系数的定义是输入端信号噪声功率比与其输出端信号噪声功率比的比值，通常用符号 F 表示，即

$$F = \frac{S_i/N_i}{S_o/N_o} \qquad (F1-15)$$

式中：S_i 和 S_o 分别为线性网络输入和输出端的额定信号功率；N_i 为标准输入额定噪声功率（$N_i = KT_0B$）；N_o 为输出端额定噪声功率。

噪声系数具有明确的物理意义。它表示由于网络内部噪声的影响，使网络输出端的信噪比要比输入端的信噪比变坏的倍数。对于理想线性网络，$F=1$。F 愈大，表示内部噪声愈大。

把式(F1-15)稍加变换得到噪声系数的另一种形式：

$$F = \frac{N_o}{\dfrac{S_o}{S_i}N_i} = \frac{N_o}{G_p N_i} = \frac{N_o}{N_{nAo}} \qquad (F1-16)$$

式中：G_p 为线性网络的功率增益；$N_{nAo} = G_p N_i$ 为标准输入额定噪声功率通过"理想线性网络"后，在输出端呈现的额定噪声功率，即输出端的标准噪声额定功率。

式(F1-16)表示的噪声系数表明，它只与总的输出噪声额定功率和标准输入噪声经理想线性网络后的输出噪声额定功率有关，而与信号无关。这进一步说明了噪声系数是该线性网络噪声性能的量度。

若把总的输出噪声额定功率分成输入噪声和内部噪声两部分，即

$$N_o = N_{nAo} + N_{nBo}$$

式中：N_{nBo} 为线性网络的内部噪声等效到输出端的额定噪声功率。把它代入式(F1-16)，便得到噪声系数的第三种表示式：

$$F = 1 + \frac{N_{nBo}}{N_{nAo}} = 1 + \frac{N_{内入}}{N_i} \qquad (F1-17)$$

可见噪声系数总是大于 1，内部噪声越大，F 越大，设备的噪声性能也就越差。

噪声系数的三种表示式都是等效的，第一种表示式的优点是物理概念明确，后两种表示式的优点是计算比较简便。

在使用噪声系数时必须注意下面两个问题：

(1) 噪声系数只适用于线性系统。这是因为信号和噪声通过非线性系统时，会产生相互作用，即使不考虑系统内部的噪声，其输出信噪比也与输入信噪比不同，因此，非线性系统不能用噪声系数来表示系统的噪声性能。

(2) 噪声系数必须有一个统一的输入噪声功率的标准。由式(F1-16)、式(F1-17)可见，噪声系数不仅与内部噪声有关，而且还与输入噪声额定功率有关。但根据定义，噪声系数应只与内部噪声有关，不能因为输入噪声电平不同而噪声系数也不同，否则就不能用噪声系数来衡量系统的噪声性能。通常规定以信号源内阻在标准温度 $T_0 = 290$ K 时产生的热噪声功率为输入噪声的标准功率，即 $N_i = kT_0B_n$。

上述噪声系数都是用功率关系来表示的，实际计算和测量中往往用电压(或电流)均方

值表示。只要把功率关系用电压或电流关系代换，就可得到

$$
\left.\begin{array}{l}
F = 1 + \dfrac{\overline{U_{nBo}^2}}{\overline{U_{nAo}^2}} \\[2mm]
\text{或} \\[2mm]
F = 1 + \dfrac{\overline{I_{nBo}^2}}{\overline{I_{nAo}^2}}
\end{array}\right\}
\qquad\text{(F1 - 18)}
$$

式中：$\overline{U_{nAo}^2}$ 和 $\overline{I_{nAo}^2}$ 分别代表输入噪声在输出端呈现的电压和电流均方值。$\overline{U_{nBo}^2}$ 和 $\overline{I_{nBo}^2}$ 分别为内部噪声在输出端呈现的电压和电流均方值。

　　由于系统噪声系数与负载无关，因此用电压计算时最方便的是负载开路电压，而用电流计算时，则用短路电流最为简便。

　　噪声系数是一个没有量纲的数值，除用倍数表示外，经常采用分贝(dB)表示。

$$
F(\text{dB}) = 10\lg F \qquad\text{(F1 - 19)}
$$

F1.4.2　无源网络的噪声系数

　　微波电子系统中的馈线、开关、移相器等属于无源二端口网络，由于网络具有损耗电阻，因此所产生的仅是电阻热噪声。最简单的无源网络的噪声等效电路如附图 1.10 所示。图中无源噪声网络等效为一个损耗电阻 R。

　　从网络的输入端向左看，是一个电阻为 R_A 的无源单端口网络，它所产生的标准输入额定噪声功率为

$$
N_i = kT_0 B_n
$$

经过网络传输，在网络输出端所呈现的外部额定噪声功率为

$$
N_{nAo} = \frac{N_i}{L} = \frac{kT_0 B_n}{L}
$$

附图 1.10　无源二端口噪声网络

式中：L 为网络的衰减量。

　　从负载电阻 R_L 向左看也是一个无源单端口网络，它是由信号源电阻 R_A 和无源二端口网络组合而成的。当无源网络的工作温度 $T_1 = T_0$ 时，这个无源单端口网络输出的额定噪声功率仍为

$$
N_o = kT_0 B_n
$$

根据式(F1 - 16)得

$$
F = \frac{N_o}{N_i/L} = L \qquad\text{(F1 - 20)}
$$

若使从负载电阻 R_L 向左看过去的无源单端口网络处在 T_1 的工作温度下，那么这个无源单端口网络输出的额定噪声功率为

$$
N_o' = kT_1 B_n
$$

但实际上我们规定源电阻的温度为 T_0，若设 $T_1 = T_0 + \Delta T$，则从 R_L 向左看过去的无源单端口网络输出的额定噪声功率应为

$$
N_o = kT_1 B_n - \frac{k\Delta T B_n}{L}
$$

因此，无源网络的噪声系数为

$$F = \frac{N_o}{N_i/L} = \frac{kT_1B_n - k\Delta TB_n/L}{kT_oB_n/L} \tag{F1-21}$$

由式(F1-20)、式(F1-21)可见，工作于 T_0 的无源网络的噪声系数等于网络的衰减量 L，欲使噪声系数低，必须减少网络的损耗，并工作于低温状态。

F1.4.3 级联网络的噪声系数

微波电子系统总是由许多网络级联而成的，当已知各级的噪声系数和额定功率增益后，就可求出系统的总噪声系数。为简单起见，先分析两级网络级联的情况(见附图1.11)。F_1、F_2 和 G_{p1}、G_{p2} 分别表示第一、第二级网络的噪声系数和额定功率增益，并设总噪声系数为 F。由式(F1-16)可得级联网络输出的总的噪声额定功率为

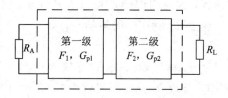

附图 1.11 两级电路的级联

$$N_o = kT_0B_nG_{p1}G_{p2}F$$

而

$$N_o = N_{012} + \Delta N_2$$

式中：N_{012} 是由第一级的噪声在第二级输出端呈现的额定噪声功率，其值为 $N_{012} = kT_0B_nG_{p1} \cdot G_{p2}F_1$，$\Delta N_2$ 是由第二级的内部噪声在输出端呈现的额定噪声功率。

由式(F1-17)可得

$$\Delta N_2 = (F_2-1)kT_0B_nG_{p2}$$

于是得到

$$N_o = kT_0B_nG_{p1}G_{p2}F = kT_0B_nG_{p1}G_{p2}F_1 + (F_2-1)kT_0B_nG_{p2}$$

所以两级级联网络的总噪声系数为

$$F = F_1 + \frac{F_2-1}{G_{p1}} \tag{F1-22}$$

当三级网络级联时，可以把前两级网络看成是一个网络，再与第三级网络级联，按上述方法可得三级网络级联时的总噪声系数：

$$F = F_1 + \frac{F_2-1}{G_{p1}} + \frac{F_3-1}{G_{p1}G_{p2}}$$

由此类推，若 N 个网络级联，则其总噪声系数为

$$F_{总} = F_1 + \sum_{n=2}^{N} \frac{F_n-1}{\prod\limits_{j=1}^{n-1} G_{pj}} \tag{F1-23}$$

式(F1-23)表明，为了使微波接收机总噪声系数小，要求各级的噪声系数小、额定功率增益高，而各级网络的内部噪声对总噪声系数的贡献是不相同的，网络越靠前，对总噪声系数的贡献越大。所以总噪声系数主要取决于最前面几级。这就是通常在下变频器前采用高增益低噪声放大器的原因。

F1.4.4　噪声温度

从天线接收进来的外部噪声通常用天线等效噪声温度 T_A 来表示，其相应的外部噪声额定功率为

$$N_A = kT_A B$$

为了更直观地比较内部噪声与外部噪声的相对大小，可以把网络内部噪声等效到输入端来计算，这时内部噪声可以看成是天线电阻 R_A 在温度 T_e 时产生的热噪声，即

$$\Delta N_i = kT_e B_n$$

温度 T_e 称为输入端的"等效噪声温度"，简称"噪声温度"。此时网络就变成为没有内部噪声的理想网络。其等效电路如附图 1.12 所示。

附图 1.12　线性网络内部噪声的换算示意图

这时系统噪声温度 T_S 等于内、外两部分噪声温度之和，即

$$T_S = T_A + T_e$$

若将网络的内部噪声等效到输出端，则输出端的额定噪声功率为

$$\Delta N = \Delta N_i \cdot G_p = kT_e B_n G_p$$

将上式代入式(F1-17)，得到

$$F = 1 + \frac{kT_e B_n G_p}{kT_0 B_n G_p} = 1 + \frac{T_e}{T_0}$$

$$T_e = (F-1)T_0 = (F-1) \times 290 \text{ K} \tag{F1-24}$$

附表 1-1 给出了 T_e(K)与 F(倍数)和 F(dB)的对应值。

附表 1-1　F 与 T_e 的对照表

F/倍数	1	1.05	1.1	1.5	2	5	8	10
F/dB	0	0.21	0.41	1.76	3.01	6.99	9.03	10
T_e/K	0	14.5	29	145	290	1166	2030	2610

由表看出，用噪声温度来表示内部噪声极低的微波网络比用噪声系数表示更为准确。例如，若噪声系数分别为 1.05 和 1.1，好像两者相差不大，但用噪声温度来计量则相应为 14.5 K 和 29 K，两者相差一倍。因此，对于低噪声微波网络，常用噪声温度来表示噪声性能。

应用强调指出，等效噪声温度 T_e 与实际的物理温度并不是一回事，它只是线性网络内部产生的噪声换算到输入端的一个数值，所以有时把它称为等效噪声温度。

$$T_{e总} = T_{e1} + \sum_{n=2}^{N} \frac{T_{on}}{\prod_{j=1}^{n-1} G_{pj}} \tag{F1-25}$$

式中：T_{e1}、T_{e2}、…、T_{en} 分别为第一级、第二级、……、第 n 级线性网络的等效噪声温度。附图 1.13 示出了某卫星通信地球站接收系统的简化框图。各部分的增益、衰减和等效噪声温度如图所示，若将低噪声放大器以后各部分电路都折算到它的输入端，则低噪声放大器以后各部分总的等效噪声温度为

$$T_{er} = T_{e1} + \frac{T_{e2}}{G_{p1}} + \frac{L_1 T_{e3}}{G_{p1}} + \frac{L_1 T_{e4}}{G_{p1} G_{p2}} + \frac{L_1 L_2 T_{e5}}{G_{p1} G_{p2}} \tag{F1-26}$$

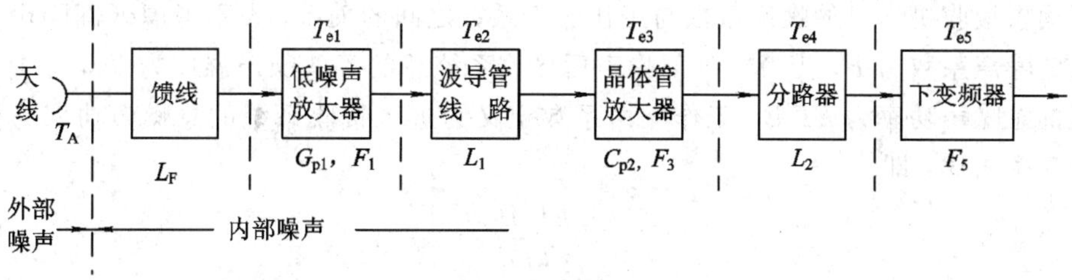

附图 1.13 卫星通信地面站接收系统简化框图

如果将此噪声折算到馈线输入端，并考虑天线和馈线的噪声，则接收系统总的等效噪声温度为

$$T_t = T_A + (L_F - 1) T_0 + L_F \cdot T_{er} \tag{F1-27}$$

为了对噪声温度、噪声系数有更明确的概念，下面以具体的数据来说明。

设低噪声放大器以后各级电路参数如附表 1-2 所示。

附表 1-2 各级电路参数

	低噪声放大器	波导管线路	晶体管放大器	分路器	下变频器
电路条件	$G_{p1} = 60$ dB	$L_1 = 12$ dB	$G_{p2} = 12$ dB $F_3 = 9$ dB	$L_2 = 24$ dB	$F_5 = 10$ dB
各部分电路的等效噪声温度 $T_{e1} \cdot T_{e2} \cdots T_{e5}$	$T_{e1} = 17$ K	$T_{e2} = (L_1 - 1) T_0$ $= (15.8 - 1) \times 290$ $= 4292$ K	$T_{e3} = (F_3 - 1) T_0$ $= (7.94 - 1) \times 290$ $= 2012.6$ K	$T_{e4} = (L_2 - 1) T_0$ $= (251 - 1) \times 290$ $= 72\,500$ K	$T_{e5} = (F_5 - 1) T_0$ $= (10 - 1) \times 290$ $= 2610$ K

根据式(F1-26)可得接收机总的等效噪声温度为

$$T_{er} = T_{e1} + \frac{T_{e2}}{G_{p1}} + \frac{L_1 T_{e3}}{G_{p1}} + \frac{L_1 T_{e4}}{G_{p1} G_{p2}} + \frac{L_1 L_2 T_{e5}}{G_{p1} G_{p2}}$$

$$= 17 + 0.004 + 0.032 + 0.073 + 0.653$$

$$\approx 17.76 \text{ K}$$

若馈线的衰减 $L_F = 1.064(0.27 \text{ dB})$，天线的等效噪声温度 $T_A = 35$ K，根据式(F1-27)，整个接收系统的总等效的噪声温度为

$$T_t = T_A + (L_F - 1) T_0 + L_F \cdot T_{er}$$

$$= 35 + 18.56 + 18.90 = 72.46 \text{ K}$$

F1.4.5 工作噪声系数

在一般的微波系统中，例如在地面微波通信系统中，接收机的噪声系数一般为 10 dB 左右，若用等效噪声温度表示，可达 3000 K 左右。这比天线外部噪声的等效噪声温度要高得多，因而可将外部噪声忽略不计。然而，在卫星通信系统等高性能的微波系统中，接收机的噪声系数很小，只有 1 dB 多一些。当把它换算成噪声温度以后，它和外部噪声是差不多的。因此，在卫星通信系统等高性能微波系统中必须考虑外部噪声。

在考虑外部噪声的影响以后，接收机的噪声系数称为工作噪声系数(或称为有效噪声系数)，通常以 F_{op} 表示。

下面求接收机本身的噪声系数与工作噪声系数之间的关系，设不考虑外部噪声时接收机本身的噪声系数为 F，当考虑外部噪声后接收系统总的等效噪声温度为 T_t，于是，进入接收机的总噪声功率为 kT_tB。工作噪声系数定义为进入接收系统的总噪声功率与标准输入噪声功率之比，即

$$F_{op} = \frac{kT_tB}{kT_0B} = \frac{T_t}{T_0} \tag{F1-28}$$

又因为 $T_t = T_A + T_{er} = T_A + (F-1)T_0$，代入上式，得

$$F_{op} = \frac{T_t}{T_0} = \frac{T_A + T_{er}}{T_0} \tag{F1-29}$$

或表示为

$$F_{op} = \frac{T_A}{T_0} + (F-1) \tag{F1-30}$$

F1.5　相位噪声和调频噪声的表示法

噪声系数描述了线性系统内部噪声功率的强度，它没有考虑信号和噪声之间的相互影响，因此不适用非线性微波系统。对于非线性系统内部的噪声性能，通常用相位噪声功率谱密度和均方根频偏描述。它反映了非线性微波系统内部的噪声功率强度随频率的变化程度。

例如，实际的连续波振荡器不能产生纯净的单音信号，在内部噪声调制下产生调幅和调频分量很小的噪声边带，它们规则地或随机地分布在有用载波频率 f_c 附近，如附图 1.14 所示。

对调幅噪声通常用偏离载频 ω_m 处，一定频带 B(例如 1 Hz、100 Hz、1000 Hz)内的调幅噪声功率 P_n(即旁频功率)与载波功率之比的分贝数来表示，即 $10\lg P_n/P_0$(dB)。P_n 可取单边带值或双边带值、两者相差 3 dB。附图 1.15 表示一个体效应振荡器在 1 kHz 频带内的双边带调幅噪声，它是 f_m 的函数。

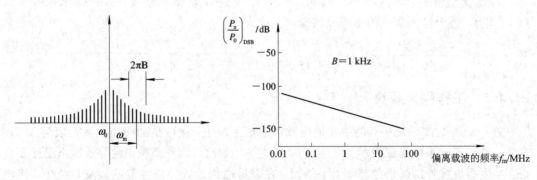

附图 1.14　振荡器输出的频谱　　　　附图 1.15　体效应振荡器的调幅噪声

考虑相位噪声(或调频噪声)时，通常忽略振幅的起伏，将微波振荡源的瞬时输出信号

看做是一个纯的调频波或调相波：

$$u(t) = U_c \cos[\omega_c t + \varphi(t)] \tag{F1-31}$$

其中，U_c 和 ω_c 为载波幅度和载波角频率；$\varphi(t)$ 为相位的随机起伏（或称瞬时相位抖动），且 $\dfrac{\mathrm{d}}{\mathrm{d}t}\varphi(t) \ll \omega_c$。

　　如果将它通过一个理想鉴相器，就可取出相位信息 $\varphi(t)$。能比较真实地反映调频信号频谱纯度的是 $\varphi(t)$（相位起伏）的单边带功率谱密度 $S_\varphi(\omega)$，它被定义为 $\varphi(t)$ 自相关函数的傅立叶变换，即

$$S_\varphi(\omega) = \frac{1}{2} \int_{-\infty}^{\infty} R_\varphi(\tau) \mathrm{e}^{-\mathrm{j}\omega\tau} \,\mathrm{d}\tau \tag{F1-32}$$

式中：$R_\varphi(\tau)$ 为 $\varphi(t)$ 的相关函数。

　　为了直观且又测量方便，通常用的是单边带相位噪声谱密度，它是由于相位调制所产生的单边带噪声功率密度（即单边带内 1 Hz 带宽内的功率）与总载波功率之比，即

$$\mathscr{L}(f_m) = \frac{\text{距离载波 } f_c \text{ 为 } f_m \text{ 处的每赫兹带宽内的单边带相位噪声功率}}{\text{总载波功率}} \quad (\text{dBC/Hz}) \tag{F1-33}$$

如附图 1.16 所示。显然，$\mathscr{L}(f_m)$ 是一个归一化的量，故有时又称为相对单边带相位噪声谱密度，它表示我们感兴趣的不是各种起伏的谱密度而是与载波电平有关的相位起伏的实际边带功率。当相位噪声很小时（即 $|\varphi(t)| \ll 1$），$\mathscr{L}(f_m)$ 与 $S_\varphi(f_m)$ 的关系为

$$\mathscr{L}(f_m) = \frac{1}{2} S_\varphi(f_m) \tag{F1-34}$$

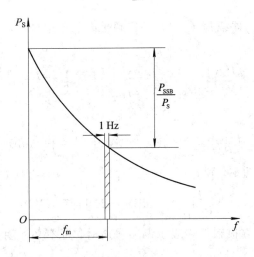

附图 1.16　单边带相位噪声谱密度定义示意图

　　$\mathscr{L}(f_m)$ 通常可用波分析仪测得，但需要注意，如果测量仪器的带宽不是 1 Hz，而是 Δf，则应用下式进行转换：

$$\mathscr{L}(f_m) = \frac{\text{距离载波 } f_c \text{ 为 } f_m \text{ 处的 } \Delta f \text{ 带宽内的单边带相位噪声功率}}{\text{总载波功率} \cdot \Delta f}$$

$$\mathscr{L}(f_m) = 10 \lg \frac{\Delta f \text{ 内单边带相位噪声功率}}{\text{总载波功率}} - 10 \lg(\Delta f) \quad (\text{dBC/Hz}) \tag{F1-35}$$

调频噪声同样也可用上述方法表示,以偏离载频 f_m 处,一定频带内的调频噪声功率 P_n 与载波功率之比的分贝数($10\lg P_n/P_0$)来表示,为比较直观地看出调频噪声相对于信号的大小,常用频偏来表示调频噪声,即采用均方根频偏表示法。

若将式(F1 - 31)改写成一个单一频率 f_m(即偏离载频 f_m 处)进行频率调制的调频波时,其表示式为

$$u(t) = U_c \cos\left[\omega_c t + \frac{\Delta f_p}{f_m}\cos(2\pi f_m t + \varphi_0)\right] \tag{F1 - 36}$$

式中:f_m 为调制频率;Δf_p 为峰值频偏(最大频移);φ_0 为恒定相位。

这时,偏离载频 f_m 处,一定频带内的噪声功率与该调频波产生的单边带功率相等效。由于噪声幅度极小,故调制指数 $\beta = \dfrac{\Delta f_p}{f_m} \ll 1$。于是式(F1 - 36)可近似分解为载频 f_c 和 $(f_c + f_m)$、$(f_c - f_m)$ 两个旁频,其旁频幅度为 $\dfrac{1}{2} \cdot \dfrac{\Delta f P}{f_m} U_c$,因此得到单边带功率与载波功率之比为

$$\frac{P_n}{P_0} = \left(\frac{U_{nSSB}}{U_c}\right)^2 = \left[\frac{\frac{1}{2}\cdot\frac{\Delta f_P}{f_m}U_c}{U_c}\right]^2 = \left(\frac{\Delta f_p}{2f_m}\right)^2 \tag{F1 - 37}$$

可见,此比值是调制频率 f_m 的函数。实际上是将噪声调制与式(F1 - 36)等效,故必须将最大频偏改用均方根频偏表示,对应有

$$\Delta f_{rm} = \frac{\Delta f_p}{\sqrt{2}} \tag{F1 - 38}$$

因此,可将偏离振荡器载频 f_m 处,一定频带内的单边带调频噪声功率与载波功率之比等效表示为

$$\left(\frac{P_n}{P_0}\right)_{FM(SSB)} = \left(\frac{\sqrt{2}\Delta f_{rm}}{2f_m}\right)^2 = \frac{1}{2}\left(\frac{\Delta f_{rms}}{f_m}\right)^2 \tag{F1 - 39}$$

用 dB 数表示为

$$\left(\frac{P_n}{P_0}\right)_{FM(SSB)}(dB) = 20\lg\left(\frac{\Delta f_{rms}}{f_m}\right) - 3\ dB \tag{F1 - 40}$$

如果是双边带调频噪声功率,则有

$$\left(\frac{P_n}{P_0}\right)_{FM(DSB)}(dB) = 20\lg\left(\frac{\Delta f_{rms}}{f_m}\right) \tag{F1 - 41}$$

可见,若用等效均方根频偏来表示调频噪声时,可不必注明是单边带或双边带噪声功率。

附图 1.17 给出了对于假设的白噪声源,用 P_n/P_0 和 Δf_m 两种表示方法的比较。由图可见,Δf_{rms} 和调制频率无关,而 $(P_n/P_0)_{FM}$ 随 f_m 以 6 dB/倍频程下降。

最后,给出了几种振荡器的调幅和调频噪声(见附图 1.18)。由图可见,耿氏振荡器具有与速调管大致相同的调频噪声电平。在调制频率 f_m 较高时尤其如此,而 IMPATT 振荡器的噪声却要大得多。

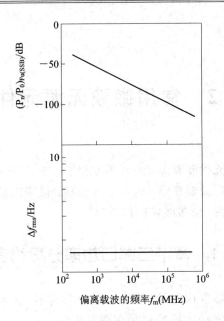

附图 1.17　"白色"噪声源两种调频噪声表示法的比较

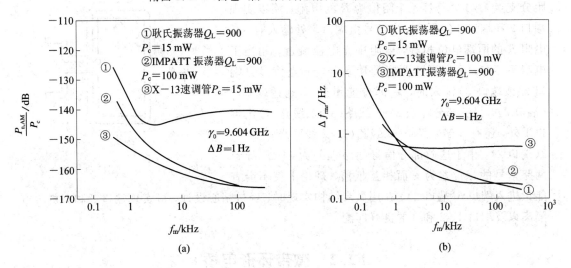

(a)　　　　　　　　　　　　　　　(b)

附图 1.18　几种振荡器的调幅噪声和调频噪声的比较

（a）调幅噪声；（b）调频噪声

附录 2   常用微波无源元件简介

微波电子线路是无源元件和有源元件的有机结合。为了便于本课程内容的学习，这里对常用的微波无源元件做以简要介绍，这些元件包括：微带三端口功率分配耦合器、微带环形电桥、微带分支线电桥、微带线定向耦合器等。

F2.1   微带三端口功率分配耦合器

微带三端口功分耦合器也称为 Wilkinson 功分耦合器，其基本结构如附图 2.1 所示。与 T 形接头结构相比较，其最大的变化是在两分支臂距分支点 $\lambda_g/4$ 处跨接一个阻值为 R 的电阻，用以实现端口 2 和端口 3 的隔离。当信号由端口 1 处输入时，在电阻 R 的两端电位相等，电阻中无电流流过，相当于电阻不存在，不会影响两臂的功率分配；当信号自端口 2（或端口 3）输入时，一部分能量经 R 到达端口 3（端口 2），另一部分除经 2→1 线路（3→1 线路）流出端口 1 外，还有一部分经 1→3 线路（1→2 线路）到达端口 3（端口 2）。由于这两部分信号的路程差为 $\lambda_g/2$，导致两路信号的相位差为 π 而相互抵消，理论上就不会有能量进入端口 3（端口 2）。在用微带结构实现时，经过精心设计，可实现端口 2 和 3 的较好隔离以及端口 1、2 和 3 的良好匹配。

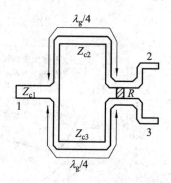

附图 2.1   微带三端口功分耦合器

F2.2   微带环形电桥

微带环形电桥是微波系统中常用的元件之一，其结构如附图 2.2 所示。它可以看做是两个 T 形接头组合的结果，其实是一种平面结构的双 T 或魔 T 接头。设支臂 1 和支臂 2 的微带线宽度为 W_1，对应的电阻特性阻抗为 Z_{c1}；支臂 3 和支臂 4 的微带线宽度为 W_2，对应的特性阻抗为 Z_{c2}；支臂 1 与支臂 2 之间的环形微带线宽度为 W_3，对应的特性阻抗为 Z_{c3}，长度为 L_2；支臂 1 与支臂 3 及支臂 2 与支臂 4 之间的微带线宽度为 W_4，对应的特性阻抗为 Z_{c4}，长度为 L_1；支臂 3 和支臂 4 之间的微带线宽度为 W_5，对应的特性阻抗为 Z_{c5}，长度为 L_3。在实际工

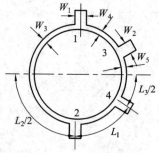

附图 2.2   微带环形电桥

程应用中，一般取 $L_2 = 3\lambda_g/4$，$L_1 = L_3 = \lambda_g/4$，$W_1 = W_2$，$W_3 = W_4 = W_5$。这样，可得到以下结论：

（1）当信号从端口 4 输入时，由于 $L_1 = L_3$ 及 $W_4 = W_5$，因此信号平分并等幅同相自端口 2 和端口 3 输出，而沿 4→2→1 及 4→3→1 两个路径，支臂 1 和支臂 4 之间的距离相差 $\lambda_g/2$，端口 4 输入的信号传到端口 1 形成大小相等、相位相反的两路，从而在端口 1 互相抵消而无输出，端口 1 与端口 4 可看做是隔离的。

（2）若信号从端口 3 输入，则信号将等幅同相自端口 1 和端口 4 输出，而不会自端口 2 输出，端口 2 和端口 3 是隔离的。

（3）若信号自端口 1 输入，则端口 2 和端口 3 将等幅反相输出。

（4）若信号自端口 2 输入，则端口 1 和端口 4 将等幅反相输出。

因为上述特性，这种电桥也被称为 $180°$ 电桥。

F2.3　微带分支线电桥

所谓微带分支线电桥，是指在两条平行的微带传输线中间用许多分支线相耦合而成，最常用的有两条分支线（单节）和三条分支线（双节）结构。这里仅以单节分支线为例介绍其性能和应用。单节分支线电桥的结构如附图 2.3 所示。

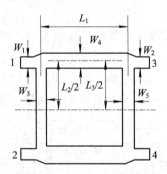

附图 2.3　单节分支线电桥

设端口 1 和端口 2 的微带线宽度为 W_1，对应的特性阻抗为 Z_{c1}；端口 3 和端口 4 的微带线宽度为 W_2，对应的特性阻抗为 Z_{c2}；端口 1 和端口 2 之间分支线的宽度为 W_3，对应的特性阻抗为 Z_{c3}，长度为 L_2；端口 1、端口 3 及端口 2、端口 4 之间主线的宽度为 W_4，对应的特性阻抗为 Z_{c4}，长度为 L_1；端口 3 和端口 4 之间分支线的宽度为 W_5，对应的特性阻抗为 Z_{c5}，长度为 L_3。在实际工程应用中，一般取 $L_1 = L_2 = L_3 = \lambda_g/4$，$W_1 = W_2$，$W_3 = W_5$。这样可得到以下结论：

（1）当信号从端口 1 输入时，由于从端口 1 到端口 2 存在两条通路，而通路 1→2 和 1→3→4→2 的距离相位差为 $\lambda_g/2$，如果经过设计使信号能量在这两路上平分，则这两路信号在端口 2 互相抵消而无输出，端口 2 对端口 1 的输入信号来说相当于短路，则从端口 1 沿 1、2 间分支线向端口 2 看去的输入阻抗和从端口 4 沿 4、2 间主线向端口 2 看去的输入阻抗都趋于无穷大，这样端口 1、端口 2 间的分支线以及端口 4、端口 2 间的主线相当于不存在，端口 1 的输入信号将只在端口 3 和端口 4 输出，经过恰当设计可使信号在两端口间平分，但由于 1→3 和 1→3→4 的距离相差 $\lambda_g/4$，故两路信号将有 90°相差。

（2）当信号从端口 2、端口 3、端口 4 输入时，由于几个端口在结构上的完全对称性，其信号传输经过完全类似于从端口 1 输入的情况。

由于以上特性，这种分支线电桥也称为 90°电桥。

根据网络理论采用奇偶模分析方法可以证明，当

$$
\begin{cases}
Z_{c1} = Z_{c2} = Z_{c3} = Z_{c5} = Z_{c0} \\
Z_{c4} = \dfrac{Z_{c0}}{\sqrt{2}}
\end{cases}
$$

时，可以达到各端口的理想匹配以及端口间的完全隔离。

F2.4　微带线定向耦合器

定向耦合器是一种具有方向性的功率耦合（分配）元件，它是一个四端口元件，由称为主传输线（主线）和副传输线（副线）的两端传输线组合而成，主、副线之间通过耦合机构（如两条并排波导公共壁上的缝隙、孔等）把主线功率的一部分（或全部）耦合到副线中去，而且要求功率在副线中只传向某一输出端口，副线另一端口则无输出。如果主线中波（信号）的传播方向与原来的相反，则副线中功率的输出端口和无功率输出的端口也将随之改变，因此功率的耦合（分配）是有方向性的。

波导、同轴线、带状线和微带线等各种传输线都可以构成定向耦合器，分支线电桥即可看做是一种微带线的定向耦合器。附图 2.4 表示了定向耦合器的一般原理模型，即一个四端口网络。设端口 1 和端口 2 表示主线，端口 3 和端口 4 表示副线，当端口 1 有信号输入而其他端口接有匹配负载时，可用 S 参量定义定向耦合器的主要技术指标。

附图 2.4　定向耦合器原理

（1）耦合度 C（或称过渡衰减）：主线中端口 1 的输入功率与耦合到副线中正方向端口 3 的功率之比，一般用对数表示，即

$$
C = 10 \lg \frac{1}{|S_{31}|^2} \qquad \text{dB}
$$

（2）方向性系数 D：在副线中传向正方向端口 3 的功率与传向反方向端口 4 的功率之比，一般用对数表示，即

$$
D = 10 \lg \frac{|S_{31}|^2}{|S_{41}|^2} \qquad \text{dB}
$$

（3）隔离度 I：主线中端口 1 的输入功率与传向副线中反方向端口 4 的功率之比，一般用对数表示，即

$$
I = 10 \lg \frac{1}{|S_{41}|^2} \qquad \text{dB}
$$

显然，$D = I - C$。

最后给出几种微带低通滤波器、带通滤波器和带阻滤波器的图示(见附图 2.5～附图 2.7)，以对它们有一个感性认识。

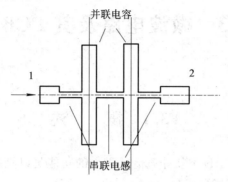

附图 2.5　微带低通滤波器

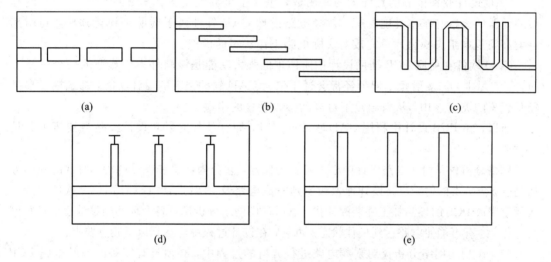

附图 2.6　微带带通滤波器的结构

(a) 电容间隙耦合滤波器；(b) 耦合微带线滤波器；(c) 发夹线滤波器；

(d) $\lambda_g/4$ 短路支线滤波器；(e) $\lambda_g/2$ 开路支线滤波器

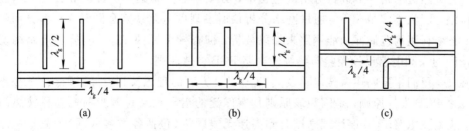

附图 2.7　微带带阻滤波器的结构

(a) 耦合谐振器带阻滤波器；(b) 开路支线带阻滤波器；(c) 耦合微带带阻滤波器

附录 3 微波电路及其 PCB 设计

F3.1 概 述

对于高频电路设计，CAD 类软件凭借其强大的功能足以克服人们在设计经验方面的不足及繁琐的参数检索与计算。

CAD 设计软件依靠的是强大的库函数，包含了世界上绝大部分无线电器件生产商提供的元器件参数与基本性能指标。射频电路设计 CAD 软件属于透明可视化软件，利用其各类高频基本组态模型库可完成对实际电路工作状态的模拟。

CAD 软件在射频 PCB 辅助设计中所体现的强大功能是该软件大受欢迎的一个重要方面。但实际中，许多射频工程师经常会过于依赖 CAD 软件强大的设计功能，却忽视了自身经验积累的灵活运用，从而导致了对电路参数设置的错误。

所以，在 PCB 设计中利用 CAD 软件的同时，拥有基本的射频设计经验与技巧仍然是很重要的。

网络分析仪是射频电路设计中必不可少的仪器，它分为标量和矢量两种。通常的使用方法是：结合基本的射频电路设计理念和原则完成电路及 PCB 设计（或利用 CAD 软件完成），按要求完成 PCB 的样品加工并装配样机，然后利用网络分析仪对各个环节的设计逐个进行网络分析，才有可能使电路达到最佳状态。可见，在设计过程中应达到以下几点要求：

（1）在利用网络分析仪对射频电路进行分析的过程中，必须具有完备的高频电路 PCB 设计理念和原则，必须通过分析结果能明确知道 PCB 的设计缺陷，仅此一项就要求相关工程师具备相当的经验。

（2）对样机网路环节进行分析的过程中，必须依靠熟练的实验经验和技巧来构造局部功能网路。因为很多情况下，通过网络分析仪所发现的电路缺陷会同时存在多方面的导致因素，必须利用构造局部功能网路来加以分析，彻查导致原因。这种实验性电路构造必须借助清晰的高频电路设计经验与熟练的电路 PCB 构造原则。

在此，我们主要阐述微波电路及其 PCB 设计方面的理念及其设计原则。之所以选择微波电路之 PCB 设计原则，是因为该原则具有广泛的指导意义且属当前的高科技热门应用技术。从微波电路 PCB 设计理念过渡到高速无线网络（包括各类接入网）工程是一脉相通的，因为它们基于同一基本原理——传输线理论。

长期以来，许多专业人员完成的电子产品（主要针对通信产品）设计往往问题重重。这固然与电原理设计（包括冗余设计、可靠性设计等方面）的必要环节缺乏有关，但更重要的是，设计人员通常将主要精力投入在对程序、电原理、参数冗余等方面的检查上，却极少关注 PCB 设计的审核问题，而往往正是由于 PCB 设计缺陷，导致了大量的产品性能问题。

　　PCB 设计原则涉及到许多方面，包括各项基本原则、抗干扰、电磁兼容、安全防护等等。对于这些方面，特别在高频电路(尤其在微波级高频电路)中，相关理念的缺乏更容易导致整个研发项目的失败。许多人还停留在"将电原理用导体连接起来发挥预定作用"的基础上，甚至认为"PCB 设计属于结构、工艺和提高生产效率等方面的考虑范畴"。许多专业射频工程师也没有充分认识到该环节在射频设计中应是整个设计工作的特别重点，而错误地将精力花费在选择高性能的元器件上，结果是成本大幅上升，性能的提高却微乎其微。

F3.2　传输线理论对微波电路设计及其 PCB 布线原则的指导意义

F3.2.1　双线理论下的 PCB 概念

　　对于微波电路，PCB 上每根相应带状线都与接地板形成微带线(非对称式)，对于两层以上的 PCB，既可形成微带线，又可形成带状线(对称式微带传输线)。各种不同的微带线(双面 PCB)或带状线(多层 PCB)之间又形成耦合微带线，由此又构成了各类复杂的四端口网络。

　　可见，微带传输线理论是微波电路 PCB 的设计基础。

　　(1) 对于 800 MHz 以上的射频 PCB 设计，天线附近的 PCB 网路设计应完全遵循微带理论基础(而不是仅仅将微带概念用于改善集中参数器件性能的工具)。频率越高，微带理论的指导意义便越显著。

　　(2) 对于电路的集中参数与分布参数，虽然工作频率越低，分布参数的作用特性越弱，但分布参数却始终是存在的。是否考虑分布参数对电路特性的影响，并没有明确的分界线。

　　(3) 微带理论的基础与概念和射频电路及 PCB 设计概念，实际上是微波传输线理论的一个应用方面，对于射频 PCB 布线，每个相邻信号线(包括异面相邻)之间均形成遵循双线基础原理的特征。

　　(4) 虽然通常的微波射频电路均配置接地板，使得其上的微波信号传输线趋向复杂的四端口网络，从而直接遵循耦合微带理论，但其基础却仍是双线理论。所以在实际设计中，双线理论所具有的指导意义更为广泛。

　　(5) 通常而言，对于微波电路，微带理论具有定量指导意义，属于双线理论的特定应用，而双线理论具有更广泛的定性指导意义。

　　(6) 值得一提的是：双线理论给出的所有概念，从表面上看，似乎有些概念与实际设计工作并无联系(尤其是数字电路及低频电路)，其实双线理论可以指导一切电子电路设计中的概念问题，特别是在 PCB 线路设计概念方面的意义更为突出。

　　虽然双线理论是在微波电路前提下建立的，但这仅仅是因为高频电路中分布参数的影响才使得指导意义特别突出。在数字电路或中低频电路中，分布参数与集中参数元器件相比可以忽略，双线理论的作用则不明显。

　　在许多情况下，电路中的无源元器件均可等效为特定规格的传输线，并可用双传输线理论及其相关参量去描述。

　　总之，可以认为双传输线理论是在综合所有电子电路特征基础上产生的。因此，从严格意义上来说，如果设计中的每一环节首先以传输线理论为原则，那么相应的 PCB 电路所面临的问题就会很少(无论该电路是在什么工作条件下应用的)。

F3.2.2　传输线与微带线结构简介

1. 微波双线的 PCB 形式

微带线是由微波双线在特定条件下的具体应用。附图 3.1(a)即为微波双线及其场分布示意图。在微波频率的 PCB 基板上,微波双线可以构成常规的异面平行双线(如附图 3.1(b)所示)或变异的异面平行双线(如附图 3.1(c)所示)。当其中一条状线与另一条状线相比可等效为无穷大时,便构成典型的微带线(如附图 3.1(d)所示)。从双传输线到微带,仅边缘特性改变,定性特征基本一致。

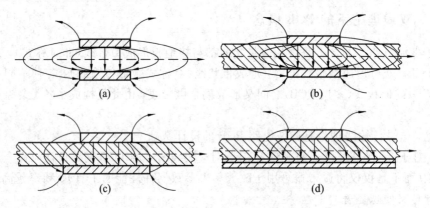

附图 3.1　微波双线到微带线的过渡

2. 微带线的双线特征

附图 3.2(a)为常规微波双线的场分布示意图。附图 3.2(b)为 PCB 条状线场分布示意图。附图 3.2(c)为有限接地板的微波双线场分布示意图(注:图中双线之一和接地板连

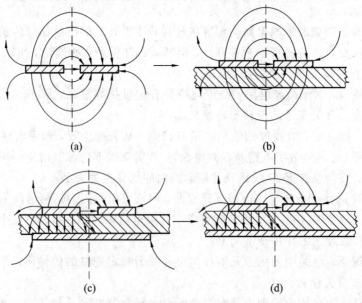

附图 3.2　微波双线的场分布

通）。附图3.2(d)为相对无穷大接地板的双线场分布示意图（注：图中双线之一和接地板连通）。

附图 3.3(a)为典型的偶模激励耦合微带线场分布示意图。附图 3.3(b)为典型的奇模激励耦合微带线场分布示意图。

从附图 3.1～附图 3.3 所示的场分布状态来看，双线与微带线（包括耦合微带线）仅仅为边缘特性不同。

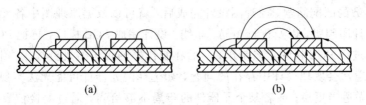

(a)　　　　　　　　　　　　(b)

附图 3.3　奇偶模耦合微带线的场分布

(a) 偶模激励场分布；(b) 奇模激励场分布

F3.2.3　PCB 平行双线中的电磁波传输特性

微波电路的设计原则如下：

(1) 当工作频率较高时，集中参数将转化为分布参数，并起主导作用。这是微波电路的主要形式。

(2) 在分布参数 PCB 电路中，沿导线处处分布电感，导线间处处分布电容。

(3) 在高频 PCB 电路设计中，注意元器件标称值与实际值的离散性差别是相对于工作频率而定的。

(4) PCB 条状双线就是具有分布参数的电路的简单形式，除了可以传输电磁能外，还可作为谐振回路使用。

(5) 工作于高频状态下两层以上的 PCB 设计中，不仅要考虑同面走线间的分布参数，还需考虑异面走线间的分布参数，而且后者更为重要。

有电压必有电场，有电流必有磁场，所以电场与磁场是以简谐规律沿传输线传播的如附图 3.4 所示。

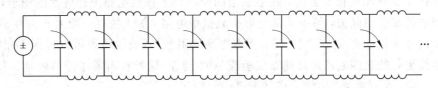

附图 3.4　传输线上的电磁波

微波电路的 PCB 特征如下：

(1) 当 PCB 走线与工作波长可相比拟时，电压和电流从一端传到另一端的形式已不是电动势作用下的电流规律，而是以行波的形式传播，但是并不向周围辐射。

(2) 行波的能量形式体现为电磁波形式，而且在导体引导下沿线传播。工作频率越高，电磁波能量的形式越明显，通常意义下集中参数器件的处理功能越弱。

(3) 必须明确的是，当频率足够高时，PCB 走线开始脱离经典的欧姆规律，而以"行波"或电磁波导向形式体现其在电路中的功能。

F3.3　微波电路的 PCB 设计

在工程设计中，当开展一个设计项目时，首先应根据所要实现的技术指标、机械要求以及成本限制来合理地选择元器件及 PCB 板材。元器件的技术指标、封装形式、价格甚至采购的难易程度都是需要考虑的问题。板材及器件确定后，在设计电原理图时应注意考虑射频元件 S 参数的匹配问题。原理图设计完成后，就可以根据原理图中各元器件的电气连接关系开始设计印制版，以及进行布局、布线。设计完成 PCB 板后，再把 PCB 文件交给专业制板厂家来进行 PCB 板的工艺制作，然后在制作好的板子上进行焊接、组装、调试。在调试过程中，通常会发现设计中存在的问题，如选择的元器件可能无法实现某个既定的技术指标，需要做适当更换；或者某个元器件的布局不够恰当，通过变换位置可以实现更好的技术指标，等等。针对这些问题，需要做一些修改，并不断重复以上步骤。一个产品从开始设计到最后完成往往要经过若干个周期，这除了取决于项目本身的难易程度外，还与设计者的工作经验有关。

在很多设计中，模拟、数字和射频电路都将尽可能多的元器件以各种方式集成在一起，并且相互之间的空间非常小，这就使射频设计难度大为提高。未来 3G 产品的开发和应用，必将使系统设计的复杂性和集成度更进一步，这也促使设计者们越来越关注射频电路的设计方法和技巧。

目前，射频电路板的设计在理论上还存在不确定性，同时也有很多规则及经验可遵循和参考。不过在实际设计中，往往会因设计条件的约束而无法实施这些常规准则，这时就必须恰当地进行折中处理。

F3.3.1　射频 PCB 板的设计

在进行 PCB 板的设计时，首先要确定 PCB 材料及尺寸大小。一般所选材料的物理性能应能实现器件技术指标。目前 2 GHz 以下的射频电路可采用环氧树脂玻璃纤维敷铜板，其介电常数为 4.6～5.2(离散性较大)，厚度为 0.5～3 mm(一般选择 0.8 mm 以下)。PCB 板的制作仿照低频印刷板的方法，在敷铜箔的介质板上按照电路照相底片的图形，将不需要的铜箔进行腐蚀而除去，留下的部分即构成微带电路。加工精度一般为 6 mil，这样既可满足通常的技术指标要求，又很经济；而在更高的射频/微波频段则可以根据不同的需求，选择稳定性更好的聚四氟乙烯玻璃布层板或 A99 陶瓷(这种材料需采用薄膜加工工艺，经过磨片、蒸发、光刻腐蚀、电镀完成微带电路的制作)。

PCB 板的设计一般可分为两个步骤：布局和布线。

1. PCB 布局

布局是 PCB 设计的第一步。布局并不是孤立的，必须考虑到为下一步的布线打好基础。布局是一个重要的环节，布局结果的好坏将直接影响布线的效果，进而影响产品设计的成败。

1) 射频电路布局规则

(1) 确定射频信号最短路径。在进行射频电路的布局时，最好首先确定位于射频信号路径上元器件的位置，包括用于电路阻抗匹配的微带线所占用的物理空间，以使射频传输路径的长度减到最小，同时应注意使容易产生干扰的射频器件之间要保持一定的距离。

（2）高功率发射电路远离低功率接收电路。功率放大器、压控振荡器(VCO)等一些功率较大的器件应与低噪声放大器相隔离。当元器件很多而 PCB 空间很小时，可以把元器件放在 PCB 板的两面(如有线电视接收器)，或者使其交替工作(如手机、小灵通基站放大器)。

在物理空间上，像双工器、混频器这样的器件总是有多个射频/中频信号相互干扰，因此必须注意将这一影响减到最小，尽可能在它们之间隔一块接地面积区，并且射频与中频走线应尽可能走十字交叉。正确的射频路径对整块 PCB 板的性能而言非常重要。

如果无法在电路块之间实现足够的隔离，则必须考虑采用金属屏蔽罩将射频能量屏蔽在射频区域内。金属屏蔽罩制造成本和装配成本都很高且不利于元器件的更换和故障移位。由于金属屏蔽罩还必须焊在接地面上，而且必须与元器件保持一定的距离，因此需要占用 PCB 板上的空间。尽管存在以上的缺点，但是金属屏蔽罩仍然非常有效，而且常常是隔离关键电路的唯一解决方案。

射频信号线一般从金属屏蔽罩底部的小缺口和地线缺口处的布线层上穿过，缺口周围要尽可能地多布一些地线，不同层上的地线可通过多个过孔连在一起。

在工程设计中，为了屏蔽射频能量，还经常采用金属隔板来进行电路间的隔离，电路间的各种连线通过隔板底部的小缺口和地线缺口处的布线层穿出。

（3）设置电源滤波去耦电容。在 PCB 板的设计中，电源的滤波去耦也是非常重要的。由于电源、地线的考虑不周而引起的干扰会使产品的性能下降，有时甚至造成设计失败，因此对电源、地线的布线要谨慎处理，把电源、地线所产生的干扰降到最低限度。通常从连接器引入的电源进入电路板后要立即进行去耦(一般是在电源输入端跨接 $10\sim100\ \mu F$ 的电解电容器)，以处理并滤除任何来自线路板外部的噪声(原则上每个集成电路的芯片都应布置去耦电容)。大量集成了线性线路的射频芯片对电源的噪音非常敏感，在很多电路里都需要采用四个电容和一个隔离电感来滤除全部的电源噪音。

附图 3.5 中，C_4 用于滤除高频干扰，C_3、C_2 用于滤除较低频率的噪声信号。电感 L_1 用于射频去耦，使射频信号无法从电源线耦合到芯片中。注意，这里所有的走线都是一条潜在的既可接收也可发射射频信号的天线，所以，射频信号与关键线路、元器件之间的隔离是必需的。

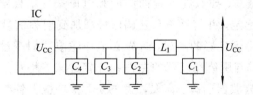

附图 3.5　电源的滤波去耦

去耦元件的物理位置也很关键。通常的布局原则是：C_4 要尽可能靠近 IC 引脚并接地，C_3 必须最靠近 C_4，C_2 必须最靠近 C_3，这几个元件的接地端(尤其是 C_4)应当通过过孔与 PCB 板下第一个接地层相连，并且过孔应该尽可能靠近 PCB 板上的元件焊盘，电感 L_1 应该靠近 C_1。

一个集成电路或放大器常常具有一个开漏极（Open Collector）输出，因此需要一个上拉电感（Pullup Inductor）来提供一个频射高阻抗负载和一个低阻抗直流通路。同样地，去耦原则也适用于对这一电感的电源端进行去耦。有些芯片需要多个电源才能工作，因此可能需要两到三组电容和电感来分别对它们进行去耦处理。此时需要特别注意的是：电感极少平行排列，因为这会形成一个空芯变压器，会相互感应产生干扰信号，因此它们之间的距离至少应相当于其中一个电感的高度，或者成直角排列以使其互感减到最小。

2）PCB 板的布局注意事项

（1）是否符合 PCB 制造工艺要求，有无定位标记。

（2）元件在二维、三维空间上有无冲突。

（3）元件布局是否疏密有序，排列整齐。

（4）需经常更换的元件能否方便更换，设备是否方便插入插件板。

（5）热敏元件与发热元件之间是否有适当的距离。

（6）可调元件的调整是否方便。

（7）信号流程是否顺畅且互连最短。

（8）插头、插座等与机械设计是否矛盾。

另外，在布局时，元器件的放置除了要考虑其电气性能的实现外，还应尽可能使元器件布局均衡、疏密有序。这样，不但外型美观，而且装焊容易，利于批量生产。一个产品的实现成功与否，一是注重内在质量，二是兼顾整体的美观，两者应相互结合起来。

2. PCB 布线

当元器件的整体布局完成后，就可以开始进行布线了。

布线时一般应考虑以下基本原则：

（1）射频器件管脚间的引线越短越好。

（2）射频输出远离射频输入，射频信号间避免近距离平行走线，若无法避免平行分布时，则应在它们之间加入地线，以免发生相互干扰。即使在同一层内不能避免平行走线，但在相邻两个层上的走线方向应互相垂直。

在大多数情况下，确保射频输出远离射频输入也是设计中的一个关键。这主要是放大器、滤波器等电路中需要考虑的因素。对于放大器，要么输出以适当的相位和振幅反馈到输入端，从而产生自激振荡；要么在一定的温度和电压条件下稳定地工作。实际上，放大器的工作可能会变得不稳定，并将噪声和互调信号添加到射频信号上。

为了使输入和输出得到良好的隔离，首先必须在滤波器周围设置地线，其次滤波器下层区域也要设置地线，并与围绕滤波器的主地线连接起来。此外，也可使需要穿过滤波器的信号线尽可能地远离滤波器引脚。需要注意的是，整块板上各个部分的接地都要十分小心，否则可能会引起耦合通道。

压控振荡器（VCO）可将变化的电压转换为变化的频率，同时也会将控制电压上的微量噪声转换为微小的频率变化，从而给射频信号引入了噪声。而且，在这一级以后将无法再从 RF 输出信号中将噪声去掉，原因如下：首先，控制线的期望频宽范围可能从 DC 直到 2 MHz，要通过滤波来去掉这种宽频带的噪声几乎是不可能的；其次，VCO 控制线通常是控制频率的反馈回路的一部分，它在很多地方都有可能引入噪声。因此要使射频走线下层的地是实心的，而且所有的元器件都牢固地连到主地线上，并与其他可能带来噪声的走线隔离开。此外，要确保 VCO 的电源已得到充分去耦，这是由于 VCO 的射频输出往往是一个相对较高的电平，VCO 输出信号很容易干扰其他电路。事实上，VCO 常布放在射频区域的末端，有时还需要安装一个金属屏蔽罩。

（3）可靠的接地。射频电路的设计中，接地的处理非常重要，良好的接地是器件稳定工作和实现电气指标的保证。射频元件接地时，应使接地线尽量短而粗（若接地线用很细的线，则接地电位将随电流的变化而变化，使抗噪性能降低）。高频器件接地管脚应通过紧靠的过孔直接与 PCB 背面的射频接地面相连，并使用多个通孔进一步最小化接地路径的电感。高频元件周围应有大面积的地箔。

实际上，在 PCB 板的每一层上应布局尽可能多的地，并把它们连到主地面，但应当注意避免在 PCB 各层上生成游离地，故而像天线那样拾取噪声。

（4）应尽量避免使用信号过孔，以及在敏感板上使用过孔，因为这会导致过孔处产生引线电感。例如当一个 20 层板的过孔用于连接 1～3 层时，引线电感可影响 4～19 层。

（5）保证印刷电路板导线最小宽度。印刷电路板导线的最小宽度主要由导线与绝缘基板间的粘附强度和流过它们的电流值决定。如果铜箔厚度为 0.05 mm，宽度为 1～15 mm，则通过 2 A 的电流，温度不会高于 3℃。对于像高功率放大器这样的电源布线设计时应注意要有足够宽的电流线路，以使压降能减到最低。为了避免电流损耗过多，需要利用多个过孔将电流从某一层传递到另一层。此外，要在高功率放大器的电源接脚端对其进行充分的去耦，否则高功率噪声将会对整块电路板上产生辐射，并带来各种各样的问题。

微波电路中，经常采用微带 $\lambda/4$ 偏压线。必须注意在设计偏压电路时使 $\lambda/4$ 偏压线对主电路的微波特性影响尽可能小，即不应造成大的附加损耗、反射及高频能量沿偏压电路的泄露，同时应使结构尽可能紧凑，不至于占很大的面积。

指状交叉隔直流电容结构具有较宽的频带。如一个陶瓷基板厚度 h 为 0.63 mm、耦合线宽为 $0.25h$，间隙 $s=0.04h$、介电常数为 10 的 Ku 波段交指耦合电容，在一个倍频程内的损耗小于 0.3 dB。

F3.3.2　Protel 99 简介

1. Protel 99 的特点

Protel 99 由如下两大部分组成：

（1）原理图设计系统（Schematic 99）：用于电路原理图的制作，为印刷电路板的制作打好基础。原理图设计系统可提供高速、智能的原理图编辑手段，产生高质量的原理图输出结果。其元件库提供了 6 万种以上的元件，最大限度地覆盖了众多元器件生产厂家庞杂的元件类型，而且可以根据需要用元器件编辑器创建自己的元件库。

（2）印刷电路板设计系统（PCB 99）：用于印制电路板的设计，产生最终的 PCB 文件，直接用于印刷电路板的生产。印刷电路板设计系统具有丰富的设计法则，包括元件位置、走线宽度、走线角度、过孔直径等设计过程的各个方面。它的编辑环境简单易用，采用图形化编辑技术，使印刷电路板的编辑工作较为直观。

2. Protel 99 的使用方法

（1）启动 Protel 99。Protel 99 软件界面中主要包括 File、View、Help 等菜单。

- File 菜单主要用于文件的管理，包括文件的新建、打开等。
- View 菜单用于设计管理器、状态栏、命令行的打开与关闭。
- Help 菜单用于打开帮助文件。

（2）创建一个新的数据库文件。选择"文件→新建"，文件类型设为 ddb，且命名为 myexercise.ddb，最后保存在"我的文档"中。这样就创建了一个新的设计数据库文件，以后可以把与这个设计相关的各种文件及信息都包含在这个数据库中。

（3）打开数据库文件。打开新建的数据库文件，再打开数据库文件夹，双击 Document 后，执行菜单命令"文件→新建"，然后单击原理图文件图标，将其命名为 Myexercise.sch，单击印刷电路板文件图标，印刷电路板文件即可创建完成。

（4）启动编辑器，进行原理图和印刷电路板的设计。其中包括放置工具栏（Placement Tool）和 PCB 板工作层面。

PCB 板工作层面的类型如下：

信号层：共 16 个，包括顶层（Top Layer）、底层（Bottom Layer）、中间层 1（Mid Layer1）～中间层 14（Mid Layer 14）。

内部电源/接地层（Intel Plane）。

机械层（Mechanical Layer）。

钻孔位置层（Drill Layer）：用于绘制钻孔图及钻孔位置，包括钻孔方向（Drill Guide）层和钻孔绘制（Drill Drawing）层。

阻焊层（Solder Mask）：包括顶层（Top）、底层（Bottom）两层。

锡膏防护层（Paste Mask）：包括顶层（Top）、底层（Bottom）两层。

丝印层（Silkscreen）：包括顶层（Top）、底层（Bottom）两层。

其他工作层面（Other）：包括禁止布线（Keep Out）层、设置多面（Multi Layer）层、连接（Connect）层、可视栅格（Visible Grid）层、焊盘（Pad Holes）层、过孔（Via Hole）层。

F3.3.3 射频 PCB 板电路实例

1. 11 GHz 低噪声放大器和微带 $\lambda/4$ 偏压线

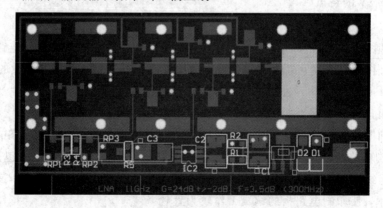

2. 11 GHz 功率放大器

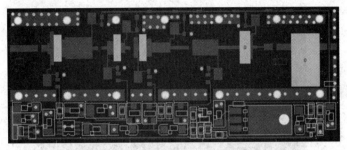

3. 1~2 GHz 锁相介质振荡器

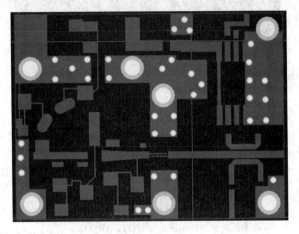

4. 介质滤波器的安装

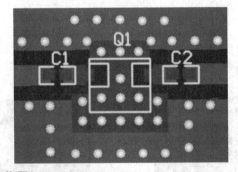

5. 8~9 GHz 压控振荡器

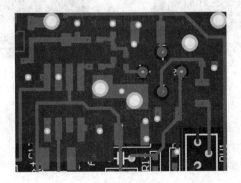

6. Ku 波段交指耦合电容

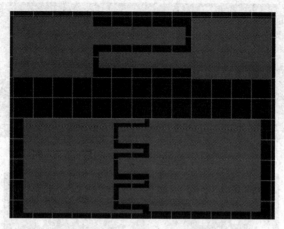

7. 微带 λ/4 偏压线

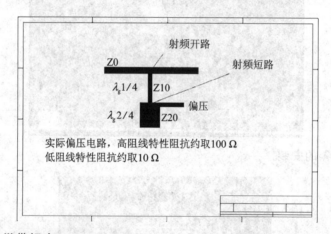

8. 混频器和微带拐弯

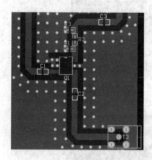

2～3 GHz 混频器

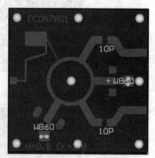

7～8 GHz 混频器

参 考 文 献

[1]　章荣庆. 微波电子线路. 西安：陕西科学技术出版社，1996.

[2]　吴万春. 微波固体集成电路. 北京：国防工业出版社，1981.

[3]　薛正辉，杨仁明，李伟明，等. 微波固态电路. 北京：北京理工大学出版社，2004.

[4]　王蕴仪，苗敬峰，沈楚玉，等. 微波器件与电路. 南京：江苏科学技术出版社，1981.

[5]　黄香馥. 微波电子线路. 北京：国防工业出版社，1979.

[6]　张玉兴. 射频模拟电路. 北京：电子工业出版社，2002.

[7]　ROHDE U L，NEWKIRK D P. 无线应用射频微波电路设计. 刘光祐，张玉兴，译. 北京：电子工业出版社，2004.

[8]　POZAR D M. 微波工程. 张肇仪，周乐柱，吴德明，译. 北京：电子工业出版社，2006.

[9]　BAHL I，BHARTIA P. 微波固态电路设计. 郑新，赵玉洁，刘永宁，等译. 北京：电子工业出版社，2006.

[10]　LUDWIG R，BRETCHKO P. 射频电路设计：理论与应用. 王子宇，张肇仪，徐承和，译. 北京：电子工业出版社，2002.

[11]　雷振亚. 射频/微波电路导论. 西安：西安电子科技大学出版社，2005.

[12]　MISRA D K. 射频与微波通信电路：分析与设计. 2 版. 张肇仪，徐承和，祝西里，等译. 北京：电子工业出版社，2005.

[13]　乔素静. 射频电路布线与 PCB 制作. 专题讲稿. 2005.

[14]　清华大学《微带电路》编写组. 微带电路. 北京：清华大学出版社，2017.

[15]　张玉兴，陈会，文继国. 射频与微波晶体管功率放大器工程. 北京：电子工业出版社，2013.

[16]　廉庆温. 微波电路设计：使用 ADS 的方法与途径. 陈会，张玉兴，等译. 北京：机械工业出版社，2018.

[17]　VENDELIN G D，PAVIO A M，ROHDE U L. 线性与非线性微波电路设计. 2 版. 雷振亚，谢拥军，译. 北京：电子工业出版社，2010.

[18]　DAVIS W A. 射频电路设计. 2 版. 李福乐，李玮韬，译. 北京：机械工业出版社，2015.

[19]　MANASSEWITSCH V. 频率合成器原理与设计. 何松柏，宋亚梅，鲍景富，等译. 北京：电子工业出版社，2008.

[20]　吴永乐. 微波射频器件和天线的精细设计与实现. 2 版. 北京：电子工业出版社，2019.

[21]　董宏发，雷振亚. 微波电路基础. 西安：西安电子科技大学出版社，2010.

[22]　甘仲民，张更新，王华力，刘爱军. 毫米波通信技术与系统. 北京：电子工业出版社，2003.

［23］ 殷连生. 相控阵雷达馈线技术. 北京：国防工业出版社，2007.

［24］ 於洪标. 射频微波电路和系统工程设计基础. 北京：国防工业出版社，2018.

［25］ http：//www. radiowirelessweek. org/mttw2006/

［26］ http：//www. ieee. org/portal/

［27］ http：//www. pcbtech. net/article/design/

［28］ http：//tech. c114. net/168/

［29］ http：//www. eepw. com. cn/article/

［30］ http://www. mwrf. net/

［31］ http：//www. rfeda. cn/

［32］ http：//www. elecfans. com/

［33］ https：//wenku. baidu. com/

［34］ https：//www. baywatch. cn/

［35］ http：//www. dzsc. com/